Lorenz Hiltner

Pflanzenschutz nach Monaten geordnet

Verlag
der
Wissenschaften

Lorenz Hiltner

Pflanzenschutz nach Monaten geordnet

ISBN/EAN: 9783957004352

Auflage: 1

Erscheinungsjahr: 2015

Erscheinungsort: Norderstedt, Deutschland

Hergestellt in Europa, USA, Kanada, Australien, Japan
Verlag der Wissenschaften in Hansebooks GmbH, Norderstedt

Cover: Foto ©Susanne Schmich / pixelio.de

Pflanzenschutz

nach Monaten geordnet.

———

Eine Anleitung für Landwirte, Gärtner, Obstbaumzüchter ꝛc.

Von

Professor Dr. L. Hiltner

Direktor der Kgl. Agrikulturbotanischen Anstalt München.

Mit 138 Abbildungen.

Verlegt bei Eugen Ulmer in Stuttgart.

Vorwort.

Die zahlreichen Werke über Pflanzenkrankheiten, die in den letzten Jahrzehnten erschienen sind, lassen sich nach der Anordnung des Stoffes im wesentlichen in zwei Gruppen teilen. Namentlich in den größeren, mehr rein wissenschaftlichen Zwecken dienenden Handbüchern von Frank, Sorauer, sowie in dem Werke über kryptogame Parasiten von v. Tubeuf richtet sich die Reihenfolge der Darstellungen nach den Ursachen und besonders nach den Erregern von Krankheiten und Schädigungen der Pflanzen: in anderen Werken dagegen, so z. B. in dem trefflichen Buche von O. v. Kirchner „Die Krankheiten und Beschädigungen unserer landwirtschaftlichen Kulturpflanzen" werden die einzelnen Pflanzenarten der Reihe nach besprochen und die bei ihnen schon beobachteten krankhaften Erscheinungen besonders nach ihren äußeren Merkmalen so beschrieben, daß sie leicht bestimmbar sind.

In beiden Fällen wird je nach der Absicht der Verfasser die mehr praktische Seite, der eigentliche Pflanzenschutz, mehr oder minder berücksichtigt.

Nun ist es aber eine der wichtigsten Regeln des gesamten Pflanzenschutzes, daß vor allem die vorbeugenden Maßnahmen gegen Pflanzenkrankheiten und -Schädlinge wirksam sind, während direkte Bekämpfungen nur in einer beschränkten Zahl von Fällen in Betracht kommen. Bei fast jeder Arbeit des Landwirts oder Gärtners handelt es sich, wenn auch meist nur indirekt, um eine solche, die mit im Interesse des Pflanzenschutzes ausgeführt wird. Haben doch insbesondere die Gärtner, glücklicherweise aber auch schon zahlreiche Landwirte längst erkannt, daß in einer richtigen, den Bedürfnissen der einzelnen Pflanzenarten angepaßten Kultur die größte Bürgschaft liegt, gesunde Pflanzen zu erzielen.

Immer mehr aber, je weiter die Erkenntnis von der überaus
großen Bedeutung der Pflanzenschädigungen und von der
Möglichkeit, ihnen zu begegnen, fortschreitet, mehren sich jene
Maßnahmen, die ausschließlich zum Schutze der Pflanzen
gegen Befall 2c. unternommen werden, wie z. B. die Beizung
oder sonstige Behandlung des Saatgutes, die vorbeugende
Bespritzung der Reben und Obstbäume 2c. Damit ist aber
auch die Notwendigkeit immer stärker hervorgetreten, dem
Praktiker Weisungen darüber zu geben, was er in den
einzelnen Jahreszeiten oder selbst Monaten besonders zu
beachten hat, um seine Kulturen vor später möglicherweise
eintretenden Schädigungen tunlichst zu schützen. Diese Aufgabe suchten die in den letzten Jahren von verschiedenen
Seiten erschienenen Kalendarien für Pflanzenschutz zu er-
füllen: auch die K. Agrikulturbotanische Anstalt hat solche
in den „Praktischen Blättern für Pflanzenbau und Pflanzenschutz“, sowie im „Wochenblatt des landw. Vereins in Bayern“
schon wiederholt veröffentlicht. Im wesentlichen begnügte
man sich aber in diesen Kalendarien auf ganz kurz gefaßte
Hinweise; es sollte durch sie gewissermaßen der Praktiker
nur daran erinnert werden, auf was er in den einzelnen
Monaten besonders zu achten hat. Es war vorausgesetzt,
daß er sich über die Art der Ausführung irgend einer an-
geratenen Maßnahme, über die Lebensweise der aufgeführten
Schädlinge 2c. aus besonderen Werken Rats erholen könne.

In dem vorliegenden Buche ist nun zum ersten Male
der Versuch gemacht, den Pflanzenschutz nach Monaten geordnet ausführlicher darzustellen, sowohl was die vorbeugenden Maßnahmen und die eigentlichen Bekämpfungsarbeiten,
als die Ursachen und Erreger der Schädigungen anbetrifft.
In letztgenannter Beziehung suchte ich durch zahlreiche Abbildungen weitläufige Beschreibungen möglichst zu vermeiden,
die andernfalls die erstrebte Klarheit und Kürze der Darstellung stark beeinträchtigt hätten. Dem Wunsche des Ver-
legers entsprechend sind die meisten Figuren, um den Preis
des Buches nicht zu sehr zu erhöhen, aus bekannten anderen
Werken des Verlages, namentlich aus Weiß „Krankheiten
und Beschädigungen unserer Kulturgewächse“: Rörig „Tier-
welt und Landwirtschaft“ und Krüger und Rörig

„Krankheiten und Beschädigungen der Nutz= und Zier=
pflanzen des Gartenbaues" entnommen worden.

Dem eigentlichen Kalender ist ein großer Anhang bei=
gegeben, in dessen erstem Aufsatz die pilzlichen Erreger von
Pflanzenkrankheiten etwas eingehender besprochen sind, da
dies im eigentlichen Kalendarium nicht durchführbar erschien.
Während in den einzelnen Monaten neben den eigentlichen
landwirtschaftlichen Gewächsen auch alle wichtigeren Gemüse=
pflanzen berücksichtigt sind, sind in diesem Teile besonders
die Zierpflanzen als Beispiele herangezogen. Die forstlichen
Pflanzenarten sind in dem ganzen Buch nur in aller Kürze
behandelt; namentlich mußte darauf verzichtet werden, die
nur im Walde in Betracht kommenden Arbeiten wieder=
zugeben. In den weiteren Teilen des Anhanges finden sich
dann noch die verschiedenen, gegen pilzliche und tierische
Schädlinge hauptsächlich zu verwendenden Bekämpfungs=
mittel und ebenso die dabei benützten Apparate u. dergl.
der Reihe nach besprochen. — Außer den bereits vorstehend
genannten Werken habe ich besonders noch zu Rate gezogen:
Beseler=Weende „Der Kampf gegen das Unkraut";
Böttner „Gartenbuch für Anfänger"; Deutsche Land=
wirtschaftsgesellschaft „Pflanzenschutz"; Hiesemann
„Lösung der Vogelschutzfrage nach Freiherrn von Berlepsch";
Hollrung „Chemische Mittel gegen Pflanzenkrankheiten";
Janson „Der Großobstbau"; von Rümker „Tages=
fragen aus dem modernen Ackerbau" und Freiherr von
Schilling „Praktischer Ungeziefer=Kalender".

Diese Werke seien hier auch deshalb besonders genannt,
weil ihre Anschaffung sich für Jeden empfiehlt, der sich für
Pflanzenschutz besonders interessiert. Verschiedene andere
Werke, die gelegentlich bei der Ausarbeitung mitbenützt
wurden, sind an den entsprechenden Stellen angegeben.

München, Juli 1909.

Hiltner.

Inhalts-Verzeichnis.

—

Obwohl im Freien die Vegetation ruht, spielt doch zur Winterszeit der Pflanzenschutz kaum eine geringere Rolle als im Sommer. Der Winter ist so recht die Zeit zur Vorbeuge; direkte Bekämpfungen von Schädlingen kommen fast nur in Betracht, soweit es sich um größere Tiere, wie Hasen, Rehe, Wühl- und Feldmäuse u. dergl., sowie um Speicherfeinde handelt.

Gegen **Hasen-** und eventl. auch gegen **Kaninchenfraß,** unter denen namentlich die jungen Obstbäume zu leiden haben, falls sie nicht in einem sehr gut umzäunten Garten stehen, schützt man die einzelnen Bäume durch Umhüllung des Stammgrundes mit Dornreisig oder besser durch Herstellung einer Schutzhülle aus Stäben, aus Hollunderzweigen oder einem ungefähr 1 bis 1,5 m hohen verzinkten Drahtgeflecht.*) Gute Dienste leistet auch ein Anstrich mit einer Mischung aus gleichen Teilen von Lehm, Blut und Kalkmilch. Auch der einfache Kalkanstrich hat schon gute Wirkung; er muß aber, ebenso wie der erstgenannte, mehrmals erneuert werden.

Lücken in den Zäunen können durch Drahtgeflecht geschlossen werden; unter Umständen wird man, um wirklich kaninchendichten Abschluß zu besitzen, den ganzen Zaun um Baumschulen u. dergl. aus verzinktem Drahtgeflecht von

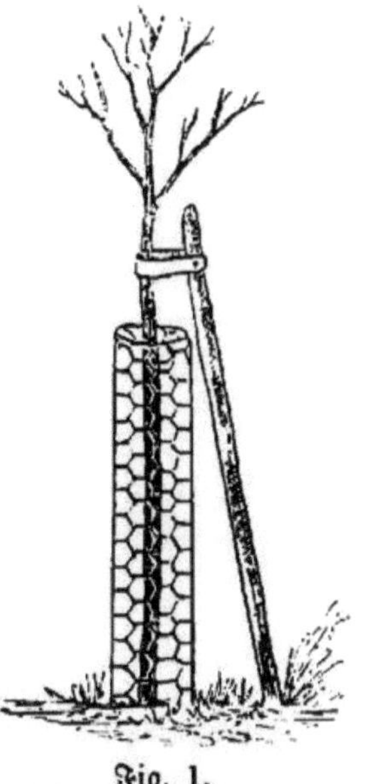

Fig. 1.
Schutz der Obstbäume
gegen Hasenfraß.

*) Geeignete solche Drahtgeflechte mit Schließhaken liefert G. S. Schmidt, Niederlahnstein a. R.

mindestens 75 cm Höhe und höchstens 60 mm Maschenweite
herstellen.

Selbstverständlich wird man mit diesen Maßnahmen
meist nicht bis zum Januar warten, sondern sie schon zu
Beginn des eigentlichen Winters ausführen, wie denn über=
haupt gerade die verschiedenen, im Interesse des Pflanzen=
schutzes während des Winters in Betracht kommenden Ar=
beiten je nach der örtlichen Lage, den jeweiligen Witterungs=
verhältnissen und der verfügbaren Zeit auf verschiedene
Monate zu verteilen sind.

Über die direkte Bekämpfung der Kaninchen vergleiche
März, S. 16; sie ist aber möglichst im Winter, solange
Schnee liegt, vorzunehmen.

Es darf auch nicht unterlassen werden, die angebrachten
Schutzvorrichtungen im Laufe des Winters wiederholt nach=
zusehen und namentlich nach stärkerem Schneefall auf Hasen
fährten zu achten und die Schutzgitter 2c. entsprechend höher
anzubringen.

Haben Bäume dennoch unter Hasenfraß gelitten, so muß
dagegen sofort vorgegangen werden, da die entstandenen
Wunden, wenn man sie sich selbst überläßt, nur sehr schwer
heilen. Hierbei ist zu vermeiden, die Wunden durch Aus=
schneiden noch zu vergrößern; man bestreicht sie vielmehr
möglichst umgehend mit kaltflüssigem Baumwachs*) oder
mit einer Mischung von Lehm, Kuhmist und etwas Asche
oder mit Kuhmist allein.

Neuerdings wird gegen Hasenfraß vielfach auch ein An=
streichen der unteren Stammteile mit einer Mischung von
Kalkmilch und 10—20 % Karbolineum oder sogar mit reinem
Karbolineum empfohlen. In nicht seltenen Fällen hat aber
dabei das Karbolineum schädlich auf die Bäume eingewirkt,
weshalb wir raten möchten, von seiner Verwendung für diesen
Zweck möglichst abzusehen.

Gegen **Rehe,** die die Nadelholzkulturen ver=
beißen, schützt man diese durch das Bestreichen der Zweige
mit entsäuertem Teer oder mit anderen im November, S. 312,
angegebenen Mitteln. Hat man, wie es sein soll, schon im

---

*) Kaltflüssiges Baumwachs wird u. a. geliefert von Guhl
und Co., Gaienhofen (Baden) für 1,80 per Kilo.

Herbst mit diesen Schutzmaßnahmen begonnen, so wiederholt man sie im Februar, da sie um diese Zeit am notwendigsten sind.

Gegen die den Obstbäumen besonders schädlichen **Wühl- oder Schermäuse** empfiehlt sich vor allem die Anwendung des bariumkarbonathaltigen Wühlmausgiftes mit Witterung. Näheres hierüber, sowie über andere gegen diese Schädlinge in Betracht kommende Mittel ist auf S. 404 angegeben.

In schneefreier Zeit suche man besonders auch die **Feldmäuse** zu vertilgen, wobei bei stärkerem Auftreten derselben gemeinsames Vorgehen besonders anzuraten ist. Die gegen sie anzuwendenden Mittel sind auf S. 401 näher beschrieben.

Nicht minder wichtig als der Kampf gegen die Schädlinge ist der Schutz der uns nützlichen Tiere; vor allem spielt der **Vogelschutz** im Winter eine außerordentlich bedeutsame Rolle. Wer bisher noch nichts in dieser Richtung getan haben sollte, versäume ja nicht, den im November, S. 304, gegebenen Weisungen noch jetzt zu folgen. Vor allem unterlasse man nicht, falls Schnee liegt, die Fütterung der insektenfressenden Vögel. (Vergl. S. 308.)

Der Obstzüchter wird die Zeit benützen, so lange nicht tiefer Schnee liegt, mit der Säuberung der Bäume fortzufahren, und namentlich Moose und Flechten und alte lockere Borke, die Schlupfwinkel für allerlei Schädlinge, zu entfernen. Wo es noch nicht geschehen sein sollte, wäre bei trockener Witterung ein Kalkanstrich auszuführen. Selbstverständlich wird man aber zweckmäßig mit diesen und den folgenden Maßnahmen schon im Herbst beginnen. Die verschiedenen für Beginn des Winters im Oktober und November gegebenen Weisungen sind nachzulesen, damit sie, wo nötig, noch jetzt befolgt werden können. Aststumpfen, abgestorbene Äste und sogen. Baumruinen müssen ganz beseitigt und alsbald verbrannt werden; auch wird man grindige Zweige entfernen. Vor allem aber sollen noch etwa am Baume hängende eingetrocknete und verschimmelte Früchte, sowie die Blütenrückstände von Weichseln und Kirschen, die sämtlich gefährliche Ansteckungsherde bilden, vor Beginn des Frühjahrs gesammelt und verbrannt werden. An alten Stämmen, besonders zwischen Astgabeln, aber auch an Pfählen, an Bretterwänden usw. findet man im Winter die sogenannten **„großen Eierschwämme"** des Schwammspinners oder Großkopfes (vergl. S. 60), die wie ein Stück Feuerschwamm aussehen; sie bestehen aus braunen Woll= haaren, in die bis 400 Eier eingebettet sind; wo man ihnen begegnet, sind sie abzukratzen oder mit dem Meisel zu entfernen und am besten durch Eintauchen in heißes Wasser zu vernichten. Sie in großer Menge zu verbrennen, erscheint nicht ratsam, da die Eier (nach Taschenberg) durch die Hitze im Ofen explodieren. An weniger erreichbaren Stellen kann auch die Raupenfackel gegen sie vorsichtig in

Fig. 2.
Petroleumkanne z. Bek. des Schwammspinners.

Anwendung kommen. Sehr gut wirkt auch ein Beträufeln der Eierschwämme mit Petroleum, zu dessen Aufbringen man sich einer von Rörig und Jacobi konstruierten besonderen Kanne bedienen kann, die von der Firma Paul Altmann, Berlin NW., Luisenstraße 47, zum Preise von 8 ℳ zu beziehen ist, aber auch von jedem Klempner nach einem Muster angefertigt werden kann. Statt mit Petroleum können die Schwämme auch mit dünnflüssigem Raupenleim oder mit Karbolineum bestrichen oder unter Zuhilfenahme eines an einem längeren Stock befestigten Schwammes betupft werden.

Die von den **Eiern des Ringelspinners** besetzten Zweige (vergl. Fig. 60) schneidet man am besten vollständig weg und vernichtet die Eier durch Eintauchen in siedendes Wasser; beim Verbrennen verhalten sich die Eier wie jene des Schwammspinners.

Wo sich noch R a u p e n n e s t e r auf den Bäumen vorfinden sollten (vergl. Fig. 117), sind sie durch Abschneiden mit der Raupenschere zu entfernen und zu verbrennen.

Die im Oktober gegen die Obstmaden usw. angelegten L e i m r i n g e sind auf ihre Klebrigkeit zu prüfen und wenn nötig mit Raupenleim nachzustreichen.

Der Boden unter den Bäumen sollte, sofern es nicht schon geschehen ist, in frostfreier Zeit tunlichst gelockert werden, um die schädlichen Insekten, die im Boden im Bereich der Baumscheibe überwintern, in ihrer Winterruhe zu stören und den nützlichen Vögeln und Hühnern Gelegenheit zu geben, sie zu vernichten.

Auf den **Fruchtböden** sind die aufgestapelten Vorräte an Getreide und anderen Sämereien gelegentlich gut durchzuschaufeln, damit nicht Selbsterwärmung eintritt, die den Verlust oder doch die Abnahme der Keimfähigkeit zur Folge haben könnte. Besondere Sorgfalt wird man den Beständen zuteil werden lassen, welche für die Frühjahrssaat bestimmt sind oder die, wie es beim Roggen so häufig vorkommt, bis zum Herbst überlagern sollen.

Über die beim Umarbeiten des Getreides zu beachtenden Vorsichtsmaßregeln vergl. S. 203.

Beim A u s d r e s c h e n d e s K l e e s , das man möglichst bei starkem Frost vornimmt, sammle man sorgfältig den Abfall und verbrenne ihn, damit die in manchen Gegenden überaus schädlichen Samenstecher vernichtet werden.

Die in den K e l l e r n u n d V o r r a t s k a m m e r n aufbewahrten Knollen, Früchte und Zwiebeln sind sorgfältig zu revidieren; dabei entfernt und vernichtet man alle faulen oder schimmeligen Stücke, die andernfalls nur die gesunden anstecken würden.

Die am besten schon im Laufe des Winters auszuführenden, im Februar, S. 12, näher beschriebenen vorbeugenden Maßnahmen gegen S p e i c h e r s c h ä d l i n g e können

jetzt zur Durchführung gelangen, falls sie bis jetzt unter=
blieben.

Desgleichen empfiehlt es sich, die im Februar, S. 11,
angegebene Behandlung des Saatgutes von Erbsen ꝛc. zur
Vernichtung der Samenkäfer schon Ende Januar
vorzunehmen.

Schon jetzt wird der Landwirt Bedacht darauf nehmen,
festzustellen, welchen Bedarf an verschiedenen
Sämereien er für das Frühjahr hat. Vorerst empfiehlt
es sich, da, wo nicht ein gemeinsamer Bezug durch Genossen=
schaften, Vereine ꝛc. erfolgt, Offerten und Muster von be=
währten Firmen kommen zu lassen. Bezüglich der eigent=
lichen Bestellung des Saatgutes ꝛc. vergl. die Angaben im
Februar, S. 7.

Wer im Mai eine Hederichbekämpfung durch Be=
spritzung mit Eisenvitriol vorzunehmen gedenkt, wird gut
tun, schon im Herbst, oder mindestens jetzt, den nötigen
Eisenvitriol zu bestellen, da im Frühjahr, wenn
die Nachfrage erst reger wird, der Bedarf oft von den
Fabriken nicht mehr gedeckt werden kann und vor allem
auch die Preise meist recht stark ansteigen. Gemeinsamer
Bezug durch Vereine und Genossenschaften ist natürlich auch
hierbei sehr zu empfehlen.

Wer noch nicht im Besitze von Hederich=, Peronospora=,
Hopfen= oder Baumspritzen ist, sich aber solche anschaffen
will, der wird sich von den bekannten Firmen (vergl. S. 378)
jetzt Kataloge kommen lassen; bei der Wahl der Maschinen
sind alle Momente zu berücksichtigen, die auf S. 377 an=
gegeben sind. Zweckmäßig wird man auch den Rat solcher
Anstalten und Auskunftsstellen einholen, die sich mit den
betreffenden Arbeiten und der Prüfung der Maschinen schon
eingehend befaßt haben.

Im Februar können in klimatisch bevorzugteren Gegen=
den auf Wiesen und Feldern meist schon verschiedene Arbeiten
vorgenommen werden, auf die im März näher hingewiesen
ist. Man versäume ja nicht, sobald als irgend möglich, d. h.
wenn die Felder genügend abgetrocknet sind, mit der Be=
arbeitung zu beginnen, die sich, wie auf S. 20 näher
ausgeführt ist, durchaus nach der Bodenart zu richten hat.

Jetzt ist auch die Zeit herangerückt, endgültig das
Saatgut für die Frühjahrsaat vorzubereiten
und wo es not tut, zu bestellen. Bei den Bestellungen fordere
man gewisse Garantien und vergewissere sich durch über=
sendung guter, vor Zeugen genommener Mittelproben der
Sämereien an eine Samenkontrollstation, ob die Ware der
Garantie entspricht.

Vor allem muß das Saatgut frisch und gesund, möglichst
gut gereinigt und selbstverständlich auch art= und sortenecht
sein. Die Sortenreinheit ist besonders auch beim Ge=
treide sehr wichtig; sie läßt sich indessen durch Untersuchung
einer Saat im Laboratorium nicht immer mit Sicherheit
feststellen, weshalb sich die Garantie des Lieferanten in
dieser Beziehung zu erstrecken hat auf das Verhalten der
Saat auf dem Felde. Hochgezüchtete, anspruchsvolle Getreide=
sorten wird man natürlich nur da bauen, wo Boden und
Klima dazu berechtigen; andernfalls würde man gerade mit
solchen Sorten schlimme Erfahrungen machen, da sie unter
ihnen nicht zusagenden Bedingungen mit den an die Ver=
hältnisse angepaßten Landsorten nicht konkurrieren können
und besonders leicht von tierischen und pilzlichen Schädlingen
heimgesucht werden. Jeder strebsame Landwirt wird aber
durch Beteiligung an vergleichenden Anbanversuchen sich zu
vergewissern suchen, welche Sorten für seine besonderen Ver=
hältnisse am besten passen. Gibt es doch auch vorzügliche
Zuchtsorten — es sei nur an den Petkuser Sommer= und

Winterroggen erinnert —, die auch unter weniger günstigen
Verhältnissen mit Erfolg angebaut werden können. Wählt
man Landsorten, so wird man örtlich gezüchteter Saat den
Vorzug zu geben haben. Bei der Wahl der Sorten wird
auch, namentlich soweit es sich um die Gerste handelt, auf
das berechtigte Bestreben Rücksicht zu nehmen sein, daß in
möglichst größeren Gebieten hauptsächlich nur eine Sorte
gebaut wird; andererseits darf man sich aber auch nicht ver=
leiten lassen, etwa Landsorten ausschließlich nur zu bauen
in dem Glauben, durch Ausschaltung fremden Saatgutes
gewissermaßen eine patriotische Tat zu vollbringen; denn
es darf nicht vergessen werden, daß sich die Rentabilität
des Getreidebaues meist auf einen guten Absatz gründet, der
aber verloren gehen würde, wenn das jetzt vielfach zutage
tretende Bestreben, in jedem Gebiete nur die durch Züchtung
veredelte einheimische Landsorte zu bauen, ausschließlich zur
Geltung kommen würde.

Ferner beurteile man die Reinheit des Getreides
nicht nur rein zahlenmäßig, sondern bedenke, daß die zu den
Verunreinigungen gezählten Bestandteile vielfach an sich sehr
harmloser Natur sein können, wie Erdbröckchen, Steinchen,
Spreu, zerbrochene Samen ꝛc., während Unkrautsamen,
Mutterkorn u. dergl. eine schlimme, die ersteren natürlich
eine kaum ganz vermeidbare Beigabe darstellen. Daß
eine Getreidesaat nicht zu viel Schmacht= oder Hinterkörner
besitzen, sondern möglichst gleichmäßig sein sollte, sei nur
beiläufig erwähnt. Bei Anforderungen in dieser und anderer
Richtung ist aber zu berücksichtigen, daß selbst der
reellste Lieferant nicht in jedem Jahre imstande ist, ein
in jeder Beziehung tadelloses Saatgut zu liefern. So darf
man vom Saatgut sämtlicher Getreidearten billig erwarten,
daß es eine Keimfähigkeit von mindestens 96 % be=
sitzt. In manchen Jahren wird man sich aber, mindestens
beim Hafer, auch mit etwas geringer keimenden Saaten
begnügen müssen.

Besonders zu beachten ist, daß nach den an der K.
Agrikulturbotanischen Anstalt München gemachten Feststel=
lungen auch das Saatgut von Sommergetreide
von Fusarium befallen sein kann, ohne daß dies in

der Höhe der Keimfähigkeit zum Ausdruck gelangt. Ein solcher Befall macht sich aber, wenn die Keimungsbedingungen auf dem Felde nicht besonders günstig sind, in schädlichster Weise zunächst durch mangelhaftes Auflaufen geltend, und kann auch noch zu den im Juli beschriebenen Fußkrankheiten des Getreides führen. Man unterlasse daher nicht, Getreidesaaten auf solchen Befall untersuchen zu lassen. Stark von Fusarium befallenes Saatgut sollte unter keinen Umständen verwendet werden; mäßig befallenes muß durch Beizung, am besten mit verdünnter Sublimatlösung (vergl. S. 264), von dem schädlichen Pilz befreit werden. Diese Beizung wird man aber zweckmäßig erst unmittelbar vor der Saat vornehmen; dagegen kann schon jetzt, unter Umständen auch schon in den eigentlichen Wintermonaten, die **Beizung des Hafers gegen Flugbrand mit Formalinlösung** vorgenommen werden, wenn eine besondere Trockenvorrichtung, etwa eine Malzdarre, zur Verfügung steht. Auf einer solchen Darre darf das mit Formalin nach dem auf S. 394 angegebenen Verfahren gebeizte Getreide nicht über 30 ° C erwärmt werden; es ist ferner während der Trocknung auf der Schwelkhorde beständig umzuschaufeln. Dabei ist besonders darauf zu achten, daß die Körner auf der Horde nicht in zu dicker Schicht zu liegen kommen, damit die oben aufliegenden nicht durch die von unten aufsteigenden Formalindämpfe geschädigt werden. Bei diesbezüglichen Versuchen mit Hafer hat sich herausgestellt, daß man 1 Zentner davon auf etwa 4 Quadratmeter Fläche verteilen sollte. Nach einiger Zeit läßt man das Getreide von der Schwelkhorde auf die Darrhorde hinunter und hält es auch dort bis zum vollständigen Trocknen in Bewegung.

Die Anwendung dieser frühzeitigen Beizung empfiehlt sich besonders da, wo man garantiert brandfreies Saatgut verkaufen will; in solchen Fällen gelangt in größeren Getreidewirtschaften, die auf Absatz angewiesen sind, auch das **Heißwasser- oder Heißluftverfahren** (vergl. S. 391) zur Entbrandung in Anwendung.

Bei **der Beurteilung von Kleesaat** aller Art vergegenwärtige man sich, daß sich bei den Kleearten die Züchtungsbestrebungen noch nicht so geltend gemacht haben, wie beim Getreide. In der Regel sind daher die Landsorten von Rotklee, Luzerne ꝛc. vorzuziehen, umsomehr, als gerade solche Saaten in großen Mengen aus aller Herren Länder eingeführt werden, in denen sie vielfach unter ganz anderen klimatischen Bedingungen gewachsen sind. Bei den Kleesämereien spielt also deren U r s p r u n g eine besonders wichtige Rolle. Namentlich südfranzösischer und italienischer Klee, sowie manche Herkünfte aus Amerika liefern wenig winterharte, leicht an Befall leidende Pflanzen. Selbst schlecht eingebrachter, in der Keimfähigkeit etwas mangelhafter sogenannter Bauernklee ist deshalb unter Umständen einem Klee von bestechendem Äußern und höchster Reinheit und Keimfähigkeit vorzuziehen, v o r a u s g e s e t z t , d a ß e r w i r k l i c h a l t e i n h e i m i s c h e r S a a t e n t s t a m m t . Auch eine oft auffallend hohe H a r t s c h a l i g k e i t und ein sich dadurch ergebender verhältnißmäßig niedriger Prozentsatz an keimfähigen Körnern ist bei wirklich echten Landsorten, wie es scheint, nicht immer als eine nachteilige Eigenschaft aufzufassen.

Bezüglich der R e i n h e i t der Kleesämereien gilt im allgemeinen dasselbe, was vorstehend für Getreide angegeben ist; gut gereinigte Klee- und Luzernesamen sollten nicht mehr als 2–3 % „fremde Bestandteile" enthalten, wenn auch die zahlenmäßige Beurteilung hier noch eher zu schiefen Urteilen führen kann, als beim Getreide. So wird jetzt fast allgemein für Rotklee eine Reinheit von 97—98 % garantiert. Es kommt aber sehr häufig vor, daß bei einer vorzüglich gereinigten Saat gerade infolge der verschiedenen Reinigungsprozesse oft mehrere Prozent der Körner Bruchverletzungen erlitten haben; solche Körner werden an den Samenkontrollstationen, weil sie erfahrungsgemäß keine Keime liefern, bei der Reinheitsbestimmung mit ausgeschieden und den „fremden Bestandteilen" zugerechnet, wodurch natürlich die Reinheitsziffer der Garantie nicht mehr entspricht. Hier liegt kein Grund vor, die Saat wegen ungenügender Reinheit zurückzuweisen. Höchstens kann ein von der Samenkontrollstation zu berechnender Ersatz für Minderwert verlangt werden, vorausgesetzt, daß sich nicht durch Ausscheidung solcher Körner von den zum Keimen angesetzten Samen eine entsprechend höhere Keimfähigkeit ergibt als garantiert wurde.

Besonderen Wert legt man auf das Freisein der Kleesaat von Seidesamen; in der Tat stellen die gewöhnliche Kleeseide und die neuerdings, namentlich in ungarischen Saaten auftretende Grobseide äußerst gefährliche Schmarotzer des Klees dar; es muß mit allen verfügbaren Mitteln dahin gewirkt werden, sie von den Feldern fern zu halten. Andererseits ist es aber eine große Übertreibung, wenn an sich vorzügliche Saaten zurückgewiesen werden, weil sich in ihnen noch ganz vereinzelte, trotz bester Reinigung nicht entfernbare Samen oder Früchtchen oder gar nur Stengelteilchen von Seide finden. Es gibt tatsächlich zahlreiche Landwirte, die ohne Bedenken einen Klee aussäen, der im Kilogramm Tausende von Unkrautsamen aller Art und darunter oft recht unangenehme und gefährliche enthält, wenn sie nur die Garantie in der Tasche haben, daß der Klee wirklich vollkommen seidefrei ist.

In Gegenden, wo der Kleeteufel (vergl. S. 133) zu Hause ist, ist es natürlich ebenso wichtig, zu verhüten, daß die staubfeinen und daher leicht entfernbaren Samen dieses gefährlichen Schmarotzers im Saatgut enthalten sind.

Besonders an Erbsen-, aber auch an Bohnen-, Wicken- und Linsensamen finden sich sehr häufig die sogen. Erbsenkäfer, Bruchus pisi, und verwandte Arten, die um diese Zeit meist noch, geschützt durch einen Deckel, im Samen verborgen sind. Hat man derart befallene Samen nicht schon direkt nach der Ernte entsprechend behandelt (vergl. S. 317), so schütte man sie spätestens anfangs Februar in einen heizbaren Raum nicht über 30 cm hoch auf und halte mehrere Tage lang die Temperatur auf 20° C; nach wenigen Tagen werden die Samen von den Käfern verlassen und diese können dann leicht abgesiebt und vernichtet werden. Vorgeschlagen wird auch, die Samen in einem geschlossenen Faß oder dergl. etwa 30 Minuten lang mit Schwefelkohlenstoff, 50 ccm auf einen Hektoliter, zu behandeln und sie hierauf an der Luft auszubreiten. (Näheres über die Verwendung des Schwefelkohlenstoffs s. S. 379.) Unterläßt man die Abtötung der Käfer, so können ihre Larven auf dem Felde den Samenertrag schwer beeinträchtigen.

Bei Erbsen= und Wickensamen vergewissere man sich auch, ob sie nicht befallen sind von Ascochyta pisi, einem Pilz, der, meist ohne die Keimfähigkeit zu beeinträchtigen, auf dem Felde, mindestens auf manchen Bodenarten, dadurch sehr schädlich werden kann, daß er durch Hervorrufung einer Art Fußkrankheit die Pflanzen zum vorzeitigen Absterben bringt und dabei auch auf die Blätter und Hülsen übergeht. Ebenso soll das Saatgut von Gartenbohnen frei sein von einem ähnlichen, gelegentlich an ihm vorkommenden Pilz. Auch beim Lein und bei manchen gärtnerischen Samenarten können durch das Saatgut auf das Feld Pilze übertragen werden, die für die heranwachsenden Pflanzen eine Gefahr bilden.

In allen Fällen spielt also die Gesundheit der Samen eine große Rolle, die man nicht unberücksichtigt lassen darf.

Bei Raps und Rübsen, nicht selten auch beim Getreide und überhaupt bei allen Pflanzenarten, bei denen es Sommer= und Winterfrucht gibt, kommt es vor, daß irrtümlich Winter= statt Sommerfrucht gesät wird. Bei Bezug solchen Saatgutes verlange man daher auch in dieser Beziehung für die Sortenechtheit Garantie.

Auf dem Fruchtboden ist es jetzt höchste Zeit, vorbeugende Maßnahmen zu treffen gegen die gefährlichen **Speicherschädlinge**, namentlich gegen den schwarzen und weißen Kornwurm; in Rissen, Spalten, an Holzwänden und Balken der Speicher überwintern in Kokons die Räupchen des weißen Kornwurmes, eines zu den Motten gehörenden Schmetterlings, und die Käfer des schwarzen Kornwurms. (Vergl. Fig. 4 u. 5.) Man kehrt alle Schlupfwinkel gründlich aus und bespritzt die Wände und Balken mit Kalkmilch, dem das giftige Anilinöl beigemengt ist. Nach J. Hoffmann ist in jeden Eimer Kalkmilch etwa 1 Liter Anilinöl einzurühren. Der Geruch des Anilinöles ist dem Menschen schädlich, was zu beachten ist; er verliert sich aber nach 1 bis 2 Wochen. Selbstverständlich dürfen die Getreidehaufen 2c. nicht mitbespritzt werden. Anilinöl ist aus Droguenhandlungen zum Preis von etwa 1,50 ℳ. für 1 Kilo zu beziehen.

Wo der **Hopfen** noch auf Stangen gezogen wird, ist jetzt die beste Zeit, durch Brennen derselben die Überwinterungsformen der tierischen Schädlinge, namentlich der Hopfenwanzen, der Milbenspinne ꝛc. zu vernichten. Nach C. Kirchner kann der Zweck, wenn man nicht hierfür besonders konstruierte Öfen verwenden will, leicht erreicht werden, indem man die Stangen in kleinere Haufen mit Zwischenlagen von wenig Stroh aufschichtet und dann das Stroh anzündet.

Im **Weinberg** überwintern an den Reben, den Pfählen, am Bindematerial u. dergl. die verschiedenartigsten tierischen Schädlinge in verschiedenen Zuständen. Die Maßnahmen, die dazu führen, diese Überwinterungszustände möglichst zu vernichten und dadurch dem Befall der Rebpflanzen vorzubeugen, sind von besonderer Wichtigkeit. In erster Linie kommt dabei ein möglichst frühzeitiger und sorgfältiger, namentlich glatter Schnitt der Reben in Betracht, wobei aber besonders darauf zu achten ist, daß alle sich ergebenden Abfälle auf das sorgfältigste gesammelt und alsdann verbrannt werden; möglichste Sauberhaltung des Weinberges ist dringend anzuraten.

Gelegentlich der Ausführung des Schnittes können schon die meisten jener im März, S. 26, angegebenen Arbeiten ausgeführt werden, die eine direkte Vernichtung der Schädlinge bezwecken.

Im **Obstgarten** achte man weiter auf die R e i n i g u n g d e r B ä u m e, die Entfernung der großen und kleinen R a u p e n n e s t e r ꝛc. Bei besonders mildem Wetter erscheint schon jetzt der B i r n k n o s p e n s t e c h e r, ein kleiner Rüsselkäfer, der die winterlichen Blütenknospen der Birnen ansticht und dadurch namentlich an Spalieren und Formbäumen oft großen Schaden anrichtet. Man gehe daher unter Umständen schon jetzt gegen ihn vor, so wie es im März für die Blütenstecher näher angegeben ist. In den Trieben der Birnen beginnt vom Juni an die fußlose Larve der B i r n h o l z w e s p e, Cephus compressus, ihre Tätigkeit durch Ausfressen des Markes; sie überwintert in den Trieben.

Solche Triebe, die an der Runzelung der Rinde zu erkennen sind, müssen abgeschnitten und verbrannt werden; ebenso verfährt man, wo man an jüngeren Apfeltrieben beulige Auftreibungen neben den schlafenden Blattknospen wahrnimmt; sie werden durch die Räupchen einer Motte, der sog. Markschabe, Blastodacna hellerella, verursacht. Auf diese Schädlinge ist selbstverständlich auch noch späterhin zu achten.

Man achte auch weiterhin auf die Klebrigkeit der Leimringe und vor allem auf den Kalkanstrich, der die Bäume gegen Erwärmung und damit gegen Frostgefahr schützt.

□ □ □ □ □ □ □ März. □ □ □ □ □ □ □

Das zeitige Frühjahr ist die beste Zeit, gegen die **Feldmäuse** vorzugehen, da sie jetzt an Nahrungsmangel leiden und dargebotene Gifte 2c. lieber annehmen, als sonst. Gemeinsames Vorgehen ganzer Gemeinden ist bei der Feldmäusebekämpfung unbedingt notwendig. Dabei ist darauf Bedacht zu nehmen, daß auch die Feldraine, Straßengräben u. dergl. belegt werden.

Für die Bekämpfung im großen ist in erster Linie die Anwendung des Mäusetyphusbazillus zu empfehlen. (Anweisung zu seiner Verwendung S. 403.) Besonders ist das Bazillenverfahren da von durchschlagender Wirkung, wo die Mäusekalamität bereits den Höhepunkt überschritten hat. Erst bevorstehende oder zu befürchtende Mäusekalamitäten suche man besser durch Auslegen von Giftgetreide oder Barytbrot zu verhindern. (Vergl. S. 401.) Um zu verhüten, daß auch nützliche Tiere derartige vergiftete Körner oder Pillen fressen, darf deren Auslegung nur mittelst Giftlegeapparaten erfolgen.*)

Von ganz besonderer Wichtigkeit ist es, es überhaupt nicht zu einer Mäusekalamität kommen zu lassen. Dies erreicht man, indem man gerade zu Zeiten, wo es wenig Feldmäuse gibt, genau auf Mäuselöcher achtet und in sie entweder geringe Mengen von Schwefelkohlenstoff (vergl. S. 383) oder einer Karbolineumemulsion eingießt.

----

*) Billige solche Vorrichtungen, d. h. einfach gebogene Röhren, mittelst deren man die Körner 2c. in die Gänge einführt, sind von der Firma Seutter, München, Ickstattstraße 26, zu beziehen und zwar bei Abnahme von mindestens 100 Stück zum Preise von 0,80 ℳ für 1 Stück (ohne Packung und Porto). Im Einzelnen kostet das Stück 1 ℳ.

Auch zum Kampfe gegen andere schädliche Nagetiere bietet das zeitige Frühjahr mit die beste Zeit.

Gegen die überaus lästigen und schädlichen **Moll=, Scher= oder Wühlmäuse**, die daran schuld sind, daß man im Frühjahr die Bäume oft wie Stecken aus dem Boden ziehen kann, empfiehlt sich vor allem die Anwendung des Barytbrotes mit Witterung. (Vergl. Anweisung S. 406.)

Die natürlichen Feinde der Schermäuse, unter denen besonders das Wiesel zu nennen ist, sind zu schonen.

Kaninchen können in Tellereisen gefangen werden, wie sie von den Firmen Weber, Haynau in Schlesien, und Grell & Co., ebenda, geliefert werden. Besonders empfohlen wird aber gegen sie die Anwendung des Schwefelkohlenstoffverfahrens. (Vergl. S. 384.) Noch bessere Resultate als mit Schwefelkohlenstoff sollen erzielt worden sein durch die Anwendung von Phosphor= brei; nach Angaben des Forstmeisters Fintelmann werden 6—8 cm lange Moorrübenstückchen mit dem Kürbis= stecher auf einer Seite etwa bis zur Hälfte oder etwas tiefer ausgehöhlt; in diese Öffnung füllt man 2 Messerspitzen des Phosphorbreies und verschließt sie sodann wieder fest mit einem ausgestochenen Moorrübenstückchen. Die in dieser Weise in großer Menge vorbereiteten Moorrübenstückchen, die zweck= mäßig mit der Öffnung nach oben in einem Korbe auf= geschichtet werden, bringt man, tunlichst noch bei Schnee und Frost, so tief wie möglich in die Röhren der Kaninchen= baue. Auch hierbei ist darauf zu achten, daß die Öffnungen der präparierten Moorrüben nach oben zeigen, um ein Aus= fließen oder Durchsickern des Phosphorbreies zu verhindern.

Gegen den in manchen Gegenden ebenfalls sehr schäd= lich auftretenden Hamster, der jetzt noch seine Röhren verstopft hält, ist von Beginn des Frühjahrs an in ähnlicher Weise, namentlich mit Schwefelkohlenstoff, vorzugehen. (Vergl. S. 385.)

Wo nicht schon früher Nisthöhlen für die bei uns überwinternden oder im Frühjahr zurückkehrenden, **insekten= fressenden Vögel** angebracht sein sollten, versäume man nicht, dies jetzt noch nachzuholen, da erfahrungsgemäß zu spät dargebotene Nistgelegenheiten nicht mehr allzu häufig von den Vögeln benützt werden. Wo man den in diesem Monat wieder erscheinenden S t a r e n durch zahlreiches Anbringen einfacher Starnisthöhlen Veranlassung zu größeren Ansiedlungen gab, hat man vielfach eine sehr wesentliche Abnahme der Maikäfer und Engerlinge, der Kohlschnakenlarven und anderer Schädlinge aller Art, namentlich auch der Bremsen, Stechfliegen, Schafzecken ꝛc. wahrgenommen. Das Anbringen von Starkästen in Hopfengärten hat sich ebenfalls sehr bewährt. Freilich sind andererseits die Stare als große Freunde der Kirschen und auch der Weinbeeren bekannt und gefürchtet: man wird ihre Ansiedlung daher vor allem in Gegenden mit vorwiegendem Ackerbau begünstigen. Übrigens sollen die im Sommer so schädlichen großen Schwärme von Staren stets aus anderen Gegenden stammen, also gerade dort, wo sie nisten, weniger oder überhaupt nicht schädlich sein.

Auf nicht mehr gefrorenen **Wiesen** sind die M a u l w u r f s h a u f e n zu ebnen und in neu geworfene Haufen bei allzu starkem Überhandnehmen der Maulwürfe Fallen einzustellen; Näheres über den Maulwurf vergl. S. 39.

Vielfach üblich ist es, schon im März mit der B e w ä s s e r u n g d e r W i e s e n zu beginnen. Dabei ist jedoch, wie bei dieser Bewässerung überhaupt, die von manchen Landwirten mehr schablonenmäßig und ohne genauere Kenntnis der in Betracht kommenden Wirkungen vorgenommen wird, große Vorsicht geboten. Vor allem kommt im Frühjahr die bodenerwärmende Wirkung des Wassers in Betracht; sobald Aussicht vorhanden ist, daß man den Frost früher und schneller durch Wasser aus dem Boden vertreiben kann, kann das Bewässern schon im März nützlich wirken, wenn man es auf trübe, regnerische Tage und kühle Nächte beschränkt; an bereits warmen Frühlingstagen läßt man weit besser die warme Luft einwirken. Bei hochgefrorenem Humusboden hat man überhaupt die Zeit abzuwarten, bis er vollständig durchtaut und wieder gesunken ist.

Wo sich nach Weggang des Schnees auf den **Wintersaaten,** namentlich auf den Roggenfeldern, der S c h n e e s c h i m m e l, Fusarium nivale, zeigen sollte, versäume man nicht, sich durch Einsendung einer Probe des auf den betreffenden Flächen verwendeten Saatgetreides an eine Samenkontrollstation Gewißheit darüber zu verschaffen, ob der Schneeschimmel nicht etwa, wie es sehr häufig der Fall ist, bereits mit dem Saatgute in den Boden gelangte, damit künftighin die Verwendung befallenen Saatgutes vermieden wird. Den Schneeschimmel selbst, der die Saaten wie ein dickes Spinngewebe überzieht, suche man, wo man ihn entdeckt, mit dem Rechen zu zerstören; er wird übrigens, sobald Luft und Licht auf ihn einwirken können, rasch verschwinden. Unter Umständen kann dies beschleunigt werden, wenn man etwa vorhandene Eisdecken an verschiedenen Stellen durchstößt. Es sei noch besonders hervorgehoben, daß dieser Pilz sehr oft vorhanden ist, ohne daß die Landwirte es bemerkten. Er tritt nämlich nicht immer in der auffälligen Form eines Spinngewebes auf: weit häufiger sitzt er nur auf den abgestorbenen, flach am Boden aufliegenden Blättern der Getreidepflänzchen in fleischroten Räschen und entgeht dabei dem Beobachter. Dieses Absterben der Blätter und oft der ganzen Pflanze ist aber seiner Wirkung zuzuschreiben; wenn gelegentlich aus ganzen Provinzen gemeldet wird, daß der Schneeschimmel in irgend einem Jahre nicht aufgetreten sei, so beruht dies demnach nur auf mangelhaften Beobachtungen.

Wo sonst das Wintergetreide dünn oder schlecht steht, indem direkte Auswinterungen vorgekommen sind, oder Schädigungen durch Getreidefliegen sich ergeben, suche man sich ebenfalls durch Einsendung verdächtiger Pflanzen nebst anhängender Erde an eine Pflanzenschutzstation Gewißheit zu verschaffen über die eigentliche Ursache. Auf alle Fälle entschließe man sich nicht voreilig zum Umbruch schlecht stehender Saaten, da die Erfahrung vielfach lehrt, daß ein lückenhafter Stand späterhin durch stärkere Bestockung der einzelnen Pflanzen mehr oder minder ausgeglichen wird, namentlich wenn man durch Kopfdüngung mit Chili- oder Kalksalpeter die Pflanzen kräftigt, sobald sie zu wachsen beginnen. In den meisten Gegenden Deutschlands wird eine Entscheidung hierüber wohl erst Ende des Monats oder anfangs April getroffen werden können.

Das Auswintern des Getreides kann durch sehr verschiedene Ursachen bedingt sein. Direkte Frostwirkungen kommen in der Regel nur in Betracht, wenn der Boden nicht mit Schnee bedeckt ist und wiederholt friert und auftaut, was das „Ausziehen" der Pflanzen aus dem Boden unter Zerreißung ihrer Wurzeln zur Folge hat; stärker bewurzelte Pflanzen sind dieser Gefahr natürlich weniger ausgesetzt. Wo die Pflanzen auf Höhenlagen im Herbst nur wenig Zeit zur Entwicklung finden, wird daher eine frühe Aussaat in dem möglichst gut vorbereiteten Boden als Vorbeugungsmittel in Betracht kommen. Auch ist bei der Wahl der Sorten besonders auf deren Frostempfindlichkeit Rücksicht zu nehmen; so ist z. B. bekannt, daß die meisten Squarehead=Weizen wesentlich frostempfindlicher sind als andere Sorten.

Wo ein derartiges „Ausziehen" der Pflanzen vorgekommen ist, wird man unter Umständen durch Anwalzen ein Wiederanwachsen der Pflänzchen erzielen können. In sehr vielen Fällen beruht das Auswintern aber auf der Wirkung von Getreidefliegen oder des Schneeschimmels. Über die ersteren vergl. S. 266. Der Landwirt kann sich davon, ob es sich um Getreidefliegen handelt, selbst überzeugen, wenn er eine Reihe der verdächtigen Pflanzen sorgfältig auseinanderzieht; er wird, namentlich unter Zuhilfenahme einer Lupe, gegebenfalls am Grunde des abgestorbenen Herzblattes auf Fraßspuren stoßen und entweder ein braunes Püppchen oder auch noch eine kleine, weißliche Larve wahrnehmen. (Näheres vergl. auch Mai, S. 86.)

Der Schneeschimmel tritt besonders auf, wenn der Boden unter der Schnee= oder Eisdecke nicht gefroren ist und wo der Schnee im Frühjahr sehr lange liegen bleibt. In höher gelegenen Gebieten ist er daher eine viel bekanntere Erscheinung als in Gegenden mit zeitigem Frühjahr.

Um sich möglichst frühzeitig davon überzeugen zu können, ob verdächtige, auf irgend eine Weise durch den Winter zu Schaden gekommene Pflanzen überhaupt noch leben, versuche man, wie sie sich verhalten, wenn man sie aus dem Boden ziehen will; setzen sie diesem Bestreben einen gewissen Widerstand entgegen, so darf man noch auf eine Weiterentwicklung hoffen.

Winterweizen auf Lehmboden wird zweckmäßig nach Abtrocknung des Ackers zunächst gewalzt und dann geeggt. Vorsichtig muß man nach Beseler=Weende mit diesen Arbeiten auf Tonboden sein, da er durch zu frühzeitige Bearbeitung zu fest zusammengedrückt wird. Auf Sandböden unterläßt man das Eggen besser ganz.

Für Wintergerste ist ein kräftiges Eggen um so mehr zu empfehlen, je kräftiger sie aus dem Winter kommt.

Der Roggen wird überhaupt nur selten geeggt.

Wer den Rat befolgt hat, das **Pflügen** der Äcker schon vor Winter auszuführen, wird jetzt im Frühjahr die Bodenbearbeitung zur **Vorbereitung für die Saat** viel richtiger vornehmen können. Bei dieser Bearbeitung, die so frühzeitig als möglich, gegebenen Falles also schon im Februar, einzusetzen hat, muß selbstverständlich auf die Bodenart und auch auf die anzubauende Frucht besondere Rücksicht genommen werden. Wir folgen in den nachstehend hierüber gemachten Angaben im wesentlichen den Vorschlägen von Beseler-Weende, die vor allem auch bezwecken, das Unkraut möglichst zu bekämpfen:

Auf Tonböden, namentlich kalkhaltigen, ist so früh als irgend möglich durch zweimaliges Eggen eine gleichmäßige Oberfläche herzustellen;

Auf Lehmböden muß die sich bildende Kruste durchbrochen und durch abwechselnde Arbeit von Exstirpatoren, Krümmer, Egge und Walze zerkleinert werden, um überhaupt die Bestellung der Saat zu ermöglichen.

Noch besser als das Abeggen ist es, den Boden im richtigen Augenblick, vor allem wenn er keine Krustenbildung zeigt, mit der Ackerschleife zu behandeln. Eine einmalige Bearbeitung mit der Schleife ersetzt dann zweimaliges Abeggen. Beim Tonboden ist indessen das Schleifen nicht rätlich. Lehmböden, die infolge des Gehalts an besonders feinkörnigem Sand im Laufe des Winters stark zusammenfließen, sind vor dem Schleifen aufzueggen; Bedingung ist, daß der Acker beim Schleifen nicht schmiert, sondern krümelt.

Auf stark humosen Böden und auch auf einzelnen Lehmböden, tritt beim Abtrocknen des Bodens keine Krustenbildung ein: trotzdem eggt und schleift man, sobald sich diese Arbeiten ausführen lassen, um die Feuchtigkeit im Boden zu erhalten und möglichst viele Unkräuter herauszulocken, welche dann bei der Bestellung vernichtet werden.

Auf Sandboden ist die Behandlung sehr verschieden, je nachdem er mehr oder minder lehm-, humushaltig und feinkörnig ist oder nach dem Grundwasserstand. Bei viel Lehmgehalt wird geschleift und geeggt, weil er zur Krustenbildung neigt. Humosen Sand eggt und schleift man, um das

Unkraut hervorzulocken. Auf lehmigem Sand oder sandigem
Lehm, auf welchem zu starkes Austrocknen der Krume durch
frühzeitiges Eggen nicht zu befürchten ist, wird zur Ver=
tilgung der Quecke so früh als möglich mehrmals durchgeeggt.
Je weniger der Sand aber Beimischungen hat, je niedriger
der Grundwasserstand ist, desto mehr scheut man sich, die
Winterfurche vor der Bestellung anzurühren, wegen des zu
starken Austrocknens des Bodens. Im leichtesten Sand rührt
man den Boden überhaupt nicht an.

Die Arbeit der **Bestellung** mit dem Exstirpator oder
mit Krümmer und Egge verdient in der Regel selbst vor dem
Flachpflügen den Vorzug. Sind aber besonders gefährliche
Unkräuter, wie Windhafer, vorhanden, die nicht durch
Krümmer oder Exstirpatoren beseitigt werden können, so
pflügt man leichten, trockenen, wenig unkrautwüchsigen Boden
im Frühjahr doch unmittelbar vor der Bestellung noch einmal,
schon um auch feuchten Boden an die Oberfläche zu bringen
und dadurch einen sicheren Aufgang des Saatgutes zu er=
zielen.

Ein nochmaliges Pflügen des schweren Bodens im Früh=
jahr ist nur notwendig, wenn der Boden vollständig ver=
schlemmt und tot ist. Dabei ist, wie bei jedem Pflügen
überhaupt, sorgfältig zu vermeiden, daß der Boden bei
dieser Bearbeitung noch zu naß ist. Wo es aber irgendwie
geht, vermeide man das Pflügen im Frühjahr überhaupt.

Man eggt mit Erfolg die mit Getreide bestellten Felder
vor dem Auflaufen. Ist der Boden zu locker, so ist es
geraten, nachdem die Unkräuter vertrocknet sind, anzuwalzen.
Ebenso verfährt man bei Leguminosen.

Durch alle diese Maßnahmen*) wird nicht nur die Mög=

*) Diese Maßnahmen sind natürlich hier nicht erschöpfend dar=
gestellt. Wer sich über die bei ihnen in Betracht kommenden Ge=
sichtspunkte und über die nähere Ausführung genauer informieren
will, den verweisen wir auf die ausgezeichneten Darlegungen von
Beseler-Weende in seiner Broschüre: „Der Kampf gegen das Un=
kraut" und besonders von Rümker's in Heft 1 seiner „Tagesfragen
aus dem modernen Ackerbau" (s. Literaturübersicht in der Vorrede).
Hier und an anderen Stellen des Kalenders wird auf diese Fragen
nur eingegangen, um zum Ausdruck zu bringen, daß die zweck=
mäßige Behandlung des Bodens nicht nur einen Teil,

lichkeit geschaffen, der Saat einen guten Aufgang zu sichern, sondern sie erweisen sich auch als sehr nützlich gegen das Unkraut und namentlich auch für die Erhaltung der Bodenfeuchtigkeit in leicht austrocknenden Böden, die andernfalls sehr leicht durch Sommerdürre zu leiden haben. Auf solchen Böden vermeide man auch die Anwendung stärkerer Gaben von Kalidüngemitteln, besonders von Kainit, unmittelbar vor der Saat, da sonst allzuleicht statt der erwarteten günstigen Wirkung selbst eine Ertragsverminderung eintreten kann.

Ungemein bedeutsam ist bekanntlich die **Fruchtfolge** für die Entwicklung der Kulturpflanzen und damit auch für deren Widerstandsfähigkeit gegen Krankheiten und Schädlinge. Es seien daher nochmals die besonders im Interesse des Pflanzenschutzes gelegenen Gesichtspunkte, die bei der Beurteilung derselben in Betracht kommen, der Beachtung empfohlen. Näheres vergl. S. 314.

Beim **Sommergetreide** gewährt eine unter Berücksichtigung der örtlichen Verhältnisse möglichst **frühe Saat** den besten Schutz vor dem Befall der Pflanzen durch die schädlichen Getreidefliegen, sowie vor dem Auftreten des Flugbrandes, namentlich jenem des Hafers, in manchen Jahren auch vor Rostbefall. Wo es die klimatischen oder jeweiligen Witterungsverhältnisse gestatten, wird man daher schon im März die Saat vornehmen. Doch gibt es auch Verhältnisse, wo eine möglichst **späte Saat** des Sommergetreides angezeigt sein kann, so z. B., wenn der Boden viel Windhafer enthält, weil in diesem Falle durch die späte Bestellung schon viele junge Windhaferpflanzen vernichtet werden. Vielfach ist es auch üblich, vor der Saat gewisse andere Unkräuter, namentlich den Hederich und Ackersenf hervorzulocken, um sie dann bei der Bestellung vernichten zu können. Auch in diesem Falle wird natürlich, wenn der Zweck erreicht werden soll, die Saat hinauszuschieben sein. Wie bei allen Dingen, so ist also auch hier das Schablonisieren zu vermeiden, aber natürlich genau fest

sondern sogar mit die wichtigste Grundlage des Pflanzenschutzes bildet.

zustellen, ob unter den gegebenen örtlichen Verhältnissen mehr nach der einen oder der anderen Richtung vorzugehen ist. Seitdem es z. B. gelingt, den Hederich durch Bespritzung mit Eisenvitriollösungen zu vernichten, wird man wegen ihm auf die Vorteile der frühen Saat nicht zu verzichten brauchen.

Bei der Wahl des Zeitpunktes für die Saat ist natürlich auch die Beschaffenheit des Bodens in hohem Maße entscheidend; wird bereits gesät, bevor sich der Boden einigermaßen erwärmt hat, so kann die Gefahr des Ausfaulens der Samen eintreten; auf schweren Böden, deren Bearbeitung auch längere Zeit erfordert, wird daher die Saat im allgemeinen später erfolgen können als auf leichteren, auf denen es besonders gilt, die Winterfeuchtigkeit möglichst auszunützen.

Selbstverständlich ist es, daß zur Saat nur bestmöglich gereinigtes und brandfreies Saatgut verwendet wird. Wo bezüglich der Brandfreiheit nicht vollste Sicherheit vorliegt, ist unbedingt eine Beizung des Getreides gegen Brand vorzunehmen. Für den Haferflugbrand, den Steinbrand des Weizens und den sog. Hartbrand der Gerste ist in erster Linie das Formalinverfahren zu empfehlen. (Vergl. Anweisung hierzu S. 391, wo auch einige andere Beizverfahren angegeben sind.) Die Durchführung der neuerdings vielfach empfohlenen Heißwasser- und Heißluftbeizung gegen den Weizen- und Gerstenflugbrand ist nicht in allen Wirtschaften möglich. Wo diese Brandarten in den Vorjahren in großer Menge sich zeigten, ist es daher das beste, einen Saatgutwechsel vorzunehmen. Eine Beizung der Körner kommt bei der Gerste auch in Betracht gegen die Streifenkrankheit. (Vergl. S. 187.)

Drillsaat sichert neben anderen Vorteilen die Möglichkeit der Behackung; sie ist auch besonders zu empfehlen, überall da, wo Untersaaten mit Rotklee oder Serradella 2c. vorgenommen werden.

Wo leicht Lagerfrucht eintritt, wird man natürlich weiter drillen als sonst und mit der Stickstoffdüngung vorsichtig sein. Dagegen empfiehlt sich in solchen Fällen ganz besonders die Zufuhr von Phosphorsäure in Form von Thomasmehl oder Superphosphat. Ähnlich liegen die

Verhältnisse, wenn die Böden das Auftreten des Rostes oder der Fußkrankheiten besonders begünstigen.

Auf Feldern, die von D r a h t w ü r m e r n heimgesucht sind, empfiehlt sich eine mehr oberflächliche Unterbringung der S a a t , da in diesen Fällen die Schädlinge nicht so leicht den ganzen Keim vernichten, sondern mehr die Wurzeln angreifen, die sich wieder erneuern können.

Besonders üblich ist es, den R o t k l e e i n H a f e r (oder Sommerroggen) einzusäen, wobei Hafer- und Kleesamen gleichzeitig gedrillt werden können. Dagegen beeinträchtigt die vielfach übliche Einsaat von Klee in Gerste leicht die Qualität der zu erntenden Gerstenkörner und zwar namentlich dadurch, daß durch den Klee das rasche Trocknen der Gerste erschwert und unter Umständen auch der Stickstoffgehalt der Gerstenkörner erhöht wird.

Gegen die Einsaat des Klees in Hafer wird geltend gemacht, daß der Hafer in der Fruchtfolge meist sehr schlecht bedacht werde, indem man ihn auf ein abgetragenes und oft auch verunkrautetes Feld bringe, und daß er ferner zu spät das Feld räume. Der erste Einwurf wird am besten dadurch zu entkräften sein, daß man, was aus vielen anderen Gründen an sich schon sehr empfehlenswert erscheint, auch den Hafer, der namentlich für Düngung sehr dankbar ist, nicht zu stiefmütterlich behandelt.

Über die K l e e m ü d i g k e i t , die bei der Kleesaat zu berücksichtigen ist, vergl. S. 44.

S e r r a d e l l a , G e l b k l e e usw. sät man am besten unter Winterroggen, weil nur dieser so zeitig das Feld räumt, daß die Untersaaten noch genügend Zeit zur Entwicklung finden; doch ist vielfach auch die Untersaat in andere Getreidearten üblich. Klima, Bodenart und besondere Verhältnisse spielen bei der Wahl der Überfrucht jedenfalls eine große Rolle. Solche Untersaaten sollte man, namentlich in Fällen, wo die dazu gewählte Pflanzenart nicht schon öfter gebaut wurde, nicht vornehmen, ohne das Saatgut mit Reinkulturen von Knöllchenbakterien zu impfen. (Vergl. S. 409.) Betreffs der Serradella ist außerdem zu beachten, daß sie möglichst zeitig und dick (bis zu 75 Kilo pro Hektar) gesät werden muß, wenn sie zum erstenmale angebaut wird. Ist es einmal gelungen, die Serradella zu besserem Wachstum zu bringen, was auf manchen Böden nur durch wiederholten, möglichst unmittelbar aufeinander folgenden Anbau erzwungen werden kann, so wird man die Saatmenge wesentlich verringern, und die Aussaatzeit, mindestens überall da, wo genügende Bodenfeuchtigkeit vorhanden ist, immer mehr in den April und selbst in den Mai verschieben, da sonst die Serradella zu leicht das Getreide überwächst.

Besondere Beachtung verdient die Beschaffenheit des Serradellasaatgutes; in manchen Jahren ist es schwierig, es in wünschenswerter Qualität zu erhalten, und außerdem wird der Reinigung der Serradellasaaten vielfach nicht jene Aufmerksamkeit gewidmet, wie jener der übrigen Kleearten. Nicht selten finden sich in ihnen sogar Seidesamen vor, trotzdem sie sehr leicht zu entfernen wären.

Bezüglich der Öffnung der **Kartoffelmieten** ist im allgemeinen zu raten, sie nicht allzu frühzeitig vorzunehmen; denn falls die Mieten richtig angelegt sind, gewähren sie auch Schutz, wenn die Außentemperatur sich erhöht. Die Kontrolle ist aber jetzt besonders sorgfältig durchzuführen und sobald die Temperatur über 10—12° C steigt, ist die Zeit gekommen, zu welcher die Miete unbedingt geräumt werden muß, da sonst rapide Fäulnis eintreten würde. (Über Mietenthermometer ꝛc. vergl. Oktober, S. 286.)

Bei der Vorbereitung des Kartoffelsaatgutes ist zunächst eine sorgfältige Ausscheidung aller angefaulten oder von irgend einer Krankheit befallenen Knollen vorzunehmen. (Bezüglich der schorfigen Kartoffeln siehe April, S. 50.) Jedenfalls sollten nur in gesundheitlicher Beziehung möglichst einwandfreie Pflanzkartoffeln verwendet werden. Beim Bezug von Kartoffeln zur Saat verlange man daher ausdrücklich eine Garantie dafür, daß die Knollen nicht von einem blattrollkrank gewesenen Felde stammen. (Näheres hierüber vergl. April, S. 51.)

Beim Behacken des **Hopfens** vernichte man die schmutziggelben, mit schwärzlichen, borstigen Wärzchen besetzten, bis 5 cm langen Raupen des Hopfenspinners, Hepialus humuli, die am Wurzelstock überwintern und ihn jetzt ausfressen, wodurch die Stöcke eingehen können oder mindestens schlecht treiben. Vergl. S. 253.

Im **Weinberge** sind alle Maßnahmen, die schon für Februar angegeben wurden, und auf möglichste Säuberung und auf Zerstörung der Winterformen der verschiedenen Schädlinge hinauslaufen, weiterhin zu berücksichtigen.

Gegen Ende des Monats oder zu Beginn des Aprils kann man die Reben und den Boden mit einer Emulsion bespritzen, die etwa 5—10⁰/₀ reines Karbolineum enthält: dabei sind die Angaben auf S. 365 ganz besonders zu beachten. Durch eine solche Bespritzung werden besonders die R e b e n s c h i l d l ä u s e und die Eier jener M i l b e n, die die F i l z k r a n k h e i t des Weinstocks hervorrufen, abgetötet: aber auch gegen den S p r i n g w u r m, möglicherweise auch gegen den T r a u b e n w i c k l e r und gegen manche andere Schädlinge wird sich diese Maßnahme als nützlich erweisen. Wer Karbolineum im Weinberg nicht anwenden will, da die Frage über die Zweckmäßigkeit der Anwendung und Zulässigkeit dieses Mittels immer noch nicht völlig geklärt ist, der wird schon gelegentlich der Vornahme des Schnittes Schildläuse und andere Schädlinge, die er beobachtet, durch Anwendung mechanischer Mittel, wie durch Abreiben, Abkratzen oder Abbürsten zu vertilgen suchen, dem unter Umständen auch das Bestreichen befallener Stellen mit irgend einem Insektengift folgen kann. Überhaupt wird bei der Wahl der Mittel, die bei diesen vorbeugenden Maßnahmen anzuwenden sind, darauf Rücksicht zu nehmen sein, gegen welche Schädlinge sie hauptsächlich in Betracht kommen: so wird empfohlen, jene Stöcke, an welchen sich im Jahre zuvor der e c h t e M e h l t a u zuerst gezeigt hat, zur Zeit des Schnittes mit einer Lösung von Eisenvitriol (¹/₂ Kilo auf 1 Liter Wasser) anzustreichen, da dadurch zu verhindern sei, daß diese Stöcke wieder Ansteckungsherde für die benachbarten bilden.

A u s d r ü c k l i c h sei hervorgehoben, daß K a r b o l i n e u m p r ä p a r a t e oder andere S t o f f e, die e i n e n s c h a r f e n G e r u c h h a b e n, w i e K r e s o l u. d e r g l., im W e i n b e r g e nur im F r ü h j a h r und im S p ä t h e r b s t nach der L e s e angewendet w e r d e n d ü r f e n und auch dann nur als Bespritzungsmittel, nicht aber zum Imprägnieren der Pfähle, in denen sich das Karbolineum sehr lange unzersetzt erhält. Am besten werden Karbolineumpräparate verwendet, denen, wie dem Humuskarbolineum, von vornherein Stoffe beigegeben sind, durch welche die Zersetzung des Karbolineums beschleunigt wird. Wo auf diese Umstände nicht Rücksicht genommen wird, nehmen die Trauben den Geruch des Karbolineums an, bezw. der aus ihnen bereitete Wein hat einen Karbolineumgeschmack. Wo man zur Behandlung von Reblausherden im Hochsommer Kresol mitverwendete, ist es schon wiederholt vorgekommen, daß der aus den Trauben benachbarter Weinberge gewonnene Wein Kresolgeschmack besaß.

Das Abreiben oder Abbürsten der Reben, das man gegen Ende des Monats oder anfangs April ausführt, kommt namentlich in Betracht gegen die Winterpuppen des Traubenwicklers (vergl. S. 150), wenn auch nur da, wo der Stamm hoch gezogen wird und durch Verwendung von Stein, Eisen und Draht zu den Gerüsten, andere Schlupfwinkel als die Stämme nicht gegeben sind. Wo ein derartiges Abreiben stattfindet, wird man natürlich zweckmäßig erst nach Ausführung dieser Manipulation die Bespritzung mit einer Karbolineumemulsion vornehmen; speziell gegen den Traubenwickler hat man gute Resultate, statt mit Bestreichung oder Bespritzung mit Karbolineum, auch schon erzielt durch Bestreichen der Stämme mit einer Mischung von Kalkmilch und 3—5 % Petroleum, oder mittelst eines Gemenges von 5 Kilo Kupfervitriol, 10 Kilo Eisenvitriol, 10 Kilo Ätzkalk zu 100 Liter Wasser. Vorschriften zur Herstellung solcher Anstrichmittel gibt es noch verschiedene; alle diese Mittel sollen aber nicht schon im Winter, sondern erst im Frühjahr, zu einer Zeit, welche dem Saftsteigen nahe liegt, zur Verwendung gelangen.

Zum Abreiben der Stöcke benützt man rauhe Lederlappen oder Handschuhe, im Ausland vielfach die besonders für diesen Zweck hergestellten sogen. Sabaté'schen Handschuhe; das beste ist aber wohl die bloße, durch die Arbeit gehärtete und rauhe Hand des Winzers.

Nur hingewiesen sei hier auf das Verfahren, die überwinternden Springwurmräupchen im zeitigen Frühjahr durch Abbrühen der Reben mit heißem Wasser abzutöten.

Die **Weinbergsschnecken** sind zu sammeln.

Mit den vorbeugenden Maßnahmen gegen die vielen Schädlinge und Krankheiten der **Obstbäume** muß im März besonders eingesetzt werden. Jetzt ist es gerade noch Zeit, die **großen und kleinen Raupennester** abzuschneiden oder gegen sie die Raupenfackel anzuwenden; letzteres hat allerdings nicht immer den gewünschten Erfolg. Bei der Wiederholung des **Kalkanstrichs**, die sehr zu empfehlen ist, da dadurch auch ein guter Schutz gegen die im März oft besonders große Frostgefahr geschaffen wird, setzt man dem Kalk zweckmäßig 10 % reines **Karbolineum** zu. Man kann aber auch eine Bespritzung der Bäume mit einer der bekannten Karbolineumemulsionen vornehmen und zwar in einer Konzentration, die etwa 5 bis 10 % reines Karbolineum enthält. (Vergl. S. 364.) Wie beim Weinstock, so werden durch diese Maßnahmen die kleinen roten Eier der Milbenspinne, die Wintereier der Blattläuse, die als glänzend schwarze Punkte auf Rinde und jungen Zweigen sitzen, Schildläuse und zahlreiche auf den Zweigen der Bäume vorhandene Schädlinge vernichtet.

Gegen die **Blutlaus** kann jedoch ein durchgreifender Erfolg nur durch direkte Bepinselung mit Karbolineummischungen oder anderen Blutlausbekämpfungsmitteln (vergl. S. 367) erzielt werden.

In Gegenden mit zeitigem Frühjahr hat man unter Umständen im letzten Drittel des Monats schon eine **Bespritzung mit Kupferkalkbrühe** oder einer anderen, gleichwertigen Kupferbrühe vorzunehmen; in solchem Falle kann natürlich das Kalken unterbleiben. Zu berücksichtigen ist, daß die Bespritzung mit Kupferbrühen hauptsächlich vorbeugend wirken soll gegen verschiedene Pilzkrankheiten der Obstbäume (vergl. S. 110 u. 168), während die Karbolineumbespritzung mehr, wie schon erwähnt, gegen tierische Schädlinge sich richtet. Wo die Notwendigkeit vorliegt, gegen beide Gruppen von Schädlingen vorzugehen, ist es das beste, um wiederholte Bespritzungen mit verschiedenen Mitteln zu vermeiden, Brühen zu verwenden, die Karbolineum und Kupfervitriol zugleich enthalten. (Vergl. S. 375.)

Die Bespritzung mit Kupferbrühe kommt Ende März

hauptsächlich in Betracht gegen die Kräuselkrankheit
der Pfirsiche (vergl. S. 111): gerade bei den Pfirsichbäumen ist es wichtig, möglichst früh mit der Bespritzung
zu beginnen, dafür aber auch frühzeitig wieder mit ihr
aufzuhören, da sie gegen Bespritzung im belaubten Zustande
sehr empfindlich sind. Die erste Bespritzung mit Kupferbrühe nimmt man vor, sobald die Knospen zu treiben beginnen, also noch vor der Blüte, und zwar am besten mit
einer 2%igen Kupferbrühe; eine zweite Bespritzung folgt
späterhin unmittelbar nach dem Blühen, eine dritte und
letzte 8—14 Tage nach der zweiten. Über die bei diesen
beiden Bespritzungen in Betracht kommenden Vorsichtsmaßnahmen vergl. April, S. 62.

Etwa vorhandene Frostplatten sind auszuschneiden
und die Wundflächen entweder mit Teer oder Baumwachs
zu verschmieren; besonders gut ist, namentlich auch bei
Rindenbrand, eine Mischung von Lehm und Kuhmist. Ebenso
versäume man nicht, etwa noch an den Bäumen hängende
Früchte, die gefährliche Pilzüberträger sind, zu vernichten,
grindige Zweige zurückzuschneiden und zu verbrennen.

Überhaupt stellt der März die beste Zeit dar, die Bäume
auszuputzen und dabei alles Krankhafte, wozu auch Wasser-
und Wurzelschößlinge gehören, zu entfernen.

Auch sollen sich Äste nicht kreuzen oder reiben; wo
deswegen oder aus anderen Gründen Auslichtungen der
Kronen vorgenommen werden, sorge man für möglichst
glatten Schnitt und zwar im Astring, weil sonst die Wunden
nicht rasch genug vernarben. Um das Eindringen holz-
zersetzender Pilze zu verhüten, tut man gut, die Wunden
mit Baumwachs, Holzteer oder einer Mischung aus Lehm
und Mist zu verschließen, die nach Lehnert, damit sie
besser haftet, zweckmäßig mit einer größeren Menge Kälber-
haare vermengt wird.

Wo es in Betracht kommt, kann man von Ende März
an bis in den Mai hinein auch das Schröpfen der
Bäume ausführen, das bekanntlich eine ausgezeichnete Wirkung hat, wenn der Stamm schlecht verheilende Wunden
oder Frostschäden zeigt oder auch bei schlechtem Wachstum
im allgemeinen. Das Holz darf durch die mit dem Messer

zu machenden, je 2—3 senkrecht nebeneinander verlaufenden
Einschnitte nicht verletzt werden.

Die überaus gefährlichen **Apfel- und Birnenblütenstecher**, Anthonomus pomorum und Piri (vergl.
Fig. 3), jene kleinen Rüsselkäferchen, deren Larven (beim
Apfelblütenstecher Kaiwurm genannt) das meist fälsch-
licherweise dem Frost zugeschriebene „Brennen" der Blüten
hervorrufen, beginnen schon sofort nach Beendigung des
Winters auf die kahlen Obstbäume aufzusteigen. Namentlich der Birnknospenstecher erscheint meist schon sehr früh:

Fig. 3.
Birnenblütenstecher und Larve des Apfelblütenstechers.

man begegnet ihnen u. a. durch Anlegung sogen.
Fanggürtel um die Bäume schon zu Beginn des
Monats. Besonders zu empfehlen für diesen Zweck sind der
Insektenfanggürtel „Einfach" von C. Hinsberg, Nackenheim a. Rh., und die Goethe'schen Obstmadenfallen, zu beziehen von Wilh. Ochs jun., Schmitten i. Taunus. Vergl.
auch S. 299.) Doch kann man auch nicht zu dicht zusammen-
gedrehte Garbenbänder und ähnliche Vorrichtungen verwenden. In diesen Gürteln fangen sich auch verschiedene
andere tierische Schädlinge, namentlich Käfer. An Hoch-
stämmen werden sie in etwa 1 Meter Höhe an die Bäume
gelegt; bei jungen Bäumchen bindet man sie unterhalb der
untersten Zweige fest.

Von dem Gürtel „Einfach" kostet die Rolle zu 30 Meter 1.50 ℳ
der Preis für 10 Rollen, also 300 Meter, beträgt 14.50 ℳ. Zu
10—15jährigen Bäumen braucht man ungefähr je 1 Meter. Die
Hauptverwendung finden diese Fanggürtel zur Bekämpfung der Obstmaden. (Vergl. S. 155.)

Vor Anlegen der Gürtel entfernt man zweckmäßig die Leimringe, die vom Herbst her noch an den Bäumen sich befinden; dabei versäume man nicht, auch unterhalb dieser Ringe am Stamm nach Eiern der Frostspanner zu fahnden, und sie, wo man sie findet, durch sorgfältiges Abbürsten mittelst Schmierseifenwassers zu vernichten.

Auch wo man durch derartige Gürtel gegen die Blüten= stecher vorgeht, gelangen doch viele von ihnen in die Baum= krone; jedenfalls überzeuge man sich von dem etwaigen Vorhandensein der Schädlinge dadurch, daß man am frühen Morgen oder bei trübem Wetter, wenn die Käfer nicht fliegen, die Bäume mit entsprechend langen Stangen abklopft, nachdem man zuvor ein weißes Tuch untergelegt hat. Auch in aufgespannte Schirme kann man die Schädlinge, die sich leicht fallen lassen, auffangen. An den Stangen bringt man, damit sie den nötigen Schwung erhalten, am oberen Ende einen Bleiring an, den man, um Astverletzungen zu vermeiden, mit Lappen umwickelt. Herabfallende Käfer sind natürlich zu sammeln und zu ver= nichten. Findet man (an den Birnen) bereits angestochene Blütenknospen, so werden dieselben, wo es möglich ist, ent= fernt und verbrannt.

In der Nähe von Obstgärten oder in diesen befind= liche Sadebäume sind, sofern man den Birnrost früher schon beobachtet hat, zu entfernen oder ganz zurückzuschneiden, da sie den Rost auf Birnbäume übertragen. Wer sich nicht entschließen kann, die Sadebäume ganz aus dem Garten zu entfernen, halte sie mindestens genau in Beobachtung und schneide später etwa an Rost erkrankte Zweige, sobald man sie bemerkt, sorgfältig unter Vermeidung der Verstäubung ab.

Bei Bezug von Stämmen und Reisern von Obst= und anderen Baumarten achte man darauf, daß sie frei sind von Schildläusen, Blutläusen und Pilzen; ganz be= besonders gilt dies auch bei Bezug von **Beensträuchern**, namentlich aber von Stachelbeeren, um die Einschleppung des Amerikanischen Stachelbeermehltaus (ver= gleiche S. 395) zu verhindern, der die Triebe der Pflanzen zur Verkümmerung bringt und sich an ihnen in Form eines braunen, dichten Überzuges vorfindet. Meist wird dieser überzug allerdings vor der Absendung durch Bespritzung mit desinfizierenden Mitteln entfernt sein oder die Triebe sind ganz zurückgeschnitten: damit ist aber noch keineswegs ein genügender Schutz vor dem Auftreten dieses gefährlichen Parasiten gegeben. Wo das Aussehen der Triebe von Stachelbeer= (oder auch Johannisbeer=) Pflanzen Verdacht erweckt, sende man daher einige von ihnen sofort, am besten in gutschließenden Blechgefäßen, an die zuständige Station für Pflanzenschutz.

Über eventuell in Betracht kommende Maßnahmen gegen den Amerikanischen Stachelbeermehltau vergl. S. 400.

Unbedingt geboten erscheint es, sich bei Bezug solcher Pflanzen ausdrücklich das Freisein vom Amerikanischen Mehltau garantieren zu lassen: ein solche Garantie verlange man auch bei Apfelbäumen in Bezug auf die Blutlaus, bei Weymutskiefern bezüglich des Weymutskiefernrostes und dergl.

Bei den Beerensträuchern wird man ähnlich wie bei den Obstbäumen durch Bespritzung mit einer Karbolineumemulsion, die an den Stämmen und Zweigen überwinternden tierischen Schädlinge, namentlich die Schildläuse, vernichten, dann auch durch Umgraben des Bodens gegen die in diesem überwinternden Insekten vorgehen und kranke Zweige und Triebe, in deren Mark bei Stachel= und Johannisbeeren die weißliche, braunköpfige Raupe des Johannisbeerglasflüglers, Sesia tipuliformis, sich befindet, abschneiden und verbrennen.

Wo dies nicht schon im Herbst geschehen ist, werden jetzt, sobald der Boden nicht mehr durchfroren ist, Bäume und Sträucher gepflanzt. Hierbei ist besonders zu beachten, was auch im Oktober, S. 300, dargelegt ist, daß nämlich die Möglichkeit einer gesunden Entwicklung und die Widerstandsfähigkeit gegen schädliche Einflüsse aller Art in außerordentlich hohem Grade abhängig ist von der Sorgfalt, die man beim Verpflanzen anwendet, ganz besonders aber von der Wahl der Sorten, die zur Anpflanzung gelangen. Hier sei nur noch hervorgehoben, daß es besonders wichtig ist, bei jungen Bäumen die Baumscheibe frei zu halten. Der Boden soll stets offen sein und muß daher etwa alle Monate mehrere Jahre hindurch aufgelockert werden. Auch das Gießen der jungen Bäume ist für deren Entwicklung von Bedeutung; am besten erfolgt es durch Löcher, etwa alle 14 Tage. Vorerst aber genügt es auf längere Zeit, wenn die frisch gesetzten Bäume und Sträucher einmal gründlich angegossen worden sind; gut ist es dann, die Baumscheibe um den Stamm herum mit kurzem Dünger zu belegen. Nach J. Böttner empfiehlt es sich auch, frisch gepflanzte Bäume jeden Tag zweimal früh und abends mit abgestandenem Wasser leicht zu bespritzen.

Man vergesse auch nicht, die Baummüdigkeit zu berücksichten. (Vergl. Oktober, S. 303.)

Von großer Bedeutung für die Entwicklung junger und alter Obstbäume ist es, ob der Boden, auf dem sie stehen, mit anderen Pflanzen bewachsen ist oder nicht. Besonders häufig findet man die Obstbäume noch in Grasgärten und dann meist in recht kümmerlicher Entwicklung; hier muß auf alle Fälle, namentlich bei jungen Bäumen, wie schon erwähnt, eine Baumscheibe hergestellt und durch die Hacke offen gehalten werden. Nur bei reichlicher Bewässerung und hohem Grundwasserstand, und ausgiebiger Düngung mit flüssigem Dünger können auch in Grasböden gute Obsterträge erzielt werden. Wo aus wirtschaftlichen Gründen auf Graswuchs unter den Bäumen nicht ganz verzichtet werden kann, ist es sehr empfehlenswert, das Gras von 5 zu 5 Jahren umzustechen oder umzupflügen, Hackfrüchte auf das Land zu bauen, wozu, wenn erforderlich, eine reiche Kalkdüngung zu geben ist, darauf Gründüngung folgen zu lassen und dann den Boden wieder mit Gras zu besäen. Noch erheblich schädlicher als eine Grasnarbe erweisen sich für das Gedeihen der Bäume Unterkulturen von tiefwurzelnden, eine Reihe von Jahren ausdauernden Pflanzenarten, wie z. B. der Luzerne, die den Bäumen Wasser und Nahrung wegnimmt und dadurch auf sie geradezu giftig wirkt. Dagegen kann der Anbau der verschiedensten Gemüsearten und dergl., die viel Düngung und Bearbeitung des Bodens nötig machen, in Obstgeländen auch den Bäumen sehr zustatten kommen.

Ende März tut man gut, festgewurzelte **Rosen** bei mildem Wetter aufzudecken und alsbald zu beschneiden, da sie nicht allzu lange das Bedecktsein ertragen. Das Deckmaterial hält man in der Nähe, damit man es, falls wieder kaltes oder rauhes Wetter eintritt, zu einer nun loseren Bedeckung zur Hand hat.

Im **Gemüsegarten** erfolgen im März, sobald der Boden betreten werden kann, die ersten Aussaaten und die Anlegung der Mistbeete, mit der man übrigens meist schon im Februar begonnen haben wird. Hierbei sorge man für möglichst gesundes, frisches Saatgut, indem man nur bei zuverlässigen Firmen kauft und in allen Fällen, wo die Samen verdächtige Merkmale zeigen oder schlecht auflaufen, eine Samenkontrollstation zu Rate zieht, die die notwendigen Prüfungen, mindestens in solchen Fällen, wo es sich nur um kleine Mengen von angekauften Samen handelt, sicherlich gerne ohne Anrechnung größerer Kosten oder ganz unentgeltlich ausführen wird. Freilich ist es zur Ermöglichung einer solchen Untersuchung stets durchaus notwendig, daß von den Samen eine kleine Probe zurückbehalten wird.

Sehr häufig kommt es vor, namentlich bei Kohlarten, daß in den Frühbeeten die Keimpflänzchen schwarzbeinig werden und umfallen. Schuld daran trägt besonders zu dichter Stand, durch den Licht und Luft nicht genügend zutreten können, weshalb ein Auslichten der Saaten das beste Mittel darstellt. Auch empfiehlt es sich, die Pflanzen abzuhärten durch reichliche Lüftung und schließliches vollständiges Abnehmen der Fenster während des Tages, sobald es nicht mehr gefriert. Die Erreger dieser ganzen Erscheinung sind teils Bakterien, teils Pilze; unter den letzteren ist namentlich Pythium de Baryanum (vergl. S. 337) sehr häufig. Das Weiterwuchern dieser Schädlinge kann, soweit es nicht schon durch Auslichtung hintangehalten wird, durch Einstreuen von gepulverter Holzkohle zwischen die Sämlinge verhindert werden.

In Mistbeeten stellen sich häufig die sogen. Springschwänze, Poduriden, kleine, flohartige, je nach der Art weiß oder dunkel gefärbte Insekten zu Tausenden ein; sie leben hauptsächlich von faulenden Pflanzenstoffen, werden mitunter aber auch lebenden Pflanzenteilen schädlich, weshalb man sie am besten durch Überstreuen mit Insektenpulver beseitigt.

An Topfpflanzen, die man im Keller oder im Kalthause überwintert, hat sich, namentlich wenn die Pflanzen zu feucht gehalten wurden, häufig der graue Traubenschimmel, Botrytis cinera, eingestellt, gegen den man vorgeht durch Entfernung der befallenen Teile, Trockenhaltung, Ermöglichung der Luftzufuhr 2c. Sind an den Pflanzen, die ins Freie gebracht werden, Blattläuse vorhanden, so beseitigt man dieselben am besten durch Bespritzung mit einem der im Anhang angegebenen Mittel oder auch dadurch, daß man die oberirdischen Teile, namentlich von buschigen Pflanzen, mehrere Stunden in Wasser untertaucht.

Auf die Notwendigkeit einer guten Vorbereitung des Gartenbodens für die Saat durch tiefe Grabung, Hackung und Harkung sei hier nur hingewiesen; ebenso auf den großen Nutzen, den die Verbesserung der Erde durch Kompost hervorruft, wenn diese noch etwas roh und klumpig ist. Die Rillensaat ist der Breitsaat deswegen vorzuziehen, weil es leichter ist, zwischen den Reihen später das Unkraut zu entfernen. Man vermeide auch hier zu dicke Saat, da sich sonst die einzelnen Pflanzen nicht frei ent= wickeln können und infolge des Luftabschlusses ebenfalls leicht ein Umfallen durch Keimlingspilze erfolgt. Gehen die Samen doch zu dick auf, so muß späterhin rechtzeitig aus= gelichtet werden.

Wer nicht schon im Herbst die Spargelstumpfe tief abgeschnitten hat, muß dies jetzt ausführen. Er wird finden, daß in ihnen häufig die Käfer des Spargel= hähnchens (vergl. S. 117), die dort überwintern, enthalten sind. Man geht unter Umständen bis fingertief mit dem Schnitt in die Erde, um alle Schädlinge sicher zu entfernen, die alsdann vernichtet werden müssen.

Ebenso versäume man ja nicht, etwa noch vorhandene Kohlstrünke noch vor Eintritt des Frühjahrs zu verbrennen, da in ihnen vielfach in besonderen Anschwellungen der Kohl= gallenrüßler (vergl. S. 69) überwintert.

Mit Beginn der wärmeren Jahreszeit können sich auf den Fruchtböden, namentlich wo Getreide lagert, die verschiedenen **Speicherschädlinge** wieder geltend machen. Ein kleiner Rüsselkäfer, der **s ch w a r z e K o r n w u r m, K o r nk r e b s** oder **K l a n d e r**, Calandra granaria (vergl. Fig. 4),

Fig. 4.
Schwarzer Kornkäfer.

kommt aus seinen Verstecken hervor, um das lagernde Getreide aufzusuchen, und schon 10 bis 12 Tage nach der alsbald erfolgenden Eiablage erscheinen die Larven, die in 3—4 Wochen die Körner ausfressen und sich dann in ihnen verpuppen. Die ganze warme Jahreszeit hindurch finden sich späterhin in solchem befallenen Getreide alle Entwicklungsstufen des Käfers; am liebsten geht er etwas dumpfiges, feucht eingebrachtes Getreide, am wenigsten den Hafer an. Man kann den Käfern den Zugang zu den Getreidehaufen versperren, indem man in weitem Bogen um diese mit Brumataleim oder Steinkohlenteer einen mehrere Zentimeter breiten Ring am Boden anbringt. Natürlich wird man schon im Laufe des Winters nach den im Februar, S. 12, gegebenen Weisungen, die überwinternden Käfer zu vernichten suchen. Den ganzen Sommer hindurch ist ferner, namentlich wenn doch ein Befall der Getreidevorräte stattgefunden hat, durch häufiges Umschaufeln und Durcharbeiten derselben, event. unter Anwendung der Windsiege und unter Berücksichtigung der S. 203 angegebenen Vorsichtsmaßregeln, gegen den Schädling vorzugehen. Wo Rieseleinrichtungen vorhanden sind, erweist sich deren Verwendung als sehr nützlich. Eine direkte Bekämpfung kann durch Anwendung von Schwefelkohlenstoff vorgenommen werden, wie dies im Juni auf S. 122 angegeben ist. Zu beachten sind ferner die An-

gaben im September auf S. 257 zur Verhütung der Ein=
schleppung.

Nicht minder schädlich als Speicherfeind kann die
Kornmotte oder der weiße Kornwurm, Tinea
granella (vergl. Fig. 5), werden. Die kleinen Motten er=
scheinen in der Regel erst von Mai an bis einschließlich Juli,
nicht selten aber auch schon im April, und legen ihre Eier
an Getreide und Mahlerzeugnisse, selbst au Säcke. Die nach
etwa 10—14 Tagen aus den Eiern hervorgehenden Räupchen
fertigen ein Gespinst, durch das mehrere Körner zusammen=
gesponnen werden: dieses Gespinst und die darin verteilten

Fig. 5.

Raupe der Kornmotte (Tinea granella). Der sogenannte weiße
Kornwurm. (Etwa doppelte natürliche Größe.)

weißen Kotkügelchen sind sehr charakteristisch. Da die Motte
auch im Freien lebt, so sind zur Flugzeit die Luken und
Fenster der Speicher verschlossen zu halten (vergl. aber
auch Juni, S. 123). Kleine Kornhäufchen kann man als
Köder benützen, die größeren überdeckt man mit einer Plane.
Die Motten selbst sind im Speicher mit Fanglaternen oder
Klebflächern zu fangen. Umschaufeln des Getreides, An=
wendung der Windfege, sowie von Schwefelkohlenstoff sind
auch hier angezeigt, und in den Monaten, wo diese Maß=
nahmen besonders in Betracht kommen, nachzulesen.

Außer den beiden vorstehend genannten Speicherschädlingen
können gelegentlich noch verschiedene andere Arten auftreten: Unter
den Käfern ist hier zu nennen der dem Kornkäfer sehr ähnliche Reis=
käfer, Calandra oryzae, der sehr häufig mit ausländischem Ge=
treide eingeschleppt wird und dann auf den Speichern auch auf unsere
einheimischen Getreidearten übergeht. Im Gegensatz zu einer weit
verbreiteten Meinung kann er auch bei uns sich entwickeln, wenn
er auch weniger widerstandsfähig gegen unsere klimatischen Ver=

hältnisse ist, als die einheimische Art. Häufiger sind auch der ge=
meine Brotkäfer, Trogosita mauritanica, und der besonders
an Mais und Weizen auftretende kleine Mehlkäfer, Tribolium
ferrugineum.

Unter den Schmetterlingen spielt die französische Ge=
treidemotte, Sitotroga cerealella, oft eine große Rolle, da ihr
Räupchen die sämtlichen Getreidearten befallen kann; zum Unter=
schied von jenen der Kornmotte werden aber durch sie die Körner
nicht zusammengesponnen. Die Motte fliegt im Mai und Juni bis
in den Juli hinein. Das Getreide kann durch den Befall bis zu
50 % seines Gewichtes verlieren und bekommt außerdem einen ekel=
haften Geschmack. Das Räupchen des amerikanischen Mehl=
zünslers oder der Mehlmotte, Ephestia Kühniella, sucht
namentlich das Mehl heim, zernagt aber auch die Getreidekörner.

Die Vorbeugungs= und Bekämpfungsmaßnahmen gegen alle
diese und verschiedene hier nicht aufgeführte Arten sind im wesent=
lichen dieselben, wie sie in den einzelnen Monaten für den schwarzen
und weißen Kornwurm angegeben sind.

Im April kann auch der Kampf gegen die **Feld= und
Wühlmäuse** fortgesetzt werden, doch bleibt zu beachten, daß
die ersteren dargebotene Giftkörner und andere Köder umso
lieber annehmen, je mehr sie an Nahrungsmangel leiden.
Mit dem Fortschreiten der Vegetation sind auch die Mäuse=
löcher nicht mehr so leicht wahrzunehmen und das Betreten
der Felder bringt immer mehr Schädigungen mit sich.

Auch gegen die übrigen schädlichen Nagetiere kann nach
den bereits im März angegebenen Weisungen weiterhin vor=
gegangen werden.

Sobald es etwas wärmer wird, werden auf Äckern und in
Gärten allerlei **Bodenschädlinge**, die zum größeren Teil schon im
Herbst unangenehm sich bemerkbar machten, wieder rege und rufen
einen meist noch größeren Schaden besonders dadurch hervor, daß
sie vielfach an die jungen, noch wenig widerstandsfähigen Pflänzchen
herangehen. So begegnen wir wieder den Larven der Kohl=
schnaken und der Haarmücken (vergl. S. 248), die Enger=
linge steigen höher empor; Drahtwürmer und Erdraupen,
d. h. die Raupen verschiedener Eulenarten fressen an zahlreichen
Pflanzen; die Tausendfüßler (vergl. Fig. 6) werden namentlich
den keimenden Samen verderblich und auch die Schnecken stellen
sich wieder ein. Man wird sich nicht damit begnügen, diese ver=
schiedenen Schädlinge überall, wo man ihnen begegnet, namentlich
bei der Bearbeitung des Bodens, zu vernichten, sondern, wo es
durchführbar erscheint, sie auch direkt aufsuchen oder durch ausge=
legte Köder anlocken. Die dabei in Betracht kommenden Mittel
sind in Fällen, wo derartige Schädlinge eine besonders große Rolle

spielen, in den einzelnen Monaten angegeben. Die Erdraupen (vergl. S. 272 u. Fig. 104), die nachts auch an den oberirdischen Pflanzenteilen fressen, können in Gärten und Gemüseländereien mit der Laterne abgesucht werden. Glücklicherweise hört ihr Fraß, ebenso wie jener der Kohlschnacken- und Haarmückenlarven, bald auf, da sie sich von Ende April an verpuppen, um allerdings im Spätsommer und Herbst in zweiter Generation wieder zu erscheinen; vereinzelte Erdraupen findet man aber den ganzen Sommer hindurch.

Im Kampf gegen die genannten Schädlinge finden wir auch große Unterstützung durch ihre natürlichen Feinde; daß zu diesen in erster Linie die Stare gehören, sei nochmals hervorgehoben. Aber auch die Krähen und besonders der Maulwurf stellen ihnen eifrig nach. Gerade der letztere wird daher als ein ganz besonders großer Freund des Landwirts und Gärtners angesehen. Es fehlt zwar auch nicht an Behauptungen, daß er lieber den

Fig. 6. Gemeiner Tausendfuß (Julus terrestris).

Regenwürmern als den Engerlingen 2c. nachspüre, doch liegen andererseits genugsam Erfahrungen darüber vor, daß dies nicht unter allen Umständen zutrifft. Im allgemeinen wird man daher den Maulwurf schonen; denn seine Gegenwart beweist immer, daß im Boden Insektenlarven und dergl., die fast ausschließlich die Pflanzen schädigen, vorhanden sind. Freilich ist es besser, wenn beide Teile fehlen, wenn der Maulwurf also verschwindet, weil er im Boden nicht genügend Nahrung findet. Namentlich wo Maulwürfe in größeren Mengen auftreten, werden sie durch die zahlreichen Haufen, die sie aufwerfen, auf Wiesen und in Blumengärten doch sehr lästig und in solchen Fällen wird man sie vertreiben, falls man nicht vorzieht, sie mit den bekannten Fallen direkt abzufangen oder eine verdünnte Karbolineumemulsion in die Löcher einzugießen. Die Fallen dürfen nur mit Handschuhen angefaßt werden. Vertrieben werden die Maulwürfe auch auf Böden, die wiederholt bearbeitet werden, schon weil sich dadurch auch die Engerlinge 2c. schließlich verlieren.

Ob die Krähen mehr nützliche oder schädliche Tiere seien, ist schon viel erörtert worden; es wird sich dies aber wohl nicht allgemein entscheiden lassen. Jedenfalls nisten sie sich in manchen

Gegenden oft in so ungeheuren Mengen ein, daß der Wunsch, sie zu beseitigen wegen ihrer großen Schädlichkeit, namentlich für die ganz jungen Saaten, allgemein sich geltend macht. Geeignet hierzu ist das Ausnehmen der Nester mit der jungen Brut; man hat hierzu schon besondere Steiger angestellt, welche im Mai, wenn die jungen Krähen Federn bekommen und dann wieder nach 3 Monaten die Bäume bestiegen und die Nester zerstörten, mit dem Erfolge, daß die Krähen vollständig aus der Gegend verschwanden. Das Abschießen der Krähen soll nur wirksam sein, wenn ein dreitägiges ununterbrochenes Schießen bei Tage unter gleichzeitiger Unterhaltung des Feuerns bei Nacht ausgeführt wird. Auch das Aufhängen von Laternen soll die Krähen aus ihren Horsten vertreiben. Ferner liefert die Firma R. Weber in Haynau in Schlesien Krähenfallen; wenn sich in ihnen einige Tiere fangen, sollen die übrigen die Fluren auf längere Zeit verlassen. Endlich geht man gegen die Krähen auch mit Giften vor; besonders werden Rindsblut, Heringe oder andere kleine Fische mit Phosphorlatwerge versetzt und als Köder ausgelegt, an die andere Tiere, wie Hunde, Wild ꝛc. nicht gehen sollen. Auch mit Arsen vergiftete Köder hat man schon zur Anwendung gebracht.

Zu den durchaus nützlichen Tieren, die namentlich der Gärtner schonen sollte, gehören der Igel und die **Fledermäuse**. G. Rörig empfiehlt, den Fledermäusen geeignete Unterschlüpfe zu schaffen, indem man an geschützte Giebelwände und die Essen der Warmhäuser schmale Kästen anbringt, die etwa 50 cm hoch, ebenso breit und 10 cm tief sind, an der Vorderwand oben einige Löcher haben und inwendig mit Leisten benagelt sind, an die sich die Fledermäuse anklammern können. Damit sich die Sperlinge nicht darin ansiedeln, genügt es, die Kästen unten offen zu halten. Nützlich sind auch die **Kröten**, da sie namentlich den Schnecken, aber auch verschiedenen Insektenlarven eifrig nachstellen.

Unter den nützlichen Insekten sind vor allem die **Schlupfwespen** und **Raupenfliegen** hervorzuheben, die in anderen Kerbtieren einen Teil ihrer Entwicklung durchmachen und diese dadurch vernichten; ferner zahlreiche Arten von **Käfern, Florfliegen, Schnabelfliegen** ꝛc., die von anderen Kerbtieren leben; auch die **Spinnen** sind hier zu nennen.

Kehren wir zurück zur Besprechung jener jetzt im Frühjahr hervortretenden tierischen Bodenschädlinge, die die verschiedenartigsten Pflanzen befallen und deshalb hier im Zusammenhang besprochen werden müssen, so haben wir vor allem noch zu nennen das Stengel- und das Wurzelälchen:

Das **Stengelälchen,** Tylenchus dipsaci, das nur etwas über 1 mm lang und sehr schlank ist und deshalb nur bei mikroskopischer Vergrößerung deutlich wahrgenommen werden kann, lebt nie in den Wurzeln, sondern nur in oberirdischen Pflanzenteilen und veranlaßt in der Regel, daß dieselben klein und stockig bleiben und daß die Blätter mehr oder weniger verkrüppeln. Im allgemeinen wird die

von ihm veranlaßte Krankheit verschiedener Pflanzen als Stock=
krankheit bezeichnet. Unter den Kulturpflanzen leiden gelegentlich
an dieser Krankheit Roggen, Hafer, Rotklee, Luzerne und Acker=
bohne, Kartoffeln, Buchweizen, Hanf, Lein, Hopfen, Weberkarde,
Hyazinthe, Speisezwiebeln, Nelken, dann verschiedene Gräserarten
u. s. w. Die Stockkrankheit
des Roggens fällt besonders
im Frühjahr auf; die befallenen
Pflanzen zeigen bei gesunder,
grüner Farbe eine überaus starke
Bestockung, wobei der Stengel=
grund oft sehr stark zwiebelähnlich
angeschwollen ist und die klein=
gebliebenen Blätter wellenförmige
Kräuselungen zeigen (vergl. Fig. 7).
Am Hafer sind die Erscheinungen
ganz ähnlich; bei Rotklee und
Luzerne sind zahlreiche Triebe
verkümmert, dabei aber meist ver=
dickt und die Blättchen oft nur
schuppenförmig entwickelt. Be=
sonders charakteristisch ist das zu=
nächst fleckenweise Auftreten der
Krankheit in den Schlägen der
vorstehend genannten Pflanzen.
Inmitten dieser Flecken sind die
Pflänzchen schließlich vollständig
abgestorben und die geschilderten
Krankheitserscheinungen finden sich
nur an den Rändern der Flecken.
Die Älchenkrankheit der
Speisezwiebel und der
Hyazinthe erstreckt sich auch
auf die Zwiebeln, die leicht in
Fäulnis übergehen. Die Keim=
lingspflänzchen können ebenfalls
durch sie absterben. Die am Leben
bleibenden Pflanzen zeigen wieder
die charakteristischen Verdickungen
und Verkürzungen aller Organe.
Bei den Hyazinthen treten beson=
ders Verfärbungen und Verkrüm=
mungen der Blätter ein und die
Zwiebeln zeigen auf dem Quer=
schnitt braune Ringe. Bei den
Kartoffeln geben die Stengel=

Fig. 7. Stockälchen (Tylenchus
dipsaci).

älchen zu einer Fäulnis der Knollen Veranlassung. (Vergl. S. 288).
Bei der Weberkarde, bei der J. Kühn diese Nematodenart

zuerst entdeckt hat (daher der Name T. dipsaci), geben sie zu einer Kernfäule der Kardenköpfe Veranlassung.

Zur Beseitigung der Stengelälchen aus dem Boden, in dem sie jahrelang in lebensfähigem Zustand erhalten bleiben, wendet man mit Erfolg eine Fangpflanzensaat mit Buchweizen an, nachdem man die kranken und etwa 1 m breit auch die anscheinend gesunden Pflanzen an den Rändern der Flecken ausgejätet hat, am besten mittelst eines von Kühn angegebenen 4 zinkigen Wühleisens; bei größeren Flächen benützt man einen flachgehenden Kultivator oder die Kühn'sche Drillhacke. Der sofort zu säende Buchweizen darf nicht reif werden, sondern ist grün zu verfüttern oder einzusäuern; er muß mit der Sense möglichst tief geschnitten werden. Speziell für die Roggen= und Haferälchen kann man auch diese Pflanzen=arten selbst als Fangpflanzen benützen. Auf Zwiebel= und Hya=zinthenfeldern scheint die Fangpflanzenmethode weniger in Betracht zu kommen. Obgleich die Stengelälchen nur eine einzige Art dar=stellen, gehen sie nämlich doch nicht ohne weiteres von jeder Pflanzen=art auf die andere, etwa von der Speisezwiebel auf Buchweizen oder von Roggen auf die Weberkarde über, da sie sich schließlich an bestimmte Pflanzenarten, die besonders häufig in der Gegend gebaut werden, anpassen. Hier wird man also durch Verwendung gesunder Zwiebeln oder durch Ausschneiden kranker Stellen der Saatzwiebeln, sowie durch das Ausziehen und Verbrennen erkrankter Pflanzen den Schädling bekämpfen müssen.

Besonders zu berücksichtigen ist auch, daß die Älchen sehr leicht von einem Feld auf das andere durch den Menschen selbst und durch Ackergeräte und dergl. verschleppt werden können.

Von den die Wurzeln befallenden Älchen sind die sogen. Rübennematoden und ihre Bekämpfung im August, S. 243, näher beschrieben; vergl. auch Mai, S. 88. Diese Nematodenart geht be=sonders auch auf den Hafer über, der dadurch in seiner Entwicklung stark beeinträchtigt wird. Die anderen zahlreichen Nährpflanzen sind auf S. 246 angegeben.

Eine zweite, an den Wurzeln gallenförmige Anschwellungen er=zeugende Älchenart ist das Wurzelälchen, Heterodera radicicola, das ebenfalls bei überaus zahlreichen Pflanzenarten aus den verschiedensten Familien (so vor allem an: Birnbaum, Esparsette, Gelbklee, Gurke, Inkarnatklee, Kümmel, Lein, Luzerne, Mais, Möhre, Pastinak, Pfirsich, Rotklee, Tabak, Tomaten, Weizen, Weberkarde) vorkommt und gleiche Anpassungserscheinungen an bestimmte Arten zeigt. Schädlich werden diese Gallen, wie es scheint, erst dann, wenn sie von den Älchen verlassen werden und nun zu faulen beginnen, wo=durch auch der darunter befindliche Teil der Wurzeln in Fäulnis gerät. Nach Frank fällt dieser Zeitpunkt bei den einjährigen Pflanzen zusammen mit jenem des natürlichen Absterbens derselben, sodaß hier kaum eine Schädigung eintritt. Dagegen können perennierende Pflanzen mehr geschädigt werden, namentlich solche, die nicht schnell neue Seitenwurzeln zu treiben vermögen. Dracaena-, Musaarten zc. können dadurch vollständig absterben.

Wie die Auswinterung des Getreides verschiedene Ursachen haben kann, nämlich direkte Frostwirkung, Befall durch Schneeschimmel, Getreidefliegen, Nematoden usw., so kann auch jene des Klees, der Luzerne, der Esparsette, des Winterrapses u. dergl. durch recht verschiedenartige Umstände bedingt sein. Wie beim Getreide, so erscheint es auch hier sehr wichtig, daß die eigentliche Ursache mit möglichster Sicherheit festgestellt wird und es empfiehlt sich daher sehr, nicht nur abgestorbene Pflanzen, sondern vor allem solche, die zwar Krankheitserscheinungen zeigen, aber noch am Leben sind, samt Wurzeln und anhaftender Erde an eine Pflanzenschutzstation zu schicken. In den weitaus meisten Fällen handelt es sich beim **Auswintern des Klees** um die Wirkung des sogen. Kleekrebses, Sclerotinia trifoliorum, eines Pilzes, der die Wurzeln und tieferen Stengelteile zersetzt; er ist durch das Auftreten schwarzer, innen weißer Pilzkörper, sogen. Sklerotien, an den abgestorbenen Stengeln leicht erkennbar. Häufig aber sind auch die vorstehend beschriebenen Stengelälchen schuld an deren Absterben In beiden Fällen ist eine Kalkung der Kleefelder oder ein Bestreuen derselben mit Gips, vor allem aber eine Kräftigung der Pflanzen durch Düngung mit Thomasmehl oder Superphosphat und Kainit am Platze; selbst eine schwache Düngung mit Chili- oder mit Kalksalpeter kann sich nützlich erweisen, da es darauf ankommt, den Klee jetzt möglichst rasch zum Wachstum zu bringen. In Lagen, wo derartige Schädigungen des Klees im Frühjahr häufiger sich zeigen, wird man vorbeugend vorgehen, indem man diese Maßnahmen, mit Ausnahme der Stickstoffdüngung, schon im Herbst ausführt, was auch einem gesunden Klee zustatten kommen wird. Wo der Kleekrebs häufiger vorkommt, empfiehlt es sich, künftig statt des reinen Klees Kleegrasgemenge zu bauen. In größere Lücken eines sonst stehenbleibenden Kleefeldes können auch Wicken oder Futtergemische, eventuell auch Serradella, noch besser italienisches Raigras eingesät werden. Wird der Klee wegen Mäusefraß oder Auswinterung vollständig umgebrochen und soll eine andere Leguminosenart oder Futter gebaut werden, so beachte man die Unverträglichkeit gewisser Leguminosenarten miteinander; so gedeihen beispielsweise Serradella und Lupine nach Rotklee nicht so gut wie sonst, namentlich wenn zwischen Umbruch und Neuansaat längere Zeit verstreicht.

Wo das Stockälchen die Ursache für das Verschwinden des Klees im Frühjahr auf größeren Flecken darstellt, und damit also der Beweis geliefert ist, daß dieser gefährliche Schädling in größeren Mengen im Boden enthalten ist, wird man darauf Bedacht zu nehmen haben, ihn möglichst daraus zu entfernen. Einsaat von Buchweizen in solche Flecken, rein oder im Gemenge, dürfte dabei besonders in Betracht kommen. Jedenfalls wähle man zur Einsaat mehr hoch= stengelige Pflanzenarten, damit, wenn diese grün geschnitten werden, die etwa vom Boden aus in sie eingedrungenen Älchen mitentfernt werden.

Der Rotklee ist bekanntlich auch mit sich selbst wenig verträg= lich; folgt er zu rasch wieder nach sich selbst, so wächst er zwar im ersten Jahre gut, geht aber häufig im Frühjahr des zweiten Jahres ein. Im allgemeinen pflegt man daher den Rotklee nur alle 6 Jahre auf das Feld zu bringen. Verträglich mit dem Rotklee und auch mit sich selbst soll dagegen der Bastardklee sein.

Der Luzerne und der Esparsette kommt ein kräftiges Durcheggen im Frühjahr umsomehr zu statten je älter und kräftiger die Pflanzen sind; namentlich wird dadurch das so lästige Vergrasen verhindert, dessen Eintritt darauf hindeutet, daß sich im Boden gewisse lösliche Stick= stoffverbindungen, die der Luzerne und der Esper nicht zu= sagen, entwickelt haben. Dieselben werden noch rascher un= schädlich gemacht, wenn man in die Luzerne, falls sie bereits lückig geworden ist, ein rasch wachsendes Gras, am besten Knaulgras, einsät. Auf wenig luzernewüchsigen Böden empfiehlt es sich, der Luzerne schon bei der Saat Knaul= gras im Verhältnis etwa von 5:1 an Samengewicht bei= zumischen.

Jetzt wird es meist auch erst möglich sein, eine Ent= scheidung darüber zu treffen, ob lückenhafte oder sonst schlecht stehende Getreideschläge umzupflügen sind oder nicht. Vielfach wird man sich überzeugen, daß Pflanzen, die im März nach Weggang des Schnees fast vollständig abgestorben erschienen, doch wieder weiterwachsen, und es ein Fehler ge= wesen wäre, hätte man sich allzurasch zum Umackern ent=

schlossen. Läßt man mangelhaft durchwinterte Saat stehen, so empfiehlt es sich, sie jetzt durch eine Kopfdüngung mit Chilisalpeter oder auch mit Kalksalpeter zu fördern. Vielfach ist es auch üblich, in vorhandene Lücken im **Winterroggen** Sommerroggen einzusäen zur Erhöhung des Ertrages und Unterdrückung des Unkrautes. Selbstverständlich sind die von solchen Feldern zu erntenden Körner nicht als Saatgut verwendbar. Beim **Winterweizen** wird auch ein bei trockenem Wetter vorzunehmendes Durcheggen günstig auf die Entwicklung der Pflanzen wirken, ganz abgesehen davon, daß dadurch das Unkraut sehr zurückgehalten wird; es liegen Beobachtungen darüber vor, daß im Frühjahr kräftig durchgeeggter Weizen vom Gelbrost verschont blieb, während der ungeeggte starken Befall zeigte.

Entschließt man sich zum Umbruch eines Winterfeldes, so zögere man nunmehr nicht allzulange mehr damit, damit die Saat des Sommergetreides, wenn solches angebaut werden soll, noch rechtzeitig erfolgen kann. Durch diesen Umbruch soll, falls Fliegenschäden vorliegen, zugleich die in den Pflanzen steckende Brut der Fliegen vernichtet werden, was nur durch tiefes Unterpflügen unter Verwendung des Vorschars zu erreichen ist, da sonst die gegen Ende des Monats aus den Puppen ausschlüpfenden Fliegen die über ihnen liegende Erdschichte durchbrechen könnten.

Man vermeide den späten Anbau von Sommerung in der Nähe von Getreidefliegen befallener, stehen bleibender Winterschläge. Ist die Zeit doch schon zu weit vorgeschritten, sodaß beim Sommergetreide bereits Fliegenschäden, geringer Ertrag 2c. zu befürchten wären, so wird man besser Hackfrüchte oder Futtergemische auf den umgebrochenen Feldern bauen. Bei letzteren ist allerdings zu bedenken, daß auch der in diesen Gemischen meist mitenthaltene Hafer leicht von der Fritfliege angegangen werden kann.

Sobald der Boden genügend abgetrocknet ist, kann das **Abeggen der Wiesen** erfolgen, das in mehrfacher Beziehung Vorteile mit sich bringt. Durch Aufreißen der Grasnarbe wird der Luft und sonstigen günstigen Wachstumsfaktoren der Eintritt in den Boden verschafft und besonders auch das auf den Wiesen so lästige **Moos** zerstört.

Zeigen die Wiesen einen schlechten Stand, so wird in erster Linie der Düngung, falls sie nicht schon im Herbst oder im Laufe des Winters ausgeführt worden ist, Beachtung zu schenken sein. Aber auch die Einsaat eines Kleegrasgemisches in die aufgeeggte und wenn möglich mit

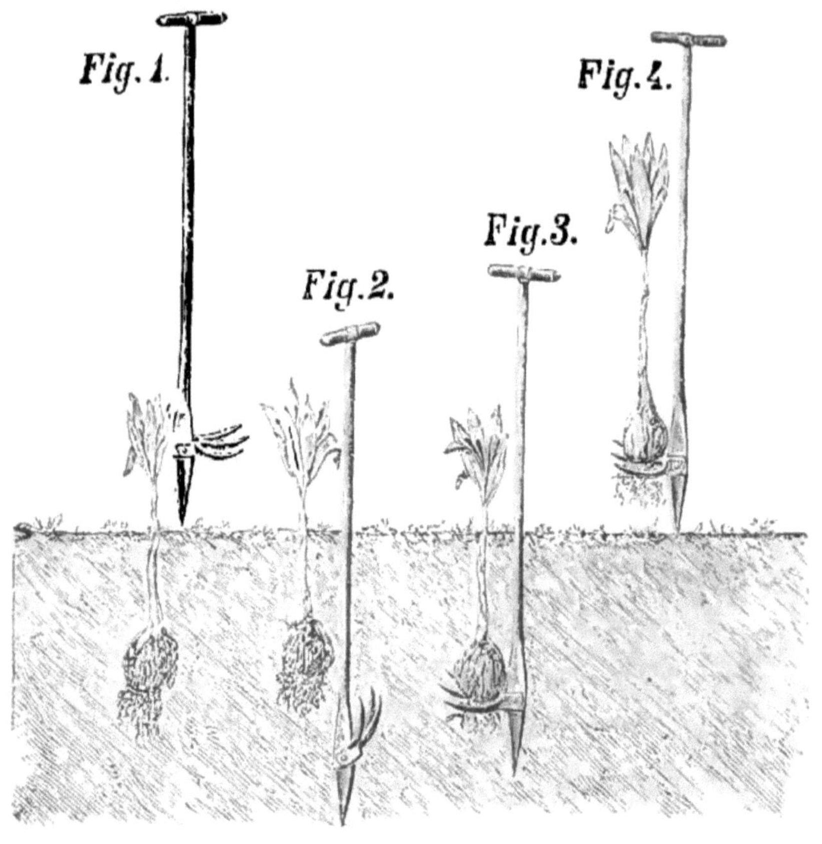

Fig. 8. Herbstzeitlosenstecher.

Kompost versehene Wiese kann in Betracht kommen. In sehr vielen Fällen wird aber ein dauernd schlechter Stand der Wiese auch durch stauende Nässe bedingt sein, der nur durch Entwässerung begegnet werden kann.

Mit Erfolg kann jetzt die Vertilgung der lästigen Herbstzeitlose vorgenommen werden, da sie um diese Zeit durch ihre großen Blattbüschel leicht wahrzunehmen ist. Es empfiehlt sich, die Pflanze möglichst tief abzuschneiden; nach zweimaliger Wiederholung dieser Arbeit erschöpft sich die Herbstzeitlose und geht, nach Versuchen von Kirchner-Hohenheim, zugrunde. Auch bloßes Abmähen, vor allem aber auch das Ausstechen der Zwiebeln und das Eintreiben eines sogen. Herbstzeitlosenstechers*) (vergl. Fig. 8. in die Mitte der Pflanzen auf 40—45 cm Tiefe, durch das die Zwiebel verletzt und späterhin durch das eindringende Regenwasser zum Faulen gebracht wird, wirken günstig.

Gegen Nachtfröste, die sich jetzt oder im Mai geltend machen können, ist das Überrieseln bewässerbarer Wiesen von großem Vorteil. Eine vom Frost betroffene Wiese überrieselt man zur Verhinderung des Schadens am frühen Morgen. Im übrigen ist es gut, die Frühlingswärme auf den Boden einwirken zu lassen und höchstens alle 8 Tage den Gräsern die nötige Feuchtigkeit durch Überrieseln zuzuführen.

Die **Bestellung der Äcker** schreitet im April weiter vor; auf die dabei vom Standpunkte des Pflanzenschutzes aus in Betracht kommenden Gesichtspunkte ist bereits im März hingewiesen, ebenso auf jene, die bei der Saat des Sommergetreides, der Untersaaten von Rotklee, Serradella u. dergl. zu beachten sind. Auf alle Fälle sollte unter normalen Verhältnissen, d. h. also abgesehen von hohen Lagen oder anderen klimatisch weniger begünstigten Gebieten und von den schon im März genannten Ausnahmefällen, die Saat bis Mitte des Monats beendigt sein; andernfalls steht das starke Auftreten von Getreidefliegen zu befürchten; auch vom Rost sollen späte Saaten leichter heimgesucht werden.

Wo das ausgesäte Getreide von Sperlingen ꝛc.

---

*) Solche Herbstzeitlosenstecher sind zu beziehen von der Firma Eichener Walzwerk und Verzinkerei, Creuzthal i. Westf. (Klauenstecher) zum Preise von 2.50 ℳ p. Stück, von A. Hill II Crumstadt b. Darmstadt (Erdbohrer) zum Preise von 4 ℳ p. Stück.

heimgesucht wird, empfiehlt es sich, nach dem Drillen auf
die Oberfläche etwas **Strychningetreide** auszustreuen.

Meist von Ende des Monats an bis weit in den
Mai hinein machen sich, namentlich auf den Getreidefeldern,
die sogenannten **Drahtwürmer** bemerkbar, die mehlwurm=

Fig. 9. Saatschnellkäfer mit Drahtwurm.

artigen Larven jener allbekannten Käferarten (Elateriden,
Schnellkäfer oder Schmiede), die sich, wenn man sie auf
den Rücken legt, emporschnellen können. (Vergl. Fig. 9.)
Durch ihren Fraß an den Wurzeln und unteren Stengelteilen
der jungen Getreidepflanzen vergilben diese meist innerhalb

großer, von weitem durch ihre gelbe Farbe auffallender
Flecken inmitten der Saat. Da die Drahtwürmer 4—5 Jahre
brauchen bis zu ihrer vollen Entwicklung, so erscheinen sie
alljährlich auf solchen Flecken wieder. Man kann sie dadurch
bekämpfen, daß man geschnittene Kartoffeln mit der Schnitt=
fläche nach unten an den gefährdeten Stellen auslegt und
die sich in ihnen in großen Mengen sammelnden Larven
aufliest und vernichtet. Gut bewährt hat sich auch gegen den
Drahtwurmfraß eine Kopfdüngung mit Chilisalpeter (75
bis 125 kg pro ha) und Kainit (300—450 kg pro ha).
Auch Bespritzungen mit 10%iger Kainitlösung können gute
Wirkung haben. Ebenso wirkt die Bespritzung mit anderen
ätzenden Stoffen, wie z. B. mit einer Lösung von Eisen=
vitriol, die man für diesen Fall ebenfalls in 10%iger
Konzentration benützt, günstig; sie ist besonders da zu emp=
fehlen, wo der Boden kalkhaltig ist, oder ihm durch Düngung,
wenn auch nur mit Thomasmehl, so große Menge Kalk
zugeführt sind, daß durch diese saure Lösung der Boden
nicht geschädigt werden kann. Schließlich sei darauf hin=
gewiesen, daß auch die Stare und Krähen den Drahtwürmern
eifrig nachstellen.

Ähnliche Maßnahmen sind auch anzuwenden gegen Erd=
raupen und die Larven der Erdschnaken, sowie den nach=
stehend beschriebenen Getreideschädling. Gegen die S c h n a =
k e n l a r v e n (vergl. S. 247) wird auch empfohlen, solange
die Saaten noch niedrig sind, gegen Abend und tagsüber
bei trüber, warmer Witterung, d. h., wenn die Larven
an der Oberfläche sich befinden, je nach der Bodenart Stachel=
walzen oder Eggen, deren Zinken mit Dornreisig durch=
flochen sind, anzuwenden.

Namentlich auf Roggenschlägen, aber auch an Weizen
und jungen Sommersaaten, rufen die Larven des G e =
t r e i d e l a u f k ä f e r s , Zabrus tenebrioides (vergl. Fig. 10),
in manchen Gegenden großen Schaden, der fast immer platz=
weise auftritt, hervor, indem sie während der Nacht die Blät=
ter bis auf die Nerven ausfressen, während sie sich tagsüber im
Boden aufhalten. Man hat schon mit Erfolg versucht, sie durch
Bespritzung der Roggenschläge mit Arsenikbrühe, der zur
Abhaltung des Wildes etwas Petroleum beigesetzt ist, zu

bekämpfen. (Über die nähere Zusammensetzung solcher Brühen vergl. S. 370.) Mitte Mai erfolgt die Verpuppung und von Mitte Juni an erscheint der Käfer, der ebenfalls am Halm emporsteigt und an den Getreidekörnern nagt, solange sie noch milchig sind. Auch im Spätsommer und Herbst können

Fig. 10. Getreidelaufkäfer mit Larven von oben und unten gesehen.

die Larven an den jungen Wintersaaten wieder sehr schädlich werden. Vergl. S. 282.

Ende April beginnt auch der Kampf gegen das **Unkraut in den Sommerungen,** namentlich gegen den **Hederich und den Ackersenf;** die näheren Anweisungen hierzu finden sich im Maikalendarium und S. 386. Für jetzt kommt in dieser Beziehung hauptsächlich das Durcheggen, das auch für die Durchlüftung des Bodens und die Erhaltung der Feuchtigkeit von großer Bedeutung ist, in Betracht; es ist bei vorsichtiger Anwendung bis 14 Tage nach erfolgtem Aufgang zu empfehlen, wenn der Boden nicht zu locker und die Ackerkrume möglichst sein ist.

Für den von Mitte April an beginnenden Anbau der **Kartoffeln** wird man bereits eine Herrichtung des Saatgutes durch sorgfältiges Entfernen aller kranken und verdächtigen Knollen vorgenommen haben. S c h o r f i g e K a r t o f f e l n dürfen zum Auslegen nur benützt werden, wenn mit Sicherheit bekannt ist, daß der Boden zur Hervorrufung des Schorfes nicht neigt. In diesem Falle sind nicht allzuweit gehende Schorfwucherungen an den Saatknollen ohne Bedeutung. In manchen Böden aber erkranken die Kartoffeln immer an Schorf, gleichgültig ob das Saatgut davon frei war oder nicht; namentlich ist es dort der Fall, wo in den Boden Bauschutt oder ähnliches Material gelangt ist, und nach vielfachen Wahrnehmungen auf manchen Böden auch da, wo ein Jahr zuvor oder noch früher eine Kalkung vorgenommen wurde. Mehrfache praktische Erfahrungen und Versuchsergebnisse sprechen dafür, daß in solchen Fällen durch eine neue, in diesem Falle natürlich schwache Kalkung unmittelbar vor dem Auslegen der Kartoffeln der Krankheit am besten vorgebeugt wird. Eine Kandierung der Saat= knollen gegen Schorf und andere Krankheiten mit 2%iger Kupferkalkbrühe oder eine Beizung derselben mit 0,1%iger Formalinlösung oder mit 0,1%iger Sublimatlösung kommen gegen Schorf und andere Krankheiten, wenn auch nur ver= suchsweise, überall da in Betracht, wo der Boden nicht aus= gesprochen das Auftreten solcher Krankheiten im günstigen oder ungünstigen Sinne beeinflußt. Über die Herstellung der genannten Brühe und der beiden Lösungen vergl. S. 349 und 394.

Zur Verhütung der in den letzten Jahren in manchen Gegenden so schädlich aufgetretenen **Ring= und Blatt= rollkrankheit der Kartoffelpflanze** ist die Verwendung gesunden Saatgutes die sicherste Maßnahme. Stammen die Knollen aus der eigenen Wirtschaft, so wird man durch die Beachtung der im Juli und August gegebenen Anweisungen eine strenge Ausscheidung verdächtiger Knollen aus dem Saatgut bewirkt haben. Kauft man sie, so lasse man sich eine Garantie dafür geben, daß mindestens die Mutterpflanzen frei von der Krankheit waren.

Kaum möglich ist es aber für den Lieferanten, eine Garantie auch dafür zu übernehmen, daß sich die Krankheit überhaupt nicht zeigen wird, da die ersten Anfänge derselben auf den Feldern, von denen die Knollen stammen, doch allzuleicht übersehen werden können.

Um sich darüber zu vergewissern, ob das Saatgut ein= wandfrei, bezw. inwieweit etwa späterhin auftretende Roll= krankheiten durch die Beschaffenheit des Saatgutes bedingt seien, ist es sehr zu empfehlen, Proben des Saatgutes an eine Kartoffelprüfungsstelle zu senden, an der einerseits,

soweit möglich, die Kartoffeln direkt untersucht werden, so=
daß ein Urteil über sie bei rechtzeitiger Einsendung schon
vor der Saat abgegeben werden kann und andererseits kleine
Anbauversuche mit den Proben zu unternehmen sein werden,
um die Entwicklung der aus den Knollen erwachsenden
Pflanzen verfolgen zu können. Um beide Verfahren zu er=
möglichen, ist die Einsendung von mindestens 5 kg Knollen
einer Sorte notwendig.*)

Schützend wird auch wirken, wenn man aus dem Saat=
gut alle kleinen Knollen ausscheidet, und zum Auslegen
nur Kartoffeln von Feldern verwendet, auf denen die
Pflanzen nicht vorzeitig durch die Kartoffelsäule oder durch
übermäßige Trockenheit oder sonstige Einflüsse ihr Wachs=
tum einstellten.

Sehr nachahmenswert ist, in jedem Bezirk Kommissionen
zu ernennen, wie es schon im Bezirk Frankenthal ge=
schehen ist, deren Mitglieder im Juli und August in ver=
schiedenen Gegenden selbst eine Besichtigung der Kartoffel=
felder vornehmen, um sich aus dem Stand der Pflanzen zu
vergewissern, woher gesundes Saatgut bezogen werden kann.

Auf gut bestellten und gedüngten Feldern scheint die
durch diese Krankheit bedingte Verminderung der Knollen=
erträge etwas geringer als sonst zu sein.

Einige andere in Betracht kommenden Maßnahmen gegen
die Blattrollkrankheit, namentlich die besonders wichtige
Sortenwahl, sind im Juli auf S. 208 besprochen.

Der Umstand, daß von manchen Sorten besonders zum
Legen geeignete mittelgroße Knollen nicht leicht zu erlangen
sind, macht es häufig nötig, geschnittenes Saat=
gut zu verwenden. Je nach der Sorte und dem jeweiligen
Zustand ꝛc. der Knollen, dann aber auch infolge von Boden=
und Witterungseinflüssen werden derartige geschnittene Knol=
len mehr oder minder leicht von Bodenbakterien, namentlich

*) In Bayern werden derartige Untersuchungen an der K.
Agrikulturbotanischen Anstalt München ausgeführt. Die direkte
Untersuchung der Knollen, die aber z. Z. nicht immer sichere Schlüsse
gestattet, erfolgt kostenlos. Wo zur Kontrolle Anbau auf dem Felde
gewünscht wird, ist eine Gebühr von 2 und 4 Mark zu entrichten,
je nachdem sich dieser Anbau auf eine oder zwei Bodenarten
erstrecken soll.

auch von Erregern der Bakterienringkrankheit angegangen. Es empfiehlt sich daher in allen Fällen die zerschnittenen Knollen 2 Tage, womöglich mit feuchten Säcken bedeckt, auf einer Scheunentenne liegen zu lassen, wobei sich auf der Schnittfläche eine Korkschicht bildet, die vor dem Eindringen derartiger Organismen schützt.

Auf Böden, auf denen erfahrungsgemäß der **Wurzelbrand der Zucker- und Runkelrüben** leicht auftritt, grubbere man vor der Saat Ätzkalk ein und säe nicht zu früh, damit sich die Pflänzchen rasch entwickeln; die aufgelaufenen Rübenpflänzchen werden dann auch noch vor jeder Hacke, bis zum Verziehen, je nachdem es nötig erscheint, mehreremale mit etwa 2 Zentner Ätzkalk pro Tagwerk, dem 10—20 Pfund Chilisalpeter beigefügt sind, breitwürfig bestreut. Gut ist es auch, die auszusäenden Rübenknäule mit kohlensaurem Kalk oder noch besser mit 2%iger Kupferkalkbrühe zu kaudieren, oder sie vor der Saat in Jauche einzuquellen.

In vielen Fällen kann der Wurzelbrand durch Düngung mit phosphorsäurehaltigen Düngemitteln verhindert werden; namentlich Superphosphat wird von Praktikern als wirksam bezeichnet, aber nur wenn es gleichzeitig mit den Rübenkernen eingedrillt wird. Gut dürfte auch löslicher Humus wirken.

Ein Beizen der Rübenkerne und zwar mit einer Lösung von 5 Teilen Magnesia und 1 Teil Karbolsäure in 100 Teilen Wasser wird auch gegen das Moosknopfkäferchen, Atomaria linearis, empfohlen, dessen Larve die Keime unterhalb der Samenlappen und später auch die unterirdischen Stengelteile befrißt.

Besonders in nassen, kalten Frühjahren bohrt sich in die ausgesäten Knäule, die aus Mangel an Wärme nicht keimen, auch der gemeine Tausendfuß ein und frißt Blätter und Wurzelkeime heraus. Der Schaden kann besonders empfindlich werden dadurch, daß die Tiere, die späterhin Löcher und Höhlungen in die jungen Wurzeln fressen, auch die nachgelegten Kerne befallen. Mindestens ebenso schädlich kann der getüpfelte Tausendfuß werden; wo man mit diesen Schädlingen zu rechnen hat, wird man eine verstärkte Aussaat vornehmen müssen.

über andere Schädigungen und Krankheiten an den jungen Rübensaaten, die jetzt schon auftreten können, vergl. Mai, S. 87.

Auf blühendem **Raps und Rübsen** und anderen Kruziferen stellt sich im April der überwinternde, etwa 2 mm große, metallisch grünglänzende Rapsglanzkäfer, Meligethes aeneus (vergl. Fig. 11), der schlimmste Feind des Rapsbaues, ein und frißt sich in die Knospen ein, in die die Eier gelegt werden. Schon nach 8–14 Tagen kommen die Larven aus und zerstören die Knospen vollständig. Sie sind erst anfangs Juni erwachsen und verpuppen sich in der Erde. Der Käfer erscheint dann wieder von Ende Juni an, wo er dem Sommerrübsen, Leindotter ꝛc. gefährlich werden kann. (Vergl. Juni, S. 139.) Gegen diesen Schädling kommt besonders die Verwendung von Fangapparaten in Betracht, die

Fig. 11.
Rapsglanzkäfer.

so eingerichtet sind, daß die Käfer auf mit Leim bestrichene Flächen fallen und hängen bleiben. Bei einem von Rörig beschriebenen Apparat haben diese Flächen (Brettchen) nicht ganz die Breite eines Abstandes zweier Rapsreihen und sind durch senkrechte Stützen mit einem langen Querholz in Verbindung gebracht. Durch einen nach vorn gebogenen, an dieser Stange angebrachten Eisendraht, werden die Rapspflanzen erschüttert, sodaß die Käfer abfallen. Mit diesem Apparat kann man auch gegen andere Schädlinge des Rapses, die im Mai beschrieben sind, vorgehen.

Besonders zu nennen ist hier auch die Fangvorrichtung von Sommer-Langenbielau, die die Form eines Schubkarrens besitzt und bei der der Klebstoff auf ein Fangtuch aufgestrichen ist.

Etwas anders müssen Vorrichtungen konstruiert sein, um die lebhaft springenden **Erdflöhe** zu fangen. Nach Rörig verwendet man gegen den Rapserdfloh, Psylliodes chrysocephalus, und die Erdfloharten, die namentlich die Kohlpflanzen heimsuchen, Haltica oleracea und H. nemorum, ein Gerät, dessen 2 Räder an einer 1½–2 Meter langen Achse stehen; von dieser hängt ein wagrechter starker Draht so tief herab, daß er die Mehrzahl der Pflanzen,

über die er fortbewegt wird, streift. Zwischen diesem Draht
und der Achse ist ein mit Gaze bespannter Rahmen so an=
gebracht, daß dessen Hinterkante gerade die Pflanzen berührt,
während die Vorderkante etwas höher liegt; die untere Seite
der Gaze ist mit Leim bestrichen. Das ganze Geräte wird
durch die Rapsbreite geschoben. Mit wechselndem Erfolg ist
gegen diese Schädlinge auch schon die Bestäubung und Be=
spritzung mit den verschiedensten insektentötenden Mitteln,
Kalkstaub, Thomasmehl, Tabakaufguß oder Tabakstaub,
Schwefelpulver u. dergl. versucht worden. Namentlich auch
das Aufstreuen von möglichst feinem, weißen Sand wirkt
gut, besonders wenn man ihm noch etwas Petroleum zu=
setzt. Auf alle Fälle aber muß, namentlich auch im Ge=
müsegarten, gegen die Erdflöhe bei ihrem ersten Erscheinen
vorgegangen werden, da sie späterhin nur schwer mehr sich
vertreiben lassen. Da sie die Nässe nicht lieben, ist auch
bei Gartenpflanzen häufiges Gießen gegen sie angebracht;
im Garten kann man auch zwischen den Pflanzenreihen flache,
mit Wasser gefüllte Schalen aufstellen; das Wasser über=
gießt man mit einer mit Fruchtäther versetzten Ölschicht.

Der etwa 4 mm lange, schwarze und ebenfalls metallisch
glänzende Rapserdfloh erscheint übrigens sehr früh=
zeitig, unter Umständen schon im März. Der von ihm ver=
ursachte Schaden ist aber nicht so groß wie jener, zu dem
seine Larve Veranlassung gibt. Der Käfer befrißt nämlich
auch im Herbst die jungen Winterrapssaaten, außerdem aber
bohren sich die aus seinen Eiern hervorgehenden Larven
in die Blattstiele und in die Blattrippen oder auch in die
Stengel der Rapspflänzchen ein, um darin zu überwintern.
Derart beschädigte Pflanzen sehen dann im Frühling wie
erfroren aus und verderben oft ganz. Die weiter entwickelten
Rapspflanzen werden später wieder durch die Larven der
zweiten Generation an den Stengeln angefressen, sodaß diese
leicht umknicken und wie zertreten aussehen.

Mittel, um Erbsen=, Wicken=, Maissamen ꝛc.
gegen **Vogelfraß** zu schützen, sind im Mai, S. 80, angegeben.

Beim Aufdecken und Schneiden des **Hopfens** ist alles
Ungeziefer (Engerlinge, Drahtwürmer, Erdraupen, Tausend=
füßler ꝛc.) zu beseitigen. Zur Tötung der in den Ritzen

und unter der Rinde der Hopfenstangen allenfalls vor=
kommenden Hopfenwanzen, Milbenspinnen, sowie deren Eier,
sind die Stangen, wenn es noch nicht geschehen sein sollte,
zu brennen nach dem schon im Februar angegebenen Ver=
fahren. Am zweckmäßigsten werden nur vollkommen ent=
rindete Stangen, bezw. Säulen verwendet. Im Hopfengarten
umherliegende Rebteile sind zu beseitigen und zu verbrennen.

Wo das Auftreten des gefährlichen, in Deutschland
bisher aber ziemlich seltenen Hopfenkäfers, Plinthus
porcatus, zu befürchten ist, lege man in Drahtanlagen den
Hopfen um, bedecke ihn auf 1 m mit Erde und lasse ihn
dann erst hoch gehen, da der Käfer im Frühjahr nur an jene
Stellen seine Eier ablegt, wo die Ranke den Boden verläßt.
Wird der Hopfen an Stangen gezogen, so verfährt man
ebenso, indem man ihn erst an einer 1 m entfernten hohen
Stange hochranken läßt. Die gelbliche, braunköpfige, 15 mm
lange Larve kann dann nicht bis in den Wurzelstock gelangen
und leicht vernichtet werden, wenn der Hopfen schon im
Herbst geschnitten wird. Zu beachten ist, daß vom Hopfen=
käfer befallene Fechser ein Loch oder einen oberflächlich
verlaufenden Gang zeigen.

Im Bamberger Land hat sich die Errichtung von Star=
kästen in den Hopfengärten bewährt.

Bei der Beurteilung der **Leinsaat** ist zu berücksichtigen,
daß sich in ihr nicht allzu selten die ziemlich großen Samen
der Flachsseide, Cuscuta Epilinum, vorfinden, die den
Pflanzen sehr schädlich werden kann. Leicht werden mit dem
Saatgut auch einige gefährliche Pilze, nämlich Fusarium
lini und Fusicladium lini, verschleppt, die zu einer Art
Leinmüdigkeit Veranlassung geben können. Das Saat=
gut ist daher sorgfältig zu reinigen und wenn irgend möglich,
läßt man es untersuchen. Eine besonders hohe Keimfähigkeit
ist bei Leinsamen nicht immer erwünscht, sofern es sich um
die Gewinnung von gutem Flachs handelt und nicht um
Ölsaaten. Die Schnittreife des Leins zur Flachsgewinnung
und die Samenreife fallen nämlich nicht vollständig zu=
sammen, weswegen gerade Samen von besonders geschätzten
Leinsaaten meist nur eine mäßige Keimfähigkeit besitzen. Be=

sonders wichtig ist beim Lein aus diesen und anderen Gründen auch die Berücksichtigung des Ursprungs der Saat.

Im **Weinberg** soll im April der Schnitt der Reben
beendet sein, da ein spätes Schneiden eine Schwächung der
Stöcke infolge des starken Blutens veranlaßt. Auf die
Notwendigkeit der sorgfältigen Beseitigung und des Ver-
brennens aller beim Arbeiten im Weinberg sich ergebenden
Abfälle, dann insbesondere auch der alten Stroh- und Weidenbänder, sei nochmals hingewiesen. Bei diesen und allen
sonstigen Arbeiten, wie beim Setzen der Rebenpfähle, dem
Anbinden der Reben u. dergl. nehme man die Gelegenheit
wahr, die Winterpuppen des Heuwurms, die sich in allen
möglichen Schlupfwinkeln an den Reben und Pfählen finden,
sowie die Springwurmraupen und andere Schädlinge zu
vernichten, wenn man nicht schon früher gegen sie durch
Abreiben ꝛc. vorgegangen sein sollte. (Vergl. März, S. 26.)

Die gegen Ende des Monats oder anfangs Mai auftretenden Dickmaulrüßler (vergl. S. 233) und
Raupen der Ackereulen, welche durch Abfressen
der eben austreibenden Rebenknospen und der jungen Triebe
großen Schaden anrichten, lassen sich unter ausgelegten
Topfscherben leicht fangen.

Wo das Auftreten des schwarzen Brenners
(vergl. S. 229) zu befürchten steht, soll man nach dem
Schnitt, durch den die erkrankten Triebe beseitigt werden, das
alte Holz mit einer 50%igen Eisenvitriollösung bestreichen.

Im übrigen können gerade im April in den Weinbergen
jene Maßnahmen, die schon für Ende März angegeben sind,
namentlich das Bespritzen der Reben mit Karbolineumemulsion ꝛc., noch sehr gut vorgenommen werden.

Wo die Chlorose der Reben auftritt, auf die
auch im November, S. 316, hingewiesen ist, ist die eigentliche Ursache, möglichst unter Inanspruchnahme einer Versuchsstation, ausfindig zu machen. Beruht sie, wie es besonders häufig der Fall ist, auf zu großem Kalkgehalt des
Bodens, so empfiehlt sich eine Behandlung des Bodens und
vor allem auch der Reben selbst mit Eisenvitriol. Man durchtränkt den Boden rings um den Stock mit einer 10%igen
Eisenvitriollösung, wobei man 5—10 Liter pro Stock gibt.

Zunächst versuchsweise kann auch folgendes Verfahren an=
gewendet werden: Man schichtet abwechselnd Rebentrester
und Kristalle von Eisenvitriol in einer Höhe von 15, bezw.
2 cm über einander auf bis zu einem ungefähr 2 m hohen
Haufen. Da 3 kg Rebentrester 1 kg des Eisenvitriols ab=
sorbieren, durchtränkt man das Ganze schließlich mit so
viel konzentrierter Lösung des Vitriols, bis dieses Ver=
hältnis hergestellt ist. Nach ungefähr einem Monat ist der
Eisenvitriol vollständig gelöst und mit je 4 kg des Kompostes
werden nun die Rebstöcke gedüngt.

Vielfach hat sich auch eine gleichzeitige Düngung mit
Chilisalpeter als nützlich erwiesen und selbst das Gießen
des Bodens um die Stöcke herum mit bloßem Wasser
kann dem Übel einigermaßen, wenn Trockenheit herrscht,
abhelfen. Besonders zu empfehlen aber ist, die Reben selbst
mit einer 0,5% igen Eisenvitriollösung zu bespritzen, so
lange noch keine Blüten vorhanden sind. Geringe Verbren=
nungen der Blätter, die dadurch bedingt werden, sind un=
bedenklich. Das Spritzen mit Eisenvitriol muß jedoch wieder=
holt vorgenommen werden; auch ein Bepinseln der Schnitt=
flächen mit konzentrierter Eisenvitriollösung ist in Frank=
reich schon mit Erfolg angewendet worden.

Die Gelbsucht der Reben kann auch durch stauende
Bodennässe veranlaßt werden, weßhalb sie besonders in
schweren Böden oder in solchen mit undurchlässigem Unter=
grund auftritt und endlich geben Wurzelverletzungen, die
bei der Bearbeitung entstehen oder durch tierische oder pilzliche
Schädlinge hervorgerufen werden, zur Chlorose Veranlas=
sung: die Erfahrungen der letzten Jahre haben auch dar=
getan, daß stark von der Peronospora befallene Stöcke im
nächsten Jahre leicht chlorotisch werden. Nach neueren
Untersuchungen, namentlich von Muth, hat in allen
diesen Fällen die Durchlüftung des Bodens durch
Einbringen von Kohlenschlacken die besten
Erfolge gegeben. Außer Kohlenschlacken kann man auch
billigen Torf, Kies oder grobkörnigen Sand zur Boden=
lockerung verwenden. Gleichzeitige Düngungen mit Salpeter
und Eisenvitriol werden empfohlen. Namentlich in
Frostlagensolltemanaber Salpeterdüngun=

gen nicht vor Ende Mai ausführen, da durch sie
die Frostempfindlichkeit erhöht wird.

Im **Obstgarten** fahre man fort, die überaus schädlichen
Apfel- und Birnenblütenstecher mit oben etwas
umwickelten Stangen früh morgens abzuklopfen und sie auf
untergehaltenen hellen Tüchern aufzufangen und dann zu
vernichten. Dabei werden auch manche andere Schädlinge,
die sich inzwischen eingestellt haben, z. B. der sog. Schmalbauch (vergl. S. 101), der Blattrippenstecher,
Rhynchites interruptus, die beiden Apfelstecher (vergl.
S. 158), verschiedene Raupenarten 2c. mit abgeklopft.
An den Pflaumenbäumen kann man ähnlich gegen die
Pflaumensägewespe (vergl. S. 103) vorgehen,
die schon im April bis in den Mai hinein ihre Eier in
die Blüten der Pflaumen legt. Da diese Wespen bei trübem
Wetter ziemlich träge sind, so lassen sie sich am Spalierobst auch ziemlich leicht mit der Hand greifen.

Die Insektenfanggürtel, die man bereits im
März an die Bäume gelegt hat, sind fleißig zu kontrollieren;
dabei wird man finden, daß sich zahlreiche Blütenstecher
und andere Schädlinge in ihnen fingen, die man natürlich
sofort vernichten muß, während nützliche Tiere, namentlich Spinnen, zu schonen sind. Die Fanggürtel sind erst
Ende des Monats oder anfangs Mai, d. h. wenn sich

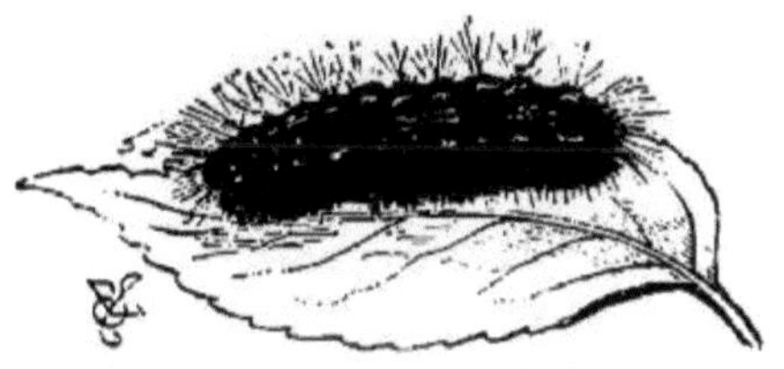

Fig. 12. Raupe des Goldafters.

keine Käfer mehr in ihnen finden, vollständig zu entfernen.
Sie bieten auch einen Schutz gegen Schädlinge, namentlich
Raupen, die beim Abklopfen herunterfielen und wieder auf-
zusteigen versuchen.

Unter den Raupen, die schon im April früher oder
später auf den Bäumen ihre schädigende Fraßtätigkeit be-

ginnen, wenn im Laufe des Winters versäumt wurde, Vorbeugungsmaßnahmen gegen sie zu treffen, sind vor allem
zu nennen jene des kleinen und großen Frostspanners, die bis in den Juni, bezw. Juli hinein, Knospen und
Blätter bespinnend, verbleiben, um sich alsdann in der Erde
zu verpuppen, die Raupen des Goldafters (vergl.
Fig. 12), deren Verpuppung im Juni zwischen den Blättern

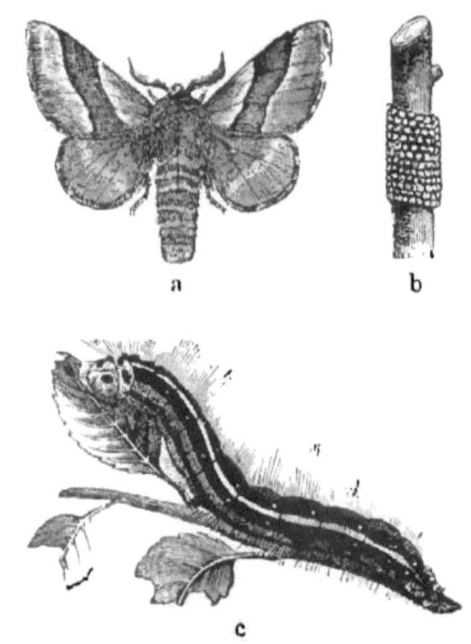

Fig. 13. Ringelspinner (Gastropacha neustria .
a Weiblicher Schmetterling, b Eier, c Raupe.

erfolgt, des Baumweißlings (im Winter die kleinen
Raupennester bildend), die schon Ende Mai an den Bäumen
sich verpuppen, die Raupen des Ringelspinners
(vergl. Fig. 13), die wegen ihrer Zeichnung Livreeraupen
genannt werden und sich im Juni auf dem Baume verpuppen, des Schwammspinners (vgl. Fig. 14), deren
Verpuppung zwischen Blättern oder Rindenritzen gegen

Ende Juli erfolgt usw. Immer noch kann man gegen alle
diese Raupen mit einigem Erfolg vorgehen, wenn man
mindestens frühzeitig genug auf sie achtet. Die meisten von
ihnen zerstreuen sich, solange sie noch jung sind, nicht über
die Bäume, sondern bleiben, namentlich bei ungünstiger
Witterung, nahe beisammen. Durch Abprellen solcher
Raupengesellschaften mit langen Stangen, sowie durch Be=

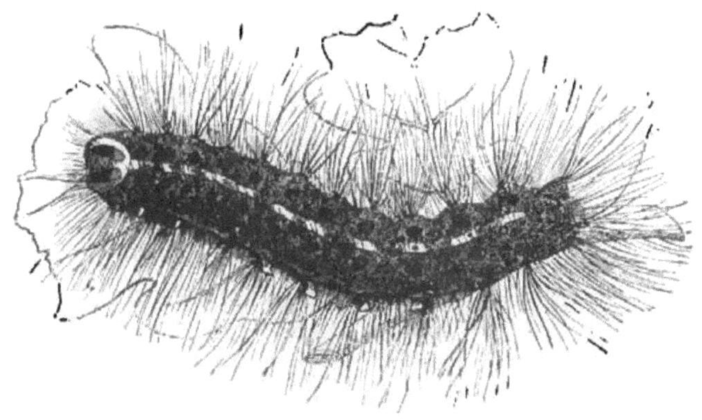

Fig. 14. Raupe des Schwammspinners (Ocneria dispar).

tupfen derselben mit einem in ein insektentötendes Mittel
getauchten Schwamm u. dergl. kann noch allzugroßer Schaden
abgewendet werden.

Gegen einige Raupen, die erst im Mai und Juni
auftreten, kann jetzt vorbeugend vorgegangen werden; so
gegen jene des großen Fuchses, Vanessa polychloros,
der als Schmetterling überwintert und bei Beginn des Früh=
jahrs erscheint. Aus den alsbald gelegten Eiern gehen die
Räupchen sehr bald hervor, die, solange sie noch jung sind,
in Gespinsten in den Zweigen vereinigt bleiben; derartige
Gespinste sind daher mit Hilfe der Raupenfackel zu ver=
nichten.

Der aus überwinternden Puppen im zeitigen Frühjahr
auskommende Schmetterling des Kirschenspinners,
Gostropacha lanestris, legt seine Eier in Form einer Pelzboa
um die Zweige der Birken, Weiden, aber auch der Kirsch=

bäume, des Weißdorns ꝛc.; diese Zweige sind zur Ver=
hütung einer Raupenplage im Mai abzuschneiden und zu
verbrennen.

Eine nähere Beschreibung der verschiedenen im Früh=
jahr auf Obstbäumen lebenden Raupen ist im Mai, S. 99,
gegeben. Ebenso finden sich dort nähere Angaben über
Räupchen, die Minen in die Blätter fressen, Blätter zu=
sammenspinnen ꝛc.; wo sich Derartiges jetzt schon zeigen
sollte, sind demnach die dort gegebenen Weisungen zu be=
folgen.

Eine der wichtigsten Arbeiten im Obstbau, durch die
man verschiedenen gefährlichen Pilzkrankheiten der Bäume,
insbesondere der Schorfkrankheit der Apfel und
Birnen, der Blattbräune der Birnwildlinge,
der Schußlöcherkrankheit der Kirschen, der
Kräuselkrankheit der Pfirsiche ꝛc. vorbeugt, ist
im April vorzunehmen, bezw. zu wiederholen (vergl. März,
S. 28): sie besteht in dem Bespritzen der Bäume
bis in die feinsten Zweige mit Kupferkalk= oder
Kupferjodabrühe; dabei ist genau zu beachten, daß
die Steinobstbäume, namentlich der Pfirsichbaum, im be=
laubten Zustande, leicht durch die Bespritzung leiden, wenn
die Konzentration der Brühe zu stark und bei Kupferkalk=
brühe nicht der Kalk im Überschuß ist. Auch daß man
die richtige Zeit für die Bespritzung wählt, ist sehr wichtig.
Auf keinen Fall darf während der Blüte ge=
spritzt werden.

Wie schon im März erwähnt, bespritzt man die
Pfirsichbäume zur Vorbeuge gegen die Kräuselkrank=
heit zum erstenmale vor der Blüte, sobald die Knospen
zu treiben beginnen, mit 2%iger Kupferkalkbrühe; das
zweitemal mit einer Brühe, die 1% Kupfervitriol und
2% Kalk enthält, unmittelbar nach dem Abblühen, und
das dritte= und letztemal, wenn überhaupt nötig, mit der=
selben Brühe 8—14 Tage nach der zweiten Bespritzung.
Weitere Bespritzungen sind beim Pfirsichbaum zu unter=
lassen.

Diese Behandlung schützt auch gleichzeitig gegen Rost
und Dürrfleckenkrankheit des Pfirsichs.

Ebenso geht man vor gegen die beiden letztgenannten Krankheiten an den Aprikosen.

Gegen die Schorfkrankheit und die Weißfleckigkeit der Apfel- und Birnbäume, gegen die Blattbräune und die Graufleckigkeit der Birnbäume, die Dürrfleckenkrankheiten der Kirschen, Pflaumen und Zwetschgen und die Blattbräune der Mispeln und Quitten (und event. auch gegen eine Blattfleckenkrankheit, die an den Nußbäumen sich zeigt, erfolgt die erste Bespritzung mit 2%iger Brühe kurz vor der Blüte, die zweite mit 1%iger (die nur 1 % Kalk enthält!), wenn die Früchte bei den Äpfeln und Birnen etwa erbsengroß sind und bei den übrigen Bäumen in einem entsprechenden Entwicklungsstadium und endlich die dritte ebenfalls mit 1%iger Brühe 2—3 Wochen nach der zweiten Bespritzung.

Gegen die Schußlöcherkrankheit der Kirsch- und Pflaumenbäume soll die erste Bespritzung nach anderen Angaben erst direkt nach der Blüte erfolgen, die zweite und dritte in Zwischenzeiten von je 2–3 Wochen, zuletzt also, wenn die Blätter ausgewachsen sind. Zu diesen Bespritzungen wird die Verwendung 1%iger Brühen, die die doppelte Menge Kalk enthalten, angeraten.

Aus dieser Zusammenstellung geht schon hervor, daß sich die Bespritzungen zum Teil in den Mai und Juni hinein zu erstrecken haben; über die Notwendigkeit event. weiterer Bespritzungen vergl. Juni, S. 177.

Bezüglich der Herstellung, Prüfung und der Art der Verwendung der Kalk- und Kupfersoda-, sowie anderer Kupferbrühen vergl. Anweisung auf S. 348. Die genannten Krankheiten der Obstbäume sind im Juni näher beschrieben. Eine gut funktionierende Baumspritze sollte überall, wo einigermaßen Obstbau getrieben wird, vorhanden sein. Die verschiedenen Systeme und deren Bezugsquellen sind auf S. 375 genannt.

Über eventl. Zusätze von Insektengiften zu den Kupferbrühen vergl. Mai, S. 109.

Wer seine Bäume mit Karbolineumemulsionen zu bespritzen pflegt, die mehr gegen tierische Schädlinge, als gegen

Pilzkrankheiten in Betracht kommen, wird gut tun, die Bespritzungen, die vor Knospenausbruch zu erfolgen haben, mit
einer Brühe vorzunehmen, die Karbolineum und eine Kupfer-
verbindung gleichzeitig enthält; zur Herstellung einer solchen
Brühe ist auf S. 375 Anweisung gegeben.

Krebsige Wunden und Blutlausherde müssen direkt
bepinselt werden mit stärkeren Karbolineumemulsionen, etwa
20—30%igen. Über die Herstellung solcher Emulsionen, sowie über andere Mittel vergl. S. 364 u. 367.

Fig. 15.   Der offene Krebs.

Es sei darauf hinge-
wiesen, daß man einen
offenen und einen ge-
schlossenen Krebs der
Bäume (vergl. Fig. 15) unterscheidet. Der erstere stellt
eine mehr oder weniger große
offene Wunde dar, welche
von zerrissenen Wundrän-
dern umgeben ist, die in
konzentrischen Ringen ange-
ordnet sind; letzterer stellt
Knollen dar, die in ihrem
Innern, wenn man sie durch-
sägt, einen mit vermoderter
Masse gefüllten Spalt er-
kennen lassen. Beide Krebs-
formen sind durch Übergänge
verbunden. Wo der Krebs
an dünneren Zweigen auf-
tritt, kann er zur Spitzendürre führen. Der Er-
reger des echten
Krebses ist ein Pilz,
Nectria ditissima, von dem
durch direkte Infektions-
versuche erwiesen ist, daß er
für sich allein den Krebs
erzeugen kann. Außer durch
Frostwirkung wird seine An-
siedlung ganz besonders begünstigt, wenn den Bäumen die Standortsverhältnisse nicht zusagen, sei es, daß die Boden- und sonstigen Einflüsse an sich den Bäumen ungünstig sind, oder daß die betreffende
Sorte ihnen nicht angepaßt ist. Manche Apfelbaumsorten, wie z. B.

Geflammter Kardinal, Roter Herbst- und Weißer Winter-Kalvill, Champagner-Reinette ꝛc., sind an sich als besonders krebssüchtig bekannt. Es darf aber nicht unberücksichtigt gelassen werden, daß in den einzelnen Obstbaugegenden die Empfänglichkeit derselben Sorte für Krebs bis zu einem gewissen Grade verschieden ist. Zur Vorbeuge wird man daher dort, wo der Krebs sehr häufig auftritt, bei der Sortenwahl besonders vorsichtig sein oder den Anbau der Apfelbäume überhaupt beschränken müssen. Zu Krebs Veranlassung geben- der Boden kann verbessert werden durch Beseitigung stagnierenden Bodenwassers, Düngung des Bodens mit Kalk, Phosphorsäure und Kali.

Krebsartige Geschwüre erzeugt auch die Blutlaus (vergl. Fig. 16) durch ihre Saugwirkung, gegen die man, wie in den einzelnen Monaten angegeben, besonders aber im Herbst und Frühjahr, vorgeht. Ferner können die Räupchen eines Glasflüglers, Wicklerräupchen, gewisse Käferlarven zu Wucherungen Veranlassung geben, die man ebenfalls als Krebs bezeichnet und endlich können Frostbeschädigungen für sich allein, wenn sie sich mehrmals hintereinander wiederholen, zu Krebs Veranlassung geben. Man spricht daher, zum Unterschied von dem eigentlichen Krebs, von Frost-, Blutlaus- und Wicklerkrebs, darf aber nicht vergessen, daß auch solcher Krebs durch nachträgliche Ansiedlung der Nectria ditissima in echten Krebs übergehen kann.

Wie ungünstige Ernährungs- und Standortsverhältnisse bei den Apfelbäumen zu dem Auftreten des Krebses Veranlassung geben, so leiden die Steinobstbäume unter ihnen hauptsächlich an Gummifluß; z. T. kommen daher gegen diesen dieselben Vorbeugungsmaßnahmen und Gegenmittel in Betracht. Meist ist der Gummifluß lediglich die Begleiterscheinung verschiedener Krankheiten. Einer der häufigsten Erreger scheint Clasterosporium carpophilum zu sein, derselbe Pilz, der u. a. zur Schußlöcherkrankheit der Blätter Veranlassung gibt. (Vergl. S. 170.) Auch einige andere Pilze, vor allem aber eine Bakterienart, Bacillus spongiosus, der Erreger des

Fig. 16. Apfelzweig mit Blutlauskrebs.

Bakterienbrandes der Kirschbäume (vergl. S. 169) geben zu reichlichem Gummifluß Veranlassung.

Empfohlen wird gegen Gummifluß die Reinigung der kranken Stellen mit Essig und das Verbinden solcher mit einem in Essig getauchten, feuchten Lappen; doch hat eine solche Behandlung auch schon ungünstige Folgen gehabt. Besser ist es jedenfalls, die Ursachen abzustellen und namentlich übermäßige Stickstoffdüngung zu vermeiden, dafür aber gut zu kalken, und mit Kali und Phosphorsäure zu düngen. Auch starkes Beschneiden ist zu unterlassen; wohl aber sind alle erkrankten Teile bis in das gesunde Holz hinein sorgfältig zu entfernen und zu verbrennen und die Wunden mit Baumwachs oder Steinkohlenteer sorgfältig zu verschließen. Namentlich wo es sich um den Bakterienbrand handelt, ist auch darauf zu achten, daß die beim Ausschneiden benützten Instrumente nach der Verwendung sorgfältigst desinfiziert werden und zwar am besten durch Eintauchen in heißes Wasser.

Mit der Bekämpfung der Blutlaus warte man nicht bis in den Sommer; jetzt ist vielmehr die beste Zeit dazu.

Einer der schlimmsten Schädlinge namentlich des Kirschbaumes ist Monilia, ein Pilz, der das plötzliche Absterben ganzer Zweige zur Folge hat. Da er den Winter über in den Zweigen sitzt, die Ansteckungsherde bilden, so ist gerade im April nach durch ihn abgestorbenen Ästen sorgfältig Umschau zu halten. Dieselben müssen, soweit sie nur irgendwie erreichbar sind, sofort abgeschnitten und verbrannt werden. Näheres über Monilia siehe Juni, S. 168. Ähnlich geht man vor, wenn sich an Pfirsichbäumen die Kräuselkrankheit an den jungen Trieben bemerkbar macht, indem man diese zurückschneidet und den Abfall ebenfalls verbrennt. Näheres hierüber siehe Mai, S. 111.

Blühende Wand- und Zwergobstbäume sind, wenn nötig, gegen die nachteiligen Wirkungen der Spätfröste durch Anbringen von Tüchern, Rohrdecken und eventuell durch Räucherung (vergl. S. 97) zu schützen. Die Tannenzweige, die man zum Schutz gegen Winterfrost vor den Pfirsich- und Aprikosenwandbäumen angebracht hat, werden erst nach dem Abblühen vollständig beseitigt.

Auch bei **Stachelbeer- und Johannisbeersträuchern** hat die Bespritzung (mit 1%iger Kupferbrühe) guten Erfolg; man nimmt die erste unmittelbar vor der Blüte nach dem Aufbrechen der Laubknospen, die zweite nach der Blüte, eine dritte, wie schon hier bemerkt sei, nach der Fruchtreife vor. Wo der Amerikanische Mehltau vorhanden ist, ist alle 14 Tage mit einer Schwefelkaliumlösung die Bespritzung vorzunehmen. Im übrigen sind die für diesen Fall auf S. 395 gegebenen Anweisungen zu beachten.

In Betracht kommen Bespritzungen mit 1%iger Kupferkalk= oder Sodabrühe auch gegen Blattfleckenkrankheiten der Erd= und Himbeeren.

An den Beerensträuchern, aber auch an verschiedenen Steinobstarten usw., erscheinen mit dem Grünwerden die

Fig. 17. Stachelbeerspanner (Abraxas grossulariata) nebst Raupe.

am abgefallenen Laub unter den Sträuchern überwinternden 10füßigen, schwarz, weiß und gelb gezeichneten, mit einzelnen Borstenhaaren besetzten Raupen des Stachelbeerspanners, Abraxas grossulariata, des sogen. Harlekins, (vergl. Fig. 17), sowie die mehr bläulichgrünen, im übrigen ebenfalls noch bunt gezeichneten Raupen des Johannisbeerspanners, Fidonia vavaria, und werden oft sehr schädlich; sie sind durch Abklopfen auf untergebreitete weiße Tücher oder in Fangtrichter, ferner durch Bestreuen der

Pflanzen am frühen Morgen mit Tabakstaub, Thomasmehl, Kalkstaub, Holzasche oder dergl. oder durch Bespritzung mit einem Insektengift (vergl. S. 358) verhältnismäßig leicht zu bekämpfen.

Im **Gemüseland** sind beim Umgraben die Enger = linge, Drahtwürmer, Erdraupen re. zu ver = nichten; da die Engerlinge und Drahtwürmer besonders gern den Salat angehen, so streue man überall, wo man sie ver = mutet, einige Körnchen Salatsamen aus oder setze einige Salatpflanzen ein. Bemerkt man späterhin ein Welken der Pflanzen, so hebt man sie aus und vernichtet die an ihnen im Boden sitzenden Schädlinge.

Die nur während der Nacht fressenden Erdraupen sucht man nachts nach 10 Uhr mit der Laterne ab; man wirft sie, ebenso wie dabei aufgefundene Schnecken, den Hüh = nern vor.

Schnecken lassen sich im Garten unter ausgelegten Brettchen oder in mit Laub gefüllten Tonröhren abfangen.

Eine der schlimmsten Krankheiten, von der namentlich die Kohl = und Krautarten und verschiedene andere Kruziferen, wie Raps, Rübsen, Rettich re. befallen werden, ist die sogen. Hernie, Kropf = oder Fingerkrankheit (vergl. Fig. 18), die durch einen Schleimpilz, Plasmodiophora brassicae (vergl. Fig. 124), hervorgerufen wird. Die Keime dieses Pilzes sind im Boden enthalten; sie dringen in die Wurzeln der genannten Pflanzen ein und rufen durch ihre außerordentliche Vermehrung Wucherungen an den = selben hervor, die oft Faustgröße erreichen. Durchschneidet man solche Herniegeschwülste, so zeigt sich zunächst, so = lange sie jünger sind, eine gleichmäßig fleischige Be = schaffenheit des Innern. Ältere Geschwülste gehen aber schließlich in Fäulnis über, wobei die Sporen des Er = regers massenhaft in den Boden gelangen. Die Wirkung der Wurzelkröpfe auf das oberirdische Wachstum der Pflanzen ist ein sehr ungünstiges; dieselben bleiben in der Entwicklung auffallend zurück und erzeugen keine brauchbaren Produkte. Auf die Krankheit ist während der ganzen Vegetationszeit zu achten. Vielfach haftet die Kropfkrankheit schon den Setzpflanzen an, was sich durch kleine Anschwellungen

an dem oberen Wurzelteil kundgibt. Am besten ist es,
zur Heranzucht der Setzlinge Erde zu verwenden, die
sicher frei von dem Erreger der Hernie ist: dies wird
man am sichersten erreichen, wenn die betreffende Erde
von einem Stück entnommen wird, das schon seit einer
Reihe von Jahren weder Kohl noch andere Kruziferen, die
ebenfalls unter der Hernie zu leiden haben, getragen hat. Wo

Fig. 18. Herniekranke Wurzeln der Kohlpflanzen.

die Kropfkrankheit überhaupt nicht vorkommt, braucht man
natürlich nicht so ängstlich zu sein.

Vielfach verwechselt wird die Hernie mit gallenartigen
Bildungen, die der Kohlgallenrüßler, Ceuthor-
hynchus sulcicollis (vergl. Fig. 19), an allen Kohlarten,
sowie an Raps und Rübsen 2c. veranlaßt. Man kann diese
Gallen aber leicht unterscheiden dadurch, daß sie mehr am
Wurzelhals sitzen und daß sich in ihnen beim Durchschneiden
Käferlarven oder mindestens die von diesen veranlaßten
Fraßgänge vorfinden. Die Gallen, die man im Frühjahr
findet, sind rundlich und noch klein und meist nur von einer

Larve bewohnt; da sie dicht über oder unter der Erde sitzen, so kann man sie, wenn man die Pflanzen etwas seitlich biegt, leicht wegschneiden, ohne daß dies den Pflanzen nachteilig wird. Unterläßt man dies, so erscheinen im Hochsommer oder Herbst weit größere Anschwellungen, in denen oft bis zu 25 Larven und zwar meistens auch über den Winter leben.

Für jetzt kommt gegen die beiden Krankheiten, die häufig zusammen auf demselben Felde sich zeigen, vor allem in Betracht, den Anbau von befallbaren Gewächsen, also namentlich von Kohlarten, auf infizierten Flächen mehrere Jahre lang zu vermeiden; denn zu häufiger Anbau von Kohl rasch hintereinander dürfte mit die Haupturfache sein. Ist man doch gezwungen, verdächtige Felder mit Kohl zu bepflanzen, so bringe man vorher gebrannten Kalk, 1—1½ Doppelzentner auf den Ar, unter; auch Düngung mit Thomasmehl und Kainit kann gut wirken, ebenso reichliche Zufuhr fremder Erde.

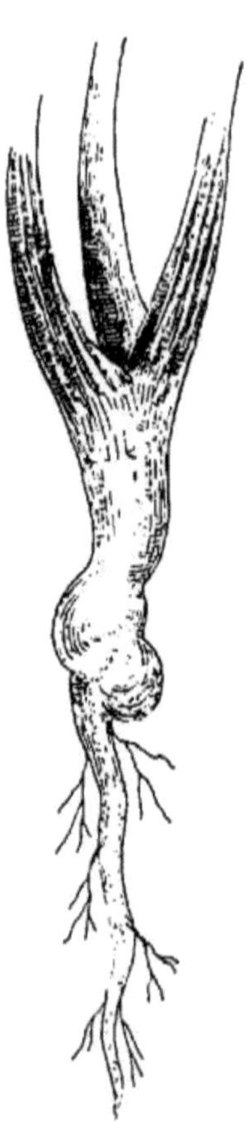

Fig. 20. Kohlwurzel, von der Larve der ersten Generation des Kohlgallenrüßlers bewohnt.

Fig. 19. Kohlgallenrüßler (Ceutorhynchus sulcicollis). Länge 3—4 mm.

Gegen den Befall der Pflanzen durch den Kohlgallenrüßler wird auch eine Düngung mit Ruß empfohlen; ferner soll eine Mischung von 20 % Schwefel, 40 % Düngegips und 40 % Ofenruß, von der man je einen kleinen

Eßlöffel voll in und auf die ausgepflanzten Setzlinge gibt, gut wirken. Erprobt ist das letztgenannte Verfahren gegen den Gallenrüßler am Karfiol, der in diesem Falle Karfiolvertilger genannt wird.

Auf die Notwendigkeit, den Winter über stehengebliebene Kohlstrünke unbedingt noch vor Eintritt des Frühjahrs zu beseitigen und zu vernichten, ist schon im März hingewiesen worden.

Wo in früheren Jahren die Kohlfliege sich bemerkbar machte, die ein plötzliches Welken und Absterben der Pflanzen verursacht, indem durch ihre Larven die Wurzeln faulig werden (gewöhnlich im Juni), baue man das Gemüse nur auf altgedüngten Beeten und vermeide scharf riechende Düngemittel.

Die letztgenannte Vorsichtsmaßnahme ist auch in allen anderen Fällen anzuwenden, wo Fliegenschäden an Gemüsepflanzen, wie an Sellerie, Zwiebeln, Spargeln ꝛc. zu befürchten sind.

Gegen die Zwiebelfliege (vergl. S. 142) soll spät: Saat des Zwiebelsamens (Mitte April) Schutz gewähren.

Kohlrabipflanzen schießen später leicht, wenn sie bald nach dem Auspflanzen von Frost betroffen werden. Man pflanzt daher besser die Kohlrabi nicht auf einmal, sondern nach und nach.

Das Versetzen der Pflanzen, das in diesem Monat beginnt, nehme man möglichst bei trübem und feuchtem Wetter vor, da sie dann rascher anwachsen.

Am Spargel kann sich schon im Frühjahr der Rost, namentlich an Sämlingspflanzen, zeigen; da er umso schädlicher ist, je früher er auftritt, so beuge man beizeiten vor. Geeignet dazu hat sich die Bespritzung mit Kupferkalkbrühe erwiesen, mit der man beginnt, sobald sich das erste Grün an den jungen Pflanzen zeigt; es ist dann etwa alle 14 Tage zu wiederholen. Im übrigen überstehen die Pflanzen die Krankheit umso eher, in je besserer Kultur sie sich befinden. Gute Düngung ist daher notwendig; schädlich ist aber dabei ein Übermaß an Stickstoff.

Wichtig ist es, gegen das Unkraut im Garten möglichst frühzeitig vorzugehen, da man später seiner nicht mehr so leicht Herr wird. Am besten geschieht es durch Durchhacken der Reihen.

Durch das starke Auftreten von **Blattläusen**, von **Thrips**, der **Milbenspinne**, **Springwanze** 2c. wird mitunter die ganze **Frühgemüsetreiberei** zugrunde gerichtet; ebenso leiden dadurch die Gurken und andere Pflanzen, die man nach der Räumung in solchen Kästen zu ziehen pflegt. Zu ihrer Verhütung sind am besten Vorbeugungsmaßnahmen auszuführen, die sich im Herbst und Winter angegeben finden.

Zur direkten Vertilgung der genannten Schädlinge dürfen in den Kästen ja keine Stoffe verwendet werden, die, wie Karbolineum, Kresol und dergl. starken Geruch besitzen, da dadurch die Pflanzen selbst eingehen würden; dagegen können Seifenbrühe, Dujoursche Lösung u. dergl. benützt werden. Bewährt haben sich auch nach J. **Kindshoven** in Gemüsetreibkästen und in **Glashäusern** gegen verschiedene tierische Schädlinge einige Geheimmittel, so der pulverförmige Insektenvernichter „**Probat**", der von der Firma E. v. **Minden**, **Düsseldorf**, Moltkestraße 95, zu 1,20 ℳ. für 1 kg und zu 6 ℳ. für ein 5 kg-Paket bezogen werden kann, und noch besser das etwas teurere „**All Liquid Insecticide**", eine Flüssigkeit, die in Büchsen zu 3,75 ℳ. von der Firma Otto **Benrodt-Marienfelde** bei **Berlin** zu beziehen ist.

In den Gewächshäusern wird von den Gärtnern namentlich die sogen. **schwarze Fliege**, eine **Thrips-** oder

Fig. 21. Blasenfuß.

Blasenfußart, gefürchtet (vergl. Fig. 21). Namentlich in Warmhäusern, deren Luft nicht feucht genug ist, kann sie das ganze Jahr hindurch auf den verschiedensten Pflanzen auftreten und durch ihr Saugen zum Kümmern derselben Veranlassung geben. Bei einigermaßen stärkerem Befall bleibt nichts anderes übrig, als die Häuser auszuräuchern, wozu sich am besten Insektenpulver eignet, das man über glühenden Holzkohlen auf einem Blech und zwar in der Menge von 4—5 g auf 10 cbm Raum langsam verbrennen läßt. Während dieses Mittel gerade angewendet werden kann, wenn die Pflanzen in den Häusern sich befinden, kann das vielfach übliche Ausräuchern der Häuser mit schwefeliger Säure durch Verbrennen von Schwefel nur in ausgeräumten Häusern erfolgen, d. h. die an den Pflanzen selbst sitzenden Schädlinge werden dadurch also nicht mitbetroffen. Statt mit Insektenpulver kann man in den Häusern auch Räucherungen mit Tabak ausführen, doch sind viele Pflanzenarten, z. B. Orchideen, dagegen sehr empfindlich.

Als recht praktisch wird von der Versuchsanstalt Geisenheim Richards „Nikotinverdampfer" bezeichnet, der zum Preise von 3,25 ℳ. von der Firma Otto Mann-Leipzig zu beziehen ist. Er hat sich dort namentlich zur Bekämpfung der Blattläuse und der schwarzen Fliege vorzüglich bewährt, ohne daß dabei den Pflanzen der geringste Schaden zugefügt wurde. Zur Verdampfung gelangen in dem Apparat besonders präparierte Nikotinkuchen, die leider etwas teuer sind, da das Stück 55 ₰ kostet. Nach J. Kindshoven kann aber dieser Apparat höchstens für Gewächshäuser, keinesfalls für Frühbeetkästen in Betracht kommen.

Je nach der Pflanzenart kann man endlich auch Bespritzungen und Waschungen mit reiner Seifenlösung, noch besser mit Dufourscher Lösung, mit Tabakextrakt u. dergl. gegen die schwarze Fliege und ähnliche Schädlinge ausführen.

Die **Weiden** werden oft schon im zeitigen Frühjahr überaus schwer heimgesucht durch verschiedene Blattkäferarten und deren Larven. Diese Käfer belegen alsbald, wenn sie aus ihren Winterverstecken hervorgekommen sind, die Unterseite der Blätter mit Eiern und schaden, wie die bald auskriechenden Larven, umsomehr, als es bisher noch nicht gelungen ist, wirklich durchgreifende Mittel gegen sie aufzufinden. In Betracht kommen:

1. Einige große, rote Arten, deren Hauptvertreter nach Judeich-Nitsche der fast 1 cm lange, rote Wei-

b e n k ä f e r, Chrysomela tremulae, ist. Die Flügel dieses sonst
schwarzblauen Käfers, der besonders die Purpurweiden
heimsucht, sind rot. Die Verpuppung erfolgt an den Blättern;
die jungen Käfer erscheinen im Hochsommer und können noch
eine zweite Generation erzeugen;

2. mittlere, g e l b e A r t e n. Hierher gehört der S a l =
w e i d e n b l a t t k ä f e r, Galeruca capreae und lineola, 4
bis 6 mm lang, matt ledergelb. Die Käfer befressen bereits
die erst fingerlangen Triebe, späterhin zusammen mit ihren
braunschwarzen Larven die Seitensprosse; die Blätter werden
von der Unterseite her skelettiert. Die Verpuppung erfolgt
im Boden. In einigen Jahren wurde schon eine viermalige
Verwandlung wahrgenommen, sodaß die von diesen Schäd=
lingen befallenen Ruten fast wertlos werden;

3. die k l e i n e n, nur 4 mm langen, dunkel m e t a l =
l i s ch g l ä n z e n d e n A r t e n Chrysomela vitellina ꝛc.
sind die häufigsten und zugleich schädlichsten. Diese Käferchen
verhindern besonders häufig durch ihren Fraß die richtige
Entwicklung der Korbweiden; sie überwintern zwischen zu=
sammengeknäulten Blättern; die Verpuppung geht im Boden
vor sich. Es können bis 3 Generationen entstehen. Besonders
gerne gehen diese Schädlinge an zarte Weidenarten, wie
Salix viminalis, auch an Salweiden.

Wo die Weiden noch nicht hoch und nicht durcheinander
gewachsen sind, kann man gegen diese Käfer mit gutem
Erfolge die K r a h e s ch e F a n g m a s ch i n e verwenden, eine
Art Schiebkarre, die einen niedrigen 1 m langen und 30 cm
breiten Kasten hat, in den die Käfer von dem Arbeiter,
an dessen Gürtel die Karre befestigt ist, sodaß er beide
Hände frei hat, mit einem Stock abgeklopft werden. Dieses
Abklopfen kann auch erfolgen in einen niedrigen Kasten,
dessen Boden mit einer dünnen Ascheschichte bedeckt ist oder
in einen um den Hals des Arbeiters hängenden Korb ꝛc.
Leider werden die festsitzenden Larven durch das Abklopfen
nicht in wünschenswerten Mengen beseitigt. Gegen sie wird
empfohlen, die Ruten durch die in ziemlich scharfe Lauge
aus Holzasche getauchte Hand zu ziehen; leichter bewerk=
stelligen läßt sich wohl ein Bespritzen mit Giftbrühen, die
aber ziemlich konzentriert anzuwenden und mit guthaftenden

Klebstoffen zu versetzen sind. Am besten dürfte wohl wirken eine im Spätherbst vorgenommene Bespritzung der Weiden und des Bodens mit Humuskarbolineum; im Frühjahr eine solche mit Arsenhumus. Gut ist es auch, durch aufgestellte Strohwische, Haufen von Binsen, Schilf ꝛc. für die Käfer Schlupfwinkel zu schaffen, die im Herbst zu untersuchen und event. zu verbrennen sind.

Besonders auf Silberweiden lebt die sechzehnfüßige, gefräßige Raupe des **Weidenspinners** oder **Atlas-vogels**, Liparis salicis, vom ersten Frühjahr bis anfangs Juni. Die Reste der Blätter, die die Raupen übrig lassen, ziehen sie zum Puppenlager etwas zusammen; man kann sowohl gegen die einem Speichelfleck ähnlichen Eierhäuschen, die an den Stämmen und Blättern abgesetzt werden, durch deren Abkratzen und Verbrennen vom August an, als auch gegen die Raupen selbst durch Abprellen event. durch Bespritzung, und endlich durch Entfernung der Puppennester im Sommer vorgehen.

In **Nadelholzanlagen** werden Ende des Monats Rinden und Kloben zum Fangen des **großen** und des **kleinen braunen Rüsselkäfers** ausgelegt und täglich abgelesen, ferner zum Fang der **Borkenkäfer** und Markkäfer Fichten und Kiefernstämme als Fangbäume geworfen und die befallene Rinde rechtzeitig verbrannt.

Auch die **Drahtwürmer** können jungen Koniferen-pflanzen sehr schädlich werden; man hat deshalb zu vermeiden, sie mit Kompost, in dem sie sich häufig vorfinden, in Pflanzen- und Saatkämpen einzuschleppen. Dies erreicht man, indem man die Komposterde gut mit Kalk und mineralischen Düngemitteln schon im Jahre vor ihrer Anwendung durchmischt. Wie im Garten, so kann auch in Saatkämpen, da wo man Drahtwurmfraß zu befürchten hat, etwas Salat als Fangpflanze angesät werden.

Hingewiesen sei auch auf die vielleicht vorhandene Möglichkeit, die jetzt und im Mai in „Spiegeln" an den Rinden der Bäume sitzenden jungen **Nonnenräupchen** durch Bespritzen mit einer Karbolineumbrühe zu vernichten.

Nadelholzsamen schützt man mit Mennige gegen Mäuse- und Vogelfraß: bei Kiefernsamen verwendet man z. B. auf 7 kg 1 kg Mennige, das man ausstreut, nachdem die Samen vorher angefeuchtet worden sind. Vor der Saat müssen die Samen an der Luft getrocknet werden. Noch besser soll nach T a s c h e n b e r g, auch bei Obstsamen, die Kandierung der Samen mit Kalk wirken, dem man eine ganz geringe Menge von Petroleum zugesetzt hat.

Hafer nicht bespritzt. Hafer bespritzt.
Fig. 22. (Vergl. S. 83.)

Bezüglich der Maßnahmen gegen **Speicherschädlinge** sind die Angaben im April und Juni zu beachten.

Auf den **Wiesen** kann noch fortgefahren werden, die Herbstzeitlose nach den im April angegebenen Verfahren zu bekämpfen.

Wo sich grobstengelige, große Pflanzenarten breit machen, ist dies vielfach auf die zu einseitige Düngung mit Stickstoff durch die ausschließliche Verwendung von Jauche usw. zurückzuführen. Da diese meist mit Pfahlwurzeln versehenen Arten sich noch aus tieferen Bodenschichten mit den sonstigen Pflanzennährstoffen versehen können, die den Gräsern 2c. nicht mehr erreichbar sind, so erlangen sie die Vorherrschaft. Hat man solche Flächen nicht schon im Herbst, Winter oder zeitigen Frühjahr mit Kainit und Thomasmehl gedüngt, so kann dies jetzt noch nachgeholt werden. Besonders schädliche Unkrautarten, wie Disteln, Schachtelhalm, Huflattich u. dergl., können nur durch unausgesetzten Kampf gegen sie allmählich zum Verschwinden gebracht werden, indem man ihre oberirdischen Teile so oft als möglich tief absticht oder abschneidet. Bei den Disteln und anderen samentragenden Unkräutern, die besonders auch auf Feldern auftreten, ist namentlich darauf hinzuwirken, daß sie nicht zur Samenreife gelangen. Zu empfehlen ist die Anwendung der sogen. Distelstecher.

Gegen das Moos auf Wiesen kann man außer durch Eggen (vergl. April, S. 45) auch vorgehen durch Bespritzung der befallenen Flächen mit 5—10%iger Eisenvitriollösung. Eine versuchsweise Bespritzung der Wiesen mit derartigen Lösungen ist auch da zu empfehlen, wo die Grasarten zu sehr durch blattreiche, mehr als Unkraut aufzufassende Pflanzen überwuchert werden.

Endlich kommt die Bespritzung gegen Ende des Monats und im Juni noch in Betracht auf Wiesen, die stark von Engerlingen heimgesucht sind. Wo schon im Jahre zuvor Engerlinge sich bemerkbar machten, kann man sicher darauf rechnen, daß sie, sobald der Boden wärmer wird, also schon von April an, aus den tieferen Schichten, in die sie sich im Herbst zurückgezogen haben, wieder empor= kommen, um ihr Zerstörungswerk fortzusetzen. Der Schaden wird allerdings nicht mehr so groß sein, wie im Jahre zuvor, da inzwischen ein Teil der Tiere sich verpuppt hat und nunmehr die Käfer bildet. Auch Bespritzungen von Engerlingen heimgesuchter Wiesen mit Kainitlösung oder ein direktes Bestreuen mit Kainit ist zu empfehlen. Am wichtigsten aber ist es, Engerlingswiesen im August zu behandeln durch Umbruch, entsprechende Düngung und neue Ansaat. Näheres über die Behandlung der Engerlingswiesen vergl. Juni, S. 130, und August, S. 246.

Selbstverständlich wird man gegen die Engerlingsschäden mit am besten vorbeugend vorgehen können, indem man die **Maikäfer** bekämpft und zwar nicht nur in den sog. Flug= jahren, die je nach der Gegend alle 3—4 Jahre wiederkehren. Schon im April ist darauf hingewiesen worden, daß das beste Mittel, die Maikäferplage einzuschränken, die Ansiedlung der Stare durch Aufhängen zahlreicher Starnisthöhlen darstellt; ferner stellen den Käfern und Larven die Krähen, den Engerlingen besonders die Maulwürfe nach. Auch das direkte Einsammeln der Maikäfer ist zu empfehlen und zwar umsomehr, als die= selben bei richtiger Behandlung als Dünger und Futter ver= wendet werden können. Erfolge kann das Einsammeln natür= lich nur bringen, wenn es in ganzen Gemeinden gleichzeitig und planmäßig durchgeführt wird. Man schüttelt die Käfer von den Bäumen, bei großen unter Verwendung von Stangen, die mit Werg umwickelt sind, am frühen Morgen oder an kalten trüben Tagen, d. h. also zu einer Zeit, wo sie nicht fliegen, und sammelt sie in Säcken, Körben oder irgend welchen verschließbaren Gefäßen; insbesondere können Kinder zu diesen Arbeiten herangezogen werden. Das Sam= meln der Käfer muß so oft wiederholt werden, bis es keine nennenswerte Ausbeute mehr liefert. Um die Maikäfer ver= wenden zu können, tötet man sie vorher ab und zwar am besten durch Schwefelkohlenstoff (vergl. S. 379). Will man sie dann als Dünger verwenden, so bereitet man durch

Vermiſchung mit Erde und gelöſchtem Kalk Kompoſt aus
ihnen; als Futter eignen ſie ſich für die Schweine, wenn
man ſie mit etwa dem 5fachen Gewicht Kartoffeln vermiſcht;
für die Hühner und Enten muß man ſie mahlen und mit Mehl
vermengen.

Als Engerlinge werden nicht nur die weißlichen, braun=
köpfigen Larven des gemeinen Maikäfers, Melolontha vulgaris, und des Roßkaſtanienkäfers, M. hippocastani, ſondern

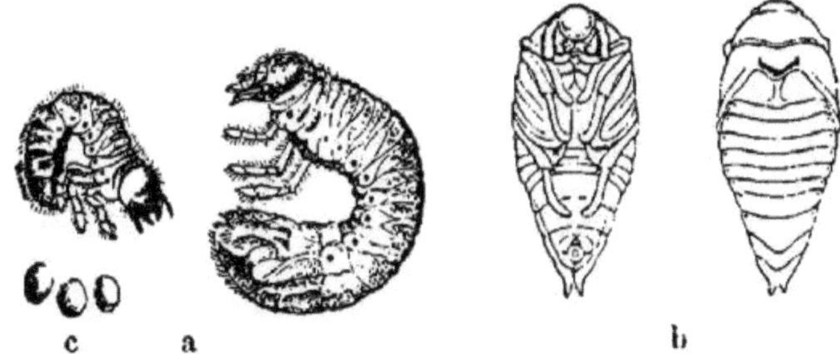

Fig. 23. a Engerlinge des Maikäfers, b Puppe von unten u. oben,
c Eier.

auch die etwa halb ſo großen Larven des Juni= oder Brach=
käfers, Rhizotrogus solstitialis, des Getreidelaubkäfers,
des kleinen Roſenkäfers, die erheblich größeren Larven des
namentlich in ſandigen Gegenden vorkommenden Walkers ꝛc. be=
zeichnet.

Andere Methoden der Maikäferbekämpfung vergl. nach=
ſtehend unter Obſtbäumen.

Für die **Feldbeſtellung** kommt im Mai außer ver=
ſpäteten Hackfrüchten nurmehr der Anbau von Grün=
düngungspflanzen, Futtermiſchungen und Mais ꝛc. in Be=
tracht.

Lupinen ſollen der Lupinenfliege wegen nicht zu
ſpät im Monat, am beſten ſchon Ende April oder mindeſtens
in den erſten Maitagen, geſät werden; andererſeits iſt ihre
Froſtempfindlichkeit zu berückſichtigen. Man vergeſſe beim
Anbau nicht die Impfung in Fällen, wo Lupinen nicht ſchon
ſeit längerer Zeit gebaut werden. (Vergl. S. 409.)

Die Lupinenfliege, Anthomyia funesta, erſcheint Mitte
Mai und legt ihre Eier in die eben erſt keimenden Lupinen; die

Made frißt Gänge in Wurzeln, Stengel und Samenlappen, was das Absterben der Pflanzen zur Folge hat. Die Verpuppung erfolgt in der Erde.

Wo zu große Mengen Kalk im Boden sind, gedeihen Lupinen nicht, indem sie an der sogen. Mergelkrankheit zugrunde gehen. Auf Böden, wo die Ackerkrume sehr kalkreich ist, wird man Lupinen daher überhaupt nicht bauen. Der Mergelkrankheit kann, wenn sie nicht zu stark auftritt, durch wiederholte Bespritzung der Pflanzen mit 0,5 1%iger Eisenvitriollösung begegnet werden. Vergl. Fig. 24.) Eine solche Bespritzung ermöglicht auch den Anbau anderer kalkempfindlicher Leguminosen auf Kalkböden und beseitigt auch oft überraschend schnell Gelbfärbungen, die auf solchen Böden unter Umständen, namentlich auch bei Erbsen und anderen an sich nicht als kalkempfindlich bekannten Pflanzen, auftreten.

Auf die Beschaffenheit des Saatgutes zu achten, ist bei gelben und blauen Lupinen ganz besonders wichtig, da deren Samen ungemein leicht verderben; auch wenn sie bei der Prüfung im Laboratorium noch eine gute Keimfähigkeit zeigen, können die Lupinen auf manchen Böden, wenn die Samen nicht völlig frisch sind, mehr oder minder versagen. Es empfiehlt sich jedenfalls die Vornahme einer Prüfung der Lupinensamen in Erde von jenem Felde, auf dem die Aussaat erfolgen soll. Erscheint der Boden verdächtig, das Auflaufen der Lupinensamen zu beeinträchtigen, so empfiehlt es sich, diese vor der Saat in feuchtem Sand vorzuquellen und leicht anzukeimen.

Die erst nach vorübergegangener Frostgefahr auszusäenden **Maiskörner** sind zweckmäßig vor der Aussaat gegen Krähenfraß durch Mandierung mit Mennige oder Teer zu schützen.

Die Mennige rührt man mit Leimwasser an, damit sie gut anhaftet. Von der Mennige ist so viel zu verwenden, daß die Samen einen deutlich roten Überzug erhalten. Steinkohlenteer wendet man etwa 1 Liter auf 100 kg Körner an; über seine Verwendung bei Getreide s. September, S. 269.

Besser sollen Mais, Wicken und Erbsensamen, namentlich gegen Krähen und Dohlen (nicht aber gegen

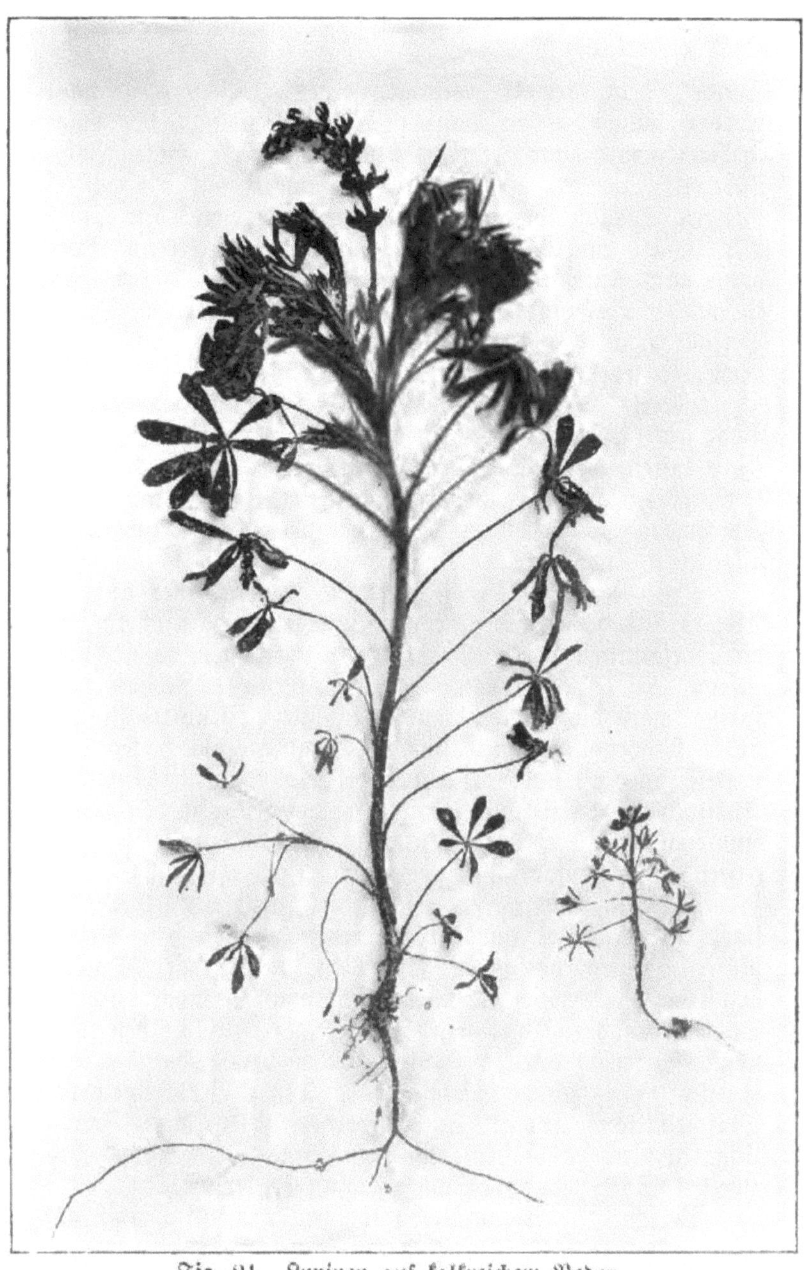

Fig. 24. Lupinen auf kalkreichem Boden.
Mit Eisenvitriollösung bespritzt.   Unbespritzt.

Tauben) nach den Erfahrungen eines Praktikers geschützt werden können, wenn man das Feld gleich nach der Saat in Reihen von 7—8 Schritt Entfernung auf schwachen Holzstäbchen etwa 25 cm über dem Boden mit schwachem, billigen Spagat überzieht. Der Faden wird auf den Stäbchen in 10 Schritt Entfernung einmal umwickelt und kann dann nach Aufgang der Saat, sobald diese 8—10 cm hoch ist, wieder abgewickelt und weiter verwendet werden. Dieses Verfahren wird aber wohl nur auf kleinen Flächen angewendet werden können.

Bereits aufgegangene Erbsen sollen auch dadurch vor Vogelfraß geschützt werden, daß man sie, sobald sie sich sehen lassen, mit Sägespänen bedeckt. Über die Verwendung von vergiftetem Getreide als Köder gegen Vogelfraß vergl. September, S. 269, wo auch noch einige andere Maßnahmen angegeben sind.

Tritt **Kleeseide** in **Rotklee** oder in einer anderen Kleeart auf, so sind die befallenen Stellen abzusicheln und die abgeschnittenen Teile sorgfältig zu vernichten, damit durch sie die Seide nicht weiter verschleppt wird. Alsdann bespritze man die Flecken mit 10%iger Eisenvitriollösung unter Anwendung eines starken Strahles, am besten also mittels einer Peronospora- oder Hederichspritze mit einfachem Ausflußrohr, damit die Lösung auch tief genug in den Boden eindringt, um die an den unterirdischen Stengelteilen anhaftenden Seidenfäden mit zu vernichten. Vergl. auch S. 131.

Der Samenertrag des Klees wird in manchen Gegenden stark beeinträchtigt durch die Larven einiger sehr kleiner Rüsselkäferchen, der sogen. Samenstecher oder Spitzmäuschen, Apion-Arten, die sich von den noch unreifen Samen ernähren und ein Welken der Kleeköpfchen verursachen; ferner durch die roten Maden der Kleesamenmücke, Cecidomyia leguminicola. Außer Verbrennen der Dreschrückstände (vergl. S. 5) werden gegen diese Schädlinge zeitiges Abmähen des Klees und Verwendung des zweiten Schnittes zur Samengewinnung empfohlen.

Verschiedene Apion-Arten kommen namentlich auch auf Malven vor.

Der junge Klee oder die Luzerne können schon bald nach

der Keimung unterhalb der jüngsten Blätter knotenartige Stengelverdickungen und ein kümmerliches Wachstum infolge des Befalles durch Stockälchen zeigen. (Vergl. April, S. 40.)

Am **Wintergetreide** stellt sich im Mai vielfach schon der Rost ein und zwar handelt es sich jetzt fast ausschließlich um den sog. Gelbrost, Puccinia glumarum, dessen hellgelbe Sporenlager auf den Blättern lange Streifen bilden. Von diesem Rost ist kein Zwischenwirt bekannt; sein Auftreten wird im Gegensatz zu jenem des Schwarzrostes durch Stickstoffdüngung nicht begünstigt, im Gegenteil zeigt er sich in manchen Jahren eher in stärkerem Maße da, wo ein gewisser Mangel an Stickstoff vorhanden ist. Vor allem werden durch diese Rostart die Landweizensorten oft sehr frühzeitig und ungemein stark befallen; wo sie sich wiederholt zeigt, kommt daher für die Zukunft neben vorbeugenden Maßnahmen, wie möglichst guter Düngung, namentlich auch mit Kali und Phosphorsäure, Anbau des Wintergetreides nach Brache oder Gründüngung, vor allem ein Wechsel des Saatgutes in Betracht.

Über die übrigen Rostarten vergl. Juni und Juli.

Die für viele Gegenden bei weitem größten Schädiger des **Sommergetreides** sind der Hederich und der Ackersenf: dieselben sind jetzt im Mai durch Bespritzung mit mindestens 18—20%iger Eisenvitriollösung am besten zu bekämpfen. (Vergl. Fig. 22.) Wegen der Wichtigkeit dieses Verfahrens und der verschiedenen Einzelheiten, die bei dessen Ausübung zu berücksichtigen sind, ist eine besondere Anweisung zur Hederich- und Ackersenfbekämpfung auf S. 386 gegeben. Selbstverständlich wird man auch nicht unterlassen, dem Hederich und anderem Unkraut in den Sommerungen, solange dies noch möglich, durch Übereggen der Saaten beizukommen. Hingewiesen sei auch auf die Hederichjäter.

Eine für das Gedeihen der Pflanzen und zur Vertilgung des Unkrautes überaus nützliche Maßnahme stellt das Hacken des Getreides dar. Natürlich kann dasselbe nur in Betracht kommen, wo Reihensaat erfolgte, und ferner ist zu berücksichtigen, daß es erhebliche Kosten und Arbeit verursacht; man wird es daher unterlassen, wo es nicht nötig ist, d. h. namentlich da, wo der Getreidebau gegen den Futterbau zurücktritt, dann auf manchen humusarmen Sandböden.

Fig. 25.

Hafer behackt. Unbehackt.

Die Hackarbeit muß bei trocknem Wetter ausgeführt werden; es wird dadurch nicht nur der Boden lockerer, sondern es vertrocknet auch das Unkraut rascher.

Wie schon im April erwähnt, machen sich auch die **Drahtwurmschäden** im Mai noch besonders bemerkbar; das zweckmäßigste Vorgehen gegen sie ist bereits im April, S. 48, beschrieben. Hier sei nur nachgetragen, daß sich nach Brie m zum Fang der Drahtwürmer auch Rüben, die man in längere Stücke zerschneidet, eignen.

Wo die nur in manchen Jahren stärker hervortretende **Zwergzikade**, Jassus sexnotatus, auftreten sollte, schreite man sofort ein durch Anwendung der gegen sie konstruierten

Fig. 26. **Zwergzikade** (Jassus sexnotatus).
Vergrößert und in natürlicher Größe. Bei a die schräg liegenden Eier.
(Nach Rörig, T. u. L.)

Fangmaschine, die im wesentlichen aus einer langen, durch zwei leichte hohe Räder verbundenen Achse besteht, von der ein mit Raupenleim oder Teer bestrichener Streifen derben Stoffes so herabhängt, daß die Pflanzen von ihm bei langsamem Überfahren gestreift werden. Auch gewöhnliche Klebfächer, wie sie zum Fangen der Traubenwickler= motte verwendet werden, lassen sich benützen. Da der Be= fall der Getreideschläge durch dieses Insekt immer vom Rande aus erfolgt, so vermeide man bei dem meist notwendig werdenden Umpflügen der befallenen Randpartien, die Tiere weiter in die Getreidefelder hineinzutreiben, d. h. man beginne mit dem Pflügen nicht vom Rande her, sondern umgekehrt. Da die Zwergzikade schon im Frühjahr Eier an die Getreideblätter legt, aus denen bald eine zweite Generation hervorgeht, so müssen nicht nur die stärker befallenen, sondern auch die weiter innen stehenden, nur Flecken besitzenden Pflanzen, die bereits mit Eiern belegt sind, mit untergepflügt werden.

Die Zwergzikade lebt für gewöhnlich auf den verschiedensten Wiesengräsern und hat bisher nur in manchen Jahren und zwar namentlich im Nordosten Teutschlands das Winter=, noch mehr das Sommergetreide befallen, wobei die Pflanzen durch die saugende Tätigkeit der in ungeheuren Schwärmen auftretenden Tiere vollständig vernichtet wurden. Die Blätter bekommen zunächst rote Flecken, färben sich dann im ganzen rötlich und sterben schließlich ab.

Jetzt machen sich an den Sommersaaten auch die Schädigungen durch Getreidefliegen, namentlich der Fritfliege, bemerkbar: der Landwirt sollte sich bemühen, sie genau kennen zu lernen; namentlich an Hafersaaten wird man, falls die Saat nicht sehr frühzeitig erfolgte, in der Regel nicht lange nach ihnen zu suchen haben. Das charakteristische Merkmal eines solchen Fliegenbefalls junger Sommergetreidepflanzen ist, daß die Herzblätter unter Bräunung absterben und schlaff zwischen den durchaus gesund erscheinenden Außenblättern herabhängen. Nimmt man ein derartiges Pflänzchen vor, so findet man im Innern an der Basis als Ursache die äußerst kleinen Fliegenlarven oder in späterer Zeit das kleine braune Tonnenpüppchen. Durch die Zerstörung des Herzblattes gehen viele Pflanzen ein; in der Regel aber bilden sich seitliche Triebe, die, wenn sie nicht wieder befallen werden, noch Halme liefern können. Vergl. Fig. 99 auf S. 266.

Von Mitte Mai an rufen gelegentlich die Käfer und besonders die dicken, schmierigen Larven des Getreidehähnchens, Lema cyanélla und melánopus, oft großen Schaden dadurch hervor, daß sie die Blätter in langen Streifen, die dadurch weiß werden, abnagen. In Ungarn ist dagegen mit gutem Erfolge Bespritzung mit Tabakslauge, 2 kg auf 100 Liter Wasser, verwendet worden.

Werden **Hackfrüchte** noch im Mai gebaut, so sind die für sie im April gegebenen Weisungen zu berücksichtigen.

An den jungen Kartoffelstöcken beachte man von nun an sorgfältig, ob sie vollständig gesund sind oder ob bei irgend einer Sorte schon so frühzeitig das verdächtige Einrollen der Blätter sich zeigt. Wo es in ausgedehnterem Maße der Fall sein sollte, bespritze man versuchsweise jetzt oder im Juni die Stöcke mit einer 2%igen Lösung von 40%igem Kalisalz, in anderen Reihen mit 2%iger Kupferkalk- oder Kupferhumuslösung. Diese Maßnahmen haben bei Versuchen an der K. Agrikulturbotanischen Anstalt München jedenfalls günstig gewirkt.

Ergeben sich nach dem Aufgang Fehlstellen, so ist es unbedingt notwendig, die Ursachen hierfür aufzufinden. Dieselben können in der Beschaffenheit des Saatgutes selbst begründet sein, wenn es von im hohen Grade blattroll- oder ringkrank gewesenen Pflanzen stammte. Man findet dann, daß die Knollen entweder überhaupt nicht ausgetrieben haben oder daß die gebildeten Triebe die Erde nicht zu durchbrechen vermochten und sich dabei entweder im Boden reich verzweigten oder (bei der Ringkrankheit) bald der Fäulnis anheimfielen. Vielfach ist in beiden Fällen eine gesteigerte Wurzelbildung zu beobachten. Aber auch durch Engerlinge, Schnakenlarven und Drahtwürmer können die Saatknollen, bezw. die Triebe so zerstört worden sein, daß es nicht zur Bildung einer Pflanze kam. Findet man an den dem Boden entnommenen Knollen die Schädlinge nicht mehr vor, so kann aus der Größe und Beschaffenheit der Fraßwunden mit einiger Sicherheit doch auf ihre Art geschlossen werden. (Vergl. hierzu Oktober, S. 288.)

Sind die Kartoffelstauden schon einigermaßen in die Höhe gegangen, so wird, nachdem schon früher abgeeggt worden ist, mit dem Reihenpflug oder mit der Handhacke eine Lockerung und Vertilgung des Unkrautes vorgenommen, dem dann das Behäufeln folgt.

Die jungen **Zucker-** und **Futterrübenpflänzchen** sind vom Aufgehen an vielfachen Gefahren und Schädigungen unterworfen. Vor allem macht sich auf humusarmen, leicht krustenbildenden oder schwach sauren Böden der sogen.

Wurzelbrand geltend, indem in ihnen die Erreger dieser Krankheit (Phoma betae und einige andere Pilzarten, zum Teil auch Bakterien) die Pflänzchen befallen können. Diese Erreger sind entweder schon im Boden enthalten oder sie gelangen in ihn mit dem Saatgut, weshalb ein Beizen oder Schälen desselben unter Umständen zu empfehlen ist. (Vergl. April, S. 53.) Auf Böden, die nicht zu Wurzel=brand neigen, gehen aber auch aus stark von Phoma betae rc. infizierten Rübenknäulen gesunde Pflänzchen hervor.

Der Wurzelbrand äußert sich darin, daß sich an den Stengeln unter den Keimblättern bräunliche, einsinkende Flecken bilden, die sich bis in die Wurzeln ausbreiten. Die Pflänzchen fallen entweder um und gehen ein oder die kranken Stellen werden abgestoßen und es erfolgt eine Aus=heilung; aus derartig erkrankt gewesenen Pflänzchen gehen aber in der Regel nur minderwertige Pflanzen hervor. Außer den schon im April angegebenen Weisungen zur Vorbeuge des Wurzelbrandes kommt jetzt hauptsächlich möglichste Durch=lüftung des Bodens durch fleißiges Hacken in Betracht.

Erscheinungen, die an Wurzelbrand erinnern, werden gelegentlich auch hervorgerufen durch den Fraß des k l e i n e n M o o s k n o p f k ä f e r c h e n s, Atomaria linearis, und seiner Larven.

Außer den schon im April, S. 53, erwähnten T a u =s e n d f ü ß l e r n fallen viele Rübenpflänzchen auch den E r d r a u p e n und den sonstigen, vorstehend schon bei den Kartoffeln aufgeführten Bodenschädlingen zum Opfer. Auf Böden, die stark an Rübenmüdigkeit leiden, können ferner schon die jungen Pflanzen von N e m a t o d e n befallen werden, wodurch sie unter Umständen vollständig absterben.

Besonders gefürchtete Schädlinge der jungen Rüben=pflänzchen, die jetzt auftreten können, sind einige Käferarten, bezw. ihre Larven. Ein kleiner L a p p e n r ü ß l e r, der Näscher oder Liebstöckelrüßler (vergl. S. 95), stellt sich oft schon im April namentlich auf solchen Feldern ein, die vorher Luzerne getragen haben; auch der rauhe Lappenrüßler geht mit auf Rüben über. Ungeheuren Schaden haben namentlich in Ungarn schon mehrfach andere Rüssel=käfer, Cleonus=Arten, durch ihren Fraß oft schon von April

an verursacht; der Schaden wird noch dadurch vermehrt,
daß die von Mitte Mai an erscheinenden Larven auch an
den Wurzeln der Rüben nagen. Namentlich aber sind die
beiden Aaskäferarten, Silpha atrata und S. opaca,
zu erwähnen, da deren etwa 12 mm lange, schwarze,
sehr gefräßige Larven die jungen Pflänzchen vollständig
aufzehren und in die größeren Blätter Löcher fressen. Schon
von Ende Mai an verpuppen sie sich in der Erde, so daß
der Schaden glücklicherweise nicht länger dauert. Die nach
etwa 10 Tagen erscheinenden Käfer veranlassen, wie es
scheint, keinen Schaden mehr. Die Überwinterung erfolgt
im Käferzustand.

Besonders das Eintreiben von Hühnern in
die Rübenfelder hat sich vielfach als sehr nützlich gegen
diese Schädlinge, sowie auch gegen die Erdraupen rc.
erwiesen. Wo der Rübenbau in größerem Maßstab getrieben wird, bringt man die Hühner in fahrbaren Ställen
auf das Feld, wobei für entsprechendes Beifutter und Wasser
zu sorgen ist. Gegen die Larven der Aaskäfer und die erwähnten Rüsselkäfer hat man auch schon gute Erfolge erzielt
durch Bespritzung der Pflanzen mit arsenhaltigen Brühen,
namentlich mit Schweinfurtergrün, ebenso mit Chlorbariumlösung, die man bei jüngeren Pflanzen 2%ig, später 3- bis
4%ig anwendet. (Vergl. S. 372.) Selbstverständlich müssen
in Fällen, wo derartige Gifte zur Anwendung gelangen, die
Hühner von den Feldern abgehalten werden.

Fahrbare Hühnerwagen sind vielfach im Gebrauch. In
einem uns bekannten Falle wurde der Wagen mit 80 Hühnern,
8 Hähnen und 1 Glucke mit 12 Kücken besetzt und auf das Rüben-
feld gebracht. In anderen Fällen hat man einen auf einen Karren
montierten Kasten benützt, dessen Boden, Bedachung und eine Wand
aus Brettern, alle übrigen Wände aus dünnem Drahtgeflecht bestanden.
Der Kasten, der 200 halberwachsene Hühner faßt (es sollen keine
Eierleger sein), kann von einem Jungen alle Viertelstunde eine
Strecke weiter gefahren werden, so daß in einem Tag 20 Morgen
doppelt überfahren werden können. Die Tiere müssen auf dem Felde
stets Wasser haben. Um sie von dem Abfressen der Rübenblätter
abzuhalten, erhalten sie früh um 5 Uhr ein Gemenge von 10 l
Magermilch, 10 l gekochten und gequetschten Kartoffeln und 1 kg
Kleie, mittags 1½ kg Hinterweizen und Wasser.
Man darf die Hühner auch nicht allzu frühzeitig auf das Feld

bringen, weil sie sonst die jungen Rübenpflänzchen durch ihr Scharren schädigen würden.

Sehr häufig machen sich jetzt die Schädigungen der Runkelfliege bemerkbar, deren Larven in das Blattgewebe minenförmige Gänge fressen. Da sich die Larven bereits im Juni im Boden verpuppen, so müssen die befallenen Blätter zu ihrer Vernichtung spätestens Ende Mai entfernt und verbrannt werden.

Man hat auch schon empfohlen, die Fliegen selbst zu fangen durch Fangvorrichtungen, wie sie gegen Rapserdflöhe ꝛc. verwendet werden. Im Notfall kann man sich entsprechende Vorrichtungen selbst herstellen: Nach L. Böcker bestreicht man z. B. steifes Papier (Format 15 × 12 cm) auf einer Seite mit Fliegenleim (empfohlen wird besonders: Oberlingscher Fliegenleim von Heinrich Lotter, Zuffenhausen b. Stuttgart) und befestigt es in einem Spalt von 30 cm langen Holzstäbchen. Diese stellt man dann so in die Reihen, daß sie der Hackarbeit nicht hinderlich sind. Die mit dem Klebstoff bestrichene Seite des Papieres muß nach Nordosten gerichtet sein, damit er nicht durch die Sonnenwirkung abtropft. 1 kg Fliegenleim kostet 1,20 ℳ.: er reicht, um 100 Papierstreifen zu beleimen, die für 1 ha genügen.

Die Runkelfliege, Anthomyia conformis, entwickelt jährlich bis zu 3 Generationen; eine wirkliche Gefahr bedeuten aber nur die Larven der 1. Generation, da sie die jugendlichen Pflänzchen befallen. Besonders beim Verziehen der Pflanzen wird man darauf Bedacht nehmen, die mit Minen besetzten auszureißen und zu vernichten. Schon wenn man sie in der Sonnenhitze liegen läßt, gehen die in ihnen enthaltenen Maden zu Grunde. Die später erscheinenden Larven der 2. Generation kann man auch an den nunmehr größer gewordenen Blättern zerdrücken.

Die schwarze Blattlaus der Rübe, Aphis papaveris, die in diesem und dem nächsten Monat häufig auf der Unterseite der jüngeren Rübenblätter anzutreffen ist und ein Kräuseln derselben verursacht, ist dieselbe Art, welche namentlich die Ackerbohnen und verschiedene andere Pflanzen heimsucht. (Vergl. S. 136.) Gegen sie kommen hauptsächlich Bespritzungen mit Petroleumemulsionen oder Dujourscher Lösung in Betracht. In Samenzüchtereien treten sie besonders an den Samenstengeln, sowie an den Blüten auf. Hier geht man gegen sie vor, wenn sich an den Blüten die ersten Läuse zeigen. Eine Bespritzung während der Blütezeit ist aber zu unterlassen, mindestens soweit Petroleumemulsionen in Betracht kommen, weil sie Unfruchtbarkeit der Blüte zur Folge haben würde.

Sobald die Rüben einigermaßen ins Kraut gewachsen sind, kann auch bereits der **falsche Mehltau**, Peronospora Schachtii, sich einstellen, der ebenfalls eine Kräuselung der jüngeren Blätter und zugleich ein Verderben der Pflanzen oder mindestens ein Zurückbleiben im Wachstum verursacht. Wie gegen alle falschen Mehltauarten, käme auch gegen diese Krankheit, die man als Herz- oder Kräuselkrankheit bezeichnet, eine vorbeugende Bespritzung mit Kupferkalkbrühe in Betracht.

An **Raps- und Kohlpflanzen** zeigen sich jetzt und späterhin nicht selten Verkrümmungen der Stengel, die mit einer schwächeren Entwicklung der Pflanzen verbunden sind. Ursache ist die etwa 6 mm lange, weiße, fußlose Larve der **Mauszahnrüßler**, Baridius-Arten, kleiner Rüsselkäfer, die im Frühjahr, beim Winterraps vielleicht schon vor Winter, ihre Eier an die Blattachseln der Raps- und Kohlstengel legen; die Larven fressen im Stengelmark bis in die Strünke hinab, in denen man später auch die Käfer findet. Ausraufen der kranken Pflanzen, vor allem aber Vernichtung der Tiere in den Stoppeln des Rapses und der Strünke des Kohls durch tieferes Unterpflügen, bezw. Ausraufen und Verbrennen kommen als Abwehrmaßnahmen in Betracht.

Gegen die **Rapsglanzkäfer**, die zur Zeit der Rapsblüte den Schotenansatz oft ungemein stark beeinträchtigen, namentlich wenn das Abblühen langsamer vor sich geht, kommen die schon im April, S. 54, angegebenen Maßnahmen weiterhin in Betracht; ebenso gegen die übrigen dort schon aufgeführten Schädlinge.

Auf der Unterseite der Blätter frißt unter einem feinen Gespinst die kaum 1 cm lange, gelblichgrüne, schwarz- und weißgestreifte Raupe des **Kohlzünslers**, Botys forficalis, die sich anfangs Juni in der Erde verpuppt. Im

Herbst erscheint eine zweite Generation und ruft meist noch größeren Schaden hervor.

In den **Hopfengärten** machen sich bei trockenem Wetter jetzt bereits die Erdflöhe und die rote Spinne bemerkbar; gegen die ersteren ist überstreuen der Blätter mit feinem Sand, Kalkstaub, Thomasmehl, gemahlenem Schwefel oder Rizinusmehl u. dergl. zu empfehlen. Bei anderen Pflanzenarten hat man gegen die Erdflöhe gute Resultate auch erzielt durch Bespritzen mit Tieröl.

Durch manches dieser Mittel kann auch der Verbreitung der roten Spinne oder Milbenspinne Einhalt getan werden, die von den unteren Blättern aus allmählich auf den Hopfen übergeht und dann den bekannten Kupferbrand erzeugt. Mit einer einigermaßen guten Lupe kann man die kleinen Tierchen auf der Unterseite der Blätter, auf denen sie feine Gespinste erzeugen, leicht erkennen. Als bestes Vorbeugungsmittel gegen ihr überhandnehmen hat sich das Abblatten der unteren Blätter erwiesen, das aber vorgenommen werden muß, sobald sich der Schädling zeigt.

Im Mai und Juni fressen gelegentlich an den Blättern des Hopfens in ganzen Gesellschaften die schwarzen, dornigen Raupen des Tagpfauenauges. Die jungen Triebe werden zuweilen auch total abgefressen von den oben bei den Rüben erwähnten Lappenrüßlerarten und einem anderen, bis 8 mm langen, schwärzlichen Rüsselkäfer, Péritelus griséus.

In den **Weinbergen** tritt an den jungen Trieben in diesem Monat der Springwurm, Tortrix pilleriana, auf; es empfiehlt sich, ihn in den zusammengesponnenen Blättern sorgfältig zu zerdrücken oder befallene Blätter abzukneifen.

Der 7 mm lange, grüne oder ockergelbe mit rostfarbiger Querbinde gezeichnete Springwurmwickler fliegt Ende Juli und August und legt um diese Zeit 15—150 Eier auf die Oberseite der Rebblätter. Die schon im September auskriechenden Räupchen richten im Herbst keinen Schaden mehr an. Sie überwintern hinter der Rinde der Rebe, in Vertiefungen im Kopf der alten Stöcke, in Ritzen der Pfähle u. s. w. in einem Cocon. Sobald sich an den Reben die ersten Blätter zeigen, stellt sich das 2,5 cm lange, grünliche, schwarzköpfige, bei Berührung sich fortschnellende Räupchen ein, spinnt mehrere Blätter zusammen und zerfrißt auch die Blütenknospen und

Triebspitzen. Verpuppung im Juli zwischen dürr gewordenen Blatt=
resten in der Mitte der Zweige.

Etwa von Mitte bis Ende Mai fliegt die erste
Generation des Traubenwicklers, Conchylis ambiguella
und Polychrosis botrana, deren in den Blüten der Reben
lebende Räupchen den gefürchteten Heuwurm darstellen.
Ein Abfangen der Motten mit den dafür konstruierten
Klebfächern hat sich zwar nicht als ausreichend erwiesen,
die Heu= und damit zugleich die Sauerwurmplage genügend
einzuschränken, sie ist aber immerhin, wenn sie alljährlich,
und namentlich auch in den Jahren mit schwächerem Motten=
flug, ausgeführt wird, sehr zu empfehlen; gemeinsames
Vorgehen ist dabei aber unerläßlich.

Nach Lenert=Edenkoben besteht
ein Fächer aus einem 30 cm hohen und
25 cm breiten Drahtnetz von 2 mm
Maschenweite, das mit spanischem Rohr
eingefaßt ist; der Fächerstiel wird meist
1 m lang genommen; in manchen Gegen=
den ist er aber auch länger oder kürzer,
ebenso wechselt natürlich die Gestalt und
Größe des Fächers, die Maschenweite des
Drahtnetzes 2c. Das Drahtnetz wird mit
einer klebenden Masse bestrichen, zu deren
Herstellung verschiedene Vorschriften be=
folgt werden. Lenert gibt folgendes
Rezept: Man mischt und erwärmt 250 g
rohes Leinöl, 500 g dunkles Kolophonium,
50 g Schusterpech und 200 g venetianisches
Terpentin. Gute Erfolge hatte Lenert
auch mit folgendem Rezept von Dufour:
1 kg weißes Pech, ½ kg Terpentin,
½ kg Leinöl und ½ kg Olivenöl. Bei
kühlem Wetter muß die Konsistenz des
Leimes eine geringere sein als bei war=
mem. Der Fang der Motten mit dem
Fächer erfolgt zur Hauptflugzeit derselben,
etwa von 7½—9 Uhr abends; auch in
den Morgenstunden fliegen die Motten
wieder. Die Fangzeit erstreckt sich auf
etwa 14 Tage. Wie Lenert angibt,

Fig. 27. Klebfächer
zum Schmetterlingsfang.

erfährt dieselbe alljährlich leider eine Unterbrechung durch das
Himmelfahrtsfest, 1 oder 2 Sonntage und das Pfingstfest. Für
1 Hektar sind 2—4 Fänger notwendig; der Mottenfang ist zu be=
endigen, sobald die weiblichen Tiere nur mehr wenig Eier legen.
Zum Fächerfang sind am besten Schulkinder zu verwenden.

Ausdrücklich sei erwähnt, daß sich diese Angaben über die Fang= zeit der Schmetterlinge nur auf den einbindigen Traubenwickler beziehen. Die neuerdings mehr vorkommende bekreuzte Art (vergl. S. 150) fliegt in den späten Nachmittagsstunden und vormittags bis 9 Uhr; sie ist wesentlich schwieriger zu fangen.

Man hat auch versucht, die Motten durch Aufstellen von F a n g l i c h t e r n anzulocken, deren Wirksamkeit aber gegen die Heuwurmmotten gering ist; besser sind sie gegen Sauer= wurmmotten zu verwenden, weshalb sie im Juli auf S. 227 beschrieben sind.

Schließlich ist zu erwähnen die von L e n e r t eingeführte Methode zum F a n g e n der am Tage ruhig sitzenden Motten (der einbindigen Art) d u r c h F l ä s c h c h e n von etwa 4 cm Durchmesser, 8—9 cm Höhe und mit einem breiten mit Kork verschließbaren Hals, die mit Äther oder Chloroform beträufelte Watte enthalten.

Nach neueren Erfahrungen ist es be= sonders wichtig, gegen die Räupchen des Traubenwicklers, den sogen. H e u w u r m, nicht bloß im Juni durch direkte Be= kämpfung, sondern möglichst schon Ende Mai durch Vorbeuge gegen die Eiablage vorzugehen. Namentlich scheinen mit den Nikotinpräparaten bei frühzeitiger Anwen= dung bessere Erfolge erzielt zu werden als bei späterer; Ende Mai sind auch die Ge= scheine leicht zu treffen, ohne daß die Blätter beseitigt werden müssen. Auf alle Fälle müssen die Gescheine gut getroffen werden und jede Zeile ist daher auf beiden Seiten zu bespritzen. Zweckmäßig setzt man das Nikotin der Bordelaiser Brühe zu und zwar 1—$1\frac{1}{2}$% Nicotine titrée. (Vergl. S. 361.)

Fig. 28. Blattwickel des Rebenstechers.

Die Weibchen des R e b s t i c h l e r s, Rhynchites betuleti, eines etwa 6 mm langen, blau= oder grünglänzenden Rüssel= käfers, rollen jetzt und im Juni zur Eiablage Blätter oder Blattschöpfe zu zigarrenähnlichen Wickeln zusammen, nach=

dem sie zuvor die Stiele angenagt und dadurch ein Welken herbeigeführt haben. (Vergl. Fig. 28.) In jede Rolle wird ein Ei gelegt; nach 4—5 Wochen bohren sich die Larven, nachdem sie das Innere der Rolle ausgefressen haben, in die Erde und verpuppen sich. Die Käfer selbst, sowie später die Zigarren, sind sorgfältig zu sammeln und zu vernichten, bevor die Larven in die Erde gegangen sind.

Schädlinge, die sich im Weinberge durch Zerfressen der jungen Triebe unangenehm bemerkbar machen, wie der Näscher oder Liebstöckellappenrüßler, Otiorhynchus ligustici, ein etwa 1 cm großer Rüsselkäfer, der besonders auch Pfirsichbäume und die Luzerne heimsucht, können gefangen werden durch Auslegen von Topfscherben, unter denen sie sich verkriechen.

Der von Ende Mai an erscheinende Weinstockfallkäfer (vergl. auch S. 150), der ähnliche Beschädigungen hervorruft, außerdem in die Blätter schriftartige Zeichen frißt, ist durch vorsichtiges Abklopfen in untergehaltene Schirme zu bekämpfen.

Der Verlauf der Maiwitterung beeinflußt die Maßnahmen des Winzers auf dem Gebiete des Pflanzenschutzes in hohem Maße. Tritt schon Mitte Mai eine länger andauernde feuchtwarme Witterung ein, so ist mit der Gefahr zu rechnen, daß der falsche Mehltau früher als sonst erscheint. Nach den Erfahrungen der letzten Jahre sollte man nicht versäumen, zur Vorsicht unter Umständen schon bald nach Mitte Mai, auf alle Fälle aber gegen Ende des Monats die erste Bespritzung mit Kupferkalk- oder einer anderen Kupferbrühe vorzunehmen. Über die näheren Anweisungen zur Herstellung der Brühen ꝛc. vergl. S. 348. Für jetzt genügt eine 1½%ige Brühe. Diese Bespritzung wirkt auch vorbeugend gegen den Roten Brenner. (Vergl. Juni, S. 154.) Auch der echte Mehltau, Oidium oder Äscherig, kann schon frühzeitig auftreten, weshalb besonders da, wo man nach den Erfahrungen früherer Jahre mit ihm zu rechnen hat, die erste Schwefelung auszuführen ist. Über alle bei dem Schwefeln in Betracht kommenden Gesichtspunkte belehren die Ausführungen auf S. 153 u. 355. Hier sei nur erwähnt, daß man die Schwefelbestäubung etwa von dem Zeit= punkt an, wo die Triebe eine Länge von 5 cm erreicht haben, beginnt und sie in Abständen von 1—2 Wochen zwei= bis dreimal wiederholt. Manchmal ist aber auch eine öftere Schwefelung notwendig, namentlich wenn die erste zu spät vorgenommen oder wenn der Schwefel durch starken Regen wieder abgewaschen wurde. Übrigens braucht nicht jedes Jahr geschwefelt zu werden, sondern nur, wenn der Mehltau auf den Trieben sich zu zeigen beginnt.

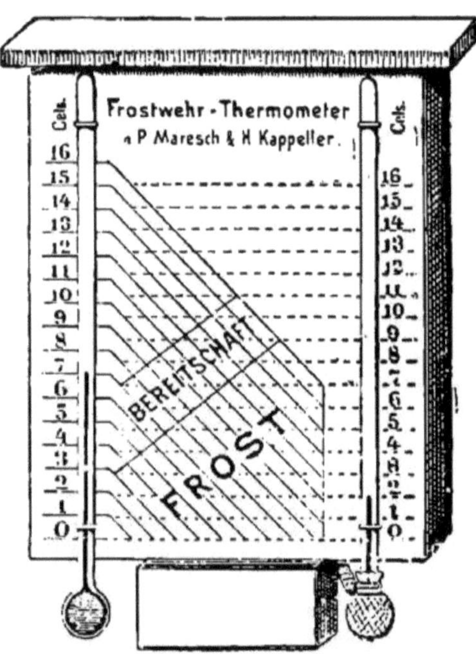

Fig. 29. Frostwehrthermometer von Maresch & Kappeler.

Von höchster Bedeutung für den Winzer ist das Auf= treten der Spätfröste im Mai, durch die wasser= reichere Rebenteile, besonders in niedrig gelegenen Orten, häufig erfrieren.

Um das Eintreten schädlicher Nachtfröste vorausbestimmen zu können, hat man verschiedene Apparate zur Ermittlung des sog.

Taupunktes konstruiert. Lüftner und Molz empfehlen hierzu besonders das Psychrometer. Ein solches ist von der Firma Tauber-Dresden, Schloßstraße, für 8 *M* 50 ₰ zu beziehen. Gute Apparate liefert auch die optische Werkstätte von R. Fueß-Steglitz bei Berlin. Bei der Benützung dieser Apparate sind sogenannte Frostkurven zu verwenden. Bei dem Frostwehrthermometer, das die Firma H. Kappeler-Wien 5 I, Franzensgasse 13, zum Preise von 8 Kr. liefert, kann die Ablesung direkt erfolgen. (Vergl. Fig. 29.) Es gibt auch Alarm- oder Warnapparate, die das Bevorstehen eines Nachtfrostes durch ein Klingelzeichen oder dergl. ankündigen; solche werden geliefert von der Firma L. K. Erkmann-Alzey in Rheinhessen zum Preise von 25—30 *M* und nach einem etwas anderen Prinzip von M. u. J. Richard-Paris, Impasse Fessart Nr. 8.

Zur Verhinderung der Frostgefahr haben sich in manchen Weinbaugebieten sogen. Frostwehren gebildet, deren Aufgabe darin besteht, durch Erzeugung von dichtem Rauch die Pflanzen gegen Frost zu schützen. Wer sich dafür näher interessiert, lasse sich das Dienstreglement der Räucherwehr der Stadt Colmar kommen. Zur Erzeugung eines möglichst dichten Rauches benützt man die verschiedensten Materialien; besondere Fackeln aus Torf wurden konstruiert von Professor Lemström in Helsingfors, Högbergsgarten 33, und können von ihm zum Preise von etwa 4 Pfennige pro Stück bezogen werden. Auf 1 ha braucht man etwa 160—210 Fackeln; die Urteile über ihren Wert gehen recht auseinander. In Deutschland verwendet man zur Raucherzeugung meist Steinkohlenteer, weil er den dichtesten Rauch gibt; er wird entweder in Blechpfannen oder besser in dem Räucherapparat „Qualm" der Gebrüder Waas in Geisenheim, der pro Stück 5 Mk. kostet, verdampft. (Vergl. Fig. 30.) Übertroffen werden diese Rauchöfen nach den genannten Autoren noch durch die Räucherwagen, die in guter Konstruktion zum Preise von 40 Mk. bei Brenkmann & Ittel in Colmar erhältlich sind. Außer Teer kommen auch verschiedene Räucherpräparate in Betracht, so z. B. die Räuchermasse der chemischen Fabrik von Dr. Nördlinger-Flörsheim, die sehr gelobt wird und wenig teurer als Teer ist.

Das Räuchern kann nur gegen sogen. Strahlfröste in Betracht kommen; stärkere Windbewegung macht es überflüssig.

Andere Frostschutzmittel, die speziell bei den Reben Verwendung finden, bestehen in Schutzschirmen, Strohmatten ꝛc. Besonders hervorzuheben sind die Schutzschirme aus wasserdichtem Pappkarton, die von der Firma Konrad, Freiburg i. Breisgau, 100 Stück zu 20 Mk., in den Handel gebracht werden. Sehr günstig sprechen sich Lüftner und Molz auch über die Verwendung sog. Nesselplanen aus, mit denen ein Arbeiter abends in 4 Stunden 600 Stöcke überdecken kann. Auch der Bespritzung mit Kupferkalkbrühe werden von mancher Seite frostschützende Eigenschaften zugeschrieben*).

---

*) Wer sich näher für alle diese Fragen, die auch für den Obstzüchter und Gärtner von großer Wichtigkeit sind, interessiert, den

Die Behandlung von Reben, die durch Frühjahrsfrost beschädigt wurden, ist verschieden, je nach dem Grade dieser Beschädigung, bezw. der Entwicklung, die die Reben bereits bei Eintritt des Frostes erreicht hatten. Sind die Triebe bei einer Länge von 3—5 cm erfroren, so müssen dieselben nach Lüstner und Molz durch Abnahme mit der Hand entfernt werden. Haben die Triebe bereits eine Länge von 15—25 cm, so werden sie mit einem scharfen Messer,

Fig. 30. Räucherapparat „Qualm".

etwa 1½ cm vom vorjährigen Holz entfernt, sofern sie bis unter die Gescheine erfroren sind, während, wenn die Gescheine unbeschädigt blieben, ein Abkneifen des erfrorenen Teiles genügt. Waren

verweisen wir auf das erst kürzlich bei Ulmer-Stuttgart erschienene Buch „Schutz der Weinberge gegen Frühfrost" von G. Lüstner und E. Molz (121 Seiten, 27 Textabbildungen).

die Triebe z. B. des Frostes bereits 35—60 cm lang und sind deren Spitzen erfroren, so ist eine besondere Behandlungsart überflüssig.

Ungemein zahl= und artenreich ist das Heer der Schäd=linge, die im Mai die **Obstbäume** bedrohen, und es rächt sich jetzt oft sehr, wenn vorbeugende Maßregeln im Winter und Vorfrühling unterlassen wurden. Raupen, namentlich die Gesellschaftsraupen, machen sich immer mehr bemerkbar und sind, wo erreichbar, durch Zerdrücken mit einem Sack=leinlhader, durch Anwendung der Raupenfackel, durch Ab=klopfen auf untergehaltene Tücher, durch Schonung der insektenfressenden Vögel zu bekämpfen. Durch das Abklopfen fallen auch viele andere Schädlinge ab und können vernichtet werden, namentlich die jetzt bereits in neuer Generation erscheinenden Blütenstecher, von denen man beträchtliche Mengen auch durch Anlegen von Fanggürteln, die jede Woche zweimal nachzusehen sind, fangen kann.

Nach der Blüte ist zwar der durch diese Käfer verursachte Schaden, der im Befressen junger Blätter und Triebe besteht, weniger erheblich als im Frühjahr. Ein Vorgehen gegen sie empfiehlt sich aber schon der Vorbeuge halber.

Die durch die Wirkung der Blütenstecherlarven abge=storbenen braunen Blütenknospen sind, wo erreichbar, mög=lichst zeitig abzunehmen und zu verbrennen.

Von den verschiedenen Raupenarten, die in den Frühlings=monaten Triebe und Blätter der Obstbäume befressen, haben wir schon von einigen die Überwinterungszustände kennen gelernt. Im Nachfolgenden ist eine kurze Zusammenstellung der wichtigsten dieser Raupen gegeben.

I. Die Überwinterung erfolgt in Form von Eiern, aus denen im zeitigen Frühjahr die Raupen hervor=kommen.

a) Raupen, 16füßig:

1. Der Ringelspinner, Malacosoma neustria. (Vergl. Fig. 13). Die bis 45 mm lange Raupe ist blaugrau und mit 6 rotgelben, bunt eingefaßten Längslinien gezeichnet. (Livréeraupe!) Der ganze Körper ist mit langen, weichen Haaren bedeckt; der Kopf ist grau und hat zwei schwarze Punkte. Die Raupe lebt vom April bis anfangs Juni. Die Gespinste der jungen Raupen sitzen besonders in den Astgabeln. (Über die Eierringe 2c. vergl. S. 5 und Fig. 13.)

2. Der Schwammspinner, Ocneria dispar. Die Raupe wird bis 65 mm lang, besitzt im ausgewachsenen Zustande einen auffallend großen, gelblichgrauen Kopf (daher die Bezeichnung Dick=

kopf!). Der Körper ist schwarzgrau, mit gelben Längslinien und mit blauen, auf den hinteren Ringen mit roten Warzen, die lange, steife Borstenhaare tragen. Die jungen Raupen leben zunächst ebenfalls in Gespinsten. (Über die Eierschwämme vergl. S. 4.)

3. Der Schlehen- oder Aprikosenspinner oder Sonderling, Orgyia antiqua. Die bis 50 mm lange, sehr bunt gezeichnete Raupe ist besonders charakterisiert durch ihre bürstenartigen, gelben und braunen Haarbüschel. Die Raupe erscheint nach Taschenberg aus den überwinternden Eiern bis zum Mai und dann aus der Sommerbrut Ende Juli und August.

Fig. 31. Aprikosenspinner.
Links Weibchen, rechts Männchen, unten die Raupe.

4. Der Blaukopf, Diloba caeruleocephala. Aus den Eiern, die einzeln an die Stämme und Äste gelegt werden, gehen im Frühjahr die Raupen hervor, die sich in einem Kokon verpuppen. Der Schmetterling fliegt erst von Ende September an. Die Raupe wird gegen 40 mm lang, besitzt einen bläulichen Kopf und ist erwachsen gelbgrün. Von den zahlreichen schwarzen Warzen, die ihren Körper bedecken, trägt jede eine kurze Borste.

b) Raupen, 10füßig.

5. u. 6. Der kleine und große Frostspanner, Hibernia defoliaria und Cheimatobia brumata. Wie alle Spannerraupen bewegen sich diese, da ihnen die mittleren Bauchfüße fehlen, in eigentümlicher Weise fort, indem sie einen „Katzenbuckel" machen. Die Raupen sind unbehaart, jene des großen Spanners bis 30 mm lang, blaugrau, die des kleinen hellgrün, beide mit gelben Seitenlinien. Namentlich die Raupen des kleinen Frostspanners sind sehr schädlich, da sie auch die Knospen zerstören: später leben sie zwischen zusammengesponnenen Blättern, wo man sie in Baumschulen u. s. w. durch

Zerdrücken leicht töten kann. Die Raupe des kleinen Spanners lebt bis Anfang Juni, jene des großen bis Mitte Juli.

II. Überwinterung als Raupe.

7. **Der Goldafter, Euproctis chrysorrhoea.** Über die großen Raupennester dieser Art vergl. S. 320 und Fig. 117. Die bis 36 mm lange Raupe lebt vom August bis Mai. Sie ist grauschwarz und rot geadert; auf den Warzen stehen gelbbraune Haarbüschel. Die jungen Räupchen ziehen sich nachts oder bei schlechtem Wetter in ihre Nester zurück.

8. **Der Schwan, Porthesia similis.** Die Räupchen überwintern nicht in einem Nest, sondern einzeln hinter Rinden, Schuppen ꝛc. oder in der Bodendecke. Sie sind erwachsen bis 30 mm lang, grau und rot geadert, mit schwarzen, haarigen Borsten besetzt und weißen Seitenflecken und auch sonst sehr bunt gezeichnet. Der Schmetterling fliegt, wie bei dem sehr ähnlichen Goldafter, im Juni und Juli.

9. **Der Baum= oder Heckenweißling, Aporia Crataegi.** Die Raupe lebt vom August bis Mai und zwar den Winter über in den etwa pflaumengroßen „kleinen Raupennestern“. Sie ist erwachsen 40 mm lang, grauschwarz mit 2 gelben oder braunroten Längsstreifen versehen, kurz und dünn weiß behaart.

10. **Die Kupferglucke, Gastropacha quercifolia.** Die Raupe wird 11 cm lang und ist eine der größten Raupen; sie ist graubraun und hat seitlich Warzen, die mit langen Haaren besetzt sind. Sie überwintert eng angedrückt an den Zweigen ihrer Futterpflanze, ist aber leicht zu übersehen. Die Verpuppung erfolgt schon im Mai zwischen Rindenritzen ꝛc.

III. Überwinterung als Schmetterling.

11. **Der große Fuchs, Vanessa polychloros.** Der allbekannte Schmetterling legt bis zu 200 Eier in Form von Kuchen im zeitigen Frühjahr an das Laub der Bäume. Aus ihnen gehen im Mai die zunächst gesellig in einem leicht sichtbaren, losen Gespinst lebenden, bis 45 mm lang werdenden, bläulichschwarzen Raupen hervor, die wegen ihrer rostgelben Dornen auch als Dornenraupen bezeichnet werden. Die Verpuppung erfolgt bereits Mitte Juni.

Alle unter II und III genannten Raupen sind 16füßig.

Über die verschiedenen Wicklerräupchen und Gespinstmotten siehe S. 104.

Verschiedene Mottenräupchen fressen auch im Frühjahr Minen in die Oberseite der Blätter. Geschlängelte Minen, die auf beiden Seiten sichtbar sind, rühren her von dem Räupchen einer Markschabe, Lyonetia Clerkella, die im Frühjahr und in meist viel stärkerem Maße von August ab auftritt. (Vergl. S. 234.)

Durch das Abklopfen wird auch der besonders in Baumschulen durch Ausfressen der Knospen und Vernichtung der Pfropfreiser sehr schädliche Schmalbauch, Phyllobius oblongus, ein kleiner, schwarzer Rüsselkäfer, betroffen. Um die Pfropfreiser gegen ihn zu schützen, bestreicht man die Augen mit weichem Baumwachs oder nach Taschenberg mit einer dünnen Lehmschicht. Durch Abklopfen früh morgens oder des Tags über bei trübem Wetter sind ferner zu bekämpfen der sogenannte Rotfuß oder Fadenblattkäfer, der besonders an Apfelbäumen durch seinen Fraß schadet, der Gelbfuß, der die Birnblätter durchlöchert und endlich der Pflaumenbohrer (vergl. S. 161), der vor allem Kirschen- und Pflaumenbäume heimsucht, zunächst Knospen und junge Triebe benagt und später junge Früchte zur Eiablage wählt, nachdem er vorher den Stiel durchgebissen hat, damit die Frucht abfällt. Gegen diesen Schädling, dessen Larve sich in den abgestorbenen Früchten entwickelt, kommt von Ende Mai ab auch ein sorgfältiges Auflesen dieser Früchte, solange die Larve noch in ihnen enthalten ist, in Betracht.

Wie der Rebstecher (vergl. S. 94) auf den Reben (übrigens auch auf Birnen, Haselnußsträuchern und verschiedenen anderen Laubbäumen), so ruft der blaugrüne Zweigabstecher, Rhynchites conicus, ebenfalls ein Rüsselkäferchen, an den verschiedensten Obstarten, besonders in Baumschulen und an Pfropfreisern im Mai und Juni großen Schaden hervor. Das Weibchen legt je ein Ei in Löcher, welche es in die Triebe bis zum Mark einnagt und sticht dann den ganzen Trieb so ab, daß er sofort oder sehr bald abfällt.

Eine andere Rhynchitesart, R. alliariae, der Blattrippenstecher, veranlaßt an den Stielen von Apfel- und Birnenblättern Knickungen, ebenfalls zum Zweck der Eiablage, was vorzeitiges Abfallen der Blätter zur Folge hat.

Abgefallene oder abgestorbene Zweige, sowie geknickte Blätter sind einzusammeln und zu verbrennen.

Das sechzehnfüßige, nur 6 mm lange, gelbgrüne oder bräunliche Räupchen der Pflaumen- oder Pfirsichmotte, Anarsia lineatella, findet sich im Mai in den Blattknospen des Haselstrauches, an den Blatt- und Blütenknospen der Pflaumen- und Kirschbäume, sowie der Schlehen. Nach Taschenberg ist es in einigen Gegenden Sachsens seit Jahren unter dem Namen „Kernraupe" eine wahre

Landplage, indem es mit Beginn der Kirſchblüte den Frucht=
knoten und den Kern der eben angeſetzten Frucht frißt; die
Raupe verpuppt ſich an der Erde, ſobald die Kirſchen ſich
„auszuſchuhen“ beginnen. Man ſollte daher durch Auflockern
des Bodens und folgendes Feſtſtampfen die oberflächlich
liegenden Puppen in der erſten Junihälfte zerſtören. Auch
in das Mark der Triebe bohrt ſich der Schädling ein, wo=
durch dieſelben abſterben, ſo daß ſie abgeſchnitten werden
müſſen. Die gegen Johanni erſcheinende Motte legt Eier
an die jungen Pfirſichfrüchte, in die ſich die Larven ein=
bohren. (Vergl. S. 161.)

Ein anderer Schädling der Pflaumenfrüchte iſt die viel=
fach ſchon im April erſcheinende P f l a u m e n ſ ä g e w e ſ p e,
die ihre Eier in die Blüten legt; die daraus nach etwa
14 Tagen hervorgehenden zwanzigfüßigen Larven (After=
raupen) bohren ſich in die Früchte ein (vergl. Fig. 53); ihre
Gegenwart verrät ſich ſpäterhin durch ein den Früchten
anſitzendes Kotklümpchen oder eine Harzträne. Die Verpup=
pung erfolgt in der Erde, nachdem die die Afterraupen ent=
haltenden unreifen Früchte abgefallen ſind. Auch in dieſem
Falle ſind die abgefallenen Früchte ſorgfältig zu ſammeln
und am beſten durch Verfüttern zu vernichten. Durch vor=
ſichtiges Schütteln bringt man auch noch am Baume hängende
angegangene Früchte zum Abfallen.

Ganz ähnlich geht man vor, wenn an Apfelfrüchten
die A p f e l ſ ä g e w e ſ p e ſich geltend macht, die ſich in
dieſem Falle ſtark ausgefreſſen und mit krümeligem Kot erfüllt
erweiſen. Auf alle Fälle iſt ſtreng darauf zu achten, daß
derartiges Fallobſt nicht lange am Boden liegen bleibt.

Gegen die A p f e l w i c k l e r, deren Larven die all=
bekannten Obſtmaden darſtellen (vergl. Fig. 51), hängt man
von Ende Mai bis in den Juni hinein Fanggläſer*) auf,
die mit einer Miſchung von 3 Teilen Waſſer und 1 Teil
Apfelgelee gefüllt werden, nachdem die Miſchung an einem
warmen Ort eine Gärung durchgemacht hat. Gute Fang=
flüſſigkeiten (auch für Weſpen ꝛc.) ſind auch Tropfbier mit

---

*) Zu beziehen ſind ſolche Fanggläſer u. A., das Stück für
6 Pfennige, von Gebrüder Rochner, F r a n k f u r t a. O.

etwas Honig versetzt; ferner der Preßsaft von zerstampftem
faulem Obst, das man mit etwas Wasser 1—2 Tage lang
stehen ließ. (Vergl. auch S. 275.)

Auch in den Obstkammern kommt der etwa 1 cm lange,
grau und dunkelbraun gemusterte Schmetterling um diese
Zeit aus den eingebrachten wurmstichigen Früchten hervor
und ist hier natürlich ebenfalls wegzufangen.

Eine Zusammenstellung der wichtigsten, die Obstfrüchte
befallenden Schädlinge befindet sich S. 158.

Im Frühjahr kriechen auch die Räupchen zahlreicher
Blattwicklerarten aus den Eiern aus, die von den
vom Mai bis Juni, bei manchen Arten zum Teil auch noch
später, schwärmenden Schmetterlingen an die Zweige und
Knospen gelegt wurden. Wer seine Obstbäume mit Kupferkalk oder Karbolineum bespritzt hat, wird durch sie wenig
zu leiden haben, weil die Eier dadurch getötet wurden;
andernfalls aber werden namentlich bei geschwächten, mangelhaft gedüngten Bäumen durch diese Raupen die jungen Triebe
und einzelnen Blätter durch einige Gespinstfäden zu Wickeln
zusammengesponnen, innerhalb deren die Räupchen fressen.
Derartig zusammengesponnene Triebe und Wickel sind abzuschneiden und zu verbrennen. Von Ende des Monats
an hängt man dann Fanggläser auf, die man den ganzen
Sommer über beläßt. Über Fanggläser und deren Füllung
vergl. S. 103.

Die Raupen der Wickler sind 16 füßig, einfarbig mit dunklerem
Kopf. Die Verpuppung erfolgt an der Fraßstelle, sodaß, wer dazu
Zeit hat, auch den Puppen im Juni nachstellen kann.

Bekanntere Arten sind der **Birnwickler** und **spitzflügelige
Wickler**, Teras-Arten, mit gelber bezw. grüner Raupe, der **Hecken-
wickler**, der **braunfleckige**, der **rote Knospenwickler** und
der **ledergelbe Wickler** (Tortrix-Arten), der **Schlehenwickler**
und der **graue Knospenwickler** (Grapholita-Arten).

Einige dieser Arten leben auch an Johannisbeeren, Stachelbeeren. Haselnüssen u. s. w.

Das Räupchen der **Markschabe** (vergl. S. 14)
bohrt sich jetzt in die jungen Triebe der Apfelbäume, wodurch der Gipfel abstirbt, oder in die Blütenstiele, sodaß
die Blütenquirle welken und eingehen.

Besonders gefährliche Schädlinge, die sich von Ende Mai
an bemerkbar machen, sind die Raupen der **Apfelbaum-**

g e s p i n s t m o t t e , Hyponomeuta malinella, und einiger ver=
wandten Arten, sowie die Afterraupen der G e s p i n s t=
w e s p e n , Lyda=Arten, die Obstbäume und Heckenpflanzen
mit spinnwebartigen Gespinsten überziehen; besonders schäd=
lich ist erstgenannte Art dem Apfelbaum.

Fig. 32. Apfelbaum=Gespinstmotte (Hyponomeuta malinella).
a Gespinst, R Raupe, P Puppen und M Schmetterling.

Wo diese Gespinste erreichbar sind, wird man sie samt
den in ihnen sitzenden Raupen abschneiden und vernichten.
Auch durch sehr vorsichtige Anwendung der Raupenfackel
kann man ihnen einigermaßen beikommen und endlich sind
sie durch Bespritzung der Bäume oder der Befallstellen mit

Insektengiften zu bekämpfen, namentlich solchen, die Seifen=
brühen als Grundlage enthalten.

Besonders empfohlen wird eine Brühe, die auf 100 Liter
Wasser 1200 g Schmierseife und 200 g Schwefelkalium
enthält. Auch Petrolwasser, die Neßler'sche Flüssigkeit oder
die Laborde'sche Brühe u. a. können mit Vorteil angewendet
werden. Über die Herstellung dieser verschiedenen Brühen
vergl. S. 358.

Über die von Mai ab auf der Unterseite der Kirsch=
blätter fressende Larve der weißbeinigen Kirsch=
blattwespe vergl. S. 162.

Hat man schon im zeitigen Frühjahr eine Bespritzung
der Bäume mit Kalkmilch oder mit einer Karbolineumemulsion
u. dergl. vorgenommen, so werden dadurch die auf der Rinde
der Zweige sitzenden Wintereier der Blattläuse ver=
nichtet worden sein; andernfalls stellen sich diese lästigen,
sich rasch vermehrenden Tiere auch an Obstbäumen ein und
müssen nun direkt bekämpft werden, da sie Verkümmerung der
Triebe und starke Kräuselung der Blätter verursachen. Auch
hier kommen Bespritzungen mit verschiedenen Insektengiften
in Betracht; von ganz besonderer Wirkung ist gegen sie
die Quassiabrühe, die nach der Anweisung auf S. 360 her=
zustellen ist. Auch eine Reihe anderer Mittel, die gegen die
Blattläuse mit Erfolg angewendet werden können, nament=
lich jene, die Tabakstaub oder Tabakextrakt enthalten, sind
dort angegeben.

Die zahlreichen Arten der Blattläuse sind sämtlich sehr
schädlich. Die meisten saugen an grünen Pflanzenteilen, die dadurch,
je nach der Art der befallenen Pflanzen und der Blattläuse, sich ent=
weder verfärben, häufiger aber stark sich verkrümmen, kräuseln ꝛc.
Vielfach gibt der Befall auch zu Gallenbildungen Veranlassung.
Manche Arten aber, wie die Blutlaus, leben auch an den Rinden
oder, wie die Reblaus, an den Wurzeln der Pflanzen.

Die Vermehrungsfähigkeit dieser Tiere ist eine außerordentliche:
Im Frühjahr erscheinen zunächst flügellose Weibchen (Altmütter),
welche lebendige Junge gebären oder Eier legen, aus denen in
kurzer Zeit Junge auskommen. Diese sind sämtlich wieder un=
geflügelte, weibliche Tiere, welche nach kurzer Zeit ohne Begattung
wieder Junge gebären. Dies kann nun mehrere Generationen hin=
durch gehen, wobei auch geflügelte Tiere entstehen können, die die
Weiterverbreitung auf benachbarte Pflanzen bewirken. Von der
letzten Generation dieser sog. „Ammen" werden zweierlei Eier

gelegt, aus denen männliche und weibliche Tiere hervorgehen. Entweder schon im Herbst kommen aus den befruchteten Eiern die Altmütter hervor oder die Eier überwintern.

Der süße Saft, den die Blattläuse absondern, lockt die ihnen deswegen befreundeten Ameisen außerordentlich an. Dieser Saft, der sog. Honigtau, ist aber sehr schädlich für die Pflanzen, einmal, weil er die Atmung der Blätter behindert, vor allem aber, weil er zur Ansiedlung der Schwärzepilze Veranlassung gibt.

Die besonders auf den Obstbäumen vorkommenden Blattläuse gehören durchaus nicht einer Art an; so findet sich z. B. an den Apfelbäumen eine rote und eine grüne Art, Aphis sorbi und mali; die letztere Art geht auch auf Birnbäume, Quitten und Mispeln ꝛc. Die Pfirsichblattlaus, A. persicae, ist braun, die Kirschblattlaus, Myzus cerasi, schwarz gefärbt.

Nahe verwandt mit den Blattläusen sind die mehr zikadenartigen und oft mit weißen Flocken überzogenen Blattflöhe oder Springläuse, die sich hauptsächlich dadurch von den Blattläusen unterscheiden, daß sie zum Springen eingerichtete Hinterbeine besitzen. Unter den verschiedenen Arten, deren Larven durch ihr Saugen die befallenen Pflanzenteile ähnlich schädigen, wie die Blattläuse, seien hervorgehoben die Birnensauger, Psylla piri ꝛc., deren Larven an der Basis der Triebe sitzen, die dadurch verkümmern. Ähnliche Arten kommen auch an Kirsch- und Pfirsichbäumen vor; man geht gegen diese Schädlinge genau so vor wie gegen Blattläuse.

Die auffallendste Eigenschaft einer anderen Gruppe der Halbflügler, der Schildläuse, ist jene, daß die weiblichen Tiere von einem Schild bedeckt sind, unter welchem sie dauernd, ohne Ortsveränderung, festsitzen. Schließlich stirbt das Tier unter dem Schild, und die aus seinen, von dem Schild bedeckten Eiern hervorkommenden jungen Läuse wandern auf der Pflanze umher, bevor sie sich festsaugen und ebenfalls einen Schild über sich ausbilden. Meistens sind diese Tiere in größerer Zahl vereint und veranlassen durch ihre Saugwirkung ein Kümmern der befallenen Pflanzenteile. Besonders häufig findet man sie auf der Rinde von Holzpflanzen; sie gehen aber auch auf Stengel und Blätter, und vor allem auch auf Früchte über.

Unter den Schildläusen der Obstbäume ist die häufigste Art die Kommaschildlaus, Mytilaspis pomorum, die auf allen Obstbaumarten, außerdem am Weinstock, auf der Johannisbeere und vor allem auch auf Südfrüchten vorkommt (Fig. 33); sehr häufig ist auch die rote austernförmige Schildlaus, Diaspis fallax, bei der der Schild des weiblichen Tieres rundlich, jener des männlichen lang und schmal ist. Diese Art sucht besonders die Zwetschgen-, Pflaumen- und Pfirsichbäume heim. Arten mit runden Schildern sind die gelbe und die grüne Obstbaum- schildlaus, Aspidiotus Piri und A. ostreaeformis, die beide auf Apfel- und Birnbäumen, die gelbe

Fig. 33. Apfelzweig mit Komma- schildläusen (Mytilaspis pomorum) besetzt.

(Natürliche Größe.)

Fig. 34. Pulvinaria sp., eine Schildlaus, deren Deckel durch eine weiße, wollartige Ausscheidung, in der die roten Eier eingebettet sind, schließlich völlig abgehoben wird.

Art auch auf Pflaumen- und Pfirsichbäumen vorkommen. (Mit der Farbe ist bei diesen Bezeichnungen jene des Tieres gemeint; die Schilder sind schwarzgrau, bezw. bräunlich.)

Eine Verwandte, Aspidiotus perniciosus, ist die berüchtigte S. José-Schildlaus, die besonders in Nordamerika schon die verschiedenartigsten Pflanzen schwer heimgesucht und zu einem Einfuhrverbot von Pflanzen und Früchten aus Nordamerika Veranlassung gegeben hat. Gegenwärtig ist zur Verhütung ihrer Einschleppung im Hamburger Freihafen ein Überwachungsdienst eingerichtet.

Bei den sämtlichen bisher genannten Gattungen und Arten der Schildläuse ist der Schild von dem darunter sitzenden Tiere abhebbar; bei vielen Arten dagegen, wie bei jenen der Gattungen Lecanium und Pulvinaria, wird der Schild von der Rückenhaut des Tieres selbst gebildet. Verschiedene Lecanium-Arten, deren länglichrunde Schilder 4—8 mm lang und bei einigen fast ebenso hoch werden können, finden sich auf allen Arten von Obstbäumen, an Beerensträuchern und am Weinstock, während über das Vorkommen von Pulvinaria-Arten, bei denen die unter dem Schild liegenden Eierhaufen in eine weiße, wollige Wachsmasse eingehüllt sind, Angaben nur vorliegen für den Birn- und Kirschbaum, für Quitte, Mispel, Johannisbeere und Weinstock.

Gegen die Schildläuse empfiehlt sich vor allem ein Vorgehen während der Vegetationsruhe durch Kalkanstrich, Bespritzen mit Karbolineumbrühen im zeitigen Frühjahr 2c. Besonders gut ist es auch, im Frühjahr, zurzeit wo die jungen Läuse auskriechen, die Pflanzen abzubürsten mit Bürsten, die in Kalkmilch oder noch besser in ein Insektengift getaucht sind; sehr gelobt wird unter letzteren für diesen Zweck die Krügersche Petroleumemulsion. Topfpflanzen befreit man nach J. Böttner von Schildläusen, indem man sie in einen aus Ton oder fettem Lehm bereiteten Brei eintaucht und sie dann in wagrechter oder mit der Spitze nach unten liegender Stellung trocknet; nach 48 Stunden wird der Überzug mit reinem Wasser abgespült.

Zu den Halbflüglern gehören ferner noch die Zikaden, von denen einige Arten auch den Obstbäumen und den Beerensträuchern, sowie dem Weinstock schädlich werden. Über die Zwergzikade vergl. unter Getreide, S. 85.

Endlich sind unter den Schnabelkerfen noch die Wanzen zu nennen, von denen manche Arten als Schädlinge am Hopfen, Kohlarten usw. auftreten.

Da im Mai die Bespritzung der Bäume mit Kupferbrühen, namentlich mit Kupferkalk- oder Kupfersodabrühe, eine der wichtigsten vorbeugenden Maßnahmen im Kampfe gegen eine Reihe von Pilzkrankheiten der Obstbäume darstellt (Näheres hierüber vergl. April, S. 62, ferner S. 348), so empfiehlt es sich, in allen Fällen, wo gleichzeitig gewisse tierische Schädlinge mitbekämpft werden sollen, der Kupferkalkbrühe ein Insektengift zuzusetzen. Als besonders wirksam haben sich in dieser Beziehung Arsenpräparate erwiesen, die aber wegen ihrer großen Giftigkeit nur mit Vorsicht angewendet werden dürfen. Die am leichtesten herzustellende Mischung ist die von Kupferkalkbrühe mit Schweinfurtergrün; nähere Angaben über ihre Bereitung, sowie über Herstellung anderer arsenhaltiger Mittel finden sich in der Anweisung S. 369. Durch die Arsenpräparate soll die Nahrung tierischer Schädlinge vergiftet werden; sie wirken also nicht wie die eigentlichen Insektengifte direkt tödlich. Besonders kommt ihre Anwendung in Betracht außer gegen Raupen aller Art, gegen die Maikäfer, die Blütenstecher, vor allem aber auch gegen die Apfelmotte, die Pflaumensägewespe und ähnliche Schädlinge, welche die Obstfrüchte befallen und deren Verkümmerung, vorzeitiges Abfallen, Madigwerden ꝛc. bedingen.

Auch die Bespritzung mit Arsenpräparaten muß übrigens, wenn sie wirklich Erfolg haben soll, mehrmals wiederholt werden. Die erste Bespritzung gegen die Apfelmotte nimmt man unmittelbar nach dem Verblühen vor, die weiteren läßt man dann nach je 8—14 Tagen folgen.

Gleich beim Austreiben der Bäume, namentlich der Apfelbäume, ist darauf zu achten (besonders in Baumschulen und bei Spalieranlagen), ob sich an den Trieben und auf beiden Seiten der Blätter, die dadurch verkümmert aussehen, etwa ein weißer Überzug, der Mehltau, zeigt. Wenn dies der Fall ist, sind die Triebe sofort abzuschneiden, am besten nachdem man zuvor zur Verhütung der Verstäubung der Konidien die Befallstellen mit Spiritus überpinselt hat. Sodann empfiehlt es sich, wiederholt zu schwefeln oder mit 0,3%iger Schwefelkaliumlösung zu bespritzen. Wer übrigens seine Bäume kalkt und im zeitigen Frühjahr regelmäßig mit Kupferpräparaten zu bespritzen pflegt, wird unter dem Mehltau weniger zu leiden haben. Weitere Maßnahmen, namentlich gegen den Apfelmehltau, der neuerdings durch starkes Auftreten die Aufmerksamkeit auf sich gelenkt hat, kommen vor allem im Herbst in Betracht. Auf die zurzeit etwas umstrittene Frage, ob am Apfelbaum verschiedene Mehltauarten vorkommen, kann hier nicht eingegangen werden. Nach Rebholz leiden an Mehltau besonders Äpfel mit hellgrüner Blattfarbe und mit graufilzigen Blättern, wie die Sorten Landsberger Reinette, grüner Fürstenapfel, Bismarck und Kaiser Alexander und diese vor allem in warmen Lagen.

Von der Kräuselkrankheit der Pfirsiche, gegen welche die Bespritzung mit Kupferkalkbrühe wirksam ist, wenn sie schon vor der Knospenentwicklung vorgenommen wird (vergl. April, S. 62), werden nach Böttner immer nur bestimmte, meist edlere französische Sorten heftiger befallen; solche wird man demnach möglichst nicht anpflanzen oder, wo sie bereits vorhanden sind, mit anderen widerstandsfähigeren Sorten veredeln. Im übrigen sollen wenigstens Spalierpfirsiche durch Schutzvorrichtungen vor scharfem Temperaturwechsel geschützt werden, der das Auftreten der Krankheit besonders begünstigt. Sobald man gekräuselte Blätter oder kranke Triebe bemerkt, sind sie an den Spalieren abzupflücken, bezw. abzuschneiden. Vorteilhaft erweist sich auch eine Düngung des Bodens mit Kalk.

Die Kräuselkrankheit wird von einem Pilz, Exoascus deformans, veranlaßt, der auf der Unterseite der Blätter, die sich vollständig verkrümmen und oft leuchtend rot färben, in Form eines mehligen Überzugs hervortritt. Wo es möglich ist, wird man diese Blätter bald abschneiden und verbrennen; die sich schnell entwickelnden neuen Zweige pflegen pilzfrei zu bleiben. Übrigens kann auch durch Blattlausbefall eine Kräuselung der Pfirsichblätter ebenso wie bei anderen Obstarten hervorgerufen werden, bei der aber der mehlige Überzug fehlt; auch tritt die Kräuselung durch Blattläuse nicht sehr plötzlich, sondern mehr allmählich auf. Gegen diese Schädigung geht man mit den üblichen Blattlausmitteln, in diesem Falle am besten mit Quassiabrühe, vor.

Eine andere Exoascus-Art, E. Insitiae, gibt zur Entstehung des Hexenbesens der Pfirsich- und Pflaumenbäume Veranlassung. Über die ebenfalls durch einen zu dieser Gattung gehörigen Pilz veranlaßten Hexenbesen der Kirschen vergl. S. 326.

Nahe verwandt mit den Erregern der Kräuselkrankheit und der Hexenbesen ist ein Pilz, Taphrina Pruni, der die Früchte der verschiedensten Pflaumensorten, besonders der

gewöhnlichen Zwetschge, zu den sogen. Narren oder
Taschen umbildet. Dieser Pilz überwintert in den
Zweigen und dringt im Frühjahr in die Blütenanlagen,
wo er Veranlassung gibt, daß sich die heranwachsenden
Früchte stark verlängern,
grün bleiben und runzeln
und dabei seitlich zu-
sammengedrückt sind.
Später erscheint auf ihnen
ein zuerst weißlicher, dann
ockerfarbiger Überzug,
der aus den Schlauch-
früchten des Pilzes be-
steht. Derartige Früchte,
die vorzeitig abfallen,
sind zu sammeln und zu
vernichten; sie werden
übrigens in manchen
Gegenden als Leckerbissen
angesehen. Tritt die
Krankheit oft und stark
auf, so tut man gut, so-
bald sie sich einstellt, die
Zweige bis in das vor-
jährige Holz zurückzu-
schneiden; geschieht dies
möglichst frühzeitig, so

Fig. 85.]
Zwetschgenzweig mit 2 Taschen.

wird sich noch ein zweiter Trieb entwickeln und noch zur Reife gelangen.

Auch bei allen übrigen, durch Pilze hervorgerufenen Obstbaumkrankheiten spielen die verschiedene Empfänglichkeit der Sorten und ebenso die Standorts- und Ernährungsverhältnisse der Pflanzen eine große Rolle. Neben den direkten Bekämpfungsmaßnahmen durch Bespritzung ꝛc. darf man demnach auch die mehr indirekten, dafür aber umso nachhaltiger wirkenden vorbeugenden Maßregeln, die in Sortenwechsel, in guter Pflege der Pflanzen, unter Umständen in Kalkung oder Entwässerung des Bodens u. dergl. bestehen, nicht vernachlässigen.

Was die Verwendung der Kupferkalkbrühe gegen die schon im April genannten Pilzkrankheiten der Obstbäume anbelangt, so kommt jetzt im Mai bei den Kernobstbäumen bereits die zweite Bespritzung mit 1%iger Brühe in Betracht (vergl. auch S. 374, unten); sie ist auszuführen nach dem vollständigen Abblühen, nachdem die Früchte ungefähr Erbsengröße erreicht haben. 2—3 Wochen später hat die dritte Bespritzung zu erfolgen und falls die Spritzflüssigkeit durch vielen Regen bald abgewaschen werden sollte, wird man zur Erreichung des Zweckes nicht umhin können, gelegentlich noch weitere Bespritzungen im Juni folgen zu lassen. Hält man es für angezeigt, zur Bespritzung der Steinobstbäume, namentlich der Zwetschgen- und Pfirsichbäume, Brühen mit 1°oigem Kupfervitriolgehalt und nicht besser solche mit nur ½°o zu verwenden, so gebe man Kalk im Überschuß, d. i. 2°o. Die letzte Bespritzung der Steinobstbäume wird am besten 2—3 Wochen nach dem Verblühen vorgenommen.

Wo man sich nicht schon vorher entschlossen hat, die Sade- oder Sevenbäume zur Verhinderung des Auftretens des Birnenrostes vollständig aus den Gärten zu entfernen, kontrolliere man mindestens diese Bäume sorgfältig und versäume nicht, jene Zweige, an denen jetzt der Rost sichtbar wird, sofort vorsichtig abzuschneiden und zu verbrennen; um ein Verstäuben der Rostsporen bei diesem Vorgehen zu vermeiden, ist es zu empfehlen, die Rostpusteln vorher mit Spiritus zu durchtränken. Man kann sich unter Umständen auf diese letztere Maßnahme da, wo ein Entfernen der Befallstellen durch Abschneiden nicht gut möglich ist, beschränken.

Besonders an Kirsch- und Weichselbäumen verfolge man weiterhin das etwaige Auftreten der **Moniliakrankheit** und schneide sofort die durch den Pilz zum Vertrocknen gebrachten Zweige ab, um sie zu verbrennen.

Da im Mai bekanntlich noch **Nachtfröste** eintreten können, so sind Spaliere besonders zu schützen, indem man noch Strohmatten oder dergl. vorhängt. Die Reisigdecken verbleiben ohnehin während der Blütezeit der Spalierbäume, da sonst auch das Verblühen zu rasch erfolgt; sie sind aber teilweise zu lichten.

Sehr zu empfehlen ist es, ein **Frostthermometer** zu benützen, durch das bevorstehende Frostgefahr gut angezeigt wird. Vergl. S. 96, wo auch andere gegen Frostgefahr in Betracht kommende Mittel angegeben sind.

An den **Stachelbeer- und Johannisbeerpflanzen** ist unausgesetzt die sorgfältigste Kontrolle darüber notwendig, ob sich keine Anzeichen des Amerikanischen Stachelbeermehltaues wahrnehmen lassen. Auf alle Fälle empfiehlt es sich, eine Bespritzung auch der Beerensträucher mit Kupferkalkbrühe, am besten mit 1%iger Brühe, zur Vorbeuge gegen verschiedene Blattfleckenkrankheiten vorzunehmen.

Jetzt und dann wieder im Juli und August trifft man häufig auf den Blättern der Stachel- und Johannisbeeren außer den Raupen des schon im April, S. 67, beschriebenen **Harlekins** noch die Afterraupen der **gelben Stachelbeerblattwespe,** Nematus ventricosus, die durch wiederholtes Bestäuben der Blätter mit Thomasmehl und zwar am besten morgens, wenn die Blätter noch vom Tau benetzt sind oder nach vorheriger Besprengung, bekämpft werden können; ebenso ist gegen die Raupe des **Johannisbeerspanners,** Fidonia varvaria, vorzugehen. Auch Bespritzungen mit schmierseifenhaltigen Brühen kommen in Betracht.

Die Afterraupen der gelben Stachelbeerblattwespe sind 20füßig, etwa 15 mm lang, schwarzköpfig, im Grundton grünlich und mit zahlreichen, schwarze Borsten tragenden Warzen besetzt. Wenn man sie stört, nehmen sie eine S-förmige Stellung an; Ende Mai gehen sie flach unter die Erde. Eine zweite Generation von ihnen erscheint im Juli und August und überwintert dann in der Erde.

Die Raupen des Johannisbeerspanners sind 10füßig, bläulich, mit gelben Seitenstreifen und ebenfalls mit schwarzen, beborsteten Wärzchen besetzt. Der Spanner legt die Eier im Juli an die Sträucher: aus ihnen kommen im April oder Mai des nächsten Jahres die Raupen. Man kann sie auch in Fangtrichter abklopfen.

Ein schlimmer Feind, besonders der schwarzen Johannisbeere, ist die Johannisbeergallmilbe, Phytoptus Eriophyes, die erst neuerdings auch in Deutschland auftritt, während sie in England und Holland schon seit Jahrzehnten bekannt ist. Sie verursacht eine starke Anschwellung der Knospen, die dadurch nicht zur Entfaltung kommen, vielmehr nach einiger Zeit absterben. Gerade im Mai heben sich solche kranke Knospen von den gesunden, austreibenden lebhaft ab. Man geht gegen die Krankheit vor durch Entfernung und Vernichtung der angeschwollenen Knospen; ferner werden Bespritzungen mit Quassiabrühe oder mit Schweinfurtergrün (30 g auf 50 Liter Wasser, mit Zusatz von geringer Menge weicher Seife) empfohlen. Nach dem Laubabfall im Herbst ist eine solche Bespritzung zu wiederholen. Nach L. Reh wurden in neuerer Zeit sehr gute Erfolge durch dreimalige Bestäubung mit 1 Teil Kalk und 2 Teilen Schwefel erzielt, wovon die erste aber schon Ende März oder anfangs April vorzunehmen ist.

Um das Auftreten der Himbeermade im Juni (vergl. S. 178) möglichst zu verhüten, ist jetzt der Himbeerkäfer, Byturus tomentosus, zeitig am Morgen oder bei trübem Wetter, wenn sich die Made im Jahre vorher gezeigt hat, aufzusuchen und abzuklopfen.

Die Larve des Himbeerstechers lebt jetzt an Brombeeren, Himbeeren und Erdbeeren im Innern der Blütenknospen, die dadurch nicht zur Entwicklung gelangen. Der Käfer erscheint im Juli; es empfiehlt sich, die befallenen Knospen und späterhin auch die Käfer einzusammeln.

Die junge Rinde der **Weiden** wird mit Beginn des Monats oder schon Ende April angenagt von dem schwarzen oder braunen, mit Haarschuppen bedeckten Weidenrüßler, Cryptorhynchus lapathi, der durch Abklopfen entfernt werden kann. Schädlicher sind die eigentlichen Weidenkäfer, die schon im April, S. 73, näher besprochen wurden und auch jetzt noch neben ihren Larven ihren Fraß fortsetzen.

Auf den **Kohlbeeten** und verschiedenen **Gemüsepflanzen** machen sich jetzt namentlich die Erdflöhe bemerkbar, gegen die man, wie schon beim Hopfen angegeben, vorgeht. Von einigen Seiten wird auch empfohlen, zum Schutz gegen sie die Pflanzen mit Wasser zu überbrausen, dem man auf eine Gießkanne voll einen Eßlöffel Karbolineum zugesetzt hat, oder sie nach dem Bespritzen mit Wasser, das auch an sich gegen Erdflöhe gut wirkt oder früh morgens in betautem Zustand mit Tabakstaub zu bestreuen. Man muß mit diesen Maßnahmen aber sofort einsetzen, sobald die Erdflöhe sich zu zeigen beginnen; denn wenn sie sich erst recht stark vermehrt haben, ist meist wenig mehr gegen sie auszurichten.

Fig. 36.

Der gestreifte Erdfloh (Haltica nemorum). Käfer (Länge 3 mm) und Larve.

Auch in den Gemüseländereien machen sich jetzt die Drahtwürmer sehr geltend; man geht gegen sie ebenfalls durch Auslegen von geschnittenen Kartoffeln (mit der Schnittfläche nach unten) oder von Salatstrünken als Köder vor. Sehr empfohlen wird auch, die Vorliebe der Larven für die Salatpflanzen zu benützen, indem man überallhin etwas Salatsamen ausstreut und die hervorgehenden Pflänzchen, sobald sie Welkungserscheinungen zeigen, samt den anhängenden Drahtwürmern auszieht. Den Salat selbst pflanze man da, wo der Drahtwurm vorhanden ist, etwas dichter. Mit den angegebenen Ködern lassen sich auch gleichzeitig die ebenfalls sehr schädlichen Tausendfüße fangen, und an den Salat gehen auch die Schnecken, die man von ihm, besonders nach vorhergegangenem feuchtem Wetter, an mehreren aufeinanderfolgenden Abenden nach 10 Uhr nachts mit der Laterne absucht. Von Böttner wird gegen die Schnecken auch empfohlen, mit altem Laub oder dergl. gefüllte Tonröhren schräg in die Erde einzugraben, deren eines Ende verschlossen ist; in ihnen sammeln sich ebenfalls die Schnecken. Hingewiesen sei auch auf die Nützlichkeit der Kröten in den Gärten, die bekanntlich den Schnecken eifrig nachstellen.

Wo sich Blattläuse bemerkbar machen, kann man mit denselben Maßnahmen vorgehen, wie bei den Obst=bäumen; wichtig ist es, im Kampf gegen sie auch ihre Freunde, die Ameisen, zu beachten und nötigenfalls zu vertilgen; namentlich wo sie als direkte Schädlinge auf Samen= oder Mistbeeten auftreten, ist gegen sie vorzugehen, indem man in die Nester am Abend kochendes Wasser eingießt oder sie mit Insektenpulver bestreut oder indem man Honig als Köder aufstellt, dem etwas Arsenik oder Pottasche zugesetzt ist. Auch der Zusatz von Hefe zum Honig soll den Ameisen verderblich werden.

Auch gegen die Engerlinge, gegen die ebenfalls Salat als Fangpflanze gut ist, wird man in Gärten nur durch Ausziehen der befallenen Pflanzen vorgehen können. Wo das Land regelmäßig im Herbst und Früh=jahr bearbeitet wird, werden sie ohnehin nicht in großer Menge sich finden.

Sollte sich die Maulwurfsgrille zeigen, so gehe man gegen sie nach den im Juni gegebenen Wei=sungen vor.

Schon im ersten Frühjahr erscheinen auf den jungen **Spargelpflanzen** mehrere Arten 5 bis 6 mm langer, lebhaft

Fig. 37. Die Spargelhähnchen.
a Crioceris asparagi, b Cr. duodecimpunctata, c Eier, d Larve, f Käfer, e Fraßstellen.

gefärbter Zirp= oder Spargelkäferchen, Crio-ceris=Arten, unter denen das Spargelhähnchen, C. asparagi, das bekannteste ist. Sie und ihre dicken, braungrünen Larven werden durch Abfressen der Blätter und der Rinde sehr schädlich; im Sommer erscheint eine zweite Brut (vergl.

S. 143. Die Käferchen sind abzuklopfen, die Pflanzen gegen die Larven wiederholt mit ungelöschtem Kalk oder Thomasmehl zu bestreuen oder mit Dufourscher Lösung, Quassiabrühe, 10%iger Lösung von Amylalkohol oder einem anderen Insektengift zu bespritzen.

Eine andere Crioceris-Art, C. merdigera, ist das Lilienhähnchen oder der Lilienpfeifer, der zusammen mit den Larven die Blätter und Stengel der weißen Lilie und der Kaiserkrone befrißt.

Gegen die Spargelfliege wird Ausstecken von pfeifenähnlichen, mit Leim bestrichenen Fanghölzern empfohlen; außerdem sind alle befallenen Triebe herauszuschneiden. Frühmorgens kann man die Fliegen, die jetzt ihre Eier an die Pflanzen legen, auch leicht einfangen, weil sie um diese Zeit ruhig auf den Spargelköpfen sitzen. Die etwa 8 mm lange Fliege erkennt man leicht an zickzackartigen braunen Streifen auf den Flügeln. (Vergl. Fig. 38.)

Fig. 38. Spargelfliege (Platyparea poeciloptera). Länge 6—8 mm. (Nach Rörig, T. u. L.)

Im allgemeinen vermeide man, wo das Auftreten von Wurzelfliegen in Betracht kommt, die Anwendung von stark riechendem Dünger. Näheres über Spargelschädlinge vergl. Juni, S. 143.

Hat sich in vorhergegangenen Jahren an den **Rosen** Rost gezeigt, so versäume man nicht, vorzubeugen durch Bespritzen der Pflanzen mit Kupferkalkbrühe, die sich gegen ihn als wirksam erwiesen hat.

Der Rosenrost, Phragmidium subcorticium, bildet seine sämtlichen Entwicklungsformen auf den Rosen; er geht auch auf die Triebe über.

Auch der **Rosenmehltau,** Sphaerotheca pannosa, kann sich bereits einstellen und nicht nur beide Blattseiten, sondern auch die Triebe, Blütenstiele usw. überziehen und ein vorzeitiges Abfallen der Blätter, sowie eine Verhinderung der Blütenbildung bewirken. Gegen ihn geht man durch Schwefelung vor. Vergl. S. 153 und 355.

Zahlreich sind die Arten der tierischen Schädlinge der Rosen, die schon im Frühjahr auftreten können. Die Knospen können vertrocknen durch die Larve der Rosengall= mücke, Diplosis rosiperda; mehrere Arten von Wickler= räupchen rufen, zum Teil schon von April an, ähnliche Schädigungen hervor, wie wir sie an Obstbäumen kennen lernten (vergl. S. 104); der einem kleinen Maikäfer ähn= liche Gartenlaubkäfer befrißt die Blütenknospen, späterhin auch die Blütenblätter und Staubgefäße; er ist möglichst abzuklopfen.

Gegen die grüne Blattlaus, die sich an Rosen sehr frühzeitig einstellt, wendet man die üblichen Bekämp= fungsmittel an; siehe S. 106.

Das Räupchen einer Miniermotte frißt jetzt und späterhin wieder vom August an geschlängelte Gänge in die Blätter. Die Afterraupen verschiedener Blattwes= penarten befressen die Blätter, jene der bohrenden Rosenblattwespe ernähren sich vom Mark der Triebe, wodurch die Spitzen derselben welken und vertrocknen; solche Triebe sind abzuschneiden und zu verbrennen. Die Rosen bürsthornwespe, Hylotoma rosae, legt ihre Eier im Mai in die Rosentriebe, wodurch sich die Zweige verkrümmen und schwarz werden; die bald erscheinenden achtzehnfüßigen Larven fressen an den Blättern. Eine zweite Generation von ihnen erscheint im September und Oktober; man schüttelt sie ebenfalls in Fangtrichter ab.

In den letzten Jahren hat sich eine durch einen Pilz, Coniothyrium Wernsdorfiae, verursachte brandartige Rindenkrankheit ein= und mehrjähriger Rosenzweige sehr bemerkbar gemacht. Zunächst treten vorwiegend in der Nähe der Augen purpurrot umsäumte, graubraune Flecken auf, in denen bald die kleinen Pyknisen (vergl. S. 342) mit der Lupe wahrzunehmen sind. Später zerreißt die Rinde an diesen Stellen und die sich bildenden krebsartigen Wuche= rungen führen zum Eingehen der erkrankten Triebe und schließlich der ganzen Stöcke. Abschneiden erkrankter Triebe kommt in erster Linie in Betracht. Sorauer empfiehlt gegen die Krankheit, im Herbst, wenn die Entblätterung beginnt, alle Stämme mit Gips zu bestreichen und außerdem Gips oder Kalk in den Boden unterzubringen.

Die Blätter des **Flieders** schrumpfen häufig schon im Frühjahr unter Braunfärbung zusammen. Der Erreger dieser die Sträucher sehr verunstaltenden Erscheinung ist die Raupe der Fliedermotte, Gracilaria syringella, die ein zweites Mal im Juli und August erscheint und im Fleisch der Blätter oder auf deren Unterseite frißt. Durch rechtzeitiges Entfernen der befallenen Blätter geht man am besten dagegen vor.

Neuerdings ist eine ähnliche Erkrankung häufiger beobachtet worden, die auch auf die Triebe übergeht und allem Anschein nach durch Bakterien veranlaßt wird; auch der Traubenschimmel, Botrytis cinerea, kann die Fliedertriebe zum Absterben bringen.

Schließlich können die Fliedersträucher auch verunstaltet werden durch Hexenbesen, die durch kleine Milben veranlaßt werden. Nach von Tubeuf hat sich gerade diese Krankheit in den Anlagen größerer Städte so eingenistet, daß es unbedingt notwendig erscheint, gegen sie, besonders während der Vegetationsruhe, wo die Hexenbesen deutlich wahrzunehmen sind, möglichst gemeinsam vorzugehen. (Vergl. Dezember, S. 329, und Fig. 120.

In **Nadelholzkulturen** werden gegen den großen braunen Rüsselkäfer Fangrinden und Kloben gelegt.

Auch der kleine, braune Kiefernrüsselkäfer erscheint im Mai; befallene Pflanzen, erkennbar an den roten Nadeln, müssen ausgerodet werden.

Gegen die Drahtwürmer, die in Saatkämpen ebenfalls sehr schädlich werden, empfehlen sich dieselben Maßnahmen wie in Gärten.

Wo sich der Kieferntriebwickler, Tortrix buoliana, zeigt, können im Mai Kinder zur Vernichtung der Räupchen herangezogen werden.

Wo der Kiefernspinner, Lasiocampa pini, haust, macht sich der Fraß seiner braunen Raupen, die als solche überwintern, im Mai und Juni besonders bemerkbar. Gegen sie kommt bekanntlich das Leimen der Bäume schon im März in Betracht, sobald das Probesammeln ein stärkeres Auftreten ergeben hat. Da es sich hier um rein forstliche Maßnahmen handelt, so kann nicht näher darauf eingegangen werden.

Die Afterraupen der verschiedenen **Kiefernblatt-wespen**, Lophyrus- und Lyda-Arten, erscheinen von Mitte oder Ende Mai an; auf die Möglichkeit, sie durch Schweine-eintrieb, zum Teil auch durch Sammeln, zu bekämpfen, kann hier nur hingewiesen werden.

Die **Tannenwolläuse**, Chermes-Arten, die eigentümliche gallenartige Gebilde durch Umformung der Nadeln hervorbringen, aber auch an der Rinde durch ihr Saugen zu Gallenwucherungen Veranlassung geben, sind im Mai an Parkbäumen rc. durch Bespritzen mit einem Insektengift, am besten mit Tabakseifenbrühe, und soweit sie an der Rinde sitzen, durch Abreiben mit einer starken Bürste nach vorherigem Bestreichen mit Seifenmischungen zu bekämpfen.

Ebenso geht man vor gegen die **Weymouthkiefern-wollaus**.

Wo **Kiefernschütte** zu befürchten ist, kann unter Umständen schon jetzt eine Bespritzung mit Kupferkalkbrühe oder Kupfersoda vorgenommen werden; in der Regel führt man aber die erste Bespritzung erst Mitte Juni oder noch später aus.

Hier sei auch der auffallenden Tatsache Erwähnung getan, daß **Kiefern und Fichten**, die man **auf bisherigem Ackerlande** anpflanzt, wie es scheint, fast stets nach mehr oder minder langer Zeit **wieder eingehen**. Die Ursache hierfür soll in der zu dichten Lagerung des Ackerbodens begründet sein; wir neigen aber mehr zu der Anschauung, daß es sich um Ernährungsstörungen handelt, die vielleicht vermieden werden können, wenn in die Pflanzlöcher je eine Handvoll von Kiefern-, bezw. Fichtenboden eingeschüttet wird. Auch der Zwischenbau von Robinia rc. ist empfohlen worden. Häufig beobachtet man an den Kiefernpflanzen auf Ackerboden das Auftreten eines Pilzes, Polyporus annosus, das aber nur als eine Folge der genannten Ernährungsstörung anzusehen ist; immerhin wird die Ansiedlung des Pilzes das Zugrundegehen der Bäume wesentlich beschleunigen.

Von Juni an erscheint es doppelt nötig, auf den **Fruchtböden** lagernde Getreidevorräte durch wiederholtes Umschaufeln vor den **Speicherschädlingen** tunlichst zu schützen. Sollten sich solche eingestellt haben, so daß größere Schädigungen zu gewärtigen sind, so wird man aber nicht umhin können, mit noch schärferen Maßnahmen einzugreifen, um die Schädlinge direkt zu vernichten. Am geeignetsten hierzu hat sich die Anwendung des **Schwefelkohlenstoffs** erwiesen; derselbe darf aber nicht länger als sechs Stunden auf das Getreide einwirken, weil sonst dessen Keimfähigkeit ungünstig beeinflußt würde. Handelt es sich um kleinere Getreidemengen, so bringt man sie in Fässer oder Kisten und stellt direkt auf das Getreide eine mit 50—100 ccm Schwefelkohlenstoff pro 100 Liter Raum gefüllte flache Schale; hierauf wird das Faß oder die Kiste gut verschlossen. Bei größeren Getreidemengen stellt man die schwefelkohlenstoffhaltigen Schalen ebenfalls direkt auf die Haufen und überdeckt das Ganze mit einer Plane; noch einfacher und zweckmäßiger ist es, mit dem Schwefelkohlenstoff einen dicken Sack zu durchtränken und diesen auf die Getreidehaufen zu legen. Überdeckung mit einer Plane ist aber auch hier nötig. Stets muß das Getreide nach der Behandlung gelüftet und gereinigt werden. Schwefelkohlenstoff ist in jeder Apotheke oder Drogenhandlung zu etwa 70 ₰ per Kilogramm erhält hältlich.*) Wer ihn seiner Feuergefährlichkeit wegen nicht verwenden will (über die beim Arbeiten mit Schwefelkohlenstoff zu beachtenden Vorsichtsmaßregeln vergl. S. 379), kann für den hier in Frage stehenden Zweck **Tetrachlorkohlenstoff** verwenden, der die gleiche Wirkung besitzt, ohne feuergefährlich zu sein, aber per Kilogramm *M.* 1.50

---

*) Bei Bezug im Großen ist der Schwefelkohlenstoff neuerdings noch wesentlich billiger und zwar zum Preise von 30—40 ₰ pro Kilo zu erhalten.

kostet. Er ist zu beziehen von der Firma Riedel-Berlin N.,
Gerichtsstraße 12 und 13.

Die Kornmotte (vergl. S. 37) fliegt von Anfang
Juni bis Mitte Juli während der Dunkelheit, auch im
Freien. Es wird daher empfohlen, während dieser Zeit die
Speicherfenster geschlossen zu halten; im Gegensatz dazu wird
von anderer Seite geraten, den Speicher während der Flugzeit unter Kreuzzug zu lüften, da die Motte Zugluft meidet.
Auch soll man flache Schalen oder Teller mit Wasser auf
den Speichern aufstellen, da sich in ihnen die Motten fangen;
noch mehr wird dieser Zweck erreicht, wenn man auf jeden
mit Wasser gefüllten Teller ein Glas stellt, in dem auf
einer Ölschichte ein brennendes Nachtlicht schwimmt; auf das
Wasser im Teller wird man dabei zweckmäßig etwas Petroleum gießen.

Am **Wintergetreide** machen sich jetzt die verschiedenen
Rostarten, namentlich in sogenannten Rostjahren, stärker bemerkbar. Außer dem meist schon etwas früher und besonders
an Landweizen erscheinenden Gelbrost, Puccinia glumarum,
der auf den älteren Blättern lange Streifen bildet, und oft
auch auf der Innenseite der Spelzen auftritt, zeigt sich
in einzelnen, oft dicht sitzenden Häufchen auf den Blättern
der Braunrost, und zwar auf Roggen Puccinia dispersa,
auf Weizen Puccinia tritici. Der besonders auf die Blattscheiden übergehende und dadurch so gefährliche Schwarzrost, Puccinia graminis, erscheint meist noch später, oft erst
kurz vor der Reise, kann sich aber auch jetzt schon sehr bemerkbar machen. Eine direkte Bekämpfung dieser verschiedenen
Rostarten ist jetzt nicht mehr möglich; höchstens ist versuchsweise eine Bespritzung der Pflanzen mit 1—2%iger
Kainitlösung zu empfehlen, wenn der Rost sich zu zeigen beginnt. Dagegen kann ihrem Auftreten in künftigen Jahren
vorgebeugt werden durch Versorgung der Felder mit Phosphorsäure und Kali, also durch Düngung mit Thomasmehl oder Superphosphat und Kainit, durch Unterlassung
zu starker Stickstoffzufuhr, durch Wahl rostwiderstandsfähiger
Sorten, die aber in dieser Beziehung an Ort und Stelle auszuprobieren sind, da diese Widerstandsfähigkeit unter verschiedenen Bedingungen sehr wechseln kann, und endlich durch

Entfernung der sogenannten Zwischenwirte aus der Nähe der Getreidefelder.

Als Zwischenwirte von Getreiderostpilzen sind bisher nur bekannt: die Berberitze, auch Sauerdorn genannt, die die sog. Ācidien des Schwarzrostes trägt; die Ochsenzungenarten, auf denen sich die Ācidien des Roggenbraunrostes entwickeln und endlich der Kreuzdorn, Rhamnus cathartica, mit den Ācidien des Haferkronenrostes. Vom Gelbrost, sowie vom Braunrost des Weizens und der Gerste sind Zwischenwirte nicht bekannt. Namentlich durch Ausrottung der Berberitze in der Nähe von Getreidefeldern hat man schon wesentliche Erfolge erzielt.

Es ist unbedingt notwendig, daß die Landwirte die verschiedenen Rostarten des Getreides unterscheiden können, da sie im Grade des Auftretens und der Gefährlichkeit sich sehr verschieden verhalten. Wer über die Zugehörigkeit im Zweifel ist, schicke daher frisch entnommene Proben an die zuständige Anstalt für Pflanzenschutz.

Jedenfalls beachte man, daß vorkommen:

auf Weizen: der Schwarzrost (Puccinia graminis), der Gelbrost (Puccinia glumarum) und ein Braunrost (Puccinia triticina);

auf Roggen: der Schwarzrost und Gelbrost und ein Braunrost (Puccinia dispersa);

auf Gerste: der Schwarzrost und Gelbrost und ein Braunrost (Puccinia simplex);

auf Hafer: der Schwarzrost und der Haferkronenrost (Puccinia coronifera); letzterer auf den Blättern bräunliche, später schwärzliche, eigenartig angeordnete Figuren bildend.

Auf den Wintergetreidepflanzen tritt derselbe Rost gewöhnlich früher als auf Sommergetreide auf. Die meisten Rostarten bilden sog. spezialisierte Formen, d. h. sie zeigen eine mehr oder minder große Anpassung an bestimmte Getreidearten. So geht z. B. der Schwarzrost des Roggens nicht auf Hafer und Weizen (wohl aber auf Gerste), jener des Hafers nicht auf Roggen, Weizen und Gerste über.

Zur Zeit, wo die verschiedenen Getreidearten in die Ähren gehen, zeigt sich, wenn nicht entsprechende Vorbeu

gungsmaßnahmen getroffen wurden, in mehr oder minder star=
tem Grade der Flugbrand, der namentlich bei Hafer und
Gerste, aber auch an Weizen großen Schaden anrichten kann.
Es ist wichtig, zu wissen, daß es sich beim Getreideflugbrand

Fig. 39. Brandige Ähren
a der Gerste, b des Weizens, c des Hafers.

nicht um eine einzige Art, sondern um mehrere verschiedene,
von einander in ihrer Lebensweise recht abweichende Arten
handelt.

Am Hafer kommen zwei Flugbrandarten

vor, nämlich der offene und der meist viel seltenere sog. bedeckte Haferbrand, Ustilago avenae und U. laevis. Gegen beide Brandarten stellt die Beizung der Saatkörner bei weitem das beste Mittel dar: namentlich hat sich die Formalinbeizung beim Hafer ausgezeichnet bewährt. (Vergl. Anweisung S. 394.) Ganz anders liegen die Verhältnisse beim echten Flugbrand der Gerste, U. hordei, und beim Flugbrand des Weizens, U. tritici. Bei diesen Arten erfolgt die Neuansteckung dadurch, daß die verstäubenden Brandpilzsporen die Blüten infizieren und der Pilz in den heranreifenden Körnern sich entwickelt, ohne daß diese irgendwelche Schädigungen zeigen. In diesen beiden Fällen, wo es sich also um Blüteninfektion handelt, ist die gewöhnliche Beizung ohne Erfolg, da ja der Pilz im Innern des Kornes sitzt. Hier kommt vielmehr die Warmwasser- oder Heißluftbehandlung (vergl. S. 392) in Betracht, mindestens bei der Gerste. Eine wichtige, vorbeugende Maßnahme gegen diese beiden Brandarten besteht aber darin, daß auf dem Feld auftretende Brandähren möglichst frühzeitig, d. h. bevor sie ausstäuben, entfernt werden; besonders eignen sich Kinder zu der Arbeit, die vorsichtig, ohne ein Verstäuben zu bewirken, die Brandähren ausziehen und sie in umgehängten Säckchen sammeln, damit sie verbrannt werden können. Die Säckchen selbst sind mit heißem Wasser zu brühen.

Außer dem eigentlichen Flugbrand kommt an der Gerste noch ebenso häufig eine nicht verstäubende, daher als Hartbrand, Ustilago Jensenii, bezeichnete Art vor. Bei ihr liegt, wie bei den Haferbrandarten, Keimlingsinfektion vor, d. h. der Pilz sitzt nicht schon im Innern des Kornes, sondern es werden erst die Keimlinge durch die den Spelzen anhaftenden Sporen angesteckt. Gegen diese Brandart ist infolgedessen ebenfalls die gewöhnliche Beizung sehr wirksam.

Bei der Gerste leidet besonders die Wintergerste an Flugbrand. Die sog. Imperialgersten scheinen widerstandsfähiger zu sein als Chevalier- und Landgersten, weil sich ihre Blüten nicht so weit öffnen, und daher der Infektion durch die verstäubenden Sporen weniger zugänglich sind.

Beim Flugbrand der Hirse liegt Keimlings

infektion vor, weshalb bei ihr Saatgutbeize wirksam ist. (Vergl. S. 391.)

Der Beulenbrand des Maises endlich kann während der ganzen Vegetationszeit an jungen Gewebeteilen entstehen, immerhin wirkt aber auch hier die Saatgutbeize vorbeugend; außerdem wird man beim ersten Auftreten dieses Brandes die befallenen Pflanzen aus= raufen und verbrennen.

Die Stärke des Auftretens jener Flugbrandarten, bei denen Keim= lingsinfektion erfolgt, namentlich jener des Hafers, ist sehr von der Wärme des Bodens zurzeit der Saat abhängig. Die Keimung der Sporen und damit die Infektion an den jungen Pflanzen tritt umso leichter ein, je wärmer der Boden ist, im allgemeinen also je später die Aus= saat erfolgt. Möglichst frühe Saat des Sommergetreides ist also auch gegen diese Brandarten besonders zu em= pfehlen. Ferner hat sich gezeigt, daß Sorten, die an höhere Lagen angepaßt sind, meist besonders brand= anfällig sind, was darauf zurückzu= führen ist, daß sich bei solchen Ge= birgssorten der jugendliche Keimling zunächst sehr langsam entwickelt, so daß den Brandsporen längere Zeit zur Infektion bleibt.

Wo diese Brandarten sehr stark auftreten, empfiehlt sich vor allem auch ein Wechsel des Saatgutes.

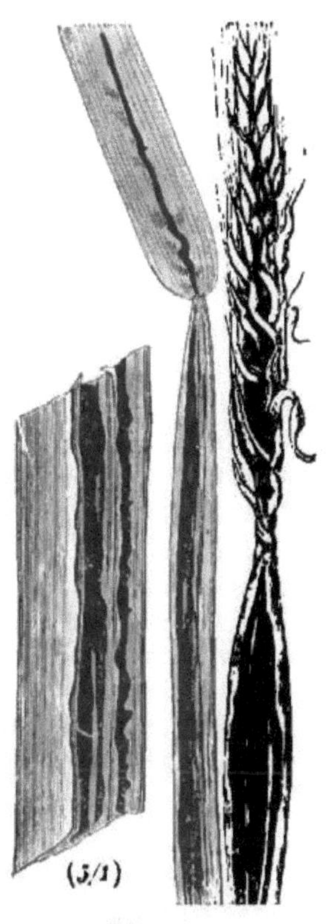

(5/1)

Fig. 40.
Roggenstengelbrand.

Besonders an Roggen tritt zuweilen auch eine Brand= art am Halme, der sogen. Stengelbrand, Urocystis occulta, in Form langer, schwieliger Streifen auf, gegen dessen Wiederkehr ebenfalls eine Beizung des Saatgutes zu empfehlen ist.

über den **Steinbrand des Weizens** vergl. Juli, S. 188.

Jetzt können auch die **Saatschnellkäfer**, wo deren Larven im Frühjahr als Drahtwürmer größeren Schaden verursachen, durch Auslegen von mit Arsenik vergifteten Kleebündeln bekämpft werden; da die Käfer selbst keinen Schaden anrichten, so handelt es sich dabei nur um eine vorbeugende Maßnahme.

Über andere Krankheiten und Schädlinge der Getreidearten, von denen manche schon jetzt auftreten können, vergl. Juli von S. 187 an.

Bei den **Kartoffeln** sind die schon im Mai gegebenen Weisungen weiter zu beachten.

Erst vom Juni an macht sich die meist durch Bakterien veranlaßte **Schwarzbeinigkeit** der Kartoffeln stärker bemerkbar. Wie schon ihr Name andeutet, ist sie charakterisiert durch ein unter Schwärzung erfolgendes Absterben der Stengelbasis und damit meist der ganzen Staude oder der betroffenen Teile derselben. Die erregenden Bakterien gelangen meist mit dem Saatgut auf das Feld; es können aber auch die Stengel direkt vom Boden aus befallen werden, mindestens wenn während des Auflaufens der Kartoffeln durch ungünstige Witterungsverhältnisse die Keime zu lange im Boden zurückgehalten und dadurch beschädigt wurden oder infolge Verwundungen durch Tiere u. dergl. Da die Krankheit auf die neuen Knollen übergeht und bei ihnen eine Art Naßfäule veranlaßt, so sind völlig befallene Stauden samt Knollen möglichst bald zu entfernen und zu vernichten. Beschränkt sich der Befall auf einzelne Triebe, so werden nur diese beseitigt.

In ähnlicher Weise geht man vor, wenn die sog. **Bakterienringkrankheit** der Kartoffeln in so starkem Maße auftritt, daß die Stöcke eingehen. Bei dieser Krankheit ist keine Schwärzung des Stengelgrundes zu beobachten, vielfach ist sie aber durch Auftreten schwarzer Flecken auf den Blättern charakterisiert. Bei der **Blattrollkrankheit** endlich, die sich, wo sie vorhanden, jetzt oft schon stark zeigt, beschränken sich zunächst die wahrnehmbaren Symptome meist auf ein Einrollen der dabei sich oft gelb färbenden

Blätter nach oben. Wo diese Krankheit an einer größeren Zahl von Stöcken auftritt, empfiehlt es sich, etwa im letzten Drittel des Monats eine Bespritzung mit Kupferkalk= oder Kupferhumusbrühe vorzunehmen. (Vergl. S. 354.) Eine solche gegen Mitte Juni ausgeführte Bespritzung mit 2%iger Brühe, die man aber bei völlig gesunden Pflanzen besser unterläßt, kann auch vorbeugend gegen die Krautfäule wirken. Im übrigen sei auf die auf die Blattrollkrankheit sich beziehenden Ausführungen im Juli, S. 206, verwiesen.

Auf das Auftreten des Triebbohrers an den Kartoffeln ist zu achten; es ist die Raupe eines zu den Eulen gehörenden Schmetterlings, die in manchen Gegenden in den Kartoffelstengeln von oben nach unten bohrt. Befallene Stengel sind zur Vernichtung dieser Raupe abzuschneiden.

An den **Runkel= und Zuckerrüben** zeigen sich weiterhin die Maden der Runkelfliege und andere Schädlinge, auf die schon im Mai hingewiesen ist. Zu ihnen gesellen sich jetzt die wanzenähnlichen, hellgrünen, zwei Schwanzborsten tragenden Larven des Schildkäfers, Cassida nebulosa, die zusammen mit den ebenfalls bald erscheinenden, eine schildkrötenartige Gestalt besitzenden, kupferglänzenden Käfern auf der Unterseite der Rübenblätter sitzen und in sie Löcher fressen. Gewöhnlich lebt der Schildkäfer auf Gänsefuß= und Meldearten; solche sind daher aus den Rübenfeldern und deren Nähe zu entfernen. Er überwintert als Käfer. Auf Rübenfeldern kommen gegen ihn dieselben Maßnahmen in Betracht, wie gegen die Aaskäfer (vergl. S. 89). Empfohlen wird auch, 2—4 Ztr. Düngegips auf den Morgen bei Tau oder nach Regen auszustreuen.

Fig. 41.
Nebelfleckiger
Schildkäfer
(Cassida nebulosa).
Länge 7 mm.

Auch die Raupe der Rübenblattwespe tritt jetzt in erster Generation auf; starken Schaden verursacht aber meist nur die zweite Generation (s. September, S. 271).

Wo gewisse Pilzkrankheiten der Rübenblätter, wie Rost, falscher Mehltau, Fleckenkrankheit usw., die im Juli, S. 208, zusammenfassend beschrieben sind, in den letzten

Jahren besonders stark aufgetreten sein sollten, kann man jetzt event. vorbeugen durch Bespritzung der Pflanzen mit Kupferkalkbrühe.

Gelegentlich der Heuernte kann am besten gegen die Seide auf den **Wiesen** vorgegangen werden. Außer der schon im Mai angegebenen Behandlung der Seidestellen durch Bespritzung mit Eisenvitriollösung, empfiehlt es sich auch, die Befallstellen etwa 4 Zoll dick mit Gerstenspreu zu bedecken, die man, um das Fortwehen durch den Wind zu verhindern, mit Jauche anfeuchtet und ein ganzes Jahr lang liegen läßt. Schon im nächsten Frühjahr wächst das Gras, auf dessen Wachstum die Jauche günstig wirkt, durch, während die Seide erstickt. Auch das Beweiden solcher Stellen durch Schafe wird empfohlen. Andere wieder bezeichnen als das einzig sicher wirkende Mittel zur Vertilgung der Seide das Umspaten der von ihr befallenen Stellen und ihrer näheren Umgebung.

Um Johanni steigen auch die Engerlinge in den Wiesen so hoch, daß man sie direkt unter der Grasnarbe findet; nur um diese Zeit dürften direkt abtötende Mittel, wie die Einführung von Schwefelkohlenstoff, Benzin, Cresol- oder Karbolineumlösungen u. dergl. in die Befallstellen, gegen die Engerlinge einigermaßen wirksam sein: im allgemeinen ist aber von der Anwendung solcher Mittel auf Wiesen, wie von uns ausgeführte mehrfache Versuche ergeben haben, wenig zu hoffen. Immerhin ist eine Nachricht interessant, nach welcher die Engerlinge zwar in der unmittelbaren Zeit nach der Schwefelkohlenstoffeinführung in den Boden durchaus nicht zugrunde gegangen, wohl aber nach einigen Monaten im Gegensatz zu den nicht behandelten Wiesenflächen vollständig verschwunden waren. Als Futter werden die Engerlinge von Schweinen, Hühnern ꝛc. nur in ausgiebiger Menge aufgenommen, wenn man sie mit anderen Stoffen, am besten mit Kartoffeln u. dergl. vermischt.

Über die zweckmäßigste Behandlung der Engerlingswiesen vergl. August S. 246.

Man versäume ja nicht, noch möglichst vor der Heuernte, das Abmähen der Grasraine zwischen den Feldern, um die von ihnen ausgehende so häufig erfolgende

Verbreitung von Unkräutern durch Samen und verschiedenen
Schädlingen zu verhindern. Auch Eisenbahnböschungen, Öd=
ländereien, Wege und besonders auch Forstkulturen sind in
dieser Beziehung oft gefährlich.

Disteln, Löwenzahn und ähnliche Unkräuter sind aus=
zustechen, dürfen aber natürlich nicht liegen gelassen werden.

Das Mähen der Wiesen erfolgt am besten, wenn
das Knaulgras in Blüte steht. In Gegenden mit reichlichem
Tau und Regen sollte man die Trocknung auf Heinzen oder
anderen Trockengestellen vornehmen; vergl.
nachstehend unter Klee. Nach dem Ein=
fahren muß das Heu noch einen Schwitz=
prozeß durchmachen; wird es vorher zur
Verfütterung verwendet, so kann es leicht
zu Gesundheitsstörungen der Tiere Ver=
anlassung geben. Beregnetes oder schlecht
getrocknetes Heu überstreut man, damit es
auf dem Stock nicht schimmelt, mit ¼ Pfund
Viehsalz pro Zentner und banst es recht
fest ein, damit die Luft möglichst wenig
Zutritt hat. Um gutes Grummet zu ge=
winnen, überfährt man die Wiesen nach
der Heuwerbung mit Gülle, düngt auch,
wo nötig, wenn es nicht zu trocken ist,
mit Thomasmehl und Kainit.

Tritt nach der Heuernte sehr trockenes

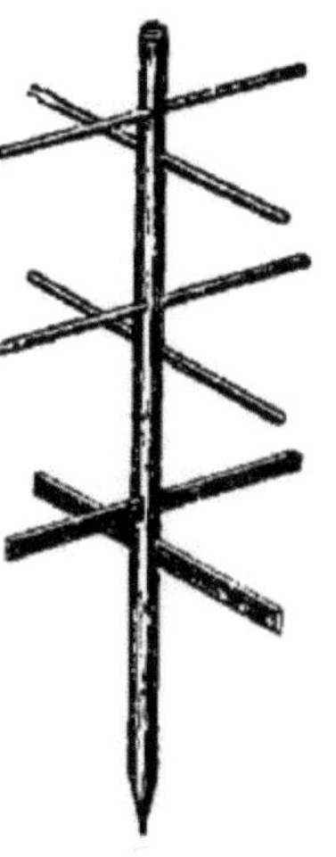

Fig. 42. Heinze.

Wetter und damit die Gefahr des Aus=
brennens der Wiesen ein, so kann Bewässern gute Dienste
leisten. Man vermeide aber jedes Übermaß und zu lange
Dauer, damit auch die Sonnenwirkung bald zur Geltung
kommen kann.

Gegen die Seide auf den **Kleefeldern** geht man in der=
selben Weise vor wie auf den Wiesen; namentlich empfiehlt
sich hier die Anwendung der Eisenvitriolbespritzung, da nach
ihr bei richtiger Durchführung, nämlich durch Verwendung
einer Spritze, die die etwa 10%ige Lösung mit einer gewissen
Kraft in den Boden treibt, die Seide nicht wieder zum
Vorschein kommt, während der Klee fast stets wieder aus=
schlägt. Von großem Interesse ist es, beim Auftreten der

Seide mit Sicherheit festzustellen, ob es sich um die ge=
wöhnliche Kleeseide, Cuscuta Trifolii, oder um eine
der aus Amerika eingeschleppten Grobseidearten handelt.
Der Schaden, den die gewöhnlich vorkommende ameri=
kanische Grobseide, Cuscuta racemosa, die durch be=
sonders starke, orangerote Fäden charakterisiert ist, anrichtet,

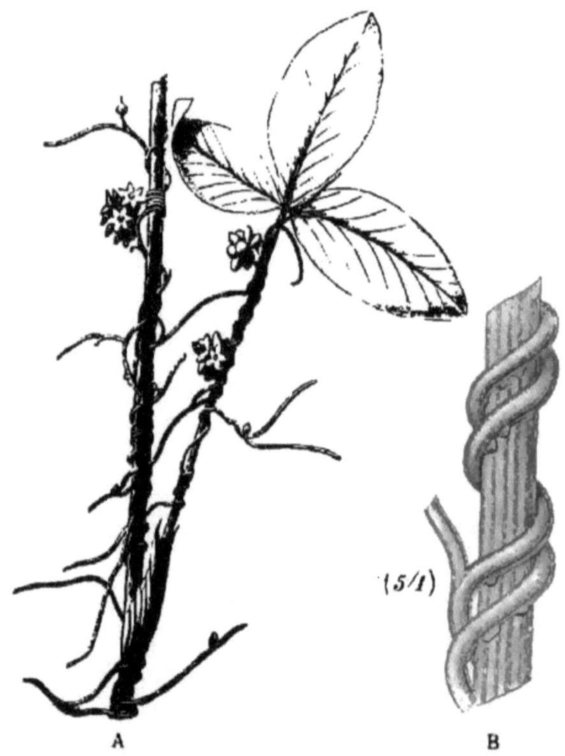

Fig. 43.	Die Kleeseide (Cuscuta Trifolii).
A Stengel und Blatt der Kleepflanze von blühender Kleeseide umwunden.
B Stengel stärker vergrößert, um die Haustorien der Kleeseide zu zeigen.

ist unter unseren klimatischen Verhältnissen meist geringer
als der durch die einheimische Kleeseide verursachte. U. a.
ist dies auch darin begründet, daß sie infolge ihrer stärkeren
Triebe nicht so am Boden hinkriecht, sondern mehr in die
Höhe wächst. Durch rechtzeitiges Abmähen kann deswegen

die Grobseide unter Umständen viel leichter mit beseitigt, auf alle Fälle aber an der Blüten- oder mindestens an der Fruchtbildung verhindert werden.

Die Kleeseide, Cuscuta Trifolii, wird vielfach als eine besondere Art, häufiger aber nur als eine Varietät oder üppigere Form der Quendelseide, C. Epithymum, angesehen, die erheblich kleinere Samen besitzt und auf den kultivierten Kleearten nur selten auftritt. Außer auf allen Arten von Klee kommt die Kleeseide, bezw. Quendelseide, gelegentlich auch vor auf anderen Leguminosen, namentlich Erbsen, Wicken, Bohnen, Esparsette, Lupine, ferner auf manchen Gräsern (besonders auch auf Wiesen), auf Leindotter, Möhre, Rüben, ja selbst auf Kartoffeln und am Weinstock.

Nicht selten tritt auf den meisten der erwähnten Pflanzenarten, dann aber auch auf Tabak, Hanf und Hopfen die Zaunseide, C. europaea, auf; sie besitzt weit größere Blütenknäulchen als die Kleeseide und einen dickeren, grünlichgelben bis rötlichen Stengel. Auf der Wicke bildet diese Art eine besonders kräftige Varietät.

Außer den schon vorstehend genannten amerikanischen Grobseidearten finden sich, namentlich auf der Luzerne, häufig auch noch einige andere Arten, so namentlich die aus Südamerika stammende C. chilensis. Im übrigen werden noch der Lein und die Weiden von besonderen Seidearten heimgesucht (vergl. S. 56) und eine auf Weiden vorkommende Art, C. lupuliformis, geht gelegentlich auch auf Lupinen über.

Nach dem ersten Kleeschnitt zeigt sich auch der sog. Kleeteufel, Orobanche minor, in manchen Gegenden in großer Menge, der an den Kleewurzeln schmarotzt. Außer auf Inkarnatklee, Rotklee tritt er auch auf Weiß- und Bastardklee, Steinklee, seltener an Hornklee und an Serradella, sowie auf der Möhre und der Weberkarde auf. Wenn man nicht gegen ihn vorgeht, breitet er sich, da der staubfeine Samen überall hin leicht durch den Wind und auf sonstige Weise gelangt, immer mehr aus und stellt schließlich die Möglichkeit des Kleebaues vollständig in Frage. Auf alle Fälle muß die Samenbildung des Kleeteufels verhindert werden; am besten wird man dies erreichen, indem man die braunen, leicht kenntlichen Pflanzen möglichst bald nach ihrem Erscheinen durch Kinder ausreißen oder abschneiden läßt. Da die einzelnen Pflanzen nicht alle auf einmal aus dem Boden hervorbrechen, so muß dies Verfahren mehrmals hintereinander ausgeführt werden. Gemeinsames Vorgehen innerhalb ganzer Gemeinden ist dabei unerläßlich. Tritt dieser gefährliche Schmarotzer auf Kleefeldern sehr

stark auf, so verzichtet man am besten von vornherein auf
den in diesem Fall ohnehin kaum nennenswerten zweiten

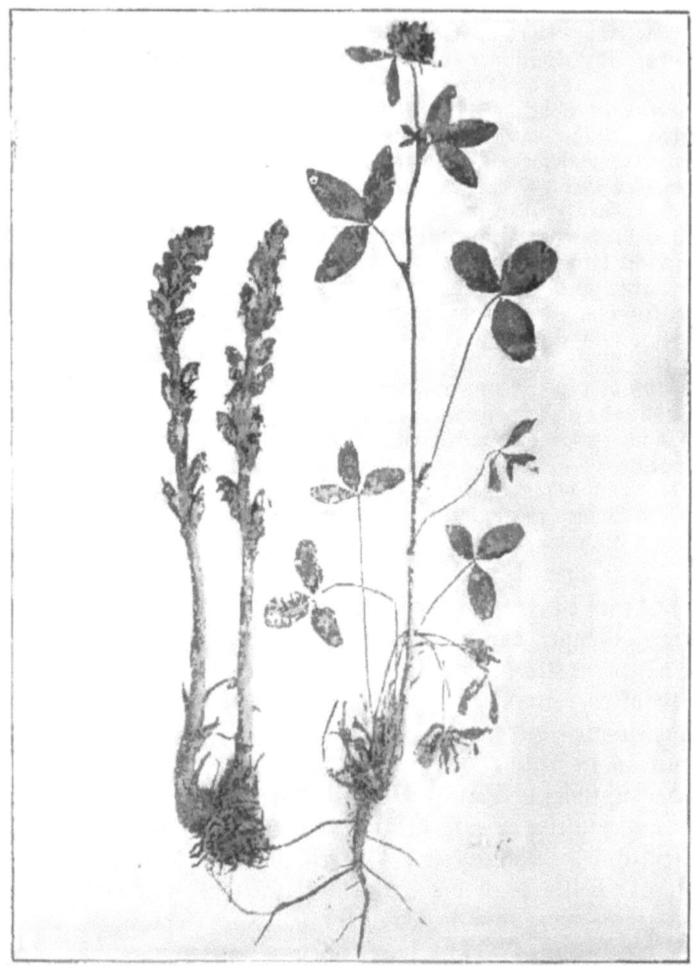

Fig. 44. Vom Kleeteufel befallene Rotkleepflanze.
(¼ der natürl. Größe.)

Schnitt, pflügt vielmehr nach dem ersten Schnitt, sobald
der Schädling sich zu zeigen beginnt, das ganze Feld um

und bestellt es mit Senf oder mit einem Futtergemisch.
Auch Esparsette wird nicht vom Kleeteufel angegangen.

Gleich hier sei erwähnt, daß ähnliche Schmarotzer auch
an der Luzerne, an Ackerbohnen und anderen Leguminosen, vor allem aber auch am Hanf und Tabak (Hanf-
und Tabaktod), sowie am Meerrettich und gelegentlich auch am Hopfen vorkommen; auf der Möhre treten
mehrere Orobanchearten auf; in allen diesen Fällen kann
nur durch Ausreißen der Pflanzen vor der Samenreife ein allmähliches Verschwinden dieser Schmarotzer bewirkt werden.

Verschiedene Pilzkrankheiten, die am Klee
auftreten, wie Mehltau, Rost usw., sind im Juli zusammenhängend besprochen, worauf hier verwiesen sei.

Der richtige Zeitpunkt zur Vornahme des ersten
Schnittes ist beim Rotklee gekommen, sobald der größere
Teil der Köpfe in Blüte steht, aber noch bevor das ganze
Feld blüht; bei Luzerne, sobald sich die ersten Blüten ge-
öffnet haben, bei Esparsette in voller Blüte, d. h. wenn
die Blüten in der Mitte der Ähre voll geöffnet sind. Klee,
der zur Samengewinnung stehen bleiben soll, wird vor der
Blüte geschnitten; man wähle dazu nur seidefreie Stücke.
Besser als das Trocknen des Feldfutters in Puppen und
Kapellen, das nur einen unvollkommenen Schutz gegen
Regengüsse gewährt und bei längerem Stehen den Nachwuchs
des Klees ganz beträchtlich schädigt, ist das Trocknen
auf Gestellen. Die beste Form derselben ist der Klee-
reiter und zwar nach v. Rümker für die Ebene das
mit drei Stangen versehene Modell von Arnim-
Criewen,*) für abhängige Lagen dagegen die mit Quer-
hölzern versehene, in den Boden zu treibende Heinze. Durch
das Aufreitern wird nicht nur mehr, sondern auch besseres

------

*) Die von Arnimsche Form der kleineren dreibeinigen Klee-
pyramiden ist zu beziehen von der Fabrik und Handlung landwirtschaftlicher Maschinen von Fr. Wuntsch (Fliegel Nachfolger) in
Schwedt a. O. zum Preise (komplett) von 1 ℳ, bei Abnahme von
200 Stück 0,95 ℳ, bei Abnahme von 400 Stück 0,90 ℳ für 1 Stück.
Es lassen sich bis 100 kg Dürrheu auf jeder dieser Pyramiden
bergen.

Futter erzeugt. Man kann es auch bei Heu, Erbsen und anderen Futterpflanzen mit bestem Erfolg anwenden.

Vor dem Einfahren ist das Abtrocknen des Taus ab= zuwarten, damit nicht eine Selbsterhitzung eintritt; im übrigen kommen für die Aufbewahrung dieselben Gesichts= punkte in Betracht, wie beim Heu.

Nach dem Schnitt ist die beste Zeit, auf den Kleefeldern gegen den **Hamster** vorzugehen. Vergl. S. 385.

Verschiedene Krankheiten der **Erbsen, Bohnen** und anderer **Hülsenfrüchtler,** die schon jetzt auftreten können, sind im Juli, S. 214, näher beschrieben; eine Bekämpfung derselben kommt in der Regel nicht in Betracht. Wer aber besondere Veranlassung haben sollte, vorbeugend zu wirken, etwa gegen den falschen Mehltau, von dem zuweilen ver= schiedene Leguminosenarten, aber auch Salat, Zwiebeln ver= schiedene Kreuzblütler u. dergl. heimgesucht werden (vergl. Juli, S. 336), der kann vorbeugen durch Bespritzung mit Kupferkalkbrühe.

Wichtig ist es auch, auf das Auftreten des **echten Mehltaues** auf den verschiedensten Pflanzenarten, wie sie namentlich im Gemüsegarten gebaut werden, zu achten und gegen ihn sofort durch Schwefelung vorzugehen. Vergl. S. 153 und 355.

Dasselbe gilt für die **Blattläuse,** die in ver= schiedenen Arten alle möglichen Pflanzen heimsuchen und erfolgreich nur bekämpft werden können, wenn man möglichst bald nach ihrem Auftreten gegen sie durch Bespritzen mit insektentötenden Mitteln, im Gemüsegarten am besten mit Quassiabrühe, vorgeht.

Eine Krankheit der **Erbsen,** die um Johanni auf= zutreten pflegt und daher **Johanniskrankheit** genannt wird, muß hier schon erwähnt werden. Sie äußert sich darin, daß die Pflanzen plötzlich von der Spitze an ab= zuwelken beginnen und nach kurzer Zeit eingehen und zwar durch die Wirkung eines Pilzes, Fusarium vasinfectum, der in den Gefäßen der Wurzeln und unteren Stengelteile wuchert. Auch bei verschiedenen anderen Hülsenfrüchten, namentlich Wicken= und Bohnenarten, kommt diese Krankheit, die man besser als Fußkrankheit bezeichnen würde, vor.

Der Pilz wird vielfach mit dem Saatgut eingeschleppt, worauf in Zukunft zu achten ist. Wo er sich in stärkerem Maße zeigt, vermeide man den Anbau von empfänglichen Hülsenfrüchten; auch dürfte sich eine Düngung mit Thomas= mehl und vor allem auch eine Kalkung als nützlich erweisen.

Über das Absterben der Lupinenstengel vergl. Juli, S. 216.

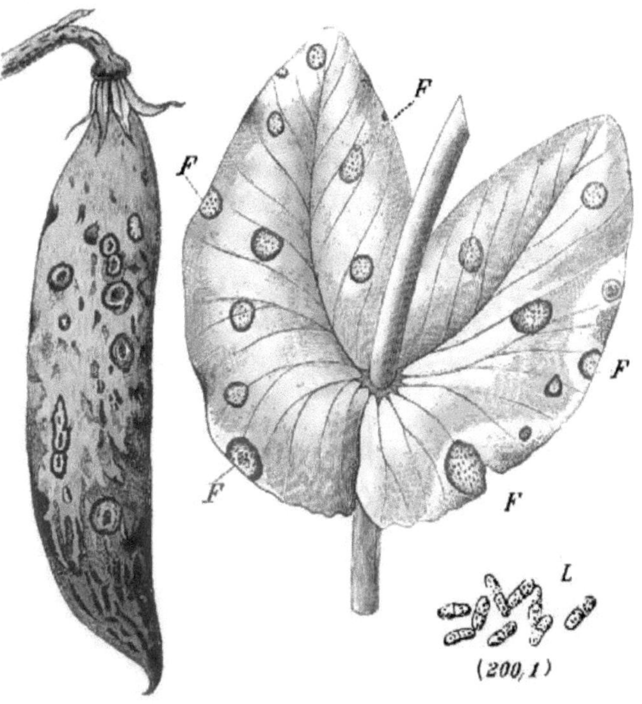

Fig. 45. Ascochyta Pisi auf Hülsen und Blättern der Erbsen.
F Flecken, L Konidien.

Ähnliche Erscheinungen werden bei der Erbse durch einen anderen Pilz, Ascochyta pisi Lib., veranlaßt, der vom Samen aus (vergl. Febr., S. 12) in den Stengelgrund ein= bringt und dessen Schwärzung und allmähliches Absterben und damit eine Vergilbung der ganzen Pflanze von unten nach oben bedingt. Über die ebenfalls durch diesen Pilz ver= anlaßte Fleckenkrankheit der Blätter und besonders der Hülsen und über die ganz ähnlichen Erscheinungen, die durch einen verwandten Pilz an Stangen- und Buschbohnen veranlaßt werden, vergl. Juli, S. 214.

Unter den tierischen Schädlingen der Hülsenfrüchte, die außer den schon genannten besonders zu beachten sind, ist hervorzuheben ein kleiner Rüsselkäfer, Sitones lineatus, der besonders die Blätter der Erbsen vom Rande her zackig befrißt und deshalb Blattrandkäfer genannt wird.

Fig. 46.
Blattrandkäfer.

Empfohlen wird gegen ihn und einige verwandte Arten, falls sie sehr zahlreich auftreten sollten, die Verwendung eines gewöhnlichen Schmetterlingsnetzes, mit dem man möglichst früh am Tage die befallenen Schläge reihenweise durchgeht, dabei die oberen Teile der Pflanzen abstreifend; freilich kann damit nur auf einen Erfolg gerechnet werden, wenn die Pflanzen schon ziemlich hoch sind. Gerade junge Pflanzen aber werden durch die Blattrandkäfer besonders geschädigt; hier käme daher wohl mehr eine Bespritzung mit Arsenpräparaten oder einer Chlorbariumbrühe in Betracht. Vergl. S. 372.

Endlich kann schon jetzt die mehr im Juli hervortretende Raupe des Erbsenwicklers, die in den noch unreifen Hülsen die Samen befrißt, sich zeigen. Näheres hierüber s. Juli, S. 217.

Unter den Krankheiten der **Raps- und Kohlarten** wären zunächst echter und falscher Mehltau, sowie der weiße Rost zu nennen, gegen die, wo sie ausnahmsweise größere Bedeutung erlangen sollten, mit den allgemein gegen diese Pilze gebräuchlichen Mitteln (vergl. S. 336 und 338) vorzugehen wäre.

Empfindlichen Schaden kann, besonders in der Zeit, wo die Schoten angelegt werden, die Schwärze des Rapses, Sporidesmium exitiosum, auch Rapsverderber genannt, an Raps und Rübsen verursachen; denn die befallenen Schoten schrumpfen vorzeitig ein und werden dürr, bevor die Samen richtig ausgereift sind. Auch der Futterwert des

Strohes kann oft sehr beeinträchtigt und bei sehr früh=
zeitigem Auftreten der Ernteertrag auf den befallenen Acker=
stellen gleich Null werden. Der Pilz verbreitet sich be=
sonders bei feuchtem Wetter; er tritt auf den befallenen
Stellen in Form schwärzlicher Räschen hervor. Man hat
gegen ihn empfohlen, den befallenen Raps bald zu ernten und
so in Haufen zu setzen, daß die Schoten nach innen stehen,
der Regen abgehalten, aber der Luft freies Durchstreifen
ermöglicht wird.

Seltener ist der Rapskrebs, eine Sklerotienkrank=
heit, Sclerotinia Libertiana, die ein vorzeitiges Gelb= und
Dürrwerden der Pflanzen zur Folge hat. Die Sklerotien
(vergl. S. 343) findet man im Markkörper, namentlich
in der unteren Stengelgegend. Wirklich durchgreifende Be=
kämpfungsmaßnahmen gegen diesen Pilz sind nicht bekannt:
möglicherweise wird er aber durch das Saatgut übertragen,
so daß Saatgutwechsel, bezw. Saatgutbeizen gegen ihn in
betracht kommen.

Der im Frühjahr auf blühenden Rapspflanzen und
anderen Kruziferenarten auftretende Rapsverborgen=
rüßler, Ceuthorrhynchus assimilis, ein kleiner Käfer, den
man gleichzeitig mit dem Rapsglanzkäfer im April mit Fang=
vorrichtungen abfängt (vergl. S. 54), legt seine Eier an die
jungen Schoten. Die sich entwickelnde, weiße, fußlose Larve
frißt im Innern der Schoten, die dies erkennen lassen durch
ihre aufgedunsene, verbogene Gestalt und ihre meist gelb=
liche Färbung; die ausgewachsenen Larven verlassen schließ=
lich die Schoten, um sich in der Erde zu verpuppen. Außer
der Vorbeuge im April durch Abfangen der Käfer dürfte
ein tieferes Umpflügen befallen gewesener Rapsfelder an=
gezeigt sein. Erwähnt sei, daß die Larve dieses Schädlings
auch kugelige Anschwellungen an den Rettichen hervorruft.

Der Rapsglanzkäfer erscheint übrigens im Juni
in zweiter Generation und kann nun den Sommerrübsen,
dem Leindotter ꝛc. gefährlich werden. Man geht gegen ihn
vor, wie auf S. 54 beschrieben.

Viel kleiner sind die milchweißen Maden der Kohl=
gallmücke, Cecidomyia brassicae, die man oft in Menge
in noch grünen Schoten von Raps, Rübsen und Kohlarten

findet, die dabei oft etwas aufgetrieben erscheinen und eben=
falls zeitiger gelb werden; auch sie vereiteln die Samen=
bildung. Die Verpuppung erfolgt ebenfalls in der Erde;
doch ist die Art der Überwinterung noch nicht bekannt; wahr=
scheinlich entwickeln sich im Sommer mehrere Generationen.

Die Maden dieser Gallmücke sind übrigens auch als
Kohlherzmaden bekannt, weil sie in die Herzen junger Kohl=
pflanzen eindringen und dieselben zum Verfaulen bringen,
sodaß die Pflanzen keine Köpfe bilden. Es dürfte sich emp=
fehlen, sofort wenn der Beginn eines solchen Befalles wahr=
genommen wird, in jeden Herzteil der Kohlsetzlinge etwas
Dufoursche Lösung einzuspritzen.

Fig. 47. Raupe des Rübsaatpfeifers. (Länge 20 mm.)

Wenn sich gegen die Reifezeit des Rapses mehrere
Schoten durch Gespinste verwebt zeigen, und diese Schoten
Löcher wie eine Flöte zeigen, so handelt es sich um die
Wirkung der etwa 2 cm langen, gelbgrauen, mit 4 Längs=
reihen schwarzer, borstiger Warzen gezeichneter Räupchen des
Rübsaatpfeifers oder Rapszünslers, Botys
margaritalis, die man in den Gespinsten vorfindet. Durch
diese Raupen werden die Samen in den Schoten vollständig
zerstört; sie überwintern in der Erde in einem Kokon. Auch

hier läßt sich lediglich vorbeugend wirken, indem man die befallen gewesenen Rapsfelder etwas tiefer umpflügt.

An allen Varietäten des Kohls, auf Raps, Senf und Rettich tritt auch sehr häufig, namentlich an den Blüten= stengeln, die grüne, blaugrau bestäubte K o h l b l a t t l a u s auf. Unter den verschiedenen Bespritzungsmitteln soll sich gegen sie eine Mischung von 1,5%iger Quassialösung und 2,5%iger Schmierseifenlösung, die am Morgen ausgespritzt wird, besonders bewährt haben. Die gleichen Mittel kommen in Betracht gegen die besonders bei trockenem Wetter auftretenden, buntgefärbten, 8 mm großen K o h l w a n z e n, die bisweilen an Kohl (und besonders auch an Levkojen) durch Saugen am Stengel schaden.

Schließlich ist als ein im Juni an Raps und Rübsen und anderen Kruziferen auftretender Schädling die After= raupe der R ü b e n b l a t t w e s p e zu nennen, die besonders bei ihrem zweiten Auftreten im August=September schädlich wirkt. Näheres vergl. S. 241.

Bei der E r n t e d e r Ö l f r ü c h t e gilt es bekanntlich, möglichst Verluste, die durch Samenausfall entstehen, zu verhüten. Besser als durch das Schneiden des Rapses und der Rübsen bei Nacht und Zusammenbringung der Pflanzen, solange sie noch vom Morgentau bedeckt sind, gelingt dies nach J. K ü h n, wenn man die Ernte vor der vollen Reife der Körner vornimmt. Der Zeitpunkt hierzu ist gekommen, wenn das ganze Feld eine mehr gelbliche Färbung annimmt und die Körner der älteren Schoten sich zu bräunen be= ginnen. Bei einer noch früheren Ernte würde die Aus= bildung der Körner leiden. Die allmähliche Nachreife wird am besten dadurch bewirkt, daß man die geschnittenen Pflanzen in großen Haubenpuppen aufstellt. Näheres hier= über vergl. v. R ü m k e r „Ernte und Aufbewahrung". Die Nachreife der Körner ist beendet, sobald sie durchweg schwarz und hart geworden sind.

Wo sich jetzt an den Kohlpflanzen die weißlichen Maden der K o h l f l i e g e, Anthomyia radicum, zeigen sollten, die in den Strünken und Wurzeln Gänge fressen und da= durch ein Kränkeln und schließliches Eingehen der Pflanzen bewirken, erweist sich das Ausziehen und Vernichten solcher

zurückbleibender Pflanzen als notwendig, da sonst die noch
folgenden Generationen noch weit größeren Schaden ver=
ursachen. Die Kohlfliegenlarven findet man auch in Rettichen,
Rüben und Levkojen.

Ähnlich verfährt man mit Möhrenpflanzen, die durch
den Fraß der blaßgelben Larven der **Möhrenfliege**,
Psila rosae, welken und dadurch verraten, daß sie an „Eisen=
madigkeit" leiden. Wo dieser Schädling jetzt sehr stark auf=
treten sollte, ernte man die Möhren spätestens im August.

Auch an den Zwiebeln und verschiedenen anderen
Pflanzen treten derartige Beschädigungen durch Fliegenmaden
auf, denen man in ähnlicher Weise begegnet.

Man mache es sich überhaupt zum Grundsatz, wenn
Pflanzen welken oder sonst kränkeln, möglichst die Ursache
hierfür ausfindig zu machen, indem man, wenn notwendig,
die sorgfältig ausgehobenen Pflanzen, am besten noch mit
anhängender Erde, an eine Pflanzenschutzstation schickt.

Von der **Wurzelfliege**, Anthomyia radicum, deren Larven
den Sommer hindurch in mehreren Bruten die Brassica=Arten 2c
heimsuchen, wird angegeben (Taschenberg), daß sie auf einem mit
Superphosphat gedüngten Boden nicht auftrat, wohl aber daneben,
wo mit Knochenmehl und Pferdemist (!) gedüngt worden war.

Die Larve der **grauen Zwiebelfliege**, A. antiqua, frißt
vom Mai bis Oktober in mehreren Bruten im Grunde der Zwiebeln,
was ein Faulen derselben zur Folge hat. Bestreuen der Zwiebel=
beete mit Kohlenstaub soll nützen, mindestens, wenn man einige
Stellen unbestreut läßt, sodaß hier die Pflanzen als Köder dienen,
die man zerstört, solange die Larven noch in ihnen erhalten sind.
Empfohlen wird auch, zur Zeit, wo die Zwiebeln ungefähr das
4. Blatt haben, also anfangs Juni, die Beete mit feingestoßenem
Gips zu überstreuen und dann gründlich zu gießen; nach 14 Tagen
muß das Verfahren wiederholt werden.

Jetzt und im Juni tritt an den Speisezwiebeln auch
häufig der **falsche Mehltau** auf, was sich durch ein
bleiches, oft weißliches Aussehen der Pflanze kundgibt. Hier
hilft nur vorbeugendes Bespritzen mit Kupfermitteln, das
man schon im Mai oder April auszuführen hat, falls sich um
diese Zeit bereits an den jungen Pflanzen die Krankheit
zeigen sollte. (Vergl. S. 336.)

Raupen aller Art, die an den verschiedensten
Pflanzenarten auftreten, wie jene des Kohlweißlings, der

Gemüse= und Ampfereule u. dergl. sind möglichst abzu=
suchen; dem Auftreten der erstgenannten ist vorzubeugen
durch Vernichten der Eierhäuschen, die auf der Unterseite
der Blätter abgesetzt werden. (Näheres hierüber vergl. auch
August, S. 249.)

Bezüglich der übrigen Krankheiten am Kohl und ver=
schiedenen Gemüsearten, die sich auch jetzt schon vielfach
zeigen, vergl. Juli, S. 219.

An den **Gurken** treten schon jetzt zum Teil die im
Juli der Übersicht halber zusammengestellten Schädigungen
und Krankheiten, namentlich aber die M i l b e n s p i n n e
auf, gegen die möglichst vorbeugend, nach den dort auf
S. 226 gegebenen Weisungen vorzugehen ist.

Besonders hervorgehoben muß noch die **Spargel** f l i e g e
(vergl. S. 118 und Fig. 38) werden, die hauptsächlich im
Mai ihre Eier in die jungen Spargelköpfe legt. Da sie
in den ersten Tagen des Juni regelmäßig verschwindet,
so soll man nach B ö t t n e r ihrem Schaden begegnen können,
indem man bis 12. Juni alle Spargelköpfe ohne Ausnahme
wegsticht; ein= oder zweijährige Anlagen, die man noch
nicht stechen kann, bleiben regelmäßig auch von der Fliege
verschont. Sollten die Maden sich doch bereits in das Innere
der Stengel eingebohrt und Gänge nach abwärts gefressen
haben, so gibt sich dies durch Krümmung und Verkrüppelung
der befallenen Triebe kund. Alle derartig erkrankten, auch
meist durch ihre bläuliche Farbe auffallenden Stengel sind,
wo sie sich zeigen, tief abzustechen und zu verbrennen.

Während des ganzen Sommers hindurch findet man
an den Spargelschlägen auch die verschiedenen Entwicklungs=
stadien der S p a r g e l k ä f e r ; Käfer und Larven können
die Triebe völlig kahl fressen. Man klopft sie ab in Fang=
trichter oder entfernt sie von den Pflanzen, indem man das
Spargelkraut kräftig durch die Hand zieht. In größeren
Spargelanlagen hat man gute Erfolge durch Einstellen von
fahrbaren Hühnerställen erzielt. Die Hühner sollen eine
wahre Gier nach den Käfern zeigen. (Vergl. auch Mai
S. 117 und Fig. 37.)

Den dort genannten Bespritzungsmitteln gegen die
Spargelkäfer ist besonders auch die Petroleumseifenbrühe

(100 Liter Wasser, 4 kg Seife, 2 Liter Petroleum) anzureihen
So oft neue Maden kommen, muß frisch damit bespritzt
werden.

Der **Meerrettich** wird besonders im Juni, oft aber
auch späterhin ungemein schwer heimgesucht durch die sechs-
füßigen, schwarzbraunen Larven eines kleinen **Blatt-
käfers**, Phaedon cochleariae, die bis in das Herz der
Pflanzen vordringen. Auch die blauen, 2,5—3,5 mm langen
Käfer, die nach der Überwinterung im Boden vom ersten
Frühling bis Mitte Mai und dann in zweiter Generation

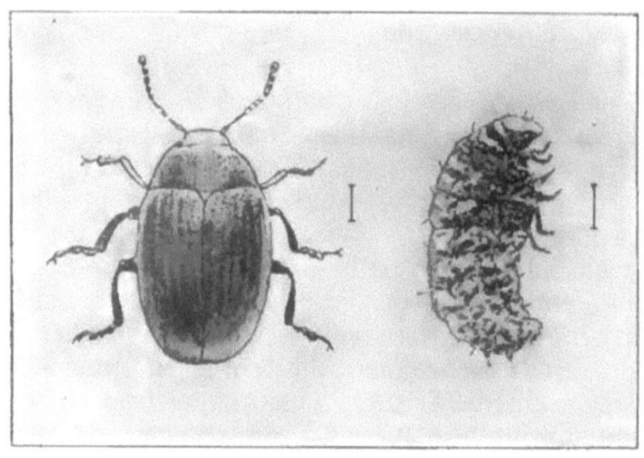

Fig. 48.   Meerrettichblattkäfer und Larve, stark vergrößert.

Ende Juli und Anfang August auftreten, schaden, indem
sie, wie auch die Maden, die Blätter vollständig zerfressen;
Anfang September folgt das zweite Madengeschlecht. Die
Bekämpfung der Käfer geschieht durch Abklopfen in Trichter,
die auf etwas Petroleum enthaltende Flaschen gesteckt werden
oder in beliebige Gefäße, deren Innenwände mit Teer oder
einem sonstigen Klebstoff bestrichen sind; namentlich gegen
die Maden ist aber diese Methode nicht von genügendem
Erfolg. Man muß daher unbedingt durch Bespritzung mit
Insektengiften vorgehen und zwar empfiehlt sich am besten
die Dujoursche Lösung oder eine 2%ige Chlorbariumlösung
mit Zusatz von Melasse (vergl. S. 372). Auch Arsenbrühen,

namentlich solche mit Schweinfurtergrün, könnten wohl sehr wirksam sein. Schließlich ist auf möglichste Reinigung des Feldes von allen Abfällen im Herbst besonders zu achten und der Boden nach stärkerem Befall mit Ätzkalk zu düngen.

Der Juni stellt endlich die beste Zeit dar, der **Maulwurfsgrille** oder Werre, Gryllotalpa vulgaris, einem besonders lästigen, allgemeinen Schädling, namentlich der verschiedenen Gartenpflanzen, deren Wurzeln er zerbeißt, zu Leibe zu gehen. Jetzt finden sich nämlich in den etwa 10 cm tief in der Erde steckenden Nestern der Werre je mehrere hundert Eier, aus denen im Juli die jungen Tiere hervorkommen würden; im Umkreis dieser Nester sterben allmählich

Fig. 49. Maulwurfsgrille.

alle Pflanzen ab unter Erscheinungen, als wären sie verbrannt, wodurch immer größer werdende Flecken entstehen. Am besten macht man abends die Öffnungen, die zu den Nestern führen, ausfindig und gräbt nach. Wenn die Nester nicht zu zahlreich sind, befördert man sie mit einem kräftigen Spatenstich an die Oberfläche; sonst empfiehlt es sich, in die Gänge Wasser, dem etwas Petroleum zugesetzt ist, oder etwas Schwefelkohlenstoff zu gießen, dessen Anwendung besonders späterhin, wenn die jungen Tiere bereits ausgekrochen sind, empfehlenswert ist; pro Loch genügen 20 ccm Schwefelkohlenstoff. Auch das Eingießen einer 1—2%igen Schmierseifenlösung soll gut wirken. Man hat auch eine besondere Werrenfalle konstruiert, die aus einem in der Mitte auseinandernehmbaren Rohr besteht, dessen Höhlung ein Passieren der Werren gestattet. Die beiden Öffnungen des Rohres sind durch Klappen geschlossen, die sich nur nach innen öffnen, sodaß die Tiere wohl hinein, aber nicht mehr heraus können. Diese Fallen werden in die Gänge der Tiere eingesteckt. Endlich wird auch vorgeschlagen, die Werren in innen glasierten Töpfen zu fangen, die man in die Erde eingräbt. In solchen Töpfen fangen sich auch manche nützliche Tiere, wie z. B. Laufkäfer, die man selbstverständlich wieder laufen läßt.

Wo der Schädling, wie es nicht selten vorkommt, auf größere Flächen verbreitet ist und in so großer Zahl vorkommt, daß der Kampf gegen die einzelnen Tiere nutzlos ist, wird man etwa im Oktober den Boden mit Humuskarbolineum behandeln und späterhin gut kalken.

In den **Hopfengärten** sind die Marienkäferchen (Herrgottskäferchen) zu schonen, da sie die größten Feinde der Blattläuse sind; auch die zeitig erscheinenden Larven dieser Käfer stellen eifrig den Blattläusen nach. Sollten sich Blattläuse bereits im Juni in größerer Menge zeigen, so versäume man ja nicht, die gegen sie im Juli, S. 223, angebenen Maßnahmen zu treffen, da hier alles auf eine rechtzeitige, vorbeugende Behandlung ankommt. Ebenso wichtig ist es, das Umsichgreifen der Milbenspinne nach der S. 92 und 147 angegebenen Weisung zu verhüten.

Jeder Hopfenbauer sollte eine Lupe besitzen, um imstande zu sein, mit ihrer Hilfe Blattläuse und Kupferspinnen, die beiden größten Feinde des Hopfens, sicher zu erkennen.

Das Waschen des Hopfens gegen Blattläuse wird meist schon im Juni vor der Blüte vorgenommen, sobald diese Schädlinge sich zu zeigen beginnen. Leider kann diese verhältnismäßig billige, und nach den Erfahrungen in der Spalter-Gegend sehr wirksame Methode nur da zur Anwendung kommen wo ein Abnehmen der Stöcke vom Längsdraht, bezw. ein Wiederaufhängen derselben an ihn möglich; nicht also bei Stangen- oder solchen Gerüstanlagen, bei denen das Aufleitungsmaterial an die Längsdrähte gebunden ist. Nur beim Anbringen dieses Aufleitungsmaterials (Draht, Schnüre 2c.), durch doppelt gekrümmte Häckchen, wie es in der Spalter-Gegend üblich ist, können die Stöcke jederzeit vom Längsdraht abgenommen werden. Nach Fr. Wagner benützt man zum Waschen des Hopfens Wasserfässer oder entzwei geschnittene Petroleumfässer mit 60—80 l Inhalt, die zum bequemen Tragen mit eisernen Handhaben versehen sind. Sie werden mit einer ³⁄₄ bis 1 ¹⁄₂ °⁄₀igen Schmierseifenlösung gefüllt, die man in der Art bereitet, daß man zu Hause die Seife in heißem Wasser auflöst und dann die Lösung auf dem Felde entsprechend verdünnt. Die Stöcke werden zum Waschen mit Hilfe einer Gabel vorsichtig vom Gerüst genommen, ringförmig in die Brühe gelegt, einmal auf- und abgezogen und darauf sofort wieder aufgehängt. Übere nähere Einzelheiten vergl. den Aufsatz von Fr. Wagner in den Praktischen Blättern für Pflanzenbau und Pflanzenschutz, Jahrgang 1904, S. 87. Dieses Waschen kann zu jeder Tageszeit ausgeführt werden, nur wird man es natürlich während eines Regens oder wenn Regen droht, unterlassen; es scheint auch an sich auf das Gedeihen der Pflanzen einen günstigen Einfluß auszuüben. Kann man es bis Ende des Monats hinausschieben, so braucht es gewöhnlich nicht wiederholt zu werden; ist der Hopfen bereits schwarz, so ist es nutzlos. Muß während der Blütezeit des Hopfens gewaschen werden, so darf nur eine ³⁄₄°⁄₀ige Seifenlösung angewendet werden. Die Kosten des Verfahrens berechnet Wagner einschließlich Arbeitslöhne für 1000 Stöcke auf 17,60 ℳ.

Gegen die Milbenspinne hat Härle besonders gute Erfolge erzielt durch Bespritzung mit einer 5%igen Schmierseifenlösung, die außerdem noch 5 % Ätzkalk und 2,5 % Schwefel enthielt. Er selbst gibt aber an, daß bei Anwendung zu richtiger Zeit, also mehr zur Vorbeuge, d. h. wenn die Milbenspinnen aufzutreten beginnen, mit wesentlich dünneren Lösungen vorgegangen werden kann.

Sehr großen Schaden können verschiedene Wiesenwanzen, Calocoris bipunctatus und andere Arten, an dem Hopfen dadurch verursachen, daß sie durch ihr Saugen die Triebspitzen zum Verkümmern bringen. Die Blüten bleiben in der Entwicklung stehen, welken, bräunen sich und fallen ab. In Betracht kommen hauptsächlich Vorbeugungsmaßnahmen, namentlich Übergang von Stangen- zu Drahtanlagen, dann das Verbrennen aller Abfälle im Herbst, Brennen der Hopfenstangen 2c., wie dies in den einzelnen Monaten angegeben ist.

Auch der Mehltau erscheint gewöhnlich bereits im Juni am Hopfen; gegen ihn ist durch Schwefelung vorzugehen. (Vergl. S. 225.)

Man hat auch empfohlen, in den Hopfengärten Fang=
laternen aufzustellen, namentlich um die Ende des Monats
auftretenden Hirsezünsler, kleine Schmetterlinge, deren
Larven den schädlichen „Gliedwurm" darstellen, zu
fangen. Die Urteile über die Erfolge, die mit solchen Fang=
laternen zu erzielen sind, gehen aber recht weit auseinander.

Am **Lein** erscheint der **Flachsrost**, Melampsora lini,
zunächst in orangefarbigen Häufchen, später beim Auftreten
der Wintersporen in schwärzlichen Schwielen. Wo er sich
geltend macht, soll man einen Saatgutwechsel vornehmen,
da beobachtet worden sein soll, daß Saaten aus der einen
Gegend erkrankten, die aus anderer nicht. Auf die Not=
wendigkeit eines solchen Wechsels bezw. der Untersuchung
des Saatgutes ist schon S. 56 in Bezug auf einige
andere Krankheiten der Leinpflanze, die jetzt hervortreten,
hingewiesen. Vor allem handelt es sich um eine durch eine
weißrötliche Fusariumart veranlaßte Fußkrankheit oder
Schwarzbeinigkeit, sowie um ein Absterben der Stengel durch
Fusicladium, eines Pilzes, der in Form schwarzer, schwieliger
Krusten auftritt. Wo es möglich, wird man derartig er=
krankte Pflanzen ausraufen und verbrennen. Besser aber ist
Vorbeuge, für die auch richtige Düngung und Bodenbearbei=
tung in Betracht kommen. Auch infolge einer **Sklerotien=
krankheit** können die Pflanzen absterben. Ferner sind
als Schädlinge der Leinpflanzen, die jetzt oder später auf=
treten, zu nennen: die **Flachsseide**, Cuscuta Epilinum,
eine **Blasenfußart**, Thrips lini, die ein Dürrwerden
der ganzen Pflanzen veranlaßt, eine andere Art, die es
bewirken soll, daß die Blütenknospen schwarz werden, das
Stengelälchen, das den Lein stockkrank macht, die
Milbenspinne, **Erdflöhe** 2c.

Beim **Tabak** spielen natürlich die Blattkrankheiten eine
besonders große Rolle. Solche können veranlaßt werden
durch die **Milbenspinne**, die wie beim Hopfen und
anderen Pflanzen auf der Unterseite der Blätter haust und
durch ihr Saugen sich versärbende Flecken hervorruft, durch
den **Tabakblasenfluß**, Thrips tabaci, der weiße Ver=
särbungen längs der Blattnerven bewirkt, durch einige
Blattflecken erregende Pilze und durch Mehl=

t a u; besonders gerne werden die Tabakspflanzen auch von
E r d f l ö h e n heimgesucht.

Außerdem aber können gerade an den Blättern des
Tabaks einige ihren Wert sehr schmälernde krankhafte Er=
scheinungen auftreten, die nicht parasitärer Natur sind. So
hat der R o st dieser Blätter durchaus nichts mit einem
Rostpilz zu tun; die braunen, später weißen und ver=
trocknenden und dann bei geringem Druck aus dem Blatt
herausfallenden Flecken, die vom Juni an auf ihnen auf==
treten, ohne daß ein tierischer oder pilzlicher Erreger auf=
findbar ist, werden vielmehr allem Anschein nach dadurch
veranlaßt, daß plötzlich die Wasserverdunstung der Pflanzen
übermäßig gesteigert wird, wenn also z. B. nach feuchter
Witterung rasch einsetzende Trockenheit und Hitze folgt. Da
die Erscheinung eine mangelnde Leistungsfähigkeit des Wurzel=
systems bekundet, so kann man ihr vielleicht in Zukunft
durch besonders gute Bearbeitung und Düngung des Bodens
begegnen; unter Umständen kann wohl auch eine Wurzel=
erkrankung oder =Beschädigung das Auftreten des Rostes
begünstigen. Tatsächlich werden die Tabakwurzeln nicht
nur von Drahtwürmern, Engerlingen usw., sondern auch
von verschiedenen anderen Käferlarven und von Wurzel=
läusen heimgesucht und auch das Wurzelälchen ist schon als
schlimmer Schädling des Tabaks beobachtet worden. —
Eine recht eigentümliche Erscheinung des Tabaks ist ferner
die M o s a i k k r a n k h e i t, die darin besteht, daß auf
den jungen Blättern in Form mosaikartiger Zeichnungen
Fleckenbildungen sich geltend machen, die zu Verdickungen
mancher Partien und zum Absterben anderer führen, so=
daß die Blätter für die Tabakfabrikation völlig untaug=
lich werden. Die Krankheit ist ansteckend, doch ist es
noch nicht gelungen, einen Erreger aufzufinden. Richtiger
Fruchtwechsel und Anzucht widerstandsfähiger Sorten, sowie
Reinigung der Tabakfelder von allen Abfallteilen und
Strünken nach der Ernte, werden gegen sie vorgeschlagen.

Auch K a l i m a n g e l kann zu einem Vertrocknen der
Blätter nach vorhergegangener Fleckenbildung, bei der die
Nerven grün bleiben, führen. Im Gegensatz zu der Mosaik=
krankheit tritt diese Erscheinung zunächst an den ältern

Blättern hervor; wo sie sich zeigen sollte, darf dies wohl als ein Beweis dafür gelten, daß die Tabakkultur in höchst unrationeller Weise betrieben wird, da ja gerade das Kali auch für die Qualität des Tabaks eine entscheidende Rolle spielt.

In den **Weinbergen** sind die Bekämpfungsmaßnahmen gegen den Rebenstecher und den Springwurm fortzusetzen. Der Rebfallkäfer, Eumolpus vitis, der jetzt durch seine Fraßgänge an Rebenblättern bemerkbar wird, ist in der Morgenfrühe in einen untergehaltenen Trichter oder Schirm abzuklopfen und zu vernichten. Wo er zahlreicher auftritt, ist es nötig, auch seine sehr schädlichen, an den Rebenwurzeln im Boden lebenden Larven mittelst Schwefelkohlenstoff zu bekämpfen.

Ganz ähnlich geht man vor gegen verschiedene Käferarten, namentlich gegen den gefürchteten Dickmaulrüßler, der im Juni weiterhin, besonders auch durch Abfressen der Triebe, schädlich wird. (Vergl. April, S. 57, und Juli, S. 232.)

Schlechte Stellen in Weinbergen, welche die Anwesenheit der Reblaus befürchten lassen, sind den hierfür aufgestellten „Lokalbeobachtern" anzuzeigen. Unterlassung der Anzeige wird unter Umständen nach dem neuen Reblausgesetz mit hoher Strafe geahndet. Ein kränkliches Aussehen, wie es die Reblaus bedingt, kann übrigens auch durch den sogen. Wurzelschimmel und andere Schädlinge (s. S. 231) veranlaßt werden.

Einer der gefährlichsten tierischen Schädlinge, der sich im Juni zeigt, ist für viele Weinberggebiete der sog. Heuwurm. Je nachdem es sich dabei um das Räupchen des längst in Deutschland einheimischen, einbindigen Traubenwicklers, Conchylis ambiguella, oder um jene des erst in neuerer Zeit mehr sich ausbreitenden bekreuzten Traubenwicklers, Polychrosis (Eudemis) botrana, handelt, ist der Heuwurm schwarz oder gelbköpfig. Zur direkten Bekämpfung des Heuwurmes sind schon außerordentlich zahlreiche Methoden und Mittel vorgeschlagen worden, doch hat man bisher mit keinem einen wirklich durchschlagenden Erfolg erzielt; die meisten Verfahren erwiesen sich auch als zu umständlich, bezw. zu teuer.

In Betracht kommen hauptsächlich, außer den schon für Ende Mai angegebenen Maßnahmen, die überhaupt die Eiablage verhindern sollen:

a) Das Auslesen und Ausstechen der Räupchen mittelst Pinzetten, Nadeln, oder zugespitzten Hölzern und das Ausbürsten der Gescheine;

b) die Bekämpfung durch Anwendung insektentötender Mittel, unter denen besonders zu nennen sind 3%ige Schmierseifenlösung, die Dufour'sche Lösung, verschiedene Nikotinpräparate und Mittel, die gleichzeitig durch ihren Gehalt an Kupfer auch gegen die Peronospora wirksam sind. Eine Zusammenstellung der gebräuchlichsten chemischen Mittel, die für den Heuwurm zu empfehlen sind, findet sich auf S. 358 363. Auch das Einträufeln von Rapsöl oder einem anderen Öl mittelst kleiner Maschinenöler in die Gespinste des Heuwurms hat sich als recht wirksam erwiesen;

c) Bekämpfung der Räupchen durch Vergiftung der Gescheine, namentlich mit arsenhaltigen Mitteln. Die Frage, ob mit den giftigen Präparaten, die sich im übrigen als sehr wirksam erwiesen haben, die Bekämpfung allgemein durchgeführt werden darf, findet sich zurzeit noch im Versuchsstadium; mindestens hat das Kaiserl. Gesundheitsamt darauf hingewiesen, daß Wein mit merklichem Arsengehalt, der von der Verwendung arsenhaltiger Mittel herstammt, nicht in den Verkehr gebracht werden darf; die gebräuchlichsten Arsenmittel zur Bekämpfung des Heuwurmes und anderer Schädlinge sind auf S. 369 angegeben.

Wie schon im Mai angegeben wurde, ist es zweckmäßig, die gegen den Heuwurm bestimmten Giftstoffe der zur Bekämpfung der Peronospora dienenden Kupferbrühe zuzusetzen, soweit dies ohne Beeinträchtigung des einen oder anderen Teiles möglich ist; über solche kombinierte Mittel vergl. S. 373.

Vor der Behandlung, die jetzt im Juni erfolgt, muß zum Teil eine Entlaubung stattfinden, damit wirklich alle Gescheine getroffen werden können. Auch wo man schon Ende Mai spritzte, erweist sich eine zweite Bespritzung zur Zeit, wo der Heuwurm aufzutreten beginnt, als vorteilhaft. Beim Spritzen muß stets mit starkem Druck gearbeitet werden, damit die verschiedenen Brühen, namentlich jene, die direkt tödlich wirken sollen, in die Heuwurmgespinste eindringen.

Die wichtigste Maßnahme, die spätestens Anfang Juni im Weinberg in Betracht kommt, ist die Bespritzung der Reben mit Kupferkalk- oder anderen Kupferbrühen zur Vorbeuge des Auftretens der Peronospora. Über die Bereitung und Prüfung dieser Spritzbrühen vergl. S. 348. Es empfiehlt sich jetzt, 2%ige Brühen zu verwenden und mit der Brühe nicht zu sparen. Andererseits ist es aber ein Irrtum, wenn man glaubt, die Brühe müsse recht dick aufgetragen sein; im Gegenteil ist eine möglichst feine Verstäubung wesentlich für den Erfolg. Notwendig ist nur, daß die Spritzflüssigkeit auch überall hin gelangt. Jeder Stock muß daher ringsum bespritzt werden, flüchtiges Durchgehen mit der Spritze hat wenig Wert; vorzuziehen sind einfach verstreubare, da die doppelverstreubaren leicht zu flüchtiger Arbeit verleiten. Wer unseren Ratschlägen gefolgt ist, wird schon Ende Mai, wenn die Triebe etwa 20—25 cm lang waren, erstmals gespritzt haben. Vor der Blüte ist die Arbeit zu wiederholen und nach der Blüte muß noch ein drittes Bespritzen erfolgen; genau die Zeit voraus zu bestimmen, ist unmöglich, da hier die Entwicklung der Reben und die Witterung eine wichtige Rolle spielen; letztere kann event. ein 4—5maliges und in manchen Jahren im Laufe des Sommers selbst noch öfteres Spritzen (etwa alle 8—14 Tage*) notwendig machen, mindestens in allen Fällen, wo die Peronospora sich bereits eingestellt und die nachwachsenden Blätter der Ansteckungsgefahr ausgesetzt sind. Auch nach stärkeren Regengüssen ist die Bespritzung zu wiederholen. Meist wird aber ein zweimaliges, höchstens dreimaliges Bespritzen genügen. Die Gescheine werden durch das Bespritzen nicht geschädigt, man soll sogar dafür Sorge tragen, sie möglichst mitzutreffen, um die spätere Erkrankung der Träubchen durch die Peronospora, die die sogen. Lederbeerenkrankheit zur Folge hat, zu verhindern.

*) Es sind uns Fälle bekannt, wo man in edlen Lagen zu gewissen Zeiten sogar täglich spritzte. Bei solch häufiger Wiederholung des Spritzens genügen dünnere Lösungen

Jungfelder und Rebschulen sind ebenfalls und zwar sogar möglichst oft zu bespritzen.

Auf alle Fälle beachte man stets, daß die Bespritzung gegen die Peronospora nur eine vorbeugende Wirkung hat.

Sehr häufig wird von den Winzern die sog. Filz=krankheit des Weinstockes mit der Peronospora ver=wechselt, zumal dieselbe ungefähr zur gleichen Zeit auf=zutreten pflegt; sie äußert sich darin, daß auf der Oberseite der Blätter warzenartige Erhebungen sich bilden, welchen auf der Unterseite mit einem weißlichen Filz ausgekleidete Höhlungen entsprechen. Diesen Filz, der durch die Wirkung einer Blattmilbe hervorgerufen wird und aus krankhaft ver=änderten Blattzellen besteht, sehen manche für die Perono=sporafäden an. Die Filzkrankheit ist aber bei weitem nicht so schlimm; immerhin aber kann sie bei starkem Auftreten Schaden verursachen. Reben, die schon im zeitigen Frühjahr mit Karbolineum oder dergl. bespritzt wurden, werden nicht unter dieser Krankheit zu leiden haben. Eine direkte Be=kämpfung erscheint kaum notwendig, zumal die Milben auch durch die im Laufe der Vegetation wiederholt notwendig werdenden Bespritzungen gegen Peronospora u. dergl. einiger=maßen zurückgehalten werden.

Zur Verhütung und Bekämpfung des echten Mehl=taus oder Äscherigs, Oidium, ist die Verstäubung von Schwefel mit möglichst feinen Verstäubern vorzu=nehmen; es sollte nur gemahlener Schwefel mit einer Feinheit von nicht weniger als 70 Grad Chancel verwendet werden. Dies läßt man sich beim Kauf garantieren und womöglich durch eine Versuchsstation nachprüfen; sogenannte Schwefel=blüten sind weit weniger wirksam. Das erste Schwefeln hat man schon gegen Ende Mai, das zweite kurz nach der Blüte vorzunehmen; es ist dann von Zeit zu Zeit, besonders nach jeder Regenperiode, zu wiederholen. Man vermeide, das Schwefeln bei großer Hitze und hellem Sonnenschein auszuführen, damit die Pflanzen nicht beschädigt werden: am besten nimmt man es frühmorgens vor, wenn der Tau noch auf den Blättern ruht. Zu empfehlen ist bei Ausführung der Arbeit die Benützung einer Schutzbrille.

Jene Rebstöcke, an denen der Äscherig zuerst auftritt, bilden erfahrungsgemäß auch in der Zukunft die ersten Herde der Krankheit; auf ihre Behandlung ist ganz besondere Sorgfalt, zum Teil schon im Frühjahr, nach der S. 26 angegebenen Weisung zu verwenden.

An den Blättern, Ranken, Trieben und Gescheinen kann schon im Frühjahr der schwarze Brenner, Gloeosporium ampelophagum, auftreten, d. h. es zeigen sich zunächst kleine, bräunliche Fleckchen, die allmählich ineinander übergehen und schwarz werden. Dadurch, daß die in diesen Blättern vertrocknende Substanz herausfällt, scheinen dann späterhin die Blätter oft durchlöchert. Auch gegen diese Krankheit kommt Schwefeln in Betracht, das möglichst oft, unter Umständen alle 8 Tage, zu wiederholen ist. Da die Sporen des Erregers nicht vom Winde, wohl aber vom Wasser leicht fortgetragen werden, so empfiehlt R. Goethe, nie bei nassem Wetter in einen brennerkranken Weinberg zu gehen; außerdem schlägt er vor, beim ersten Auftreten des Pilzes, soweit irgend möglich, die erkrankten Rebteile vorsichtig zu entfernen und zu verbrennen und brennerkranke Reben schon im Herbst zu schneiden.

Wo man gegen die Peronospora rechtzeitig mit Kupferkalk oder dergl. spritzt, beugt man damit zugleich auch dem Auftreten des roten Brenners der Reben vor, einer Krankheit, die in dem Erscheinen roter, bei den Weißweinsorten mehr gelblicher, allmählich absterbender Flecken auf den Blättern besteht. Verursacht wird diese Krankheit durch einen Pilz, Pseudopeziza tracheiphila, der in den Nerven der Blätter lebt.

An den **Obstbäumen** erreicht anfangs Juni die Raupenplage meist den Höhepunkt und man geht gegen sie weiterhin vor, wie schon im Mai angegeben; namentlich durch Abpressen kann den Raupen noch einigermaßen begegnet werden. Um ihnen in diesem Falle, oder wenn sie durch starke Gewitterregen herabgeschlagen werden, das Wiederaufsteigen auf die Bäume unmöglich zu machen, kann man an den Stämmen Leimringe, wie sie im Oktober, S. 297, beschrieben sind, anbringen. Dieselben gewähren auch gegen andere Schädlinge, namentlich gegen Lappenrüßler, gute

Dienste. Durch das Abklopfen auf untergebreitete weiße Tücher früh morgens oder bei trübem Wetter werden auch manche andere Schädlinge, wie Junikäfer, Rüsselkäferarten usw. von den Stämmen entfernt. Noch notwendiger ist es, gegen Ende des Monats oder anfangs Juli die sog. Madenfallen oder Fanggürtel anzulegen zum Abfangen der Obstmaden, d. h. der Raupen des Apfel-

Fig. 50. Insektengürtel „Einfach".

wicklers, die sich in ihnen schon frühzeitig Winterverstecke suchen. Das Wissenswerteste über die Fanggürtel ist bereits im März, S. 30, aufgeführt; das Abnehmen dieser Gürtel muß Ende September erfolgen. (Vergl. S. 299.)

Da in warmen Jahren im Hochsommer auch noch eine zweite Generation des Apfelwicklers entstehen kann, so ist es nötig, die Fallen von Ende Juli oder Anfang August

an wöchentlich daraufhin zu untersuchen, ob etwa eine Ver=
puppung der in einen Kokon eingesponnenen Raupen statt=
gefunden hat; in diesem Falle müssen die Puppen vernichtet
werden, bevor man die Gürtel wieder an den Bäumen an=
bringt.

Da an Spalierbäumen die Madenfallen nicht so leicht
anzubringen sind, so hat A. Bechtle mit Erfolg bei ihnen
ein anderes Verfahren angewendet. Es besteht darin, daß
man hinter die eigentliche Spalierlatte eine andere dünne,
etwa 1½ m hohe Latte in den Boden leicht einsteckt, sodaß
sie sich an die erste dicht anschmiegt, was durch das Zusammen=
binden des oberen Teiles mittelst Draht zu bewerkstelligen
ist. Die Obstmaden sollen die Zwischenräume zwischen den
beiden Latten jedem anderen Schlupfwinkel vorziehen.

Daß man gegen den Obstwickler auch durch Bespritzung
mit Arsenbrühen vorgehen kann, ist schon im Mai an=
gegeben.

Das sog. Fallobst ist zum größten Teil auf die
Rechnung der Obstmaden zu setzen; es muß daher un=
bedingt gesammelt und durch Verfütterung an Schweine ver=
nichtet werden, bevor die Raupen die Früchte verlassen,
was schon von Juli an erfolgt. Auch mit anderen ab=
fallenden Früchten ist jetzt und späterhin ähnlich zu verfahren,
da sich in ihnen, je nach ihrer Art, die Larven der Apfel=
stecher, der Pflaumensägewespe, des Pflau=
menwicklers und Pflaumenbohrers, die Maden
der Kirschfliege und ähnliche gefährliche Schädlinge
finden. Durch vorsichtiges Schütteln der Bäume kann man
die Ablösung derartig befallener Früchte bewirken; da=
durch gewinnen auch die unverletzten Früchte Raum zu
ihrer Entwicklung, was man übrigens in Jahren mit großem
Fruchtreichtum noch dadurch unterstützen sollte, daß man,
wo dies möglich, mehrmals hintereinander ein Auslichten
der Früchte vornimmt, indem nicht nur alle kranken,
sondern auch alle kümmerlich entwickelten Früchte entfernt
werden.

Nicht selten kommt es vor, daß die Früchte abfallen,
ohne daß dies durch Schädlinge verursacht wird. Meist
handelt es sich hier um Mangel an Nahrung, besonders aber

an Wasser, dem man abhilft, indem man im Umkreis der Kronentraufe Wasser oder noch besser flüssigen Dünger in reichlichen Mengen durch besondere Löcher von etwa 30 bis 35 cm Tiefe eingießt. Man muß damit in Jahren mit wenig Bodenfeuchtigkeit aber schon Ende Mai beginnen.

Auch manche andere Erscheinungen an den Bäumen geben oft einen guten Anhalt, zu beurteilen, ob ihre Ernährungsverhältnisse günstig sind oder nicht. Beobachtet man z. B. ein übermäßiges Wachstum, so wird man, da dies auf Stickstoffüberschuß hindeutet, der durch einseitige Jauchedüngung 2c. veranlaßt wird, zurzeit, wo die Düngung der Bäume auszuführen ist, mit Phosphorsäure und Kali düngen. Umgekehrt deutet es auf Stickstoffmangel, wenn die Blätter klein bleiben und eine gelbliche Farbe haben, die Früchte sich wenig entwickeln und zum Teil abfallen. Hier wird man den Stickstoff jetzt am besten durch Eingießen von Jauche in die Löcher zuführen. Auf Phosphorsäuremangel deutet es nach J. Janson, wenn bei Steinobstbäumen zurzeit der Steinbildung, die viel Phosphorsäure verlangt, die Früchte oft in Kirschgröße abgestoßen werden. In schlimmen Fällen können sogar plötzlich alte Äste absterben. Jedenfalls braucht Schalen- und Steinobst mehr Phosphorsäure als Kernobst. Zum Ersatz ist besonders Superphosphat, aber auch Thomasmehl, das man im Herbst oder Frühjahr gibt, zu empfehlen. Das Kali spielt u. a. eine besonders wichtige Rolle als Beförderer der Nährstoffe in der Pflanze. Gute Ernährung mit Kali hebt auch die Widerstandsfähigkeit der Bäume gegen Frost, während umgekehrt bekanntlich einseitige Stickstoffzufuhr die Bäume ebenso wie andere Pflanzen sehr frostempfindlich macht. Die ersten Anzeichen eines Kalimangels machen sich nach Janson am Zwergobst geltend, indem die Blätter eine unregelmäßige Gestalt annehmen und in schlimmen Fällen die einjährigen Triebe im Juni absterben, sodaß eine Spitzendürre entsteht. Die Früchte bleiben klein. Kali führt man den Obstbäumen zu in Form von Kainit oder 40%igem Kalisalz und zwar ebenfalls am besten im Herbst oder Frühjahr. Auf alle Fälle ist zur Erreichung einer guten Ernte auch bei den Obstbäumen neben der Stallmist- und Jauche-

düngung eine Düngung mit künstlichen Düngemitteln emp
fehlenswert und vielfach notwendig. Stallmistzufuhr wird
neuerdings in vielen Fällen immer mehr durch Grün =
düngung ersetzt. Einen allgemein günstigen Einfluß übt
eine Kalkung auf die Bäume aus, wenn eine solche,
je nach Bodenart, alle 5—7 Jahre stattfindet.

Es dürfte angezeigt sein, hier eine kurze Charakteristik der ver=
schiedenen tierischen Schädlinge, die in Obstfrüchten leben, und
der Art deren Beschädigung zu geben, damit der Obstzüchter
Klarheit gewinnt, um was es sich im Einzelfalle handelt, was ihn
erst in den Stand setzt, für die Zukunft in der Vorbeuge das Richtige
zu treffen.

Die wichtigsten Schädlinge sind

a) beim Apfel:

1. Die Obstmade, die schon erwähnte 16füßige, fleisch=
rote Raupe des Obstwicklers, Carpocapsa
pomonana; die befallenen Früchte
werden als „wurmstichig" be=
zeichnet. Ein durch Raupenkot
schwarzumrandetes Loch an den
Früchten verrät die Anwesenheit
des Schädlings. Die Raupen ver=
lassen vom Juli an, meist aber
erst im August bis September, die
Früchte, überwintern als solche
und verpuppen sich erst im nächsten
Frühjahr. Der Falter fliegt Ende
Mai bis Anfangs Juli; er zeigt
sich auch oft in größeren Mengen
in den Obstkammern, wenn man
dahin wurmstichiges Obst verbracht
hat und ist hier natürlich ebenfalls
zu vernichten.

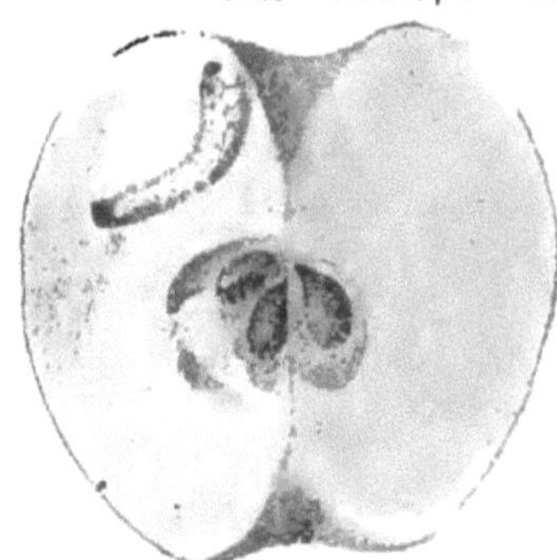

Fig. 51. Obstmade
(Raupe des Apfelwicklers).

2. Die Larven des purpurroten und des goldgrünen
Apfelstechers, Rhynchites bacchus und R. auratus,
die, wie jene aller Rüsselkäfer, weißlich und fußlos sind:
sie leben von Anfang Juli an im Kerngehäuse der Früchte
und gehen zur Verpuppung in die Erde. Die befallenen
Früchte zeigen äußerlich kein Bohrloch.

3. Die 20füßige, schmutzigweiße Afterraupe der Apfel=
sägewespe, Hoplocampa testudinea, die das Innere
des Apfels, das sich mit krümeligem Kot angefüllt
zeigt, stark ausfrißt: schon Ende Juni oder Anfangs Juli
verläßt sie die abgefallene Frucht und überwintert in
der Erde in einem Cocon; die Verpuppung erfolgt erst
im nächsten Frühjahr und die Wespe erscheint im Mai.

4. Das Räupchen einer Motte, Argyresthia con-
jugella, das sonst hauptsächlich die Ebereschenfrüchte bewohnt, ist neuerdings in verschiedenen Ländern, namentlich
auch in Skandinavien sehr schädlich aufgetreten; in Teutsch-
land ist es noch selten. Durch den Schädling wird das
Fleisch reifer Äpfel nach allen Seiten durchfressen. Es
scheint gelegentlich auch andere Obstfrüchte heimzusuchen.

b) Bei der Birne:

1./2. Die Birnenfrüchte werden ebenfalls vom Obstwickler
und von den beiden Apfelstechern befallen und zeigen
dann ähnliche Erscheinungen wie die Äpfel.

3. Die fußlose, 3—4 mm lange, weißliche Made der
Birngallmücke, Cecidomyia nigra und C. piri-
cola, die schon im April aus den Eiern hervorgeht und
sich sofort, also sehr frühzeitig,
in den Fruchtboden einbohrt. Von
Ende Mai bis Johanni verlassen
sie die verkümmerten, meist abgefallenen Früchte, um sich in der
Erde zu verpuppen. Mit den
Maden der Birngallmücke finden
sich häufig die gelblichen Maden
der Birntrauermücke, Sci-
ara piri, vergesellschaftet.

4. Die 20 füßige, grüne, 8 mm lange
Afterraupe einer Säge-
wespe, Hoplocampa brevis.

c) Bei der Kirsche:

1. Der Hauptschädling der Kirsche
ist die kopf- und fußlose, bis
6 mm lange, weißliche Made
der Kirschfliege, Spilo-
grapha cerasi, welche eine Verjauchung des Fruchtfleisches um
den Kern herum verursacht. Sie
verpuppt sich, wenn die Frucht
reif ist, in der Erde. Da sie auch
in den Früchten von Geißblatt-
arten, Lonicera tatarica sowie
in jenen des Sauerdorns, Ber-
beris vulgaris, leben soll, so
dürfte bei stärkerem Auftreten
die Entfernung dieser Sträucher-
arten aus der Nähe von Kirsch-
pflanzungen empfehlenswert sein.

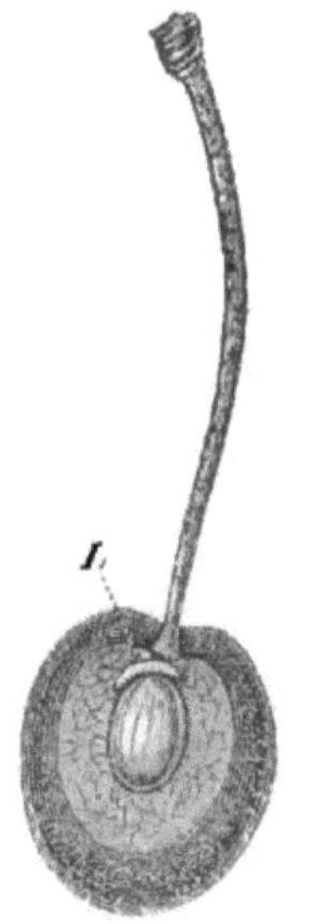

Fig. 52.
Geöffnete Kirsche mit
der neben dem Kern
am Fleische saugen-
den Larve der Kirsch-
fliege (Spilographa
cerasi).

Kirschen, welche ein-
gemacht werden, legt man zweckmäßig, damit die Maden
herauskommen, einige Stunden in kaltes Wasser; ebenso

verfährt man in Jahren, wo die Kirschmade besonders häufig ist, mit den Kirschen, die frisch gegessen werden.

Bei starkem Befall wird auch frühzeitige Abnahme der Kirschen angeraten, weil dann die Larven zu Grunde gehen.

2. Mehrere fußlose Rüsselkäferlarven, die im Fruchtstein den Samen aufzehren.

3. Die Larve des Pflaumenbohrers (vergl. unter Pflaumen).

d) Bei den Pflaumen:

1. Die rötliche Pflaumenmade, wie die Made des Kernobites, eine 16füßige Schmetterlingsraupe und zwar

Fig. 53. Larve der Pflaumensägewespe.
(Nach Rörig, T. u. L.)

jene des Pflaumenwicklers, Carpocapsa funebrana; sie kommt auch in Aprikosen und Schlehen vor.

Jhre Gegenwart in der Frucht, deren Fleisch sie zum Teil in krümeligen Kot verwandelt, ist äußerlich ohne weiteres nicht zu erkennen. Befallene Früchte reifen etwas früher und fallen vorzeitig ab. Übrigens macht sich der Befall erst von Juli an bis in den September hinein geltend. Die Raupe überwintert meist in der Erde, doch findet man sie auch sehr häufig an Fang= gürteln, die um die Bäume gelegt werden.

2. Die Larve des Pflaumenbohrers, Rhynchites cupreus, wie jene des Apfelstechers die Larve eines Rüsselkäfers, der nicht nur in die Frucht für die Eiablage ein Loch frißt, sondern auch den Fruchtstiel durchnagt, sodaß die Früchte vorzeitig abfallen; die Larve erscheint demnach erst in den am Boden liegenden Früchten; sie verpuppt sich in der Erde.

3. Die Larve der Pflaumensägewespe, Hoplocampa fulvicornis, eine 20füßige Afterraupe; sie geht schon von Ende April an aus dem Ei hervor und bohrt sich sofort in die Frucht ein, die äußerlich durch ein Kotklümpchen oder ein Harztröpfchen die Gegenwart des Schädlings verrät, der öfters von einer Frucht zur andern übergeht. Bereits anfangs Juni verläßt sie die jetzt abfallende, unreife Frucht, um im Boden zu überwintern.

e) Beim Pfirsich:

1. In der Umgebung des Steins fressen im Fleisch der Früchte die bräunlichen, 16füßigen Räupchen der Pfirsichmotte, Anársia lineatélla.
2. Am Fruchtstein frißt eine fußlose Rüsselkäferlarve, Anthónomus drupárum.

f) Bei der Aprikose:

1. Die Larve des Pflaumenbohrers.
2. Die Larve des Apfelstechers.

Von der zweiten Hälfte des Juni an bis in den September findet man auf der Oberseite der Blätter der verschiedensten Obstarten nackte, schneckenähnliche, glänzend schwarze Tiere, welche die Oberhaut und das Fleisch ab= fressen; es sind dies die zwanzigfüßigen Afterraupen der schwarzen Kirschblattwespe, Eriocampa adumbrata, gegen die man durch Bestreuen der be= tauten oder angefeuchteten Blätter mit Kalk= oder Tabakstaub, Schwefel, Thomasmehl, Insektenpulver ꝛc. vorgehen kann. Auch durch Bespritzung mit Dufour'scher Lösung oder anderen von S. 358 an angegebenen Insektiziden können sie vernichtet

werden, ebenso durch arsenhaltige Stoffe, wie Schwein=
furtergrün, das man am besten der Kupferkalkbrühe zusetzt.
(Vergl. S. 372.)

Schon im Mai erscheint die auf der Blattunterseite
von Kirschen, Erd= und Himbeeren fressende grüne, lang=
haarige Afterraupe der weißbeinigen Kirschblatt=
wespe, Cladius albipes, gegen die man ähnlich vorgeht.

Auf die Art des Vorgehens gegen die Gespinstmot=
ten und Gespinstwespen, die besonders im Juni
vorhanden sind, ist schon im Mai, S. 105, hingewiesen

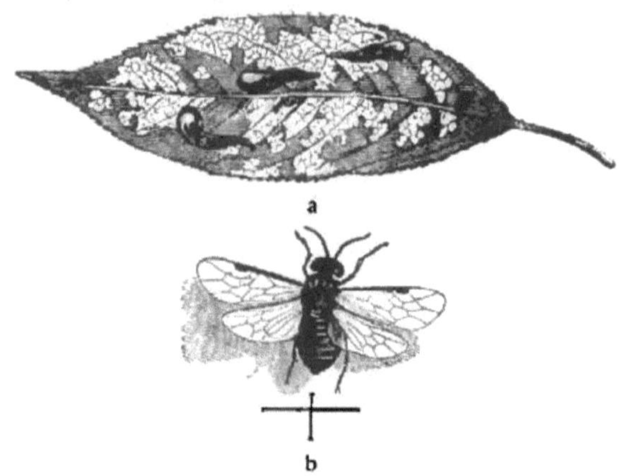

Fig. 54. Schwarze Kirschblattwespe (Eriocampa adumbrata).
a Larven auf einem Blatte, b Wespe.

worden. Die Räupchen der Gespinstmotten verpuppen sich
gegen Ende des Monats in ihren Gespinsten.

Gegen die durch die Milben veranlaßte, daher als
Milbensucht oder Pocken bezeichnete Krankheit, von
welcher sehr häufig besonders die Blätter der Birnbäume
heimgesucht werden, die dabei an der Oberseite Anschwel=
lungen, auf der Unterseite entsprechende Höhlungen zeigen,
hat sich bei den durch die K. Agrikulturbotanische Anstalt
München veranlaßten vielfachen Versuchen die Dufour'sche
Lösung ausgezeichnet bewährt.

Blattläuse werden fest mit Wasser und Quassia=
brühe heruntergespritzt, Blutlausherde fleißig verfolgt,

des öfteren ausgebürstet, junge befallene Triebe am besten abgeschnitten und verbrannt.

Die Blutlaus, Schizoneura lanigera, kann sich jetzt an Apfelbäumen jeden Alters, an den Stämmen und Ästen und selbst den einjährigen Trieben in Form weißer wolliger Anhäufungen zeigen. Die Wolle ist eine Wachsausscheidung der darunter sitzenden Tiere; diese geben beim Zerdrücken einen roten Saft. Zu Beginn des Sommers (und später wieder im Oktober) treten geflügelte Weibchen auf, durch die besonders die Ansteckung von Baum zu Baum bewirkt wird. Über die vorbeugenden Maßnahmen und den Blutlauskrebs vergl. S. 64 u. 65.

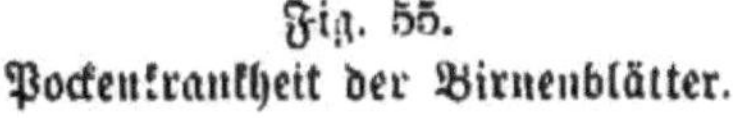

Fig. 55.
Pockenkrankheit der Birnenblätter.

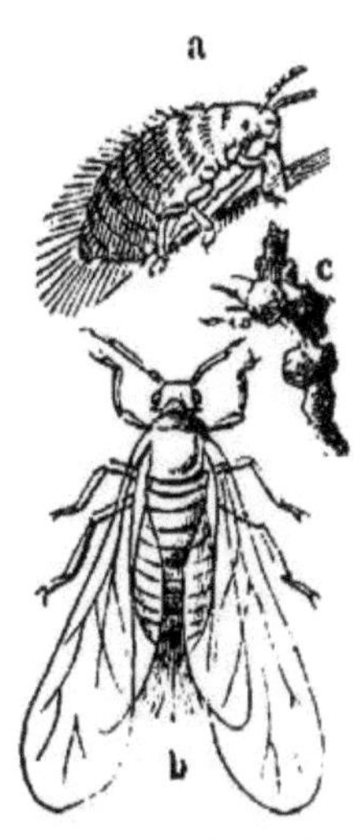

Fig. 56. Blutlaus.
a Ungeflügeltes, b geflügeltes Tier, c durch das Saugen gebildete krebsartige Knoten.

Aufhängen von Fanggläsern, die mit Zuckerwasser und etwas Branntwein gefüllt und durch dachartige Vorrichtungen vor dem Einlaufen des Regenwassers geschützt sind, empfiehlt sich, namentlich in Spalieranlagen, gegen den Apfelwickler, die verschiedenen Blattwickler, den Blaukopf, und vor allem gegen Wespen, Hornisse und Ameisen.

Der nur 1 cm lange Schmetterling des Apfel-

oder Obstwicklers, der beim Sitzen seine grau und braun gemusterten Vorderflügel dachförmig zusammenfaltet, fliegt von Anfang Juni an und legt bis zum Juli die Eier an die Früchte. Es empfiehlt sich, besonders Spaliere und Formbäume in dieser Zeit jeden Abend scharf mit Wasser abzuspritzen, da dadurch die Eier abgewaschen werden. Gleichzeitig wirkt dies auch gegen Blattläuse und andere Schädlinge und ist auch im allgemeinen für die Entwicklung der Bäume recht günstig.

Von Anfang Juni an erfolgt die Verpuppung der Raupen des kleinen Frostspanners unter der Erde im Bereich der Baumscheibe: jene des großen Frostspanners geht dagegen erst von Mitte Juli an vor sich. Es empfiehlt sich daher, jetzt und späterhin den Boden der Baumscheibe etwa 30 cm tief umzugraben und ihn dann festzustampfen; dadurch werden auch die Puppen der Pflaumenmotte, die im Mai als Raupe in den Blätter- und Blütenknospen von Apfel-, Pflaumen- und Kirschbäumen lebt und sich dann anfangs Juni ebenfalls in der Erde verpuppt, mitvernichtet.

Im Juni fliegt auch der Schmetterling des überaus schädlichen Weidenbohrers, Cossus ligniperda, der seine Eier auch an Obstbäume, namentlich an Apfelbäume, legt; die sehr trägen Weibchen sitzen bis höchsten 1,5 m Höhe an den Stämmen und können leicht gefangen werden. Übersieht man dies, so gehen aus den Eiern sehr bald die Raupen hervor, die sich zunächst in die Rinde und nach der Überwinterung in das Holz einbohren, in das sie sehr große, nach aufwärts steigende Gänge fressen. Wo Öffnungen solcher Gänge, an denen sich meist Kot und Bohrspähne vorfinden, an den Stämmen bemerkt werden, träufelt man in sie etwas Schwefelkohlenstoff oder Petroleum ein und verstreicht dann die Löcher mit Lehm oder Kuhmist. Manche versuchen auch, die großen Raupen durch Einführung spitzer Drähte in ihre Gänge abzutöten.

Ganz ähnlich geht man vor gegen andere holzzerstörende Raupen der Obstbäume, insbesondere gegen jene des Blausiebs, Zeuzera pirina, die den sog. gelben Holzwurm darstellen.

Zwischen Rinde und Holz junger Birnbäume legt auch

die Larve eines Käfers, und zwar des gebuchteten
Prachtkäfers, Agrilus sinuatus, Gänge an, die wegen
ihres geschlängelten Verlaufes Veranlassung gegeben haben,

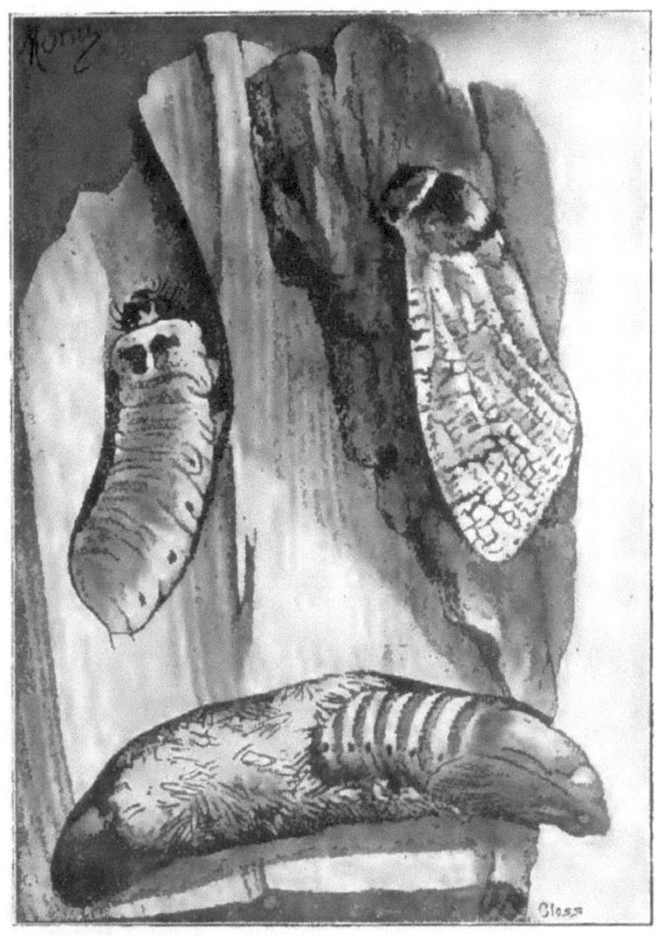

Fig. 57. Weidenbohrer nebst Raupe und Puppe.

die Larve als „Ringelwurm" zu bezeichnen. Tritt dieser
Schädling in größerem Maße auf, so schützt man, namentlich
in Baumschulen, die Bäume vor ihm, indem man sie spätestens

anfangs Juni mit einem dicken Lehmanstrich versieht, der bis Ende Juli zu erhalten ist. Schon befallene Bäume soll man nach Goethe mit einem dicken Lehm- oder Kuhmistüberzug versehen und mit einem Leinwandlappen verbinden, bei stärkerem Befall ist es aber das beste, die Bäume auszuhauen.

Im Anschluß an die vorstehenden seien gleich noch einige andere wichtigere das Holz der Obstbäume und Beerensträucher zerstörenden Insektenarten angegeben:

1. Schmetterlingsraupen: Die gelbe Raupe des Apfelbaumglasflüglers, Sesia myopiformis, eines vom Mai bis August fliegenden kleinen Schmetterlings mit glashellen Hinterflügeln, lebt vom Sommer bis Mai oder Juni des nächsten Jahres im Splint.

Ebenfalls Sesia-Arten sind der Johannisbeer- und der Himbeerglasflügler; die weißgelbe braunköpfige Raupe des ersteren bohrt in den Holzteilen der Johannis- und Stachelbeersträucher vom Juli ab bis zum Frühjahr. Im April, spätestens anfangs

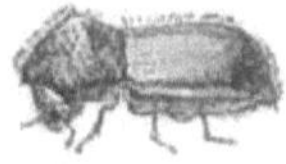

Fig. 58.
Der ungleiche Borkenkäfer.

Fig. 59.

Mai, sind die durch Schrumpfung oder Bohrlöcher erkenntlichen Zweige samt Insassen nach dem Abschneiden zu verbrennen. Die ähnliche Larve des Himbeerglasflüglers lebt im Wurzelstock der Himbeer-, seltener der Brombeersträucher, ein leichtes Umbrechen der vorjährigen Stengel bewirkend. Befallene Schosse sind zu verbrennen.

II. Käferlarven: 1. Die Larven verschiedener Bockkäfer gehen bereits kränkelnde Bäume an, sind also weniger zu den direkten Schädlingen zu rechnen.

2. Die fußlosen, schmutzigweißen Larven von Borkenkäfern verursachen zusammen mit den Mutterkäfern im Splint oder im Holz die bekannten, für jede Art charakteristischen Fraßspuren. Besonders gefährlich für Obstbäume sind: 1. der ungleiche Borkenkäfer, Tomicus dispar, der an den verschiedensten Laubbäumen vorkommt und dessen Fraßfigur, die sich tief in das Holz hinein erstreckt Fig. 59 zeigt; er geht gerade junge, saftige Bäume an und verursacht daher außerordentlichen Schaden. Stark befallene Bäume sind am besten zu verbrennen; 2. der große und der kleine Obstbaumsplintkäfer, Scolytus pruni und S. rugulosus, kranke und gesunde Bäume angreifend. Vom Muttergang aus gehen in ihren Fraßfiguren in ziemlich regelmäßigen Abständen fast rechtwinkelig stehende Seitengänge zwischen Rinde und Splint.

Gegen den Borkenkäferbefall wirkt vorbeugend Kalkanstrich, und nach Taschenberg besonders die Leineweber'sche Komposition (vergl. S. 368). Wahrscheinlich gewährt auch der Karbolineumanstrich einen guten Schutz.

Gut ist es auch, wenn man sich nicht entschließt, von derartigen Holzschädlingen befallene Bäume ganz zu entfernen, sie richtig zu düngen, weil durch stärkeren Saftfluß die Tiere gestört werden und zugleich die Wunden besser heilen.

Im Mark einjähriger Birnzweige leben gelegentlich vom Juni an die weißlichen Larven der zusammenge-drückten Holzwespe, Cephus compressus; in den jungen Trieben des Apfelbaumes die schwarzbraune, kahle Raupe der Markschabe, Blastodacna hellerella; in jenen der Pfirsich- und Pflaumenbäume ꝛc. auch das Räupchen der Pfirsichmotte, die wir auch schon als Schädling der Früchte kennen lernten. Derartig befallene Zweige, die schließlich absterben und dadurch leicht auffallen, sind ab-zuschneiden und zu verbrennen.

Argen Schaden an den Kirschen und späterhin auch an den Birnen, Zwetschgen und Trauben können bekanntlich die Stare anrichten, die oft in ganzen Scharen die Obst-anlagen befallen. Weder Scheuchen noch die Verwendung von Schußwaffen reichen aus, um die Stare dauernd von den Bäumen abzuhalten. Ob das Aufhängen von kleinen Spiegelstückchen an dünnen Fäden an den Zweigen der Bäume, das ebenfalls empfohlen wird, wirklich nützt, ist zu bezweifeln. Besonders in Württemberg hat man sich dadurch geholfen, daß gebrauchte Fischernetze angeschafft wurden, die zwar an manchen Stellen ausgebessert werden mußten, dafür aber sehr billig (der Quadratmeter kostet 3 Pfennig) und für das Abhalten der Vögel sehr dienlich sind und jahrelang benützt werden können. Bezugsquelle solcher Netze: W. Valk, Schutznetze, Emden. Vor Bestellung lasse man sich einen Prospekt kommen.

Zum Schutze der Obstbäume ꝛc. gegen Sperlinge wird die Verwendung von Zwiebeln empfohlen. Man schneidet sie in der Mitte durch und befestigt die Hälften hie und da am Geäst. Die Vögel sollen einen solchen Abscheu vor dem starken Zwiebelgeruch haben, daß sie fern bleiben.

Zur Verscheuchung von Vögeln empfiehlt C. Richter-Guben die Verwendung von Flaschenklingeln. Zu ihrer Herstellung dienen Wein- oder Bierflaschen ohne Boden, die verschlossen sind mit einem Kork, an dem ein Bindfaden herabhängt. An das Fadenende befestigt man eine alte Eisenmutter oder einen ähnlichen Metallgegenstand, durch dessen Löcher man die Schäfte mehrerer Gänsefedern gesteckt hat. Beim geringsten Luftzug wird durch die Federn die glockenartige Vorrichtung zum Tönen gebracht.

Unter den Krankheiten der Obstbäume, die durch Pilze erzeugt werden, sei in erster Linie der Polsterschimmel oder Monilia hervorgehoben. Von den drei bekannten Arten kommt die eine mit mehr gelblichem Polsterschimmel, Sclerotinia fructigena, hauptsächlich auf Äpfeln und Birnen, die andere mit grauem Polsterschimmel, Sclerotinia cinerea, besonders auf Kirschen, Pflaumen und Pfirsichen und endlich eine dritte Art, mit ebenfalls grauem Polsterschimmel, Sclerotinia laxa, auf Aprikosen vor. Alle drei Arten rufen Blüten- und Trieberkrankungen, sowie auch eine Fäule der Früchte zur Reifezeit hervor. Besonders groß ist der Schaden an den Sauerkirschen; er äußert sich hier zunächst dadurch, daß im Frühjahr, nachdem der Baum meist normal ausgetrieben hat, plötzlich ein großer Teil

der Blüten braun wird und abstirbt. Dieses Absterben er=
streckt sich auch auf die Blütenzweige und sehr oft auf
ganze Zweigpartien, wobei auch die Blätter vertrocknen.
Daß ein derartiges Absterben von Monilia verursacht ist,
läßt sich daran erkennen, daß die vertrockneten braunen
Blüten und Blätter nicht abfallen und demnach den ganzen
Sommer über, oft sogar bis zum nächsten Frühjahr hängen
bleiben.

Der Wiederkehr derartiger Blüten= und Zweigerkran=
kungen, die auch bei anderen Obstarten, insbesondere an
Frühapfelbäumen, auftreten können, und deren dispo=
nierende Ursache von manchen Forschern in Spätfrost=
wirkung vermutet wird, sicherlich aber auch in Ernäh=
rungsverhältnissen begründet ist, beugt man am besten
vor durch die Maßnahmen, die gegen Monilia im Herbst
und zeitigen Frühjahr auf S. 66 und 295 angegeben sind.
Auch die Früchte aller Obstarten können von Monilia be=
fallen werden, gewöhnlich geschieht dies aber erst gegen die
Reifezeit hin; es treten dann die meist grauweißen Pilz=
polster in der Regel in Form konzentrischer Ringe auf den
Früchten auf, wobei sich die befallenen Äpfel auch noch
braun verfärben oder es zeigt sich, wie es bei manchen
Apfelsorten und bei Quitten der Fall sein kann, die sog.
S ch w a r z f ä u l e , d. h. die Früchte werden ganz schwarz
und lederartig, ohne daß immer ein Pilzpolster aus dem
Innern hervortritt.

Die von Monilia befallenen Früchte bleiben ebenfalls
als sog. Mumien bis zum nächsten Frühjahr am Baume
hängen und bilden dann gefährliche Ansteckungsherde. (Vergl.
S. 295.)

Mit der Monilia wird vielfach eine andere Krankheit
der K i r s ch b ä u m e , nämlich der durch Bacillus spongiosus
veranlaßte B a k t e r i e n b r a n d verwechselt, der aber mehr
die Süßkirschen heimsucht und sich nicht, wie es meist bei
Monilia der Fall ist, auf die mit Blüten bedeckten Zweige
beschränkt, sondern auch starke Äste und ganze Zweige, viel=
fach sogar die ganzen Bäume, zugrunde richtet. Diese Bak=
terienkrankheit fällt zunächst auf durch das Auftreten von
großen Gummimassen; auch hier bleibt kein anderes Mittel,

als alle erkrankten Teile sorgfältig zu entfernen und zu
verbrennen. Wie bei Monilia, wird man aber auf die
Ausführung dieser Arbeit ganz besonders in den Winter=
monaten Bedacht nehmen.

Wahrscheinlich kommt die Krankheit auch an Pflaumen=
und Apfelbäumen vor.

Was den Gummifluß der Kirschen und anderer Stein=
obstarten im allgemeinen anbelangt, so sei auf die bezüg=
lichen Ausführungen im April verwiesen. Wie dort ange=
geben, kann auch ein Pilz, Clasterosporium carpophilum,
Gummifluß erzeugen. Dieser Pilz verdient aber auch noch
deswegen unser Interesse, weil er einer der häufigsten Er=
reger der sog. S c h r o t s c h u ß = oder S c h u ß l ö c h e r k r a n k=
h e i t   d e r   S t e i n o b s t b ä u m e darstellt, deren Namen
davon herrührt, daß von Pilzen befallene Blattstellen schließ=
lich herausfallen, sodaß die Blätter wie von Schroten durch=
löchert aussehen. Diese Pilze gehen bei der Süßkirsche und
dem Pfirsich auch auf die Früchte über, bei letzteren selbst
auf die Zweige.

Die Schußlöcherkrankheiten werden von manchen Au=
toren auch als D ü r r f l e c k e n k r a n k h e i t e n bezeichnet;
andere verstehen unter Schußlöcherkrankheit nur den Befall
durch Clasterosporium carpophilum. Tatsächlich nimmt dieser
Pilz gegenüber den anderen Erregern eine Ausnahmestellung
dadurch ein, daß er bei Pfirsichen, Aprikosen und Kirschen,
seltener bei Pflaumen, auch auf die Früchte und namentlich
bei den Pfirsichen auch auf die Zweige übergeht, wo unter
den einsinkenden, braunen Rindenflecken, die er veranlaßt,
der Gummifluß eintritt. Auf den Früchten verursacht er
schwarze, schorfartige Flecken, welche das Wachstum der
Früchte hemmen und sie zum Verkrüppeln, aber nicht zum
Faulen bringen.

Unter den sonstigen Erregern von Dürrflecken sind
besonders zu nennen: Septoria erythrostoma und Cercospora
cerasella auf Kirschen, Hendersonia marginalis auf Apri=
kosen und Phyllosticta prunicola auf Pflaumen. Die Be=
schaffenheit der Blattflecken ist nach A d e r h o l d mehr ab=
hängig von der Nährpflanze, als von der Pilzart; so kann
z. B. um die Flecken eine rote Saumlinie bald vorhanden

sein, bald sehlen und dergl. Übrigens sollen ähnliche Flecken auf den Blättern der Steinobstbäume auch durch Bespritzung mit Kupferkalkbrühe entstehen, wenn die Brühe zu konzentriert oder nicht richtig zusammengesetzt ist. (Vergl. S. 349.)

Fig. 60.
Blätter von Prunus Padus, von ausfallenden Flecken durchlöchert.

Speziell bei der Kirsche, namentlich der Süßkirsche, kommt noch eine gefährliche Krankheit der Blätter vor, die dadurch charakterisiert ist, daß die durch ihre Wirkung verdorrenden Blätter nicht abfallen, sondern ebenfalls bis zum nächsten Frühjahr am Baume hängen bleiben. Es ist dies die Blattbräune der Kirsche, verursacht durch einen als Gnomonia erythrostoma bezeichneten Pilz. Durch diese

Fig. 61. Kirschenfrüchte mit Clasterosporium-Schorfstellen.

Fig. 62. Röte der Kirschen an Blättern und Früchten.
(Gnomonia erythrostoma.)

hängenbleibenden Blätter, auf denen sich im Frühjahr die kleinen, schwarzen Früchtchen der Gnomonia entwickeln, werden im Frühjahr die neugebildeten Blätter und zum Teil auch die Früchte infiziert; befallene Kirschfrüchte sind nur einseitig saftig und springen meist auf.

Erwähnen wir schließlich noch eine Pilzkrankheit der Pflaumen- und Schlehenblätter, die in dem Auftreten von die ganze Blattmasse durchsetzenden hochroten, an Rost erinnernden Flecken besteht und wohl nur bei sehr starkem überhandnehmen größeren Schaden verursacht, deren Erreger aber kein Rostpilz, sondern ein echter Schlauchpilz, Polystigma rubrum, ist, ferner einen wirklichen Rost, Puccinia Pruni spinosae, der meist auf der Unterseite der Blätter von Pflaumen, Zwetschgen, Aprikosen und Pfirsichen in Form kleiner brauner, staubiger Pusteln auftritt, so sind mit Vorstehendem, nachdem der Mehltau, sowie die Taschen- oder Narrenbildung der Pflaumen und die Kräuselkrankheit der Pfirsiche schon im Mai beschrieben worden, die wichtigsten Pilzkrankheiten der Steinobstbäume, die im Sommer je nach ihrer Art auf den Blättern, Früchten und Zweigen sich einstellen können, behandelt.

Außer den durch Clasterosporium carpophilum und Gnomonia erythrostoma veranlaßten Pilzkrankheiten der Kirschenfrüchte sind noch braune Flecken auf den Früchten zu erwähnen, auf denen mit der Zeit kleine, weiße Pusteln auftreten; diese werden hervorgerufen durch einen Pilz, Gloeosporium fructigenum, der auch die Bitterfäule der Äpfel erzeugt (vergl. S. 296); er geht auch auf die Aprikosen- und Pfirsichfrüchte über. Schwarze Flecken, die sich auf die Oberfläche junger Früchte beschränken, bewirkt Fusicladium Cerasi; dagegen wird das Fruchtfleisch selbst faulig durch die Wirkung von Monilia cinerea, eines Pilzes, der auf der Oberfläche der Kirschen, wie oft auch auf anderen Früchten, konzentrisch gestellte Polster bildet. Zwetschgen- und Pflaumenfrüchte werden außer von der Taschenkrankheit und von Clasterosporium besonders auch von Mehltau und ebenfalls von Monilia befallen und außerdem werden sie späterhin, wenn sie der Reife nahe sind, von der Bitterfäule, die in diesem Falle durch Trichothecium roseum veranlaßt ist, heimgesucht. Auf den Pfirsichfrüchten zeigt sich außer Mehltau und den vorstehend genannten Krankheiten häufig auch der Rußtau, Capnodium salicinum.

Schließen wir gleich die entsprechenden Krankheiten der Kernobstbäume an, soweit sie nicht schon vorstehend

genannt sind, so sei begonnen mit einer ebenfalls als
Blattbräune bezeichneten Erkrankung der **Birnwildlinge**, veranlaßt durch Stigmatea Mespili. Die betroffenen
Blätter fallen im Gegensatz zu jenen der Kirsche schon
im Sommer ab, sodaß oft die jungen Wildlingspflanzen

Fig. 63. **Blattbräune der Birnwildlinge.**

der Baumschulen nurmehr an den Zweigspitzen belaubt sind.
Die Krankheit tritt auf den Blättern ebenfalls zunächst in
Form von Flecken auf, die aber leicht zusammenfließen und
später in ihrer Mitte schwarze, krustenförmige Erhöhungen
zeigen.

Eine andere Krankheit der **Birnblätter**, die bei sehr starkem Auftreten ebenfalls vorzeitigen Blattfall veranlaßt, ist die durch Mycosphaerella sentina, bezw. Septoria nigerrima verursachte **Weißfleckigkeit**; die Blätter zeigen braune, runde, später weißlich werdende und dann von einem braunen Rand umgebene Flecken, in denen die schwarzen, punktförmigen, mit der Lupe gut wahrnehmbaren Pilzfrüchte sich ausbilden. Der Pilz, der namentlich an Zweigen und Stämmen auftritt, greift häufig auch die noch grünen Früchte an.

Die **Weißfleckigkeit** kann auf den Birnblättern auch noch durch verschiedene andere, meist Pyknidien bildende Pilzarten veranlaßt werden. Einige dieser Arten treten auch auf Apfelblättern auf; bei den Birnen unterscheidet man außerdem noch eine **Graufleckigkeit**, veranlaßt durch Colletotrichum Piri.

Allbekannt ist dann die **Schorfkrankheit der Birnen und der Apfel**, veranlaßt durch Fusicladium pirinum und F. dendriticum, von der die einjährigen Zweige, die Blätter und vor allem die Früchte befallen werden. Die Erkrankung der Zweige, an der namentlich gewisse Birnensorten, wie die Pastorenbirne, die weiße Herbstbutterbirne, die Winterdechantsbirne usw. leiden, wird als **Grind** bezeichnet. Aus den zunächst graufleckig werdenden Zweigen tritt später in der Regel der Pilz in Form schwarzer, sporentragender Borken hervor; bei geringerem Befall werden diese schorfigen Stellen in den späteren Jahren abgestoßen, andernfalls stirbt die Zweigspitze ab, wodurch Spitzendürre entsteht. Auf den Blättern, und zwar beim Apfelbaum mehr auf der Oberseite, beim Birnbaum meist auf der Unterseite gibt der Befall zu den sogen. **Rußflecken** Veranlassung. An den Früchten zeigt sich der Birnenschorf in unregelmäßig strahligen schwarzen Flecken, während der Apfelschorf mehr runde, korkartig gefärbte, nur am Rand schwärzliche Flecken veranlaßt, die auch unter dem Namen **Regenflecken** bekannt sind. Die befallenen Blätter fallen schon Ende Juli oder Anfang August ab; auf ihnen bilden sich dann nach der Überwinterung die Schlauchfrüchte, nach denen die Schorferreger eigentlich zur Gattung Venturia zu stellen sind. Fleckige Früchte sind im Durchschnitt stets kleiner als gesunde.

Vielfach haben die Fusikladien schon zu völligen Miß=
ernten geführt. Der Pilz tritt besonders in Jahren mit
viel nebeliger, feuchter Witterung und in eingeschlossenen
Lagen auf. Manche Sorten, nach Böttner z. B. die

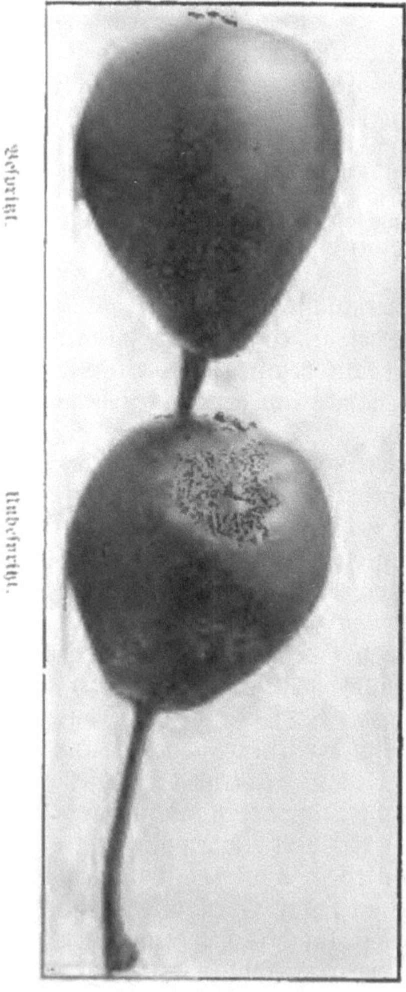

Fig. 64.

Fig. 65.
Teleutosporenlager des Birnen=
rostes am Sevenbaum.

holzfarbige Butterbirne, werden so schwer heimgesucht, daß auch das Bespritzen nicht viel hilft; das beste ist daher, sie umzupfropfen.

Gegen die verschiedenen **Mehltauarten** der Kern-obstbäume, namentlich gegen den Apfelmehltau, geht man an Spalieren usw. durch Schwefelung vor; im übrigen vergl. Mai, S. 110.

Schließlich seien hier noch zur Vervollständigung der Übersicht die **Rostpilze der Kernobstarten** ange-führt, unter denen namentlich der sog. **Gitterrost der Birnbäume**, Roestelia cancellata, häufig schädlich auf-tritt. Befallen werden von diesen Rostarten besonders die Blätter, zuweilen aber auch die Früchte und die jungen Zweige. Wie viele andere Arten der Rostpilze zeigen auch die hier in Betracht kommenden einen Wirtswechsel; so stellen der Sadebaum, Juniperus sabina, und einige andere Wacholderarten die Nährpflanzen für die Wintersporen des Birngitterrostes dar, auf dem gewöhnlichen Wacholder kommen zwei Apfelrostarten vor usw.

Die verschiedenen gegen diese und die schon im Mai genannten Pilzkrankheiten der Obstbäume in Betracht kom-menden vorbeugenden Maßnahmen sind an entsprechenden Stellen angegeben; hier sei nur zusammenfassend hervor-gehoben, daß dem Auftreten der Mehrzahl von ihnen durch rechtzeitige Bespritzung mit Kupferkalk- oder Kupfersoda-brühe, dem Mehltau durch Schwefelung, vollständig oder mindestens teilweise vorgebeugt werden kann. Nur gegen die Rostpilze der Kernobstbäume kommt eine solche Bespritzung kaum in Betracht. Daß die Steinobstbäume, insbesondere Pflaumen und Pfirsiche, gegen Bespritzung im belaubten Zu-stande ziemlich empfindlich sind, sei hier nochmals besonders erwähnt.

Auf die Zeit, zu welcher diese Bespritzungen auszu-führen sind, je nach der Entwicklung der Bäume, ist schon früher hingewiesen worden. Darnach wird es sich anfangs Juni in der Regel bereits um die dritte Bespritzung handeln, die einige Wochen nach dem Abblühen zu erfolgen hat. Sie ist bei den Kernobstbäumen mit 1%iger Kupferkalkbrühe auszuführen, bei den Steinobstbäumen, wenn man bei ihnen nicht lieber ganz darauf verzichtet, mit ½= oder ebenfalls mit 1%iger Brühe, die aber dann in letzterem Falle 2 %,o Kalk enthalten muß.

Auch die jungen Früchte der verschiedenen **Beerenobstarten** werden durch Maden und Raupen heimgesucht. In erster Linie ist hier zu nennen die Raupe des S t a c h e l = b e e r z ü n s l e r s , Zophodia convolutella, die sich in die Früchte einbohrt und die benachbarten zusammenspinnt. Sie kommt auch an den Johannisbeeren vor, wo ihre Anwesenheit durch das zeitige Rotwerden der befallenen Beeren besonders leicht auffällt. Zu empfehlen ist das Herausholen der Räupchen mit einer Nadel, sowie auch das Abklopfen derselben. Bei größerem Befall der Johannisbeeren schneidet man am besten die ganzen Träubchen ab. Die Verpuppung erfolgt in der Erde.

Die Früchte der Stachelbeeren können zu gelbgrünen, taschenartigen Gebilden auswachsen durch die Wirkung der Larven der S t a c h e l = b e e r g a l l m ü c k e , Asphondylia Grossulariae.

Fig. 66.
Raupe des Stachelbeerzünslers.
(Nach Nörig, T. u. L.)

In den Früchten der Himbeeren und Brombeeren lebt die sechsbeinige, bräunliche sog. H i m b e e r m a d e , von einem Glanzkäfer, Byturus, herrührend, die sich schließlich in einem geeigneten Versteck verpuppt. Es kann ihr nur durch Abklopfen der Käfer in den Fangtrichter zur Blütezeit begegnet werden.

Endlich werden die Haselnüsse von einer Rüsselkäferlarve, Balaninus nucum, dem H a s e l n u ß b o h r e r oder „W u r m", heimgesucht, gegen den man durch Abklopfen

der Käfer von Ende Mai an und durch Verbrennen der ab=
fallenden Nüsse vorgeht. Die meisten wurmstichigen Nüsse
fallen aber nicht vor der Reife ab, sondern werden mit
eingeerntet, wodurch die Insassen zugrunde gehen.

Bei den Johannis= und Stachelbeeren kommt
es übrigens häufig vor, daß die Früchte unreif ab=
fallen, ohne daß ein Befall durch einen Schädling vor=
liegt; die Ursache hierfür ist meistens, daß der Untergrund
zu trocken ist. Nach Böttner zieht man in diesem Fall
rings um jeden Strauch eine Furche und gießt dieselbe
so reichlich mit Jauche oder Spülwasser, daß das Erdreich
tief durchtränkt wird.

Fig. 67. Haselnußbohrer.

Befressen werden jetzt die Stachel= und Johannisbeer=
blätter auch von den mehr graugrünen Afterraupen der
schwarzen Stachelbeerblattwespe, gegen die man
vorgeht, wie im Mai, S. 114, gegen die Larven der gelben
Blattwespe angegeben ist.

Außerdem kommen an den Erdbeeren im Laufe des
Sommers verschiedene Rüsselkäfer und andere Käferarten,
an den Johannis=, Stachel= und Himbeeren verschiedene
Raupenarten vor, darunter einige, die wir schon an den
Obstbäumen kennen lernten; man geht gegen sie vor wie
dort angegeben.

Die Erdbeeren werden seit mehreren Jahren in
einigen Gegenden Deutschlands von einer Krankheit heim=

gesucht, die durch eine kleine **Milbe**, Tarsonemus fragariae, verursacht wird und sich darin äußert, daß die Blätter sich kräuseln und verkümmern und eine lederartige Beschaffenheit annehmen. Da die Milbe jedenfalls durch Bezug von Erdbeerpflanzen aus dem Ausland eingeschleppt wurde, so scheint bei Einkauf von solchen Pflanzen große Vorsicht geboten. Empfohlen wird, alle befallenen Pflanzen frühzeitig aus den Beeten zu entfernen und zu vernichten. Da Dufoursche Lösung gegen Blattmilben, namentlich jene der Birnblätter, sehr gut wirkt, so dürfte ihre Anwendung auch gegen diesen Schädling in erster Linie in Betracht kommen.

Eine andere **Milbe**, Phyllocoptes setiger, verursacht die sogen. **Pockenkrankheit**, die in Form roter, behaarter Knötchen auf der Unterseite der Erdbeerblätter auftritt.

Bei den **Himbeeren** rufen zwei verschiedene **Milben**, Eriophyes=Arten, Blattverkrümmungen oder eine eigentümliche, seidenglänzende Behaarung der Blätter hervor.

Bei den **Stachel=** und **Johannisbeeren** tritt ferner außer der gewöhnlichen **Milbenspinne**, die zu einer Blattdürre führt, noch eine **besondere Milbenart**, Bryobia ribis, auf Blättern und jungen Trieben oft sehr schädlich auf.

Gegen verschiedene **Blattlausarten** und eine auch auf den Blättern der Himbeere lebende **Schildlaus**, Lecanium rubi, geht man vor, wie schon gegen diese Schädlinge bei den Obstbäumen angegeben ist. Dasselbe gilt für die verschiedenen Schildlausarten, die an den Zweigen und Stämmen der Beerensträucher sich einstellen können.

Unter den **Pilzkrankheiten der Beerensträucher**, die sich jetzt, zum Teil auch etwas früher oder später geltend machen, ist vor allem der **Mehltau** zu nennen, der bei den Erdbeeren, wo er auf der Unterseite der Blätter und an den Blütenstielen 2c. sitzt, und deren Einrollen verursacht, namentlich aber bei den Stachel= und Johannisbeeren besondere Beachtung verdient. Dem Mehltau der Erdbeeren, der in Treibereien oft größeren Schaden verursacht, begegnet man auch durch reichliche Lüftung der Häuser. **Der Unterschied zwischen dem gewöhnlichen, einheimischen Mehltau und dem ganz** unvergleichlich schädlicheren amerikanischen Mehltau der Stachelbeeren (und event. der Johannisbeeren) ist besonders zu beachten. Wegen der Wichtigkeit, die der letztgenannte Pilz zurzeit besitzt, ist eine besondere Anweisung zu seiner Unterscheidung vom europäischen Stachelbeermehltau, sowie zu seiner Bekämpfung S. 395 gegeben. Gegen die gewöhnlichen Mehltauarten der Beerensträucher wird, wie gegen jene anderer Pflanzen, am besten durch Schwefeln oder Bespritzen mit 0,15 % Schwefelkaliumlösung vorgegangen.

An den Johannis- und Himbeeren, sowie an Erdbeeren kann auch falscher Mehltau und zwar je eine besondere Peronospora-Art, auftreten. Weniger schädlich ist der Rußtau, der auch die Beerensträucher heimsucht.

Als sehr schädlich hat sich eine Pilzkrankheit der Triebe der Gartenhimbeere erwiesen, die in einige Gärtnereien Deutschlands allem Anschein nach durch Bezug von Pflanzen aus England eingeschleppt wurde. Die Krankheit äußert sich darin, daß sich im Juni an den neuen, noch grünen Trieben einzelne scharf abgegrenzte, braune, allmählich zusammenfließende Flecken zeigen, sodaß schließlich der größere Teil des Stengels gebräunt sein kann. Im Laufe des Winters oder noch später sterben diese erkrankten Stengel, die sonst die früchtetragenden Seitenzweige bilden würden, ab. Die im Jahre zuvor gebräunten Stellen zeigen sich nun weißlichgrau verfärbt und brandartig; aus ihnen brechen im Juli zahlreiche punktförmige Pykniden, namentlich von Ascochyta, hervor. Gegen die Krankheit ist zunächst Vorsicht bei Bezug auswärtiger, besonders von England stammender Pflanzen notwendig. Die befallenen Stengel sind im Laufe des Winters oder im ersten Frühjahr zu entfernen und zu verbrennen. Im übrigen empfiehlt sich ebenfalls vorbeugende Bespritzung mit einer Kupferbrühe.

Auch andere ähnliche Pilzarten, wie Phoma, Asteroma ꝛc., treten übrigens nicht selten fleckenbildend an den Himbeerzweigen auf.

An den Zweigen und Stämmen der Johannisbeeren zeigen sich oft außer der Rotpustelkrankheit, Nectria cinnabarina, helle oder schwärzliche Flecken, die auf die

Wirkung von Pilzen, Leptosphaeria-Arten, zurückzuführen sind.

Unter den pilzlichen Schädlingen der Früchte endlich sind außer den verschiedenen Mehltauarten besonders noch zu nennen: der Traubenschimmel, Botrytis cinerea, der an den Erdbeerfrüchten braune Faulstellen veranlaßt und eine häufige Ursache des Abfallens der Stachelbeeren darstellt, die dabei zunächst nicht faulende, braune Flecken zeigen. Bei den Stachelbeeren kann dieser Pilz übrigens auch auf die Blätter übergehen und ein Absterben der Ränder derselben veranlassen. Auch ein anderer Pilz, Vermicularia grossulariae, ruft braune, trockene Flecken auf den Stachelbeerfrüchten hervor, während das oben bereits besprochene Gloeosporium Ribis auf ihnen kleine, braune Wärzchen erzeugt.

Gegen Wurzelläuse, die an der Stachelbeere vorkommen, wird das Begießen des Bodens mit Petroleumseifenbrühe (vergl. S. 360) empfohlen. Bezüglich des Erdkrebses vergl. September, S. 278.

An den Blättern der schwarzen Johannisbeeren verursacht ein Pilz, Gloeosporium curvatum, die sog. Dürrfleckenkrankheit, die im Auftreten unregelmäßiger, bräunlicher Flecken besteht und das vorzeitige Abfallen der Blätter zur Folge hat. Die schon für die Frühjahrsmonate angegebene Bespritzung mit Kupferkalkbrühe dient hier zur Vorbeuge; am widerstandsfähigsten soll sich die rote holländische Johannisbeere erwiesen haben.

Gloeosporium Ribis, die Ende Juni sich zeigt, befällt mehr die roten Johannisbeeren und auch die Stachelbeeren.

Wie bei den Obstbäumen, so werden auch bei den Beerensträuchern noch durch verschiedene andere Pilze, wie Septoria, Phyllosticta ꝛc. Dürrfleckenkrankheiten hervorgerufen, die je nach der Pflanzen- bezw. Pilzart in Aussehen und Farbe mehr oder minder voneinander abweichen. Allbekannt ist besonders die durch Sphaerella fragariae hervorgerufene Fleckenkrankheit der Erdbeerblätter.

Manche dieser Dürrfleckenkrankheiten, namentlich die durch die erwähnten Gloeosporium-Arten hervorgerufenen,

können sehr schädlich wirken; am besten hat sich gegen sie
die vorbeugende Behandlung durch Bespritzung mit 1%igen
Kupferbrühen bewährt, die man bei den Beerensträuchern
zum erstenmale unmittelbar vor Knospenausschlag, das
zweitemal nach dem Abblühen und das drittemal nach der
Beerenernte vornimmt. Ferner empfiehlt sich die Vernichtung
des kranken Laubes im Herbst.

Außerdem kommen an Stachel= und Johannisbeeren
verschiedene Arten von Rostpilzen vor, deren Zwischen=

Fig. 68. Fleckenkrankheit der Erdbeere.
(Nach Krüger u. Rörig.)

wirte die Weymutskiefer, verschiedene Arten von Weiden
und Riedgräsern darstellen; unter Umständen wird es sich
empfehlen, derartige Zwischenwirte aus der Nachbarschaft
zu entfernen.

Bei den **Rosen** ist weiterhin auf die im Mai genannten
Schäden durch Blattwespenlarven zu achten; zu ihnen ge=
sellen sich jetzt noch einige andere Arten, so die Rosen=
gespinstblattwespe, Lyda inanita, die die Blätter
zu röhrenförmigen, langen, lockenartig herabhängenden Ge=
bilden zusammenrollt. Großen Schaden kann die sogen.

Okuliermade, Diplosis oculiperda, die gelbrote Larve einer Gallmücke, veranlassen, indem sie an den Okulier- stellen frißt oder auch die Rosenwildlinge, in deren Mark sie ebenfalls, meist gesellig, lebt, zum Absterben bringt. Wo dieser Schädling vorkommt, sind die angesetzten Augen sofort mit Baumwachs oder auch Kollodium zu verstreichen; im Mark befallene Stämmchen sind zurückzuschneiden.

Gegen den Rosenrost spritzt man zum zweitenmale mit 1%iger Kupferkalkbrühe (das erstemal hat man es zweck- mäßig mit derselben Brühe kurz nach dem Aufbrechen der Knospen vorgenommen) kurz vor der Blüte; später nach dem Abblühen ist es nochmals zu wiederholen.

Außer Rost und Mehltau tritt auf der Oberseite der Rosenblätter auch der sogen. Strahlenpilz, Actinonema rosae, von Ende Juni bis in den Herbst auf, der bräunliche Flecken mit feinem strahligem Rande erzeugt, die sich immer mehr vergrößern, sodaß sie schließlich die ganze Blattfläche einnehmen können. In den absterbenden Flecken bildet der Pilz seine kleinen, schwarzen Pykniden aus. Er soll besonders Varietäten mit rauher Oberfläche heimsuchen. In Betracht kommt gegen den vielfach recht gefürchteten Schädling haupt- sächlich sorgfältiges Entfernen und Verbrennen des erkrank- ten Laubes im Herbst.

In **Nadelholzanlagen** wird der große Rüsselkäfer unter ausgelegten Nadelholzrinden und Kloben, die event. noch mit Terpentinöl gestrichen wurden, abgefangen.

Die Larven des großen schwarzen Rüsselkäfers sind im Juni zu sammeln durch Ausheben verdächtiger Pflanzen, an deren Wurzeln sie fressen, mitsamt den Ballen und sorgfältiges Wiedereinbringen nach Entfernung der Schädlinge. Beim Verpflanzen drei- und vierjähriger Fichten bedeckt man sie so mit einem breiartigen Überzug aus angerührtem Lehm, daß nur die Triebspitzen frei bleiben.

Zur Bekämpfung der Kiefernschütte nimmt man im Laufe des Sommers, am besten in der Zeit von Mitte Juni bis Mitte August, eine oder zwei Bespritzungen mit 1%iger Kupferkalkbrühe vor; durch die Bespritzung soll auch der Wildverbiß abgehalten werden. Am besten ist der Erfolg bei zwei- und mehrjährigen Pflanzen.

Zusammenfassend sei hier kurz der Schäden gedacht, welche im Sommer so oft durch **Hagelschlag, Sturm** und nicht selten auch durch Blitzschlag veranlaßt werden.

Durch den Hagel*) wird besonders das Getreide oft vollständig vernichtet. Bei sehr frühem Hagelschlag leidet das Sommergetreide noch verhältnismäßig wenig, da es nach kurzer Zeit wieder neue kräftige Sprosse ausbilden kann. Späterhin ist besonders der Hafer recht empfindlich und auch die Gerste, deren Stroh und Ähren leicht zerbrechlich sind. Auch der Roggen erholt sich von frühem Hagelschlag; späterhin soll sein Stroh besser als Weizenstroh widerstehen. Hat der Winterroggen schon geschoßt, muß er nach Möhrlin nach starkem Hagelschlag umgepflügt werden, während Weizen und Spelz, nachdem sie abgemäht sind, noch Seitenschosse treiben, die noch eine halbe Ernte liefern und namentlich durch ihren Strohertrag willkommen sind. Empfehlenswert ist ein Durcheggen des festgeschlagenen Feldes und eine Nachdüngung mit Superphosphat und Chili oder guter Gülle.

Kommt der Hagelschlag kurz vor oder während der Blüte, so ist mit Ausnahme der Sommergerste durch Abmähen oder Stehenlassen auf keinen Ertrag mehr zu hoffen; erfolgt er aber erst nach der Blüte, so kann noch ein mäßiger Ertrag eintreten, wenn die Halme nicht geknickt sind. Wo eine Untersaat vorhanden ist, wird man sich leichter zum Abmähen verhagelten Getreides entschließen, als sonst.

Sehr empfindlich gegen Hagel ist auch der **Raps**; die eigentliche Schädigungsgefahr fängt bei ihm aber erst mit der Entwicklung der Blütenknospen an. **Erbsen** erleiden den größten Schaden, wenn die im Ausreifen begriffenen Hülsen betroffen werden. Der **Hopfen** ist von der Blütezeit an besonders gefährdet.

Sehr empfindlich ist der **Weinstock**, da fast jede Beere, die von einem Hagelkorn getroffen wird, verloren

---

*) Wer sich näher interessiert für die Erkennung, Beurteilung und Schätzung von Hagelschäden bei Feldfrüchten, sei auf das mit zahlreichen Abbildungen versehene Buch von Domänendirektor Edm. Scharf (Halle a. S., Selbstverlag) hingewiesen.

ist. Der Schaden ist umso größer, je näher die Trauben
bereits der Reife sind.

Rüben und Kartoffeln leiden nur durch Zer=
störung des Blattwerkes, das sich aber nach einiger Zeit
wieder ersetzt; immerhin ist aber eine nicht unwesentliche
Ernteverminderung die Folge.

An Obstbäumen werden nicht nur die Früchte oft
völlig vernichtet, sondern auch die Bäume selbst stark mit
genommen. Bei ihnen ist es notwendig, heruntergerissene
Äste und Zweige bald glatt wegzuschneiden und die Wunden
mit Steinkohlenteer zu bestreichen. Noch anhaftende Rinden=
stücke entfernt man nach Mertens aber erst nach einigen
Monaten, da sie zunächst bei dem Wundverheilungsprozeß
einen Schutz bieten. Stämme und Äste sind, falls sie direkt
Wunden zeigen, mit einer Mischung aus Lehm und Kuhmist
anzustreichen. Die nach Hagelschlag gewöhnlich in großer
Zahl sich bildenden Wasserschosse sollen nicht entfernt werden.
Zur Förderung der Wundenvernarbung sind die Bäume
gut mit Jauche unter Beigabe von Kainit und Thomasmehl
zu düngen.

Bezüglich der Blitzschläge ist auf die Angaben im
Juli unter Kartoffeln, S. 208, und Weinstock, S. 233, zu
verweisen.

Die an dem jetzt heranreifenden **Getreide** sich zeigen=
den Krankheiten und Schädigungen, gegen die direkte Be=
kämpfungen nicht mehr möglich sind, sind sorgfältig zu
beachten, namentlich in ihrer Abhängigkeit von Boden=,
Düngungs= und Witterungseinflüssen, von der Sorte, der
Herkunft des Saatgutes und der Aussaatzeit. Zur sicheren
Feststellung einer Krankheit sende man nötigenfalls Pflanzen=
material mit einem möglichst eingehenden Berichte an die
zuständige Anstalt oder an eine Auskunftstelle für Pflanzen=
schutz.

Besonders am **Wintergetreide**, aber auch am Sommer=
getreide, zeigt sich jetzt unter den Rostarten neben dem
meist schon früher auftretenden Gelb= und Braunrost (vergl.
über diese Rostarten S. 123), vor allem der Schwarz=
rost, auf dessen Beziehungen zur Berberitze nochmals hin=
gewiesen sei. (Näheres über diese Rostarten vergl. S. 124.)

Vielfach werden in der Praxis mit dem Rost oder
mit dem Brand andere am Getreide auftretende krankhafte
Erscheinungen verwechselt, so mit ersterem namentlich der
schon S. 127 besprochene Roggenstengelbrand, dann die
besonders in nassen Sommern auftretende oder an durch
irgend eine Ursache notreif gewordenen Pflanzen sich ein=
stellende, ebenfalls durch einen Pilz, Cladosporium herbarum,
veranlaßte sogen. Schwärze des Getreides, vor allem
aber die an der Gerste häufig vorkommende Streifen=
krankheit, die durch Helminthosporium gramineum ver=
anlaßt wird und bei frühzeitigem Auftreten die Entwicklung
der Pflanzen empfindlich stören kann; namentlich bleibt die
Ähre gern in der obersten Blattscheide sitzen und ihre Körner
kommen nicht zur Entwicklung. Charakteristisch ist auch,
daß die hellen Längsstreifen, die der Pilz auf den Blättern
veranlaßt, meist einen braunen Rand zeigen, und daß diese
Blätter schließlich sehr leicht der Länge nach zerschlitzen.

Andere nahverwandte Pilzarten, H. teres und H. avenae, erzeugen bei der Gerſte und auch beim Hafer die ſogen. Helminthosporiosis, die mehr in Form von hellen, braun umrandeten Flecken auf den Blättern auftritt. Eine Beizung

Fig. 69.
Helminthosporium gramineum an einem Gerſtenblatt.

Fig. 70.
Steinbrand des Weizens.
a erkrankte, b geſunde Ähre.

des Saatgutes wird namentlich bei der Gerſte gegen dieſe Krankheiten empfohlen, hilft aber nicht immer, da ſie entſchieden auch vom Boden aus entſtehen können.

Vielfach zeigt ſich jetzt, wo ſeinerzeit eine Beizung des Saatgutes unterlaſſen wurde, der ſogen. Stein= oder Stinkbrand des Weizens und des Dinkels,

Tilletia tritici und T. laevis, in oft außerordentlicher Menge. Sein Auftreten stellt eine Mahnung dar, entweder einen Saatgutwechsel vorzunehmen oder der Beizung in Zukunft besondere Beachtung zuteil werden zu lassen.

Die vom Steinbrand befallenen Ähren bleiben länger grün und ihre Spelzen sind so weit abgespreizt, daß man zwischen ihnen oft die Brandkörner hervorschauen sieht. (Vergl. Fig. 70.) Noch mehr als beim Weizen gehört beim Dinkel ein geschärftes Auge dazu, um den Brandbefall sofort zu erkennen. Interessant ist, daß vom Steinbrand befallene Square head-Ähren nicht mehr ihre charakteristische gedrungene, vierkantige Form besitzen, sondern lang gestreckt sind. Nach Edler können aber auch andere äußere Einflüsse eingreifender Art, wie starke Kälte u. s. w. plötzlich derartige Formveränderungen an sonst reinen Zuchten hervorrufen.

Sehr häufig tritt übrigens der Steinbrand auch in Fällen auf, wo man die Beizung nicht unterlassen hat; dies ist dann als ein Beweis dafür zu betrachten, daß die angewandte Beizmethode schlecht war, oder daß bei der Ausführung der Beizung gewisse Vorsichtsmaßnahmen außer acht gelassen wurden; die von S. 391 an gegebenen Vorschriften sind daher besonders zu beachten. Wie dort ausgeführt, eignen sich gegen den Steinbrand besonders das Formalinverfahren und das sogen. Bekrustungsverfahren mit Kupfervitriolkalk.

Der Flugbrand der verschiedenen Getreidearten, der jetzt, namentlich beim Hafer erst recht hervortritt, ist im Juni, S. 124, eingehender behandelt.

Weniger allgemein, in manchen Gegenden aber doch in recht beachtenswertem Grade, zeigt sich am Weizen die sogen. Gicht oder Radenkrankheit; sie wird durch kleine, bis 1 mm lange Würmchen, die Weizenälchen, Tylenchus scandens, hervorgerufen, die vom Boden aus in der wachsenden Pflanze bis in die Ährchen vordringen und dort einen Teil der Körner zu kleinen, dickwandigen, fast kiefernsamenähnlichen Gebilden umwandeln. Vielfach findet sich mit diesen Älchen ein Pilz vergesellschaftet, der die ganze Weizenähre mit einem dichten schwarzen Überzug bedeckt und deformiert; es ist dies der Erreger der sogen. Federbuschsporenkrankheit, Dilophia graminis, der, wenn auch selten, auch für sich allein (auch am Roggen) auftreten kann. Auch hier ist für die Zukunft bei stärkerem Auftreten Saatgutwechsel, vor allem aber auf alle Fälle eine Beizung des Saatgutes zu empfehlen. Gegen die Radenkrankheit kommt besonders auch eine gründliche Reinigung des Saatgutes in Betracht: außerdem wird man auf Feldern, wo eine der letztgenannten Krankheiten in größerem Maße sich zeigt, vermeiden, in den nächsten Jahren wieder Weizen zu bauen.

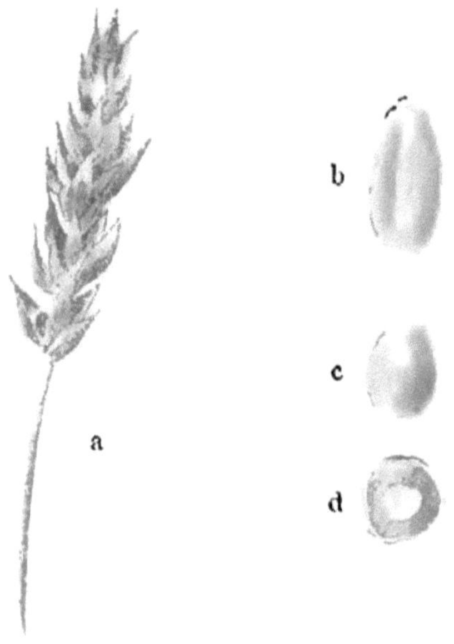

Fig. 71.
a Weizenähre mit Radekörnern; b gesundes, c radekrankes Weizen korn; d Durchschnitt durch ein radekrankes Weizenkorn. Der weißliche Inhalt besteht aus den Älchen.

Sehr beachtenswert ist jedenfalls der Vorschlag von Rörig, auf Feldern, wo die Weizenälchen stark auftreten, bevor man sie wieder mit Weizen bestellt, Grünfutter an= zubauen, dem eine angemessene Menge Weizen beigemischt wird. Die Älchen wandern dann in die Weizenpflanzen ein und können so durch Abmähen und Verfüttern der noch grünen Pflanzen vernichtet werden.

Am Dinkel tritt gelegentlich eine Krankheit auf, bei der die Ähren durch gelbe Bakterienmassen in ihrer Entwicklung gehemmt werden.

Beim Roggen ist eine der bekanntesten Pilzkrankheiten das Mutterkorn, Claviceps purpurea, das in manchen Jahren, manchmal übrigens besonders auch an der Gerste, ziemlich verbreitet ist; die Mutterkörner sind aus dem Saatgut und auch aus dem zum Vermahlen bestimmten Roggen sorgfältig zu entfernen, da sie giftig sind; am besten läßt man sie durch Kinder schon auf dem Feld einsammeln und verkauft sie an Apotheken; für das Kilogramm werden 4—5 ℳ bezahlt.

Beim Hafer und bei der Gerste ruft um diese Zeit die Fritfliege, vergl. S. 267, Schädigungen an den einzelnen Ährchen hervor: namentlich in fast tauben oder mangelhaft ausgebildeten Ährchen findet man bei sorgfältiger Auseinandernahme noch die kleinen weißen Maden oder späterhin die bräunlichen Tonnenpuppen

Fig. 73. Roggenähre, durch Getreideblasenfüße in ihrem unteren Teile zerstört.

dieses Schädlings. Zuweilen trifft man auf die Fritfliege auch in anscheinend ziemlich gut ausgebildeten Hafer- und Gerstenkörnern, so daß die daraufhin gerichtete Untersuchung des Saatgutes eines von Fritfliegen heimgesuchten Feldes von Wichtigkeit ist.

Ein mehr oder minder weitgehendes, oft völliges Taub=
bleiben der Ähren und Rispen kann eintreten, wenn das
Getreide einige Zeit vor dem Schossen durch Hagel verletzt
wurde; vielfach aber ist es auf die saugende Wirkung der
sogen. Blasenfüße, Thrips cerealium (Fig. 21.), zurück=
zuführen, kleiner schwärzlicher Insekten, die durch Aufklopfen
einer befallenen Ähre oder Rispe auf ein untergelegtes weißes
Papier leicht nachgewiesen werden können.

Taube Ähren können in der Haferrispe und auch wohl
bei anderen Getreidearten auftreten, wenn kurz vor der Zeit
des Schossens eine Trockenperiode einsetzt, sodaß der Saft=
strom verringert wird.

Ein meist unerwartetes und plötzliches Absterben und
damit eintretende Notreife tritt im Juli, besonders an Weizen,
aber auch an Gerste und anderen Getreidearten, nicht selten
als Folge der sogen. Fußkrankheit auf; zieht man
solche vorzeitig vertrocknende Pflanzen samt den Wurzeln
aus dem Boden, so findet man, daß sich die Erde von der
Wurzel nicht so leicht wie bei den gesunden Pflanzen ab=
schütteln oder abwaschen läßt, und daß die einzelnen Wür=
zelchen meist schon abgestorben und geschwärzt erscheinen,
vor allem aber, daß der Halmgrund schwarz und morsch
ist. Diese Erscheinungen werden veranlaßt durch Pilze, die
sich allem Anscheine nach besonders entwickeln nach schlecht
zersetzter Gründüngung und bei mangelhafter Ernährung
der Pflanzen; auch die Wirkung von vorausgegangenen Spät=
frösten hat man schon als Ursache für das Auftreten dieser
Pilze hingestellt. Das gelegentlich beobachtete schlechte Ge=
deihen des Weizens nach sich selbst oder nach Gerste, in
manchen Fällen auch nach Klee (vergl. S. 259), scheint
ebenfalls, wenigstens zum Teil, durch Fußkrankheit ver=
anlaßt zu werden. Eine direkte Bekämpfung, falls sie sich
zeigen, ist kaum mehr möglich, wohl aber kann man ihrem
Auftreten vorbeugen, wenn bei der Bestellung des Getreides
nach den in den betreffenden Monaten angegebenen Maß=
nahmen vorgegangen wird.

Der beim Weizen hauptsächlich als Erreger in Betracht
kommende Pilz, Ophiobolus herpotrichus, ist von Frank auch
als „Weizenhalmtöter" bezeichnet worden, während jener des

Roggens, Leptosphaeria herpotrichoides, von ihm die Bezeich=
nung „Roggenhalmbrecher" erhielt und zwar deshalb, weil
die Roggenhalme infolge der Angriffe dieses Pilzes schon
von Anfang Juni an am Grund umknicken oder abbrechen,
was oft zu schweren Schädigungen führen kann. Auch hier ist
der Halmgrund durch den Pilz, der in der Halmhöhlung
als weißes Schimmelmycel erscheint, geschwärzt und zerstört.

Ein solches Umknicken der Halme wird übrigens auch
durch die Sommergeneration der Hessenfliege, Cecidomyia
destructor (vergl. S. 268), bei den verschiedenen Getreide=
arten veranlaßt; hier findet man aber an jenen Stellen,
wo der Halm gebrochen ist, zum Unterschied von der Pilz=
krankheit, die gelblichen Larven dieser Fliegen, die auf
S. 268 näher beschrieben sind.

Besonders häufig bei Roggen, aber auch bei anderen
Getreidearten, kann die Fußkrankheit auch durch zur Gat=
tung Fusarium gehörige Pilze veranlaßt werden, die an den
Wurzeln und am Halmgrund in Form weißer oder blaßroter
schimmelartiger Wucherungen auftreten. In der Regel ge=
langt dieser Pilz bereits mit dem Saatkorn in den Boden;
seinem Auftreten kann demnach meist durch Beizung des
Saatgutes begegnet werden. (Vergl. S. 263.)

Schließlich kann auch der Getreidemehltau, Erysiphe
graminis, ähnliche Beschädigungen des Halmgrundes veran=
lassen.

Je nachdem die eigentlichen Fußkrankheiten schon längere
Zeit vor der Reifung des Getreides oder erst unmittelbar
davor auftreten, ist der bewirkte Schaden, der sich in einer
mangelhaften Ausbildung der Körner geltend macht, mehr
oder minder groß. In den meisten Fällen, wo ein den
ganzen Sommer hindurch gutstehendes Getreide beim Aus=
drusch die Erwartungen enttäuscht hat, war das Auftreten
solcher Fußkrankheiten die Ursache.

Ein oft recht beträchtlicher Prozentsatz der Ähren oder
Rispen der verschiedenen Getreidearten kommt oft nicht zur
normalen Ausbildung infolge der Tätigkeit tierischer Feinde:

In erster Linie ist hier die sogenannte Halmfliege,
Chlorops taeniopus, zu nennen, die besonders beim Weizen
und bei der Gerste bewirkt, daß die Ähre in der Blattscheide

stecken bleibt. Untersucht man eine in dieser Beziehung ver=
dächtige Pflanze genauer durch Auseinanderziehen der Blatt=
scheide, so wird man in der Regel finden, daß das oberste

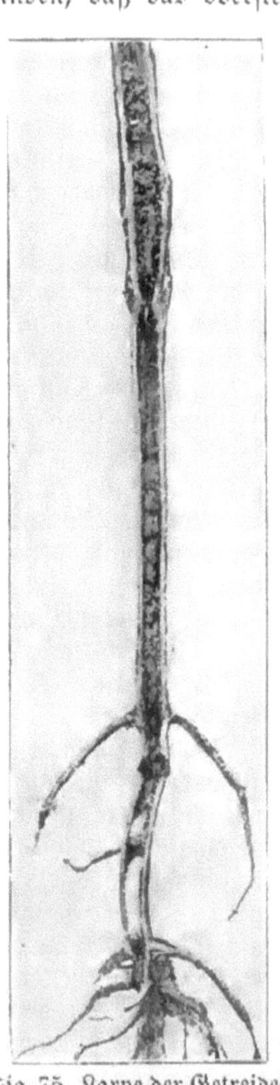

Fig. 74. Getreidehalmfliege
(Chlorops taeniopus).

Fig. 75. Larve der Getreide=
halmwespe, am Grunde des
(aufgeschnittenen) Halmes
sitzend.

Halmglied der Länge nach durchfressen ist und am Grund dieses Fraßganges, unmittelbar über dem ersten Knoten, findet man die etwa 8 mm lange, weißgelbe Larve oder bereits die braune Puppe des Tieres, aus der die Fliege meist schon vor der Ernte ausfliegt. Das wichtigste Vorbeugungsmittel gegen das Auftreten der Halmfliege ist wie bei den übrigen Getreidefliegen eine möglichst frühe Aussaat des Sommergetreides und eine möglichst späte des Wintergetreides. (Vergl. S. 269.)

Die gegen 10 mm lange Larve eines anderen Schädlings, der Halmwespe, Cephus pygmaeus, durchfrißt, namentlich beim Weizen und Roggen, den ganzen Halm von oben bis unten, was man, wenn man den Halm

Fig. 76. Getreidehalmwespe (Cephus pygmaeus). Länge 7 mm. Wespe, Hinterleib der Wespe von der Seite, Larve. (Nach Nörig.)

der Länge nach spaltet, sofort besonders an den Halmknoten feststellen kann. Zurzeit der Ernte findet sich die Larve oder vielfach auch bereits die Puppe im unteren Halmglied in mehr oder minder großer Höhe über dem Boden. Bei einigermaßen starkem Auftreten dieses Schädlings, der meist das Hervorbrechen der Ähre aus der Blattscheide nicht verhindert, wohl aber eine mangelhafte Entwicklung der Körner zur Folge hat, sollte man sich vor der Ernte überzeugen, in welcher Höhe über dem Boden der Schädling in den Halmen sitzt. Meist wird man allerdings finden, daß er sich dicht am Grund des Halmes befindet, so daß es, selbst wenn man den Schnitt dicht am Boden vornimmt, nicht gelingt, ihn mit dem Stroh vom Felde zu entfernen und ihn unschädlich zu machen, indem man dieses Stroh bald verfüttert oder als Einstreu verwendet. Bleibt der Schädling in den Stoppeln, so liegt besondere Veranlassung vor, den auf S. 199 für das Stoppelstürzen gegebenen Weisungen nachzukommen.

An die Hirse (und an Hanf) legt im Juni und Juli der Hirsezünsler, Pyralis silacealis, seine Eier; die daraus hervorgehenden Räupchen fressen sich ähnlich wie die Maden der Halmwespe durch die Knoten der Halme hindurch bis an den untersten Teil der Pflanze, wo sie überwintern. Man geht dagegen genau so vor, wie gegen die Halmwespe.

Von der Halmwespe befallene Pflanzen fallen vor den übrigen besonders dadurch auf, daß ihre Ähren vorzeitig bleichen.

Fig. 77.
Durch Milben (Tarsonemus spirifex) beschädigte Haferrispen.

Namentlich beim Hafer, gelegentlich aber auch bei anderen Getreidearten, wird eine mangelhafte Entwicklung der Rispen bezw. der Ähren und meist auch ein Steckenbleiben derselben in den Blattscheiden sehr häufig auch veranlaßt durch die Tätigkeit von **Milben**, Tarsonemus spirifex, die besonders am Grunde des obersten Halmgliedes saugen und beim Auseinanderziehen der Blattscheide mit Hilfe der Lupe

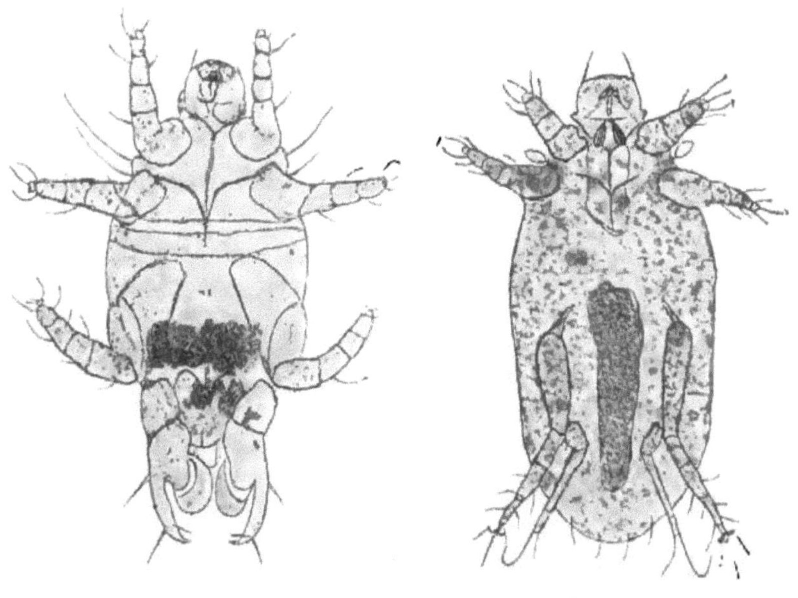

Fig. 78. Tarsonemus spirifex. (Stark vergrößert.)

leicht wahrgenommen werden können. Die Milbenkrankheit des Hafers ist außer durch diesen direkten Nachweis der Milben leicht zu erkennen durch die meist schwach spiralförmigen Krümmungen des in der Blattscheide steckenden Halmgliedes, vor allem aber durch die in der Regel auftretende rötliche Färbung der Rispen und oft der ganzen Pflanze. Diese Krankheit des Hafers ist eine der Hauptursachen dafür, daß in gewissen Gegenden, wie z. B. im Voralpengebiet, der Hafer in manchen Jahren mehr oder minder mißrät; auf Feldern, wo sie sich zeigt, sollte in den nächsten 2—3 Jahren kein Hafer, überhaupt kein Getreide gebaut werden. Die zu ofte Wiederkehr des Hafers in der Fruchtfolge oder gar die so vielfach übliche, unmittelbare Aufeinanderfolge dieser Getreideart, stellt die Hauptursache für das Auftreten der Milbenkrankheit dar, der im übrigen auch durch gute Bodenbearbeitung und Düngung vorgebeugt werden kann; vor allem scheint Phos=phorsäuredüngung gute Wirkung zu haben.

Wesentlich seltener ist eine andere Milbenart am Hafer, Pediculoides Avenae, die veranlaßt, daß die Pflanzen zwergig bleiben, sich gar nicht bestocken und ebenfalls die Rispen nicht ent=falten; auch diese Milben sitzen hauptsächlich am Grunde des obersten Halmgliedes. Mehr an Gerste, Weizen und Roggen, aber ebenfalls nicht sehr häufig, kommt endlich eine dritte Milbenart, Pediculoides graminum, vor, durch die oft die oberste Halmpartie direkt durch=genagt wird, so daß das oberste Halmglied mit der Ähre vollständig absterben, oder die Ähre ebenfalls zwischen den Blattscheiden stecken bleiben kann. Kommt die Ähre, wie es beim Roggen häufig der Fall ist, doch hervor, so zeigt sie ähnliche Erscheinungen, wie sie durch den Blasenfuß veranlaßt werden.

Beim Hafer und bei der Gerste kann ein schlechtes Wachstum, namentlich das Unterbleiben des Schossens auf unregelmäßig begrenzten Flächen des Feldes, auch durch die Rübennematoden veranlaßt werden. Die Nema=toden saugen an den Wurzeln und veranlassen auch an ihnen, so wie es bei den Rüben näher beschrieben ist (vergl. S. 244), kleine sandkornartige Anschwellungen: die ganze Wurzel erhält ein struppiges Aussehen. Über die Bekämpfung s. S. 244.

Schließlich ist der Raupen der Getreideeule und der Queckeneule, Hadena secalis und H. basilinea, Erwähnung zu tun, von denen die erste gelegentlich eine Weißährigkeit beim Roggen hervorruft, indem sie den Halm unterhalb der Ähre durchbeißt, während die zweite besonders dadurch bekannt ist, daß sie außer den Blättern auch die unreifen Körner des Roggens und Weizens anfrißt, wodurch oft, wenn sich in den Getreideproben solch angefressene Körner finden, der Verdacht erweckt wird, als läge ein Schaden durch eigentliche Speicherschädlinge vor. Als ein solcher ist die Raupe wohl kaum anzusehen, obgleich sie auch in der Scheune den Fraß an den Körnern noch weiter fortsetzt.

Auch der **Getreidelaufkäfer** (vergl. S. 49) frißt die noch jungen, weichen Körner aus den Ähren.

Recht bedeutend kann unter Umständen der Schaden werden, der durch **Krähen** und noch mehr durch **Sperlinge** durch Ausfressen der Körner veranlaßt wird, wenn sie in Getreideschläge einfallen oder auf den Garben sich niederlassen. Da es wohl kaum möglich ist, immer Wachen aufzustellen, und auch die üblichen Vogelscheuchen keine genügende Wirkung ausüben, so wäre zu versuchen, ob nicht durch Aufstellen von Klappern mehr Erfolg erzielt werden könnte. Klappermühlen, die durch den Wind angetrieben werden, sind zum Preise von 5 ℳ von Tischlermeister H. **Oltermann in Jork**, Bez. Hamburg, zu beziehen; sie könnten wohl auch noch aus billigerem Material hergestellt werden. Noch besser wären natürlich solche Vorrichtungen, die durch ein einfaches Uhrwerk in Gang gehalten werden könnten. Abschreckend wirkt es auch einigermaßen, wenn man einige abgeschossene Krähen oder Sperlinge auf Stangen aufhängt.

Gegen die meisten der erwähnten Getreideschädlinge kommt eine direkte Bekämpfung kaum in Betracht. Umso wichtiger ist es, ihrem Wiedererscheinen möglichst vorzubeugen. Das beste Mittel ist bei der Mehrzahl von ihnen das **sofortige Umpflügen der Stoppeln nach der Ernte**, namentlich gegen die Halmwespe, den Blasenfuß, die Getreideblattlaus, die Erreger der Fußkrankheit und die verschiedenen Getreideblattpilze, unter denen außer den genannten auch noch verschiedene, besonders auf den Weizenblättern auftretende Arten gelegentlich schädlich werden können, wenn auch meist wohl nur dann, wenn die Pflanzen bereits durch andere Ursachen geschwächt sind. Selbstverständlich kommt das Umpflügen aber da nicht in Frage, wo eine Untersaat vorhanden ist, die sich ja erst nach Aberntung des Getreides rasch entwickeln soll. Auf ein möglichst gutes Gedeihen solcher **Untersaaten** kann bei der Getreideernte ebenfalls schon Rücksicht genommen werden; so hat es sich auf Böden, auf denen die Serradella nicht ohne weiteres gedeiht, als sehr nützlich erwiesen, das Getreide ziemlich hoch abzuschneiden, da die zurückbleibenden hohen Stoppeln den jungen Pflänzchen einen gewissen Schutz gewähren. Wo solche Untersaaten nicht in Betracht kommen, erscheint das sofortige Stürzen der Stoppeln schon deswegen äußerst empfehlenswert, weil dann noch Zeit bleibt, daß sich in dem Boden die für die gesunde Entwicklung aller folgenden Früchte so wichtige Ackergare vollziehen kann. Will man aber nach dem Wintergetreide noch eine Zwischensaat zur Gewinnung von Futter= oder Gründüngungspflanzen bauen, so empfiehlt sich das frühzeitige Stoppelstürzen erst recht, da für die Entwicklung solcher Saaten jeder Tag, der sich durch die früh= zeitige Saat mehr ergibt, einen Gewinn bedeutet.

Wenn es gilt, mit den Stoppeln Schädlinge unterzubringen, so hängt die zu wählende Tiefe von der Art des Schädlings, ferner von der Art des Bodens u. s. w. ab. Jedenfalls aber vergesse man nicht, daß sofortiges Stoppelstürzen nach dem Schnitt auch dann notwendig ist, wenn eine Schädlings= bekämpfung nicht in Betracht kommt. Der Hauptzweck des Umbruches ist in diesem Falle, möglichst schnell die Zersetzung der Stoppel= und Wurzelreste zu bewirken und dadurch, sowie durch die folgenden Maßnahmen, in dem Boden jene Vorgänge zu unter= stützen, die zu seiner Gare führen. Wird dies erreicht, so ist dadurch zugleich auch ein besonders wichtiges Erfordernis des Pflanzenschutzes erfüllt; die Vernichtung irgend eines Schädlings kann sogar, wenn er nicht allzustark aufgetreten sein sollte, in ihrer Bedeutung weit hinter dieser zurückstehen. Um so wichtiger ist es, sich zu ver= gegenwärtigen, daß der genannte, mit dem Stoppelumbruch verfolgte Zweck um so schneller und besser erreicht wird, je flacher das Schälen erfolgt. Nach von Rümker wird am besten der dreischarige Pflug verwendet. Wir stimmen mit diesem Forscher durchaus überein, wenn er ausspricht: „Das Hauptziel der ganzen Boden= bearbeitung ist die Herstellung der Bodengare." Es sei gleich hier kurz angedeutet, welche Maßnahmen nach ihm dem Schälen zu folgen haben, um diesen Zweck möglichst gut zu erreichen. War es beim Schälen trocken, oder ist der Boden schwer und zähe, so muß nach dem Schälen eine mindestens mittelschwere Ringelwalze folgen. Ist dann die Verwesung der Stoppelrückstände 2c. erfolgt, so ist die angewalzte Schälfurche tüchtig durchzueggen. Das nun rasch auflaufende Unkraut darf natürlich nicht zu Samenbildung gelangen; man verhindert dies unter Umständen unter Vermeidung des die Gare störenden wiederholten Bearbeitens, indem man es abmäht und auf dem Felde liegen läßt. Schließlich folgt die Saat= furche für Wintersaaten oder die tiefe Sturzfurche vor Winter in den Tiefen, die die darauf folgende Frucht verlangt; diese Herbst=

furche bleibt den Winter über rauh liegen, damit der Frost gut ein=
bringen kann. — Soll noch eine Gründüngungstoppelsaat
stattfinden, so kommt es besonders darauf an, möglichst rasch vorzu=
gehen. Ein Landwirt aus Hannover teilte dem Verfasser mit, daß
er den 4. August für den spätesten Termin halte, zu den bei Lupinen
noch auf Erfolg der Gründüngungssaat gerechnet werden könne.
Die vielfach notwendige Kaliphosphatdüngung gibt man am besten
schon zur Vorfrucht oder man streut sie auf die Stoppeln kurz vor
dem Schälen. Das Aufgehen der Stoppelsaaten wird häufig durch
die Trockenheit beeinträchtigt; richtige Bearbeitung des Bodens vor
dem Eindrillen der Saat, auf die im einzelnen hier nicht einge=
gangen werden kann, zur Erhaltung, bezw. Gewinnung der nötigen
Bodenfeuchtigkeit, ist deshalb besonders wichtig; gleichzeitig soll
einer Verqueckung oder sonstigen Verunkrautung möglichst durch sie
vorgebeugt werden. Man beachte aber auch die Beschaffenheit des
Saatgutes, prüfe namentlich die Lupinen vorher in Erde des zu be=
stellenden Feldes, da sie oft, selbst wenn sie im Keimapparat noch
eine gute Keimfähigkeit zeigen, wenn sie nicht mehr ganz frisch sind,
in gewissen Böden mehr oder minder versagen. Sicherer, nament=
lich auf trockenen, sandigen Böden, aber angeblich nur in kleineren
Wirtschaften gut durchführbar, ist die Einsaat der Lupinen
zwischen die Kartoffelreihen schon zur Zeit der Heuernte.

Von Bedeutung ist es auch, die Ernte zur richtigen
Zeit vorzunehmen; namentlich ist zu berücksichtigen, daß
in den meisten Gegenden Deutschlands und namentlich in
feuchten Sommern Schnittreife und Keimreife des Getreides
in den meisten Fällen nicht zusammenfallen. Vielfach zeigt
z. B. der Weizen oft in der Zeit nach der Ernte eine sehr
schlechte Keimungsgeschwindigkeit und während normal aus=
gereifte Körner in 3—4 Tagen 100 % Keimlinge liefern,
kommt es häufig vor, daß solcher Weizen selbst in 3—4 Wochen
noch nicht völlig ausgekeimt ist. Selbst zur Saatzeit im
Herbst sind solche Körner in der Regel noch nicht ausgereift,
was allerdings nicht immer von Nachteil zu sein scheint; auch
zeigt Mehl, das aus derartigen Körnern gewonnen wird,
eine schlechte Backfähigkeit. Man sollte daher die Ernte des
Getreides nicht zu früh, jedenfalls nicht vor vollendeter
Gelbreife vornehmen, und außerdem es ermöglichen, daß
das Getreide noch genügend nachreifen kann. Es geschieht
dies zum Teil schon auf dem Felde während des Trocknens,
zum Teil in dem sogen. Schwitzprozeß, der sich in der
Scheune vollzieht, so lange das Getreide noch nicht aus=
gedroschen ist.

Brangerste sollte erst in der Todreise geerntet werden.

Das Trocknen des Getreides erfolgt am schnellsten, wenn man es auf dem Schwaden liegen läßt; doch ist dieses Verfahren nur bei beständigem Wetter zulässig und selbst in diesem Falle führt es vielfach durch das wiederholte Wenden zu nicht unbedeutenden Verlusten. Es sollte daher nur ausnahmsweise ausgeführt werden, namentlich wenn die Frucht stark durchwachsen ist von eingesäten Pflanzen oder von Unkraut und die Witterung sehr beständig ist. Entschieden vorzuziehen ist in den meisten Fällen das sofortige Binden in Garben, in denen das Trocknen zwar langsam, die Nachreifung aber besser vor sich geht.

Das Aufstellen dieser Garben in dachförmigen Stiegen oder Hocken, in welchen die Garben in 2 Reihen schräg gegeneinander gestellt werden, so daß sie ein dachförmiges Zelt bilden, auf dessen First sich die Ähren befinden, ist vielfach üblich. Die Ähren trocknen

Fig. 79. Getreidepuppe mit Hut.

dabei rasch, sind aber bei schlechtem Wetter dem Regen völlig preisgegeben, so daß selbst Auswuchs erfolgen kann. Jedenfalls sollte man diese Methode nur anwenden, wenn der Schnitt schon bei sehr vorgeschrittener Reife erfolgte. Die Stiegen sind am besten von Nord nach Süd oder Nordwest nach Südost aufzustellen.

Größere Sicherheit bietet die bedachte Stiege, bei der über den First mehrere Garben gestülpt werden, um das Eindringen des Wassers möglichst zu verhindern.

Bei den sogen. Kreuzmandeln werden 4 Garben so auf dem Boden gegeneinander gelegt, daß sie ein liegendes Kreuz bilden und mit den Ähren sich gegenseitig decken. In dieser Weise legt man 3 oder 4 Schichten aufeinander und deckt schließlich noch 3 Garben dachförmig so auf, daß sie namentlich nach der Wetterseite Schutz bieten. Dieser Schutz ist aber kein genügender und die auf dem Boden liegenden Garben sind sehr gefährdet. Auch diese Methode kann daher im allgemeinen nicht empfohlen werden.

Die beste Methode ist das Aufstellen von Getreidepuppen, bei denen man um eine etwas stärkere, aufrecht gestellte Garbe 1 andere schräg dagegen und in die Lücken 4 weitere Garben setzt und schließlich eine andere als Haube so mit den Ähren nach unten stülpt, daß die 9 darunter befindlichen Garben gedeckt sind. In manchen Gegenden ist es üblich, noch einige Garben schräg nach der Wetterseite an die Pyramide zu legen, die aber bei windigem

Wetter leicht abgeweht werden. Leider ist gerade diese Methode etwas zeitraubender als die vorgenannten; aber überall, wo es auf die Gewinnung besonders guter Körnerqualität ankommt, und namentlich auch bei Braugerste, sollte sie zur Anwendung gelangen.

Sobald die Körner hart und trocken geworden sind, kann das Einfahren erfolgen; geschieht es früher, so tritt in den Scheunen leicht Selbsterhitzung des Getreides ein.

Die Aufbewahrung des Getreides erfolgt am besten in Holzscheunen, namentlich in Feldscheunen, während massive Scheunen, die Möglichkeit der Durchlüftung nicht genügend gewähren. Das Ausdreschen sollte erst erfolgen, nachdem die eingebauten Getreidemassen den Schwitzprozeß durchgemacht haben, weil sonst leicht Schimmelbildung und damit die Gefahr der Selbsterhitzung auf dem Speicher eintritt. Ist aber das Getreide feucht eingebracht worden, so wird man es möglichst bald ausdreschen, um das völlige Verderben der Körner zu verhindern. Diese breitet man auf dem Boden möglichst dünn aus und wendet sie häufig um. Haben die Körner bereits Schimmelgeruch angenommen, so empfiehlt es sich, sie mit Kohlenpulver zu mischen, das man nach einigen Wochen wieder ausputzen kann. Direkt feuchtes Getreide läßt sich durch Vermischung mit etwa gleichen Teilen feingemahlenem Pferdehäcksel, aus dem man vorher mittelst einer Windfege die Strohknoten ausgeschieden hat, trocknen, wenn der Haufen täglich oder alle 2 Tage umgeschaufelt wird. Schon nach 8 Tagen ist das Häcksel, das Feuchtigkeit an sich gezogen hat, wieder durch die Windfege vom Korn zu trennen; unter Umständen muß dann das Verfahren, möglichst mit frischem, trockenem Häcksel wiederholt werden.

Endlich kann bereits muffig gewordenes Getreide wieder gebessert werden, wenn man es in kalten, klaren Nächten bei offenen Speicherfenstern tüchtig umarbeiten läßt.

Das bereits auf den Speicher gebrachte Getreide muß, selbst wenn es durchaus trocken ist, bei längerer Lagerung sorgfältig davor bewahrt werden, daß es nicht aus der Luft wieder zu viel Feuchtigkeit anzieht. Die Gefahr dazu ist am größten im Herbst und besonders im Frühjahr. Im Herbst kann sehr feuchte und kalte Luft, die von außen in den Speicherraum gelangt, Wasser an warmes Getreide abgeben; gefährlicher ist aber noch das durch den Schwitzprozeß aus den Körnern selbst austretende Wasser, das sich auf ihnen niederschlagen kann. Im Frühjahr gibt warme Luft, die von außen eindringt, an das während des Winters kalt gewordene Getreide Wasser ab und wenn dies längere Zeit hindurch vor sich geht, kann das Getreide zu schimmeln anfangen. Es ist daher, wie besonders J. Fr. Hoffmann nachwies, die Frage, wann die Speicherfenster zu öffnen oder geschlossen zu halten sind, sehr wichtig und ebenso darf das Umschaufeln nicht zu jeder beliebigen Zeit vorgenommen werden. Ist die Außenluft wärmer als das Getreide und die Speicherluft, so sind die Fenster geschlossen zu halten, während man sie an kalten

Tagen und in der Nacht öffnet. Das Umarbeiten des
Getreides ist zu unterlassen, wenn die äußere Luft
wärmer und feuchter ist als die Speicherluft; natürlich
hält man auch bei Regenwetter und Nebel die Speicher
geschlossen.

Damit man sich bei der Beurteilung der Frage, ob die Außen-
oder Innenluft mehr Feuchtigkeit enthält, nicht bloß auf das Gefühl
zu verlassen braucht, das in manchen Fällen trügen kann, verwendet
man zweckmäßig nach dem Vorschlag von J. Fr. Hoffmann ein
Schleuderpsychrometer, das vom Versuchs-Kornhaus Berlin N. für
6 Mark zu beziehen ist.

An den Fenstern müssen, um das Eindringen von Vögeln und
anderen Speicherfeinden während des Öffnens derselben zu verhindern, Drahtgitter angebracht werden.

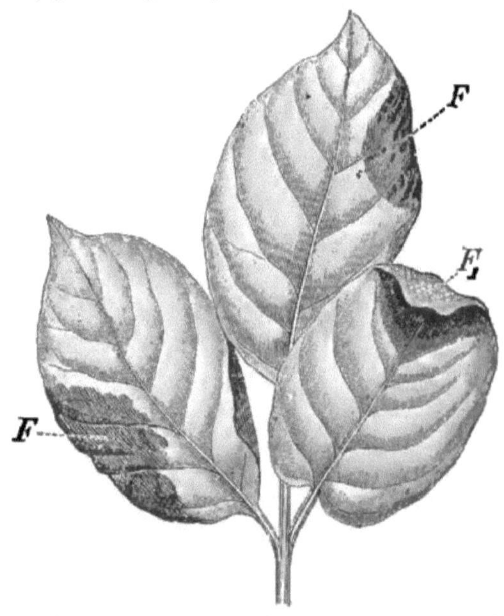

Fig. 80. Kartoffelblatt mit durch Phytophthora veranlaßten Flecken.

Nach der Getreideernte kann man wieder gegen etwa
vorkommende **Hamster** vorgehen. (Vergl. S. 385.)

Bei den **Kartoffeln** kommt jetzt endgültig die Frage in
Betracht, ob man sie zur Vorbeuge gegen die Krautfäule,
veranlaßt durch Phytophthora infestans, mit Kupferpräparaten
bespritzen soll; tritt im Laufe des Monats oder später-

hin diese Krankheit in starkem Maße auf, so wird man
sich freuen, durch die Bespritzung vorbeugend gewirkt zu
haben; andernfalls aber kann diese Maßnahme, wenn die
Krankheit ausbleibt, zwecklos werden und in diesem Falle
nicht nur unnütze Kosten verursachen, sondern unter Um=
ständen sogar den Ertrag an Kartoffeln etwas herabdrücken.
Unbedingt vorzunehmen wird die Bespritzung sein an den
mittelspäten und späten Kartoffeln, sobald an den Früh=
kartoffeln der Pilz bereits sich zu zeigen beginnt oder wenn
andauernde feuchtwarme Witterung die Wahrscheinlichkeit des
Auftretens der Krankheit sehr in die Nähe rückt. Als nütz=
lich kann sich ferner die Bespritzung bei Kartoffeln erweisen,
die an der Ring= und Blattrollkrankheit leiden, da durch
sie die Lebensdauer der Pflanzen hinausgezogen wird und
deren Knollen dadurch nicht so klein bleiben, wie es sonst bei
dieser Krankheit der Fall ist. Da die Bespritzung der
Kartoffeln mit Kalkbrühe für sich allein auf manchen Boden=
arten eher schädlich wirkt, so empfiehlt sich für die Be=
spritzung der Kartoffeln auch die zunächst versuchsweise An=
wendung von 1—2%iger Kupferhumusbrühe. (Vgl. S. 354.)

Die Krautfäule, die man früher allgemein einfach als
„Kartoffelkrankheit“ bezeichnete, äußert sich durch das Auftreten
brauner, später schwärzlich werdender und vertrocknender Flecken
auf den Blättern und schließlich auch auf den Stengeln; charakte=
ristisch für sie ist, daß man bei feuchter Witterung auf der Unter=
seite der Blätter an der Grenze zwischen gesundem und krankem
Gewebe, die feinen, weißen, schimmelartigen Konidienträger des
Pilzes, namentlich mit Hilfe der Lupe, wahrnimmt. Hält die Witte=
rung, die die Ausbreitung des Pilzes begünstigt, an, so sterben
schließlich die gesamten oberirdischen Teile der Pflanzen ab; tritt
aber trockene Witterung ein, so kommt die Krankheit zum Stillstand.
Bei stärkerem Auftreten ist das Vorhandensein der Krankheit auf
einem Feld auch durch den eigentümlichen, widerlich süßen Geruch,
der sich weithin verbreitet, ohne weiteres erkennbar.

Auch die Tomate wird von der Krautfäule be=
fallen.

Verwechselt wird manchmal mit der Krautfäule der Kar=
toffeln die nicht selten auftretende Dürrfleckenkrank=
heit, die ebenfalls durch einen Pilz, Alternaria solani, veran=
laßt wird; doch fehlen bei ihr die angegebenen charakteristi=
schen Merkmale. Das Kraut zeigt vielmehr schwarzbraune,

trocken bleibende Flecken, die sich schließlich über die ganze
Fläche verbreiten können. Auch gegen diese Krankheit, die meist
erst im Juli aufzutreten beginnt, kommt die vorbeugende
Bespritzung mit Kupferpräparaten in Betracht; ebenso gegen
eine andere, seltenere Blattfleckenkrankheit, bei der auf der
Unterseite der zunächst gelben, dann braunen Flecken ein
grauvioletter Pilz, Cercospora concors, sich zeigt. Andere
Fleckenkrankheiten, wie die **Pocken- und Stipp-
flecken,** scheinen mehr durch Ernährungsstörungen veranlaßt zu werden; bei den ersteren zeigen sich braune Flecken
in dem sonst grünbleibenden Gewebe, bei den letzteren sind
die Flecken schwarzbraun, dick und hart und das ganze Blatt
ist gelbbraun verfärbt.

Im übrigen wird das Kartoffelkraut häufig heimgesucht
von verschiedenen **Blattlaus- und zahlreichen Wan-
zenarten,** verschiedenen **Zikaden und Blasenfüßen,**
sowie von **Erdflöhen, Raupen, Käfern** und deren
Larven 2c.

Ein Erkranken oder Verkümmern der oberirdischen
Teile der Kartoffelpflanzen kann auch vom Stengel bezw.
von den Knollen der Pflanzen ausgehen; Beispiele hierfür
haben wir schon in der Schwarzbeinigkeit, in der Ring-
und Blattrollkrankheit kennen gelernt. Hier sei nur noch
erwähnt, daß die Kartoffelstengel auch von der **Sklerotienkrankheit** befallen werden können (vergl. S. 343),
wobei häufig nur der Traubenschimmel, Botrytis cinerea, auftritt, und daß sehr häufig die bis zu 10 mm langen, schmutzig
graugelben Maden der **Zwiebelmondfliege,** Eumerus
lunulata, die auch in den Herzen der Zwiebelpflanzen fressen
und diese zum Absterben bringen, durch ihren Fraß an den
untersten Stengelteilen (und den Saatknollen) der Kartoffeln
zum Welken und selbst Eingehen der Pflanzen Veranlassung
geben können. Über andere Schädlinge der Knollen, von
denen auch manche auf den Stengel übergehen können, vergl.
Oktober, S. 286. Zu erwähnen ist nur noch, daß auch die
Rübennematode auf die Wurzeln der Kartoffeln
übergeht.

Die **Blattrollkrankheit** der Kartoffel ist jetzt,
wo sie auftritt, besonders deutlich erkennbar; namentlich

fällt der ungleiche Stand der Pflanzen auf Feldern, die von der Krankheit befallen sind, auf, indem sich neben gesunden, üppigen Standen die meist niedrigeren, erkrankten Pflanzen mit nach oben gerollten, meist auch gelblich gefärbten, späterhin meist unter Bräunung absterbenden Blättern sich befinden. Von derartig erkrankten Stöcken darf kein Saatgut gewonnen werden, da sich sonst im nächsten Jahre die Krankheit meist in noch stärkerem Maße zeigen würde. Von Mitte Juli bis Mitte August ist die beste Zeit, darauf Bedacht zu nehmen. Überwiegt die Zahl der kranken Stöcke bedeutend, so wird man sich im kommenden Frühjahr nach frischem Saatgut, möglichst unter Garantieforderung, daß es von

Fig. 81. Schwarzbeinige Kartoffeltriebe.
(Nach Krüger u. Körtg.)

einem gesund gewesenen Feld stammt, umtun müssen. Dabei braucht nicht unter allen Umständen ein Wechsel der Sorte vorgenommen zu werden. Sind die kranten Stöcke sehr

in der Minderzahl, so markiert man sie jetzt durch beigesetzte
Stäbchen oder auf sonstige Weise, damit zur Erntezeit, zu
der die Unterschiede zwischen gesunden und kranken Pflanzen
nicht mehr erkennbar sind, deren Knollen scharf von den
gesunden getrennt werden können. Stark erkrankte Pflanzen,
namentlich auch solche, die an Schwarzbeinigkeit
leiden, d. h. deren Stengelbasis, im Gegensatz zu den nur
blattrollkranken, durch die Wirkung von Bakterien oder
Pilzen geschwärzt oder abgestorben ist, sind am besten voll=
ständig zu entfernen.

Die Kartoffelsorten sind für die vorerwähnten Krankheiten in
sehr verschiedenem Maße empfänglich. Freilich kann diese Empfäng=
lichkeit auch bei derselben Sorte unter dem Einfluß örtlicher Ver=
hältnisse wechseln; auch die jeweilige Beschaffenheit des Saatgutes
spielt sicherlich eine große Rolle. Nach Erfahrungen in Westfalen,
die A. Spieckermann zusammenfaßte, haben sich dort im all=
gemeinen erwiesen:

1. als empfänglich für Blattrollkrankheit, wenig für Kraut=
   und Knollenfäule, sowie für Schwarzbeinigkeit: Magnum
   bonum, Bruce;
2. für Blattrollkrankheit fast gar nicht, für Schwarzbeinigkeit
   sehr, für Krautfäule mehr oder weniger empfänglich: Alle
   roten Sorten, Industrie, Up to date (?), Maercker.

Erwähnt muß hier auch die Tatsache werden, daß nicht
selten die Kartoffeln auf kreisförmigen Flächen von 5—6 m
absterben. Man hat die Erscheinung, da an den erkrankten
und bereits abgestorbenen Pflanzen Fusarien auftraten, als
eine Pilzkrankheit angesehen, die man als „Kartoffelpest‟
bezeichnete. Doch hat sich herausgestellt, daß es sich ledig=
lich um die Folgen von Blitzschlägen handelte.

In den **Rübenfeldern** beginnt in trockenen Jahren
im Juli besonders auf leicht austrocknenden Böden die Herz=
und Trockenfäule aufzutreten, die bis in den Oktober
hinein sich zeigen kann. Als Erreger der Krankheit nimmt
man Pilze, namentlich Phoma betae, an, die aber allem
Anschein nach nur, wenn die Pflanzen das durch Ver=
dunstung verloren gehende Wasser nicht mehr zur Genüge
durch die Wurzeln ersetzen können und daher tagsüber welken,
Fuß zu fassen vermögen. Ein Umschlag der Witterung bringt
deshalb die Krankheit, die sich zunächst in einem mit Schwarz=
werden verbundenen Absterben der jüngsten Herzblätter

äußert, meist zum Stillstand, sodaß wieder frische Blätter
austreiben; andernfalls können sämtliche Blätter befallen
werden und auch am Rübenkörper kann eine Trockenfäulnis
eintreten, die sich auch späterhin selbst bei den schon ein=
geernteten Rüben fortsetzt. Hauptsächlich tritt die Krankheit
auf Böden auf, die auch zum Wurzelbrand neigen,
d. h. solchen, die wenig oder keinen milden Humus, sondern
eher freie Humussäure enthalten, die leicht verkrusten und
austrocknen, kalt und untätig sind. Stärkere Düngungen
mit Chilisalpeter, etwa 4 Doppelzentner auf 1 ha, sollen
günstigen Einfluß haben; auch schon im Herbst oder Früh=
jahr auszuführende Kalkungen solcher Böden dürften vor=
beugend wirken, dagegen hat man mit Scheidekalk enthaltender
Schlammerde der Zuckerfabriken schon schlechte Erfahrungen
gemacht. Nach anderweiten Wahrnehmungen tritt die Krank=
heit um so leichter und stärker auf, je ungünstiger im
Boden das Verhältnis von Phosphorsäure zum Kali ist;
hier käme demnach Düngung mit phosphorsäurehaltigen
Stoffen in Betracht. In Frage können vielleicht auch zur
Vorbeuge Düngungen mit Humuspräparaten kommen; am
besten würde natürlich da, wo Trockenheit die eigentliche
Ursache darstellt, eine künstliche Bewässerung wirken. Kann
der Krankheit nicht Einhalt getan werden, so sind die Rüben
so zeitig als möglich zu ernten.

Häufig werden die Rüben, wie schon im Juni erwähnt,
auch vom falschen Mehltau, Peronospora Schachtii,
befallen, wobei, wie es für diese Pilzarten charakteristisch
ist, die die Konidien abschnürenden Fäden des Pilzes in
Form eines feinen Flaumes an der Unterseite der Blätter,
namentlich der jüngeren, sich zeigen, die dabei eine hell=
grüne Farbe annehmen und durch auftretende Verdickungen
unregelmäßig wellig sich verkrümmen. Besonders häufig wer=
den die Herzblätter heimgesucht, weshalb man auch von
„Herzblattkrankheit" spricht. Bei den Samenrüben wird
durch den Pilz die Ausbildung der Fruchtstengel beein=
trächtigt; er überwintert, wie schon hier hervorgehoben sei,
im Kopf der Samenrüben, weshalb nur solche Exemplare
zur Samenzucht gewählt werden dürfen, die durchaus frei
von der Krankheit waren. Wie schon im Juni erwähnt,

kann als vorbeugende Maßnahme die Kupferkalkbespritzung in Betracht kommen.

Nicht selten ist an den Rüben auch eine **Blattfleckenkrankheit** anzutreffen, die durch Cercospora beticola veranlaßt wird. Die ausgebildeten weißgrauen Flecken sind fast kreisförmig und zeigen einen rötlichen Rand. Die Krankheit, die nur selten eine größere praktische Bedeutung erlangt, kann, wie es scheint, durch das Saatgut verschleppt werden, das man deshalb, wo mit dieser Gefahr zu rechnen ist, mit 2—4%iger Kupferkalkbrühe kandiert.

In späteren Monaten, oft erst gegen den Herbst hin, tritt besonders an den Herzblättern eine andere, durch Sporidesmium putrefaciens veranlaßte Blattfleckenkrankheit auf, bei der aber die nicht rot umränderten Flecken leicht zusammenfließen.

Gegen diese beiden Fleckenkrankheiten könnte, falls dies überhaupt notwendig erscheint, ebenfalls die vorbeugende Bespritzung mit Kupferkalkbrühe ausgeführt werden.

Ein Welken, oder eine kümmerliche Entwicklung, unter Umständen ein Absterben der Rübenpflanzen kann auch hervorgerufen werden durch Krankheiten des Rübenkörpers, wie sie durch den **Wurzeltöter**, Rhizoctonia violacea, die **Rübennematoden** und andere Schädlinge veranlaßt werden. Näheres hierüber siehe nachstehend unter Luzerne und August, S. 243.

An den Blättern der Rüben frißt weiterhin der **Nebelige Schildkäfer**, dessen Larven schon früher die Blätter durch ihren Fraß beschädigten (vergl. S. 129); die jungen Raupen der **Ypsilon-Eule**, Plusia gamma, und ebenso die Raupen einiger anderer Eulenarten, wie die Kohleule ꝛc., zerfressen im Juli und August die Blätter bis auf die stehenbleibenden Blattrippen und Stengel. Auch durch eine **Zünslerraupe**, Botys sticticalis, die gewöhnlich auf Beifuß lebt, sind namentlich in Rußland die Zuckerrübenblätter vom Juli an schon gänzlich abgefressen worden.

Gegen diese und andere gelegentlich auftretende Blattschädlinge empfiehlt sich vor allem das Eintreiben von Hühnern in die Rübenfelder; gut bewährt soll es sich haben, fahrbare Hühnerwagen in die Felder zu verbringen. (Vergl.

S. 89.) Auch ein Vergiften der Blätter mit Schwein=
furtergrün oder mit anderen arsenikhaltigen Brühen kommt
in Betracht. (Vergl. S. 369.)

Nicht selten werden die Zuckerrüben auch von Blatt=
läusen und von der Milbenspinne heimgesucht; im
letzteren Falle treten auf den Blättern bleiche Flecken auf, die
sich immer mehr ausdehnen, bis schließlich das ganze Blatt
vergilbt und abstirbt. Gegen beide Schädlinge kommen die
üblichen Bekämpfungsmittel in Betracht. (Vergl. Register.)

Das Auftreten von Schoßrüben, d. h. die Blüten=
stengelentwicklung schon im ersten Jahre, ist bekanntlich in
manchen Jahren sehr häufig und störend, da deren Wurzel=
körper holziger als bei den zweijährigen Rüben ist. Im
allgemeinen scheint die Ursache darin zu liegen, daß die
jugendlichen Pfläuzchen im Frühjahr von Spätfrösten be=
fallen werden und dadurch ein Verhalten zeigen, als hätten
sie bereits einen Winter hinter sich. Es ist aber sehr wahr=
scheinlich, daß auch andere Hemmungsvorgänge, die im Laufe
der Vegetation sich geltend machen, das Aufschießen der
Rüben (und anderer Pflanzenarten, die wie Sellerie, Mohr=
rüben re. fleischige Reservestoffbehälter bilden) bewirken. Auch
nach der Sorte und wie es scheint, nach der Beschaffenheit
des verwendeten Saatgutes tritt das Schossen der Rüben
in sehr verschiedenem Grade auf.

In den **Kleefeldern** achte man weiterhin auf das Auf=
treten der Seide, des Kleeteufels usw. und auf die hierfür
gegebenen Weisungen. (Vergl. S. 131.)

Man prüfe ferner auch die einzelnen Kleepflanzen
darauf, ob nicht etwa die amerikanische, durch die
starke Behaarung, namentlich der jungen Triebe, auffallende
Varietät des Rotklees vorliegt und ob in diesem Falle
vielleicht ein stärkerer Befall dieser Pflanzen durch Mehl=
tau oder andere Pilze bemerkbar ist; jedenfalls ist dies
schon wiederholt beobachtet worden. Auch der sogenannte
Stengelbrenner des Rotklees, Gloeosporium
caulivorum, der an Stengeln und Blattstielen lange schwarze
Flecken hervorruft und schließlich die über diesen Flecken
liegenden Pflanzenteile zum Absterben bringt, soll besonders
die amerikanische Varietät heimsuchen.

Auch auf Luzerne und anderen Kleearten treten gelegentlich Mehltau und andere Blattkrankheiten u. dergl. auf; eine direkte Bekämpfung kann aber dabei kaum in Betracht kommen. Fast immer ist ein derartiger Befall als ein Zeichen dafür zu betrachten, daß eine den klimatischen und Bodenverhältnissen nicht angepaßte Sorte oder Herkunft vorliegt, oder daß der Düngungszustand des Bodens, namentlich in Bezug auf den Kalkgehalt, unbefriedigend ist.

Eine besonders die Luzerne heimsuchende, gerade im Juli und späterhin oft in auffallendem Maße sich zeigende und sehr schädliche Krankheit wird hervorgerufen durch den sogenannten Wurzeltöter, Rhizoctonia violacea, der übrigens nicht nur auf andere Kleearten, sondern auch auf Kartoffeln, Rüben, Möhren, Fenchel u. dergl. leicht übergehen kann.

Der Pilz, ein Askomycet, über dessen Zugehörigkeit noch gewisse Zweifel bestehen, wuchert im Boden und verbreitet sich hier von den Pflanzen aus, deren unterirdische Teile er befallen hat, auf benachbarte, indem er dabei nach allen Seiten, mindestens inmitten der Felder, ziemlich gleichmäßig weit vordringt. Dadurch entstehen kreisförmige, rasch sich vergrößernde Flecken, die mehrere Meter Durchmesser haben können, innerhalb deren die Pflanzen abgestorben sind. Bei alter Luzerne, wo der Pilz auch in den nächsten Jahren weiterwuchert, verwandeln sich die Flecken schließlich in eigentümliche Ringe von 20 und mehr Meter Durchmesser, in Bayern „Drudenringe" genannt, und zwar dadurch, daß innerhalb der größer gewordenen Flecken die Luzerne aus Samen oder nicht ganz abgestorbenen Pflanzen wieder aufläuft und nur ein etwa 1—2 m breiter, peripherischer Teil ganz frei von Pflanzen bleibt. Am äußeren Rand solcher Ringe kann man alle Stadien des Befalles an den Pflanzen feststellen; dabei ergibt sich, daß der Pilz einen charakteristischen, braun- oder purpurvioletten Überzug auf den befallenen Wurzeln bildet, auch in das Innere derselben eindringt und zu ihrer Fäulnis Veranlassung gibt, die ihrerseits zunächst ein Welken und dann ein Vertrocknen der ganzen Pflanzen zur Folge hat. Was die Bekämpfung anbelangt, so hat man vorgeschlagen, das weitere Vordringen

des Pilzes durch Ziehen von Gräben zu verhindern, doch
scheint dies in der Praxis wenig ausgeführt zu werden.
Versuche, ihn durch Desinfektion des Bodens mit Schwefel=
kohlenstoff abzutöten, haben ergeben, daß hierzu sehr große
Mengen Schwefelkohlenstoff verwendet werden müßten;
vielleicht eignet sich Humuskarbolineum zu diesem Zwecke
besser. Zu empfehlen ist, das Gedeihen der Luzerne durch
Anwendung von Thomasmehl und Kainit, eventl. auch von
Kalk zu den Deckfrüchten derselben sicher zu stellen. Viel=
fach üblich ist es, Esparsette, die unter dem Pilz weniger
leidet, in die Befallstellen einzusäen, auch ist zu emp=
fehlen, alteinheimisches Saatgut, statt den aus wärmeren
Gegenden jetzt vielfach angebauten Sorten, die dem
Pilz viel weniger Widerstand leisten, zu verwenden.
Sicherlich in Betracht käme schließlich auch eine Beizung
der Luzernensamen kurz vor der Aussaat, die wohl am
besten mit 0,1%iger Sublimatlösung, etwa 10 Minuten
lang, auszuführen wäre. (Vergl. S. 264.) Die Fäulnis,
die der Pilz bei Rüben, Möhren usw. veranlaßt, wird als
Rotfäule bezeichnet: Wo der Pilz auftritt, wird man
natürlich vermeiden, unmittelbar nach Luzerne empfängliche
Pflanzenarten anzubauen.

Bei dieser Gelegenheit seien die sogenannten **Hexenringe**, denen
man auf Wiesen und Weiden oft begegnet, erwähnt. Im
Gegensatz zu den Ringen in der Luzerne zeichnet sich hier der eigent=
liche Ring nicht dadurch aus, daß auf ihm die Pflanzen abgestorben
sind, sondern sie sind im Gegenteil viel üppiger als innerhalb und
außerhalb des Ringes. Auch diese Ringe können einen Durchmesser
von 10—20 Meter erreichen; sie vergrößern sich von Jahr zu Jahr.
Die Ursache dieser merkwürdigen Erscheinung sind ebenfalls Pilze
und zwar bekannte Hutpilze, wie Agaricus campestris, A. oriades
und verschiedene andere, deren z. T. eßbare Hüte man namentlich
im Herbst oft in außerordentlich großen Mengen am äußeren
Rande der Ringe vorfindet. Die Ringbildung geht auch hier von
bestimmten Stellen aus, an denen eine Infektion durch Kuhfladen 2c.
mit den Pilzen erfolgt. Zunächst nimmt man ziemlich kreisrunde,
bis zu mehreren Metern im Durchmesser besitzende Flecken wahr,
auf denen das Gras viel üppiger wächst, als in der Umgebung.
Es dürfte dies darauf zurückzuführen sein, daß der Stickstoff des
Bodens, der durch die Pilze aufgeschlossen wird, den Pflanzen nach
der schnell erfolgenden Verwesung der Hüte dieser Pilze leichter
zur Verfügung steht als sonst. Mit dem Größerwerden der Flecken
verliert sich in ihrem Innern der üppige Wuchs, auf mageren Böden

kann sogar die Innenfläche bald erheblich dürftiger werden als der sonstige Wiesenbestand und nur der nun einen Ring bildende peripherische Teil der Flecken zeichnet sich durch besseres Wachstum und lebhaftes Grün der Pflanzen aus.

Unter den Krankheiten der **Hülsenfrüchtler,** die sich im Sommer und besonders wieder im Juli zeigen, seien hier zusammenfassend erwähnt: Der e ch t e M e h l t a u, der namentlich Erbsen, Wicken u. dergl. gerne heimsucht und durch Schwefeln bekämpft werden könnte, was aber selten ausgeführt wird: er kann ziemlichen Schaden verursachen. Namentlich Wicken, aber auch Erbsen, Bohnen und andere Hülsenfrüchtler werden, besonders bei feuchtwarmem Wetter, häufig von einer f a l s ch e n M e h l t a u a r t, Peronospora viciae, befallen. Die hier in Betracht kommende vorbeugende Bespritzung mit Kupferkalk dürfte sich wirtschaftlich wenig empfehlen. Wie beim Wein und den Kartoffeln kommt die Krankheit zum Stillstand, sobald trockenes Wetter eintritt. Bei plötzlichem starkem Auftreten empfiehlt sich rasches Abmähen, worauf die Pflanzen oft gesund wieder austreiben.

Auch vom R o st können die Hülsenfrüchtler und ebenso die Kleearten befallen werden; besonders hervorzuheben ist hier der E r b s e n r o st, Uromyces pisi, dessen Becherfruchtform auf der Cypressenwolfsmilch lebt, die man infolgedessen in der Nähe von Erbsenfeldern auszurotten hat. Empfohlen wird gegen diese Krankheit auch eine möglichst frühe Aussaat der Erbsen, was für die Zukunft zu beachten ist. Der A ck e r b o h n e n r o st, Uromyces fabae, bildet seine Becherfrüchte auf den Bohnen selbst: er geht übrigens auch auf Erbsen und Wicken über.

Andere Blattfleckenkrankheiten, die auch zum Teil auf die Stengel und auf die Hülsen übergehen können, werden bei der Erbse, bei verschiedenen Wickenarten, der Acker= und Gartenbohne, der Esparsette 2c. hervorgerufen durch den schon im Juni erwähnten Pilz Ascochyta pisi, bei den Busch= und Stangenbohnen durch Colletotrichum Lindemuthianum, bei manchen Leguminosen auch durch andere Ascochytaarten 2c. Die Ascochytaflecken zeichnen sich in allen Fällen dadurch aus, daß in ihnen sehr bald die charakteristischen, schwarzgefärbten, schon mit bloßem Auge bemerkbaren Pyk-

nidenfrüchte auftreten, während bei Gloeosporium die Ko=
nidien nicht in besonderen Fruchtbehältern gebildet werden.
Wo diese Pilze die Hülsen befallen, durchwachsen sie meistens
deren Wände und dringen auch in die jungen Samen ein.
Das aus solchen Hülsen gewonnene Saatgut von Erbsen,
Bohnen u. dergl. kann trotzdem gut keimfähig sein, liefert
aber, wie schon im März hervorgehoben, sehr oft fußkranke
Pflanzen. Wo es auf die Gewinnung von gesundem Saat=

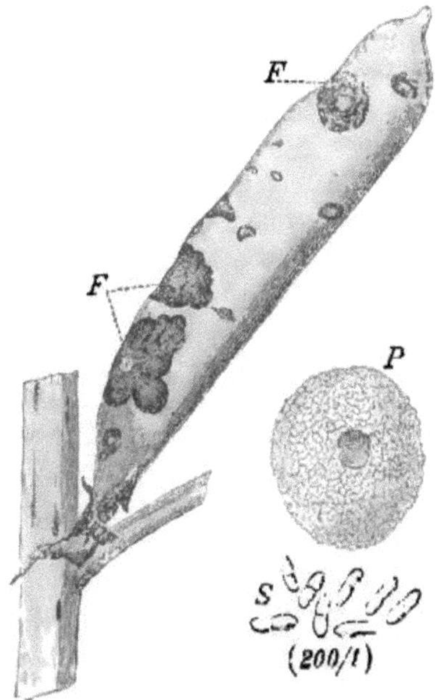

Fig. 82. Ascochyta Pisi auf Ackerbohnen.
F Flecken, P Pykniden, S Konidien.

gut ankommt, empfiehlt sich daher bei Auftreten dieser Pilze,
bevor sie die Hülsen ergreifen, eine vorbeugende Bespritzung
derselben mit Kupferkalkbrühe. Der genannte Erreger der
Fleckenkrankheit der Bohnenhülse geht übrigens auch auf
Gurken, Kürbisse und Melonen über, weshalb man ver=
meiden sollte, Felder, die im Frühjahr diese Pflanzenarten
getragen haben, überhaupt mit Bohnen zu bestellen.

Wo diese Krankheiten sich in stärkerem Maße zeigen, wird man natürlich besonders darauf Bedacht nehmen, deren Wiederauftreten im kommenden Jahre zu vermeiden, einerseits, indem man vom Pilz befallene Teile vom Acker entfernt oder samt den Stoppeln unterpflügt und andererseits, indem man die wiederanzubauenden, gefährdeten Pflanzenarten nicht zu nah an die bisherigen Felder bringt. Diese und ähnliche feststehende Regeln gelten auch für alle sonstigen Pflanzenkrankheiten und Schädlinge, von denen besonders Gemüse- und Gartenpflanzen 2c. befallen werden.

Hier anzureihen ist das **Absterben der Lupinenstengel**, verursacht durch einen Pilz, Cryptosporium leptostromiforme, der besonders am Stengelgrund zunächst schwarze Flecken hervorbringt. Wo diese und ähnliche Krankheiten in stärkerem Maße sich zeigen, vermeide man in den nächsten zwei Jahren den Lupinenbau und pflüge seinerzeit die erkrankten Stoppeln tief unter. Es wird empfohlen, das erkrankte Stroh in die Düngergrube zu bringen, da der Pilz bei längerem Liegen in der Jauche zugrunde geht.

Unter den **tierischen Schädlingen der Hülsenfrüchtler** wären zunächst alle jene Arten zu nennen, die an Pflanzen der verschiedensten Art Schaden verursachen, vor allem also Engerlinge, Drahtwürmer, die Larven der Kohlschnake, die Maulwurfsgrille u. dergl.; gegen sie geht man vor nach den an den verschiedenen Stellen angegebenen Weisungen. Vom Boden aus können auch noch besonders schädlich werden bei Erbsen, Bohnen u. dergl. die Rübennematoden (vergl. S. 243), die durch den Befall der Wurzeln ein Verkümmern der Pflanzen verursachen, und das Stockälchen, dessen Lebensweise und verschiedene Wirtspflanzen auf S. 40 näher angegeben sich finden. An den oberirdischen Organen wird durch den Fraß verschiedener Raupen, Käferarten, sowie Schnecken oft großer Schaden veranlaßt. Unter den Blattlausarten, unter denen die Hülsenfrüchtler ebenfalls zu leiden haben, sind ganz besonders hervorzuheben die **grüne Erbsenblattlaus** und die **schwärzliche Bohnenlaus**, von denen namentlich die jungen Triebe der Ackerbohnen oft dicht besetzt sind.

Auch die **Milbenspinne** geht gerne auf die Hülsenfrückler über und veranlaßt Blattdürre und ebenso stellen sich die Erdflöhe, namentlich bei den Bohnen, gerne ein.

Ob man gegen diese verschiedenen Schädlinge durch Be=spritzung u. dergl. vorgehen kann oder soll, wird von den jeweiligen Umständen abhängen; auf alle Fälle aber kann die Anwendung von insektentötenden Mitteln den gewünschten Erfolg nur mit sich bringen, wenn sie vorbeugend, also bereits zu einer Zeit erfolgt, zu welcher die Schädlinge noch nicht in allzu großen Mengen vorhanden sind. Die einzelnen in Betracht kommenden Mittel sind mit Hilfe des Registers leicht festzustellen.

Unter jenen tierischen Schädlingen, die speziell Hülsen=früchtlerarten heimsuchen, sind vor allem die Samen=käfer, Bruchus=Arten, zu nennen, auf deren Bekäm=pfung schon im Februar auf S. 11 hingewiesen wurde, und ferner die ebenfalls zu den Käfern gehörenden Samenstecher, Apion=Arten, die, in der Regel aber mehr den Kleearten, dadurch schädlich werden, daß ihre Larven die Samen ausfressen. (Vergl. S. 82.) An den unreifen Samen der Erbsen saugen außer=dem die kleinen weißen Ma=den der Erbsengall=mücke, vor allem aber werden ihre Samen aus=gefressen von den Räupchen der in mehreren Arten vorkommenden Erbsen=wickler, Grapholitha=

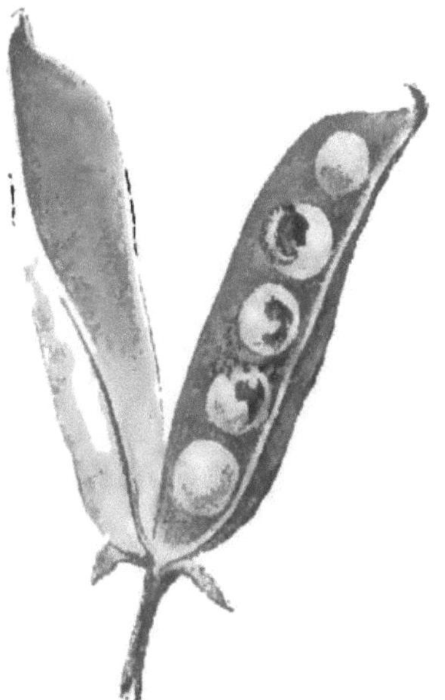

Fig. 83. Fraß der Raupe des reh=braunen Erbsenwicklers. (Nach Rörig, T. u. L.)

Arten; diese je nach der Art bis zu 15 mm langen Räupchen verlassen, nachdem sie die Samen befressen und den Inhalt der Hülsen mit ihrem Kot verunreinigt haben, die Hülse schon, bevor der Samen erhärtet ist, um in den Boden zu gehen, wo die Verpuppung im nächsten Frühjahr erfolgt. Wo diese Schädlinge in stärkerem Maße auftreten, hat man für die Zukunft vorbeugend zu wirken durch baldiges Ausdreschen der geernteten Erbsen, vor allem aber durch tiefes Umpflügen des geernteten Feldes im Herbst. Möglichst rasches und gleichmäßiges Abblühen der Erbsen soll den Befall verringern und damit dürfte die Beobachtung im Zusammenhang stehen, daß die einzelnen Erbsensorten in verschiedenem Grade befallen werden. Nach Rörig hatte in Ostpreußen die Viktoriaerbse und die kleine weiße Erbse beträchtlich mehr unter den Wicklern zu leiden, als die grüne und graue Erbse und die Peluschke.

Vom Juli bis in den September fressen an verschiedenen Hülsenfrüchtlern, Kleearten rc. die 16füßigen, schlanken Raupen der Erbseneule, Mamestra pisi, und der Kleeeule, M. trifolii; auch an Pflanzen anderer Familien treten derartige Eulenraupen auf, denen man kaum anders als durch Ablesen beikommen kann.

Fig. 84. Rörig'sche Fanglaterne.

Bei dieser Gelegenheit sei erwähnt, daß jene Eulenarten, deren Raupen die in den Herbst- und Frühjahrsmonaten wiederholt genannten Erdraupen darstellen, jetzt von Juli an fliegen, und zwar während der Nacht. Sämtliche Arten sind dunkel gefärbt und außerdem dadurch gekennzeichnet, daß sie ihre Flügel in der Ruhelage dachförmig tragen. Es ist schon vielfach versucht worden, namentlich auf Rübenfeldern, wo die Erdraupen oft besonders großen Schaden verursachen, diese Schmetterlinge durch **Aufstellen von Fanglaternen** einzufangen und sie dadurch an der Eiablage zu verhindern; die beste Zeit dürfte hierzu jene von Mitte Juli bis Mitte August sein. Die Urteile über die Brauchbarkeit derartiger Fangvorrichtungen gehen aber ziemlich auseinander; jedenfalls ist zu beachten, daß die Laternen nur an ruhigen, warmen Abenden angezündet zu werden brauchen, da die Schmetterlinge bei Wind und Regen nicht fliegen. Eine der bekanntesten ist die Moll'sche Fanglaterne: Die Lampe ist hier von schräg stehenden Glasplatten umgeben und die durch das Licht angelockten Schmetterlinge gelangen in einen darunter stehenden mit Melasse gefüllten Kasten. Bei der Rörig'schen Fanglaterne steht dieser Fangkasten nicht frei, sondern am Grunde einer mit 6 Einflugöffnungen versehenen Fangvorrichtung. (Vergl. Fig. 84.) Diese Lampen sind auf freiem Felde so aufzustellen, daß das Licht in etwa 1,5 m Höhe über dem Boden sich befindet. Eine andere, die Scherler'sche Schmetterlingsfalle, ist zum Aufhängen an Bäumen eingerichtet. Nach Rörig kann man sich eine Fanglaterne selbst in der Weise herrichten, daß man in eine alte Zementtonne einige größere Löcher schneidet, die Innenwand mit Teer oder einem flüssigbleibenden Leim bestreicht und auf dem Boden der Tonne, die man durch eine geeignete Bedeckung vor Regen schützt, eine Lampe setzt.

Auf den **Kohl= und Krautarten** und anderen Kreuzblütlern können echter und falscher Mehltau, der durch Blattläuse verursachte Honigtau, Erdflöhe, Ackerschnecken und außerdem die verschiedensten, zum Teil schon früher erwähnten Käfer und ihre Larven, insbesondere der Rapsglanzkäfer, sowie Schmetterlingsraupen ꝛc. auftreten. Bezüglich der letzteren beachte man besonders, daß ein reicher Flug der Kohlweißlinge im Juli eine schon zu Beginn des Augustes einsetzende große Raupenplage voraussehen läßt, gegen die nach den auf S. 249 gegebenen Weisungen vorbeugend vorgegangen werden muß.

Besonders sei darauf hingewiesen, daß gerade die in diese Gruppe gehörenden Pflanzenarten sehr leicht an Krankheiten leiden können, die durch Bakterien veranlaßt werden. So kommt bei Rüben= und Kohlarten gelegentlich die Braun= oder Schwarzfäule vor, die charakteristisch ist durch die von einer Bakterienart, Pseudomonas campestris, veranlaßte Schwärzung der Gefäßbündel;

bei den Kohlrabiknollen kann durch ähnlich wirkende Bak=
terien das Fleisch wie marmoriert aussehen. Besonders auf
mit Stickstoff überdüngten Feldern und bei sehr feucht=
warmer Witterung stellen sich bei verschiedenen Gemüsearten
auch Bakterienkrankheiten ein, die eine vollständige Ver=
jauchung der befallenen Organe hervorrufen.

In die Gruppe der Bakterienkrankheiten gehören auch
manche Schorfbildungen, wie wir sie an der Oberfläche
von verschiedenen Knollen und Rüben häufig wahrnehmen
können.

Gegen alle diese Bakteriosen dürfte vor allem eine
gute Kalkung des Bodens in Betracht kommen; auch wird
man kranke Pflanzen, die durch Welken oder sonstige Er=
scheinungen auffallen, daraufhin untersuchen, ob etwa an
den unterirdischen Organen derartige Krankheiten vorhanden
sind. Gegebenenfalls sind, wo dies durchführbar ist, wie
im Garten, kranke Pflanzen sorgfältig auszureißen und zu
verbrennen.

Am Rettich begegnen wir zum Teil ganz ähn=
lichen Erscheinungen, wie an den Kohlpflanzen. Hier sei
nur hingewiesen auf das sogenannte Pelzigwerden
des Rettichs, das nicht durch Befall veranlaßt wird, sondern
nur in einer krankhaften Veränderung des Gewebes besteht,
die namentlich in Böden von ungenügender Lockerheit auftritt.
Kirchner gibt dagegen Bedecken der besäten Beete mit
einer 2—3 cm hohen Schicht von Torf oder Sägspänen
an. Dagegen sind schwarze Stellen im Fleisch der Rettiche
meist auf Bakterienwirkung zurückzuführen.

Besonders häufig werden auch die **Gurken** von Bak=
teriosen heimgesucht; die bei ihnen vorkommende bakteriöse
Verjauchung der Stengel und Früchte wird ebenfalls durch
Stickstoffüberschuß begünstigt, dagegen durch Düngung mit
Phosphorsäure verhindert; auch Kainitdüngung soll schon
mit Erfolg angewendet worden sein. Ein vollständiges Ab=
sterben der Gurkenpflanzen kann auch veranlaßt werden
durch das Auftreten eines Pilzes, Hypochnus cucumeris,
am Wurzelhals der Pflanzen, ferner durch eine Fusarium=
fäule oder eine Sklerotienkrankheit (vergl.
S. 343), durch Erkrankungen der Wurzeln, an denen sehr

häufig ein **Wurzelälchen**, das Anschwellungen an den Wurzeln veranlaßt, die Schuld trägt. Gegen diese Krankheiten ist Düngung mit Ätzkalk oder auch mit Gips empfohlen worden.

In den Mistbeetkästen kann ein allmähliches Eingehen der jungen Pflanzen auch durch die sogen. **Schwindsucht** hervorgerufen werden, veranlaßt durch einen kleinen, schwarzbraunen Blasenfuß, der durch Ausstäuben von Insektenpulver oder durch Bespritzung mit Tabakextrakt zu bekämpfen ist. Über die Springwanze vergl. Mai, S. 72.

Auch ein **Tausendfuß**, Blaniulus guttulatus, bringt ganz gesunde Pflanzen binnen wenigen Tagen dadurch zum Absterben, daß er die Stengel nahe der Bodenoberfläche zerfrißt. Man fängt diesen Schädling durch Auslegen zerschnittener Kartoffelknollen oder Zuckerrüben, nach **Thomas** noch besser, indem man einen Regenwurm als Köder benützt, der vorher durch Übergießen mit heißem Wasser abgetötet worden ist. Der Köder ist mit feuchter Erde zuzudecken und nach einigen Tagen samt den anhängenden Tausendfüßlern vorsichtig abzunehmen und mit heißem Wasser zu überbrühen.

Gegen die **Rote Spinne**, die eine Blattdürre veranlaßt, kann, falls sie noch nicht zu sehr überhand genommen hat, durch Bespritzen, namentlich der Unterseite der Blätter, mit Seifen- oder Dufour'scher Lösung vorgegangen werden; auch Schwefeln oder Bestreuen vorher mit Wasser bespritzter Pflanzen mit Holzasche wird empfohlen. Mit den genannten Lösungen, vor allem aber mit Quassiabrühe und Tabakabsud, geht man auch erfolgreich gegen die häufig auf Gurken auftretenden Blattläuse vor.

Seit einigen Jahren droht der Gurkenkultur eine neue, besonders große Gefahr durch eine in Deutschland zum erstenmale im Jahre 1907 beobachtete **falsche Mehltauart**, Plasmopara cubensis, die aus Amerika über Rußland und Österreich bei uns eingeschleppt wurde; binnen wenigen Tagen können durch sie die Blätter und unter Umständen die ganzen Pflanzen vernichtet werden. Die Blätter zeigen, von unten beginnend, plötzlich gelbe Flecken, wodurch zunächst ein Welken derselben verursacht wird. Der Pilz geht auch auf Kürbis und Melonen über. Von den Gurken hat sich die japanische Klettergurke als sehr widerstandsfähig erwiesen. Als bestes Vorbeugungsmittel hat sich bisher, wie gegen alle Peronosporeen, die wiederholte Bespritzung mit Kupferpräparaten und zwar vor allem mit $1^o/_o$iger Kupferkalkbrühe erwiesen. Eine solche Bespritzung kommt auch gegen gewisse Blattfleckenkrankheiten in Betracht, die bei den Gurken durch verschiedene Pilzarten veranlaßt werden können. Neuere Versuche haben aber ergeben, daß durch die Bespritzung mit Kupferkalk die Ernte an Gurkenfrüchten nicht unwesentlich vermindert wird; man wird sie daher nur ausführen, wenn wirklich eine Gefahr durch Befall zu befürchten ist. Vielleicht kann durch Verwendung von Kupferhumus diese fatale Nebenwirkung vermieden werden.

Manche der auf den Blättern auftretenden Pilze gehen auch auf die Früchte der Gurken über; besonders sind hier zu nennen zwei Glocosporiumarten, die die sogenannte Anthracose der Früchte, charakterisiert durch das Auftreten runder, brauner Flecke, hervorrufen; sie wird ebenfalls durch Kupferkalk- oder Kupferjodabespritzung hintangehalten. Auch soll sich, da sie durch das Saatgut weiter verbreitet wird, ein einstündiges Einweichen der Samen in einer ammoniakalischen Kupferkarbonatlösung als nützlich erwiesen haben. Kandieren der Samen mit der bekannteren Kupferkalkbrühe dürfte ebensogut wirken. Recht häufig tritt auf den Früchten auch eine Schwärze oder die sogen. Krätze, verursacht durch Cladosporium cucumeris, auf, in Form zunächst kleiner, dann immer größer werdender, brauner Faulflecken, an denen gewöhnlich ein gummiflußartiger Austritt das Saftes zu bemerken ist. Kupferpräparate sollen gegen diesen Pilz wenig wirksam sein; mehr wird gegen ihn Schwefeln empfohlen.

Das lästige Bitterwerden der Gurken ist allem Anschein nach eine Folge zu großer Hitze und Trockenheit; es empfiehlt sich deshalb zu ihrer Verhütung die Gurken zwischen Kohl- und Rübenreihen zu pflanzen, um ihnen Seitenschutz zu geben. Selbst der leichte Schatten von Dill soll schon gut wirken. Ein frühes Abnehmen der Früchte ist ratsam, da die Gurken, je größer sie werden, desto bitterer sind.

Die meisten der vorerwähnten Krankheiten der Gurken treten auch an den **Kürbissen** auf und sind bei ihnen in entsprechender Weise zu bekämpfen.

Der **Spargel** wird jetzt von den graugrünen Larven des **Spargelhähnchens** befressen, gegen die man vorgeht wie im Juni bei den Käfern angegeben. (Vergl. S. 143.)

Eine schlimme Krankheit des Spargels, die sich immer mehr auszubreiten scheint, stellt in manchen Gegenden der **Spargelrost**, Puccinia asparagi, dar, der zunächst, solange er seine Sommersporen ausbildet, braunrote, späterhin, bei Auftreten der Wintersporen, schwärzliche, runde oder langgezogene Pusteln bildet und bei stärkerem Auftreten ein Vergilben der ganzen Pflanzen bewirkt. Er zeigt sich jetzt im Juli in besonders starkem Maße, tritt aber auch schon im Frühjahr (vergl. S. 71) auf. Eine Bespritzung mit Kupferkalkbrühe soll gegen ihn wirksam sein. Ganz besonders notwendig ist aber ein gemeinsames Vorgehen aller Spargelzüchter einer Gegend gegen ihn im Herbst. Vergl. S. 321.

Am **Meerrettich** setzen im Juli die schon S. 144 erwähnten **Meerrettichkäfer** und ihre Larven weiterhin ihre überaus schädliche Tätigkeit fort, weshalb nochmals ganz besonders darauf hingewiesen sei.

Gegen Ende dieses Monats beginnt auf manchen Böden die **Schwärze des Meerrettichs** sich bemerkbar zu machen, die im August, S. 251, näher beschrieben ist.

Unter den Handelspflanzen ist jetzt bei entsprechender Witterung, namentlich bei länger anhaltender Trockenheit, der **Hopfen** bedroht durch **Blattläuse** und die in deren Gefolge auftretende sogen. **Schwärze**, Capnodium salicinae, die neben dem Kupferbrand, die gefährlichste Krankheit des Hopfens darstellt. Man kann ihr nur vorbeugend begegnen, indem man die Blattläuse nicht überhand nehmen läßt, deren süße Ausschwitzungen erst die Ansiedlung des Schwärzepilzes ermöglichen. Die Bekämpfung der Blattläuse erfolgt durch Bespritzen oder Waschen des Hopfens mit einer 1—2%igen Schmierseifenlösung, die man entweder für sich allein anwendet oder zur Sicherung des Erfolges mit einem Zusatz von 1⁰/₀ Dalmatinischem Insektenpulver oder 1—2⁰/₀ Chlorbarium vorsicht. Auch die Quassiabrühe ist gegen die Hopfenblattläuse besonders wirksam. Näheres über die Herstellung dieser Bekämpfungsmittel, sowie über die zur Hopfenbesprit-

Fig. 85. Unbespritzter Hopfen.

zung in Betracht kommenden Apparate ist im Anhang zu finden. Über das Waschen der Hopfenpflanzen, d. h. das Eintauchen der Reben in Schmierseifenlösung vgl. Juni, S. 146.

Der Mehltau des Hopfens, Sphaerotheca castagnei, der zunächst auf den Blättern und Stengeln auf-

tritt, vielfach aber auch auf die Fruchtstände, die sogen.
Dolden, übergeht, wird namentlich in letzterem Falle besonders schädlich. Man begegnet ihm durch Bestäubung mit
gemahlenem Schwefel und zwar wird empfohlen, das erstemal

Fig. 86. Mit Seifenlösung bespritzter Hopfen.

vor dem Blütenansatz, das zweitemal während der Blüte zu
schwefeln und es späterhin zu wiederholen, sobald die Blüten-
stände ihre volle Größe erreicht haben, aber noch weiche
Schuppen besitzen. Wichtig ist die Wahl eines richtigen
Schwefelpulvers; über diese und andere bei der Schwefelung

in Betracht kommende Gesichtspunkte vergl. die allgemeinen Angaben S. 355.

Der **Kupferbrand des Hopfens** wird veranlaßt durch die Milbenspinne oder rote Spinne, auf die schon S. 146 hingewiesen wurde. Das Auftreten dieses Schädlings ist, wie jenes der Blattläuse, ungemein von der Witterung abhängig; namentlich bei langandauernder Hitze vermehrt er sich ungemein. An der Oberseite der Blätter zeigt sich seine Wirkung durch eigentümliche, rostige und weißliche Verfärbungen; an den betreffenden Stellen sieht man auf der

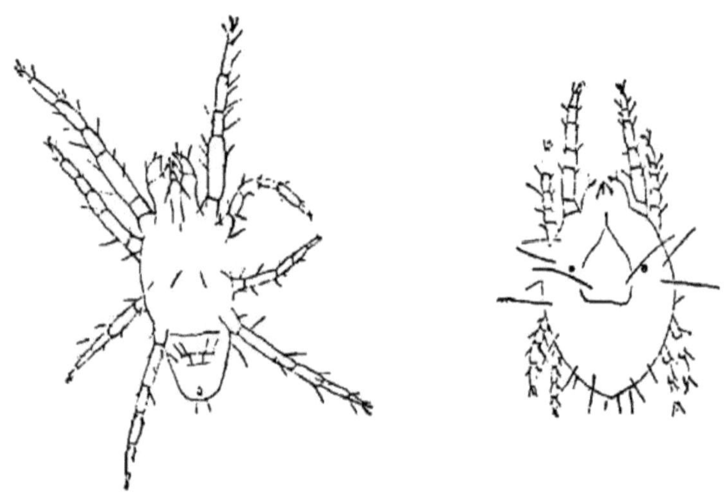

Fig. 87. Milbenspinnen.

Unterseite der Blätter ein feines Spinngewebe, in dem mit Hilfe einer Lupe die kleinen, meist rötlichen Tierchen und ihre Eier wahrgenommen werden können. Bei stärkerem Auftreten und Uebergreifen auf die Hopfenkätzchen werden die ganzen Pflanzen rot und entwertet. In Betracht kommen gegen die Milbenspinne fast nur vorbeugende Maßnahmen, die sich in den einzelnen Monaten angegeben finden. Vor allem wird man im Herbst oder im zeitigen Frühjahr die an den Hopfenstangen oft zu Tausenden haftenden Eier durch Abbrennen 2c. vernichten müssen. Bei Versuchen, der Milbenspinne direkt zu begegnen, etwa durch Bestäuben mit Schwefel oder durch Bespritzung mit den gegen die Blattläuse in Betracht kommenden Mitteln, ist auf einen Erfolg nur zu rechnen, wenn damit möglichst frühzeitig begonnen wird; dabei ist zu beachten, daß die Schädlinge an der Unterseite der Blätter sitzen.

Auf alle Fälle sollte im Juli, oder, wenn eine längere Hitzeperiode schon früher einsetzt, unter Umständen schon im Juni, eine Bespritzung der Hopfenpflanzen mit einer jener Brühen stattfinden, die gegen Blattläuse und damit gegen Schwärze wirksam sind, weil damit gleichzeitig auch dem Auftreten des Kupferbrandes tunlichst vorgebeugt wird.

Nur nebenbei sei bemerkt, daß man der Milbenspinne, d. h. verschiedenen meist rötlich gefärbten Tetranychus-Arten, und ihrer zur Blattdürre führenden Tätigkeit im Sommer an zahlreichen Pflanzenarten begegnet, und daß besonders häufig bei Linden und anderen Laubbäumen in städtischen Anlagen, an Straßen usw. der vorzeitige Blattfall durch sie veranlaßt wird. Wo sie an wichtigen Kulturpflanzen vorkommen, findet sich dies mit den entsprechenden Maßnahmen in den einzelnen Monaten angegeben.

Das schon im Juni erwähnte Vorkommen von **Orobanchen**, d. h. großer, zu den Blütenpflanzen gehöriger Schmarotzer an den Wurzeln der Hopfen-, Tabak- und Hanfpflanzen, macht sich im Juli besonders geltend. Das Ausreißen dieser Pflanzen noch vor der Samenreife ist besonders zu empfehlen; die ausgerissenen Pflanzen sind zu verbrennen.

In den **Weinbergen** fliegt jetzt die zweite Generation der beiden Traubenwicklerarten; man fängt die Motten zur möglichsten Verhütung der Sauerwurmgefahr wieder wie im Mai mit Klebfächern, sowie durch Aufstellung von Fanglichtern, deren Wirksamkeit allerdings nicht allgemein anerkannt wird; jedenfalls ist dieselbe ungemein von der jeweiligen Witterung abhängig. (Über die Einrichtung solcher Fanglaternen vergl. S. 219.)

Speziell gegen den Traubenwickler empfiehlt sich besonders das von Lenert konstruierte Edenkobener Fanglämpchen „Gerech", von dem das Stück 1,20 *M.* kostet; für ein Hektar sind ungefähr 16 Stück solcher Lampen

notwendig und der Verbrauch an Öl für eine Nacht beträgt
2—3 ₰. Von anderer Seite werden mehr Petroleumlampen
vorgezogen, die aber in windigen Nächten leichter verlöschen
sollen, als die Nachtlichtchen. Man stellt beide am besten
in einer Höhe von 60—80 cm, gegen die Sauerwurmmotten,
bei denen der Fang mit Lichtern meist erfolgreicher ist, als
bei den Heuwurmmotten, besser in einer Höhe von 80 bis
100 cm vom Boden auf.

Die Verwendung besonders starker Lichtquellen hat sich
nicht bewährt.

Seit der bekreuzte Traubenwickler (vergl.
S. 150) mehr auftritt und in manchen Weingegenden sogar den
einbindigen überwiegt, ist der Erfolg des Lampenfanges
noch geringer, falls er nicht überhaupt ganz ausbleibt. Die
Motte dieser Art fliegt nämlich, im Gegensatz zu den früher
fast ausschließlich vorhandenen einbindigen Wicklern, nicht
während der Nacht, sondern nachmittags von 4—5 Uhr
bis zur Dämmerung und vom Morgengrauen an bis 8 bis
9 Uhr vormittags.

Schon von Mitte Juli an können die Eigelege des
Springwurms (vergl. S. 92) aufgefunden werden;
man geht gegen sie vor, wie im August, S. 254, angegeben.
Sehr empfiehlt es sich, die allerdings ebenfalls nur kurze
Zeit zwischen den zusammengesponnenen Blättern vorhan=
denen Puppen einzusammeln, sie aber nicht zu vernichten,
sondern sie in Kästchen zu legen und ihre Entwicklung ab=
zuwarten. Fast stets kommen aus einem mehr oder minder
großen Teil der Puppen nicht Schmetterlinge, sondern
Schlupfwespen, also Feinde des Springwurms, zum Vor=
schein. Die schlanken Wespen können leicht durch kleine
Löcher, die in dem Deckel des Kästchens sich befinden, in
ein darüber gestülptes Glas schlüpfen und auf diese Weise
in den Weinberg gebracht werden.

Um den Weinstock gegen den echten Mehltau, bezw.
gegen die Blattfallkrankheit weiterhin zu schützen,
fährt man auch im Juli fort, eine ein= bis zweimalige
Bestäubung mit gemahlenem Schwefel, bezw. Bespritzungen
mit Kupferkalkbrühe vorzunehmen. Eine Ende Juli (oder
anfangs August) vorgenommene Bespritzung, selbst mit einer

nur 1%igen Kupferkalkbrühe, dürfte, wenn bis dahin die Peronospora nicht schon besonders stark aufgetreten ist, genügend Schutz bis zum Herbst bieten.

Namentlich im Jahre 1906, wo die meisten Winzer der Peronospora nicht mehr Herr werden konnten, gab man vielfach schließlich die Bekämpfung vollständig auf. Dies sollte aber in keinem Falle geschehen; denn selbst wenn die Ernte für das betreffende Jahr allem Anschein nach verloren ist, bleibt es außerordentlich wichtig, das Laub durch Bespritzung zu erhalten, wodurch die Stöcke mindestens für das nächste Jahr gekräftigt werden.

Wer rechtzeitig und wiederholt bisher gegen Oidium und Peronospora vorgegangen ist, der hat dadurch gleichzeitig das Auftreten verschiedener anderer Schädlinge des Weinstockes verhindert oder doch wesentlich zurückgedrängt, und wer auch schon im Herbst und im zeitigen Frühjahr vorbeugend wirkte, der wird jetzt im Sommer die günstigen Folgen wahrnehmen können; andernfalls zeigen sich den ganzen Sommer hindurch die verschiedenartigsten Schädlinge und Krankheiten, gegen die meist nur schwer direkt anzukämpfen ist. Zu nennen sind hier vor allem:

Die Milbenspinne, die eine Röte und schließliches Dürrwerden der Blätter hervorruft und gegen die bei stärkerem Auftreten noch Bespritzungen mit Petroleumseifenlösung oder ähnlichen Insekticiden in Betracht kommen; die verschiedenen Schildlausarten an Blättern und Zweigen (vergl. S. 107), die in ähnlicher Weise zu bekämpfen sind; unter den Pilzen die Erreger verschiedener Blattfleckenkrankheiten, wie der schwarze Brenner, Gloeosporium ampelophagum, der braune oder schwarze Wärzchen auf den vertrocknenden Blättern erzeugt, der rote Brenner, Pseudopeziza tracheiphila, der, in den Nerven der Blätter lebend, ebenfalls eine rote Färbung und schließliches Vertrocknen veranlaßt, der Rußtau, Capnodium salicinum, ein schwarzer Überzug, der sich auch auf Trieben und Trauben einstellt, wenn durch reichlichen Blattlausbefall auf den Blättern Honigtau entsteht.

Auch durch den Traubenschimmel, Botrytis cinerea, können Fleckenbildungen an den Blättern veranlaßt

und die Triebe zum Absterben gebracht werden, namentlich
in nassen Jahren; später geht er oft auch auf die Trauben
über und verursacht, wenn er zu früh erscheint, die Leder=
beerenkrankheit, die aber auch durch Peronospora veranlaßt
werden kann. (Vergl. S. 292.) Gegen diesen Pilz wird
wiederholtes Bespritzen mit ½—1%iger Lösung von Kal=
ziumbisulfit oder Bestäuben mit einer Mischung von 10
bis 20 % Natriumbisulfit und Gipsmehl empfohlen.

Sehr häufig zeigen sich an den Rebpflanzen krankhafte
Erscheinungen, wie Verfärbungen oder schlechte Ausbildung
der Blätter, kümmerliches Wachstum der ganzen Stöcke u.
dergl., ohne daß es gelingt, an den oberirdischen Teilen
irgend einen Erreger aufzufinden. In solchen Fällen liegt
die Ursache im Boden, bezw. an der Wurzel; es kann
sich dabei um allgemeine Ernährungsstörungen oder um die
Wirkung von Wurzelparasiten handeln. Die ersteren treten
häufig ein, wenn die Reben in den vorhergegangenen Jahren
in stärkerem Maße von der Peronospora heimgesucht wurden,
oder wenn länger andauernde extreme Witterungsverhältnisse
herrschen, vor allem auch, wenn der Bearbeitung und der
Düngung des Bodens nicht die größte Aufmerksamkeit zu=
gewendet wurde. In alten Weinbergen dürften wohl 80
bis 90 % des vorhandenen Stickstoffvorrats und anderer
Nährstoffe in Form von untätigen oder mit der Rebe kon=
kurrierenden, namentlich pilzlichen Organismen aller Art
vorhanden sein, die es bewirken, daß die Düngung mit rein
mineralischen Nährstoffen den Reben nicht in gewünschter
Weise zugute kommt und daß die Ausfüllung von Lücken
in alten Weinbergen mit neuen Reben nur schwer gelingt.
Hier gilt es, den Boden zu beleben durch Zufuhr von
organischem Dünger oder noch besser durch gelegentliches
„Vergiften des Bodens" mit Schwefelkohlenstoff.
(Vgl. S. 380.) Auch Humuskarbolineum dürfte sich zu diesem
Zwecke gut eignen; es darf aber selbstverständlich schon des
Geruches wegen nicht etwa jetzt, sondern erst im zeitigen
Frühjahr oder im Spätherbst nach der Lese zur Anwen=
dung kommen. Bis hierüber weitere Erfahrungen vorliegen,
hat außerdem diese Art der Anwendung von Karbolineum
nur versuchsweise zu erfolgen.

Außer in Form von Chlorose, die schon früher besprochen wurde, äußern sich derartige Einflüsse, namentlich
Mangel an Nährstoffen, auch im Auftreten einer Blattdürre
oder einer Bräunung oder Rötung der Blätter und besonders
in geringem Ertrag.

Unter den Wurzelparasiten der Rebe sei auf die **Reblaus**, Phylloxera vastatrix, besonders hingewiesen. Verdacht auf sie ist vorhanden, wenn zunächst einzelne Rebstöcke
weniger frisches Grün und eine von Jahr zu Jahr immer
mehr fortschreitende Verkümmerung der Triebe und Blätter
und eine immer mangelhaftere Traubenbildung zeigen. Verstärkt wird der Verdacht, wenn sich im Sommer an den verschiedensten Stellen der feineren Wurzeln knotenartige Anschwellungen, an den älteren Wurzeln kleine, krebsartige
Geschwülste zeigen. In solchen Fällen ist es Pflicht eines
jeden Winzers, Anzeige zu erstatten, damit eine sachverständige Untersuchung vorgenommen werden kann.

Mehr eiförmige oder zylindrische Anschwellungen werden übrigens auch durch das bei der Rebe nicht besonders
schädliche **Wurzelälchen**, Heterodera radicicola, veranlaßt. Andererseits rufen namentlich gewisse Wurzelpilze an den
oberirdischen Organen ähnliche Erscheinungen wie die Reblaus
hervor. Unter ihnen ist vor allem zu nennen der **Wurzelschimmel der Reben**, Dematophora necatrix, der
übrigens auch an Obstbäumen und verschiedenen anderen
Pflanzen die Wurzeln zum Verfaulen bringt; namentlich
zeigt sich dieser Pilz in kalten und nassen Böden, sodaß er vor
allem durch zweckentsprechende Bodenbehandlung bekämpft
werden kann. Die oft zu dicken, weißen oder braunen Strän-
gen vereinigten Fäden des Pilzes können sich von einer Be-
fallstelle aus im Boden weiter verbreiten und benachbarte
Pflanzen angreifen, was man event. durch Ziehen von tiefen,
schmalen Gräben zwischen gesunden und kranken Pflanzen
verhindern kann. Gegen den Pilz selbst ist zu empfehlen
Kalkung des Bodens oder Behandlung desselben mit Schwefelkohlenstoff oder Karbolineum. (Vergl. die vorstehend hierüber gemachten Angaben, ferner S. 379.) Angewandt wurde
auch schon, und wie es scheint, mit Erfolg, das Aufspritzen
einer 8%igen Lösung von Kalziumbisulfid auf die auf-

gedeckten Wurzeln, der man 4—5%iges, gepulvertes Kalziumsulfid zugesetzt hatte; stark befallene Stöcke wird man am besten vollständig entfernen und verbrennen. Auch Rhizoctonia violacea kann, wie schon bei der Luzerne bemerkt, auf die Reben übergehen und ihre Wurzeln zum Absterben bringen. Ferner kommen außer Dematophora auch noch andere Wurzelpilze, wie Collybia rc. vor.

In allen diesen Fällen läßt sich das Vorhandensein schädlicher Pilze daran erkennen, daß nicht nur die Reben, sondern auch andere im Weingarten stehende Pflanzen erkranken, während sich besonders die Verheerungen der Reblaus durchaus auf die Reben selbst beschränken.

Auch gegen an den Wurzeln saugende Milben, die eine Gelbsucht der Reben veranlassen oder andere Schädlinge, die an den Wurzeln saugen, bezw. fressen, wie Schmierläuse, Engerlinge und andere Käferlarven usw. wird eine Behandlung des Bodens mit Desinfektionsmitteln jetzt oder besser im zeitigen Frühjahr hauptsächlich in Betracht kommen.

Unter den Käferlarven, die die Rebe besonders schädigen, ist vor allem die gelblichweiße, 1 cm lange Larve des gefurchten Dickmaulrüßlers, Otiorrhynchus sulcatus, zu nennen, die die Wurzeln und die Rinde der unterirdischen Stammteile benagt. Vom Mai bis Juli, und oft schon auch im Frühjahr, beteiligt sich an den Schädigungen auch der 1 cm lange, schwarzbraune Käfer selbst. Er hält sich tagsüber meist in den oberen Erdschichten versteckt und frißt nur während der Nacht oder an trüben Tagen und zerstört im Frühling auch die Knospen der Reben. Durch die Schädigung an den unterirdischen Teilen treten Verkümmerungserscheinungen an den Stöcken auf, besonders in jüngeren Anlagen, die sich nach E. H. Rübsamen oft kreisförmig im Weinberge ausdehnen. Auf die Gegenwart gerade dieses Schädlings ist zu schließen, wenn die unteren Blätter am Rande unregelmäßige Fraßstellen zeigen.

Nach dem genannten Autor empfiehlt es sich, zur Vorbeuge bei Anlage neuer Weinberge auf Flächen, die vorher keine Reben trugen, eine Desinfektion mit Schwefelkohlenstoff vorzunehmen, indem man auf 1 qm 4—5 Löcher von 10—15 cm Tiefe stößt und in jedes Loch 100 g Schwefelkohlenstoff eingießt und dann sofort zutritt. Man kann auch die Larven aushungern, indem man die Fläche nach dem Rigolen mindestens ein Jahr lang unbebaut liegen läßt. Ist der Schädling schon im Weinberg, so, verwendet man ebenfalls Schwefelkohlenstoff und zwar 24—30 g in 4 Teile geteilt auf 1 qm. Besonders in gebundenen Böden sind damit Erfolge erzielt worden, weniger in lockeren Schieferböden.

Auffallende Beschädigungen oft in kreis= oder strahlenförmiger Ausdehnung können in Weinbergen auch durch Blitzschläge veranlaßt werden. In einem von L. Wagner beschriebenen Falle waren die jungen Triebe von ungefähr 60 Stöcken vollständig vertrocknet, und ebenso die anhängenden Blätter und Gescheine; aber bis zum Herbst waren die Stöcke wieder ausgeheilt.

Jene gefräßigen Raupen, die bisher die **Obstbäume** heimsuchten, verschwinden im Juli allmählich. Die meisten von ihnen verpuppen sich schon früher, sodaß jetzt bereits, wie es z. B. beim Goldafter der Fall ist, der Schmetterling fliegt; die weiblichen Tiere legen gegen 200 und mehr Eier an die Blätter in länglichen Häufchen und bedecken sie mit der dunkelgelben Wolle des Hinterleibes (daher der Name Goldafter). Diese Eierhäufchen werden zum Unterschied von den „großen Eierschwämmen" des Schwammspinners als „kleine Eierschwämme" bezeichnet; die Räupchen kriechen aus ihnen im August aus. Vergl. August Seite 255.

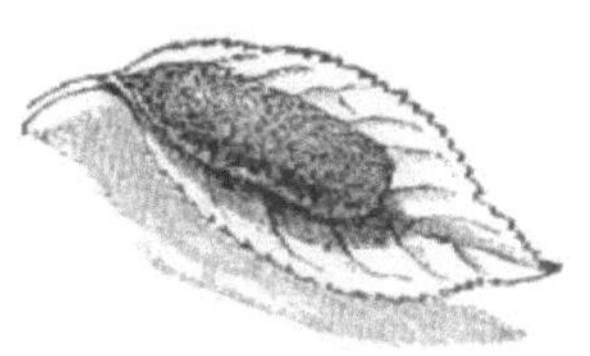

Fig. 88.
Eierschwamm des Gold=
afters.

An Stelle der bisherigen Arten von Raupen können im Juli einige andere, an Obstbäumen aber seltener auftretende Arten Schaden anrichten, so namentlich die wie alle Schwärmerraupen mit einem Schwanzhorn versehene Raupe des Abendpfauenauges, die für gewöhnlich vom Juli bis September Weiden und Pappeln befrißt und zuweilen, namentlich in Baumschulen, Schaden anrichten kann. Man findet sie bis Anfang August, wo sie sich dann in der Erde verpuppt.

Auch die langbehaarte Raupe der Aprikoseneule oder kleinen Pfeilmotte frißt vom Juli bis September an Aprikosen-, Pfirsich- und jungen Apfelbäumen und ebenso richtet die sehr ähnliche Raupe der Schlehen- oder großen Pfeilmotte an den verschiedenen Obst- und anderen Laubbäumen großen Schaden an.

In zweiter Generation — die erste tritt schon bald nach der Laubentwicklung auf — macht sich jetzt das Räupchen der Obstblattminiermotte, Lyonetia clerkella, geltend, das an Apfel-, Kirsch- und Pflaumenbäumen in

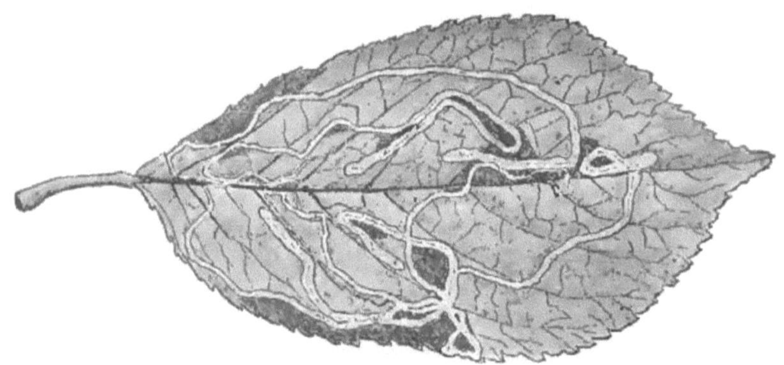

Fig. 89. Blatt des Kirschbaumes mit den Minengängen von Lyonetia clerkella.

die Blätter eigentümlich gewundene, allmählich weiter werdende Gänge frißt und sich schließlich am Ende eines solchen Ganges in einem Kokon verpuppt. Gegen diese Minierung der Blätter, die vom August an auch von den Räupchen einiger anderer Arten, auch an den Birnblättern veranlaßt wird, läßt sich höchstens an den Spalierbäumen direkt durch Zerdrücken der Tiere in den Gängen etwas machen. Sonst kommen nur vorbeugende Maßnahmen in Betracht, namentlich Anstrich der Stämme mit Kalkmilch im Herbst und Winter.

Von besonderer Wichtigkeit ist es, gerade im Juli auf das Fallobst zu achten, es fleißig zu sammeln und die

in ihm lebenden Schädlinge durch übergießen mit heißem
Wasser, durch Verfüttern der Früchte oder auf sonstige Weise
zu vernichten. Die schon im Juni gegebene ausführliche
Zusammenstellung der verschiedenen Schädlinge der Obstfrüchte und die an sie geknüpften Weisungen sind im Juli
besonders zu berücksichtigen.

Manche der vom Apfelwickler befallenen Früchte
kann man da, wo sie leicht erreichbar sind, nach
von Schilling noch dadurch retten, daß man in den
Bohrgang ein spitzes Hölzchen einführt und damit das Räupchen abtötet.

Andere Schädlinge der Obstfrüchte, die schon im Juni
mitgenannt wurden, beginnen erst jetzt ihre Tätigkeit, wie
z. B. die Pflaumenmade, von der der Schmetterling
erst im Juli fliegt, sodaß man die aus den Eiern rasch sich
entwickelnden Räupchen (die „Maden") erst vom Juli bis
September in den Früchten vorfindet.

Besonders suche man jetzt die Kirschmaden zu vernichten; namentlich wenn die Kirschen längere Zeit in Körben
gestanden haben, finden sie sich in großer Menge am Boden
der Körbe und auch unter ihnen. Über die Entfernung
von Maden aus den Kirschen, die eingemacht werden sollen,
vergl. S. 159 unter c. 1.

Wo die Kirschmaden besonders überhand genommen
haben, empfiehlt es sich auch, nach der Kirschernte den
Boden unter den Bäumen zu lockern und Schwefelkohlenstoff
oder (zunächst versuchsweise) vielleicht noch besser Humuskarbolineum einzuführen.

Nach der Kirschernte sind die verwundeten Baumäste zu
pflegen oder abzunehmen; wie oft sieht man dürre Äste
hängen, welche der Einnistung von Schädlingen Vorschub
leisten und das Auge beleidigen.

Die schon im Juni erwähnten verschiedenen Pilzkrankheiten der Obstbäume machen sich auch weiterhin geltend.
Obstsorten, die besonders zur Schorfkrankheit neigen,
sind vorsichtshalber nochmals mit einer 1%igen Lösung von
Kupferkalk- oder Kupfersodabrühe zu bespritzen.

Im Juli macht sich in fruchtreichen Jahren oft schon ein
Stützen der Bäume notwendig, das durch Stangen mit Gabel-

enden bewirkt wird. Ist der Baum so voll behangen, daß durch diese Stützen nicht nur das tiefe Hängen der Tragzweige, sondern ein direktes Brechen derselben verhindert werden soll, so sollte dies nicht gerade besonders freudig begrüßt werden, da der Baum infolge der Erschöpfung im nächsten Jahre geringen Ertrag bringen wird; das Ziel soll aber sein, und es ist dies auch durch richtige Düngung und Pflege annähernd zu erreichen, daß die Erträge alljährlich befriedigen. Ist nicht im Juni schon eine flüssige Düngung der Bäume, wie sie dort auf S. 157 beschrieben ist, ausgeführt worden, so soll das im Juli, namentlich wenn die Bäume gut behangen sind, noch nachgeholt werden. Bei Pfirsichbäumen, die keine Frucht haben, ist aber jetzt eine derartige Düngung lieber zu vermeiden.

Bezüglich der Schädlinge und Krankheiten der **Beerenobstarten** ist in Ergänzung der Juni-Angaben nur zu erwähnen, daß von jetzt ab die Blätter der Johannisbeeren durch den Erreger der Blattbräune, Gloeosporium ribis, häufig braunfleckig werden und schließlich verdorren und abfallen. Auch gegen diese Krankheit ist die früher schon empfohlene Bespritzung mit Kupferkalk wirksam.

Der Amerikanische Stachelbeermehltau ist jetzt durch das charakteristische Aussehen, welche die befallenen Früchte zeigen, besonders leicht feststellbar.

Die schon im Mai erwähnte zwanzigfüßige Larve der gelben Stachelbeerblattwespe erscheint jetzt in zweiter Generation und wird am besten durch Abklopfen in untergehaltene Schirme bekämpft.

Ebenso geht man vor gegen die ebenfalls seit Juni vorhandenen Larven der schwarzen und die eben jetzt auftretenden Larven der kleinsten Stachelbeerblattwespe.

Gegen den getüpfelten Tausendfuß, der an den Erdbeeren frißt, wird das Unterlegen von Holzwolle empfohlen.

Nach Böttner soll man im Juli nach der Ernte der Erdbeeren alle Ranken, bewurzelte und unbewurzelte, abnehmen und auch die älteren, äußeren Blätter abschneiden, sodaß nur die jüngeren Herzblätter verbleiben; andernfalls tritt, besonders auf leichtem und trockenem Boden, infolge des zu großen Wasserverbrauchs leicht Pilzbefall ein.

In **Nadelholzanlagen** sind die vom kleinen Rüsselkäfer, Pissodes notatus, befallenen jungen Nadelholzpflanzen auszureißen, wodurch die darin abgesetzten Larven vertrocknen.

Jüngere Fichtenpflanzen werden oft schwer heimgesucht, unter Umständen abgetötet, durch eine besondere **Milben=spinnenart**, Tetranychus ununguis. Die Maitriebe werden zunächst gelb und nehmen schließlich unter Austrocknen und Abfallen der Nadeln eine kupferrote Farbe an. Als wirksam hat sich die Bespritzung mit konzentrierter Schmierseifenlösung oder mit Dufourscher Brühe erwiesen.

Die Kiefernbeete sind event. gegen die **Schütte** mit Kupferkalkbrühe zu bespritzen. (Vergl. Juni, S. 184.)

Auf den verschiedenen **Koniferen** kommen zahlreiche **Rostpilzarten** vor, durch die sie z. T. schwere Schädigungen erleiden. Mehrere Gymnosporangium-Arten, die ihre Teleutosporen auf Nadeln und Zweigen des Sevenbaumes, der Wachholder=Arten usw. bilden, sind S. 177 bei Besprechung der Obstbaumkrankheiten erwähnt, weil ihre Aecidien auf Blättern des Birn= und Apfelbaumes und anderer Pomaceen auftreten.

Auf den **Nadeln der Kiefern** leben die Aecidien mehrerer Coleosporium-Arten, deren Uredo= und Teleutosporen je nach der Art auf verschiedenen Kompositen und Rhinanthaceen, Campanulaceen usw. gefunden werden.

Die **Maitriebe jüngerer Kiefernbäume** werden von Melampsora pinitorqua heimgesucht und zwar bilden sich auf ihnen die Aecidien aus, wobei starke Triebe sich krümmen und dünnere absterben (Kieferndrehkrankheit), während Uredo= und Teleutosporen auf den Blättern und jungen Trieben der Aspe, Populus tremula, erscheinen.

Der **Rindenblasenrost der Kiefern** ist der als Peridermium bezeichnete Accidium-Zustand verschiedener Cronartium-Arten, deren Uredo= und Teleutosporen auf Cynanchum Vincetoxicum, auf Paenonien usw. leben. Eine verwandte Art, Cronartium Ribicola, bildet den gefürchteten **Blasenrost der Weymutskiefer** Uredo= und Teleutosporen dieser Art kommen auf verschiedenen Ribes=Arten vor.

Auf den **Nadeln der Fichte** bilden sich die Aecidien mehrerer Chrysomyxa=Arten, deren Uredo= und Teleutosporen auf der Alpenrose und auf Ledum=Arten auftreten. Von dem besonders häufigen eigentlichen Fichtennadelrost, Chrysomyxa Abietis, ist nur die Teleutosporen=Form bekannt. Die **Fichtenzapfen** werden von Aecidium strobilinum befallen.

Auf der **Nadelunterseite der Weißtanne** bilden sich die Aecidien von Calyptospora Goeppertiana. Uredo= und Teleutosporen dieser Art veranlassen an der Preiselbeere Anschwellungen und Verlängerung der Triebe. Endlich ist der **Hexenbesen der Weißtanne** hier zu erwähnen, da er ebenfalls durch einen Rostpilz veranlaßt wird. Näheres über ihn vergl. S. 329.

über den Wirtswechsel der Rostpilze, ihre verschiedenen Sporenformen usw. vergl. S. 346.

August.

Bei der Ernte des **Hafers** und anderer Frucht=
arten sind dieselben Gesichtspunkte zu berücksichtigen, wie sie
schon im Juli für Getreide im allgemeinen angegeben wurden.
Insbesondere sei nochmals hingewiesen auf die Notwendig=
keit des sofortigen Stoppelumbruchs und die nachfolgende
zweckmäßige Bearbeitung zur Erreichung der Ackergare in
allen Fällen, wo nicht eine Kleeuntersaat 2c. in Betracht
kommt.

Ist die Fritfliege in der Sommerung stark auf=
getreten, so werden die nach dem Umbruch der Stoppeln aus
den Ausfallkörnern sich entwickelnden Getreidepflänzchen von
der Fritfliege von August bis Mitte September angegangen
und können deshalb als Fangpflanzen benützt werden; Mitte
September sind sie aber unterzupflügen.

Man kann auch, um die anzubauende Winte=
rung möglichst vor Befall durch Getreidefliegen
zu schützen, in Fällen, wo diese Winterung an stark be=
fallen gewesene Sommerschläge angrenzt, Ende August direkt
Roggenfangpflanzen ansäen und zwar auf einem 4—8 m
breiten Streifen, der an die Sommerung grenzt. Erfolgt
dann im September die Bestellung des ganzen Schlages,
so werden diese Fangpflanzenstreifen vorher mit unter=
gepflügt.

In dem im August zu bestellenden Sandwicken=
und Roggengemenge, das im Frühjahr möglichst bald
Futter liefern soll, wird der Roggen meist wegen dieser
frühen Aussaat sehr stark von der Fritfliege 2c. heimgesucht.
Man vermeidet dies, indem man die Sandwicken gegen den

20. Auguſt zur Ausſaat bringt, den Roggen aber erſt nach Mitte September eindrillt.

Unter Umſtänden kann es ſich auch darum handeln, die von jetzt ab noch verbleibende Zeit nicht nur dazu zu benützen, dem Boden durch Teilbrache die nötige Gare zu verleihen, ſondern, in ihm etwa vorhandene tieriſche oder pilzliche Schädlinge oder auch Samen beſonders gefährlicher Unkräuter dadurch zu vernichten, daß dem Boden Desinfektionsmittel zugeſetzt werden, die noch im Laufe des Herbſtes eine Zerſetzung erleiden, ſodaß bereits im Frühjahr wieder Getreide ꝛc. gebaut werden kann. In Betracht käme eine ſolche Behandlung insbeſondere gegen die Hafer= bezw. Rübennematoden (vergl. S. 243), gegen das Stockälchen, event. auch gegen Drahtwürmer uſw.; dann gegen die Samen des Kleeteufels (vergl. S. 133), falls im nächſten Frühjahr Klee gebaut werden ſoll. Folgt im nächſten Jahre eine Hackfrucht, ſo kann die Einführung des Bodendesinfektionsmittels auch ſpäter im Herbſt, am beſten mit der tiefen Herbſtfurche erfolgen, andernfalls, alſo wenn im Frühjahr Getreide oder andere zeitig zur Ausſaat gelangende Pflanzen angebaut werden ſollen, dürfte es das beſte ſein, gleich beim Pflügen der Stoppeln an die Bodendesinfektion zu denken, in dieſem Falle alſo den Boden ausnahmsweiſe ſchon jetzt tief zu pflügen, damit das zur Verwendung gelangende Mittel in alle Schichten der Krume gelangt. Als geeignetſtes Mittel zur Bodendesinfektion dürfte zurzeit Karbolineum in Betracht kommen, das in Form von Humuskarbolineum ausſtreubar iſt und ſo in jeder beliebigen Menge dem Boden zugeſetzt werden kann. Näheres hierüber iſt durch die Agrikulturbotaniſche Anſtalt München zu erfahren. Mit Karbolineum oder ähnlichen Stoffen behandelte Böden erweiſen ſich in der Folgezeit weſentlich feuchter als unbehandelt gebliebene, auch zeigt ſich die Fruchtbarkeit ſolcher Böden nicht unbedeutend erhöht, ſobald das Karbolineum im Boden wieder zerſetzt iſt.

Bei den **Kartoffeln** können meiſt noch jetzt alle bereits im Juli angegebenen vorbeugenden Maßnahmen, die beim

Auftreten der Ring= und Blattrollkrankheit, der Schwarz=
beinigkeit u. dergl. in Betracht kommen, durchgeführt werden.
Gegen die Krautfäule und Blattrollkrankheit ist event. eine

Fig. 90. Blattrollkranker Kartoffeltrieb.

weitere Bespritzung mit einer Kupferbrühe (vergl. Juli,
S. 204) durchzuführen.

Gegen die Phytophthora infestans, den Erreger der

Krautfäule, wirkt die Bespritzung, wie bei allen falschen Mehltauarten, in der Hauptsache nur vorbeugend; vielfach stellt sich der Pilz aber erst im August ein. Jedenfalls beachte man um diese Zeit das Kartoffelkraut sorgfältig und nehme die Bespritzung vor, sobald sich nur die ersten Anzeichen der Krautfäule zeigen. Über die Symptome 2c. vergl. S. 205.

Bei den **Rüben** achte man weiterhin auf die Herz = und Trockenfäule und die sonstigen Krankheiten und Schädlinge, die schon im Juli und noch früher, aber auch erst im August auftreten können.

Außer den bereits im Juli genannten Krankheiten tritt im Spätsommer auch der Rübenrost hervor (vergl. September, S. 271); er kann sich aber auch jetzt schon sehr bemerkbar machen. Dasselbe gilt für die Blattbräune, die sich im Auftreten brauner bis schwarzer, schließlich das ganze Blatt einnehmender Flecken äußert, hervorgerufen durch Clasterosporium putrefaciens.

Gegen beide Krankheiten kann jetzt kaum etwas anderes unternommen werden, als daß man bei Beginn derselben die erkrankten Blätter entfernt und verbrennt. Wer übrigens schon im Juli die Rüben zur Vorbeuge gegen die dort genannten Krankheiten mit Kupferkalkbrühe bespritzt hat, der wird jetzt gegebenenfalls auch die Wirkung einer solchen Bespritzung gegen diese beiden Pilzarten wahrnehmen.

Befressen werden die Blätter jetzt und späterhin von verschiedenen Raupen, vor allem von der 22füßigen After = raupe der Raps = oder Rübenblattwespe, Athalia spinarum (vergl. Fig. 91), gegen die man bei starkem Auf = treten durch Bespritzung mit Seifenlösung, mit Dufourscher Lösung oder durch Bestreuen mit Kalkstaub, Thomasmehl 2c. vorgehen kann.

Ju erhöhtem Maße können jetzt oft an den Rüben Krank = heitserscheinungen wahrgenommen werden, die vom Boden, vom Rübenkörper oder von den feineren Wurzelfasern aus = gehen. Namentlich der Wurzeltöter, Rhizoctonia viola-cea, kann auch die Rüben mit seinen purpurvioletten Fäden überziehen und sie in „Rotfäule" versetzen, wodurch ein frühzeitiges Welken der Blätter eintritt. Man hat die kranken

Rüben zu entfernen und jene Maßnahmen, wie sie für die Luzerne angegeben sind, zu beachten. (Vergl. Juli, S. 212.) Bei stärkerem Auftreten kommt besonders auch das Isolieren der Befallstellen durch Gräben in Betracht, die mit Schwefel ausgestreut werden. Häufig wird das Vorhandensein der Rotfäule erst bei der Ernte konstatiert.

Ein direktes Absterben der äußeren Blätter, während das Herz gesund bleibt, tritt ein, wenn die durch Bakterien, Bacillus Bussei und B. lacerans, veranlaßte Rübenschwanzfäule sich einstellt, bei der der schwanzförmige untere Teil der Rübe unter schwärzlicher Verfärbung welkt und abstirbt. Überschuß an Stickstoff im Boden scheint das

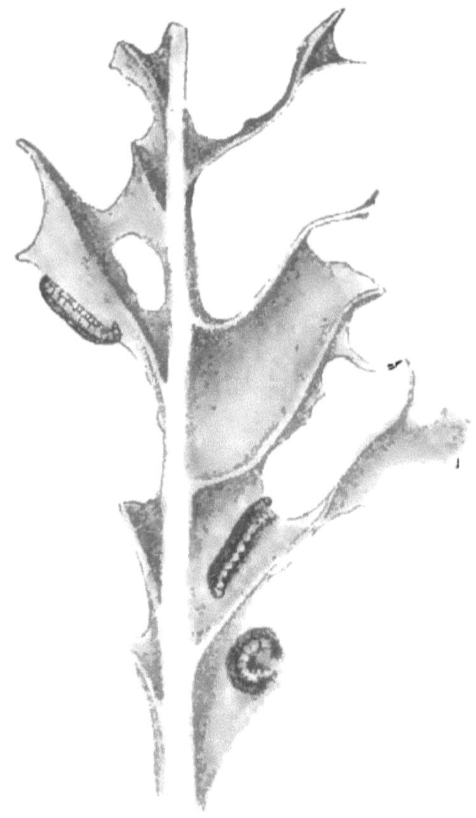

Fig. 91.   Larven der Rübenblattwespe.

Auftreten dieser Krankheit zu begünstigen. Die erregenden Bakterien zerlegen den Rohrzucker und vermehren jene Substanz, welche die Dunkelfärbung des Rübensaftes bewirkt. Auch hier läßt sich jetzt etwas anderes, als Entfernung der kranken Rüben nicht ausführen. Für die Zukunft wären Böden, auf denen sich die Krankheit häufig zeigt, besonders

gut mit phosphorsäurehaltigen und kalkhaltigen Dünge=
mitteln, am besten also mit Thomasmehl, zu düngen.

Auch von Sklerotienkrankheiten wird der
Rübenkörper heimgesucht; doch kommen dieselben meist erst
in den Aufbewahrungsräumen zum Durchbruch.

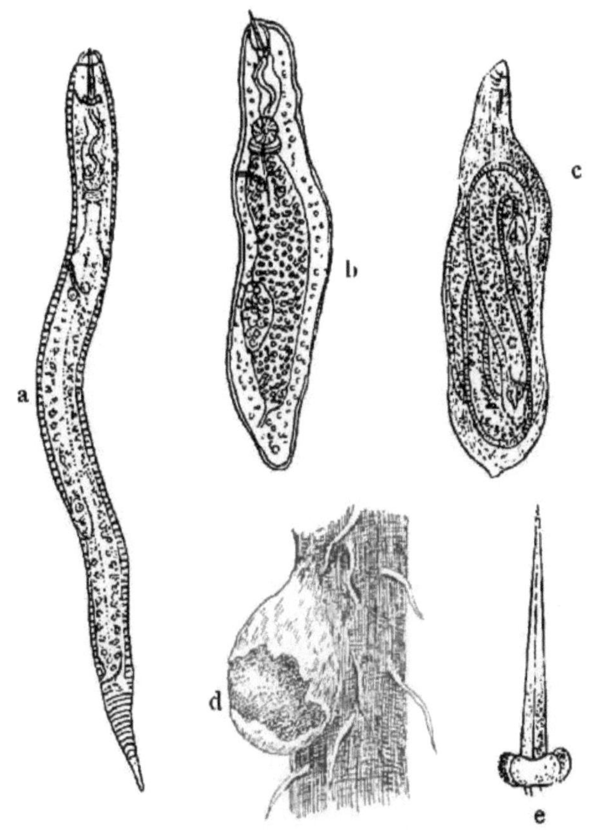

Fig. 92. Rübennematoden.

a Larve; b Form der Nematode nach dem Einwandern in die Rübenwurzel;
c Männchen, noch in der Larvenhaut eingeschlossen; d zitronenförmiges Weibchen,
aus der geplatzten Wurzelhaut teilweise hervorragend; e Larvenstachel.

Ganz besondere Schädigungen aber können bekanntlich
bei den Rüben durch an den Wurzeln saugende Nematoden
veranlaßt werden, indem die sogen. Rübenmüdigkeit

des Bodens eintritt. In der Regel handelt es sich dabei
um die Wirkung der sogen. Rübennematode, Heterodera Schachtii; seltener um jene der erheblich größeren
Dorylaimusarten. Das Vorhandensein der Rübennematoden im Ackerboden kann den Ertrag der Rüben außerordentlich herabdrücken. Werden schon die jungen Pflanzen
im Frühjahr befallen, so sterben sie häufig vollständig ab
(vergl. Mai, S. 88); bei älteren zeigen sich während
des Tages zunächst Welkungserscheinungen und schließlich
vertrocknen die Blätter. Die Gegenwart der Rübennematoden
ist an den Wurzelfasern schon durch deren struppige Beschaffenheit, vor allem aber durch die an den Wurzeln sich
zeigenden, etwa 1 mm großen, weißen Anschwellungen erkennbar. Wo sich die Rübenmüdigkeit eingestellt hat, gilt es, die
gefährlichen Schmarotzer unbedingt aus dem Boden wieder
zu entfernen; als das beste Verfahren dazu ist bisher die
Kühn'sche Fangpflanzensaat zu bezeichnen, die sich
auf die Tatsache gründet, daß die Rübennematoden auch
zahlreiche andere Pflanzenarten und vor allem gewisse
Kruziferen, befallen. Es werden den Sommer über auf
stärker befallenen Feldern mehrmals, möglichst viermal
hintereinander, 38—40 kg Sommerrüben gesät, die je nach
der Witterung 10—14 Tage nach dem Auflaufen zerstört
werden müssen. Der genaue Termin, der von dem Ent-
wicklungszustand der in die Wurzeln eingedrungenen Nematoden abhängt, läßt sich leider nur mit Hilfe des Mikroskopes
feststellen. Bei einer zu frühzeitigen Zerstörung ist der Erfolg
ungenügend, bei einer zu späten führt die Fangpflanzensaat
sogar eher zu einer Vermehrung der Nematoden im Boden.
Im allgemeinen aber ist der Zeitpunkt für die Zerstörung
gekommen, wenn sich bei den Pflänzchen außer den beiden
Kotyledonen das vierte oder fünfte Blatt entwickelt hat und
wenn an den Wurzeln der täglich mit dem Spaten von verschiedenen Stellen dem Boden entnommenen etwa 30 Pflänzchen die Anschwellungen anfangen sich zu bilden. Zur Zerstörung der Fangpflanzen wird zunächst das Feld mit der
Drillhacke überfahren; nachdem dies schräg gegen die erste
Richtung wiederholt wurde, wird das Feld abgeeggt und
bleibt dann bis zum nächsten Tag unberührt; nur abge-

schnittene oder herausgezogene Pflänzchen verwelken. Sollten noch welche unversehrt stehen geblieben sein, so sind sie mit der Handhacke abzuhacken. Hierauf wird das Land ge= grubbert und geeggt und nochmals kreuzweise gegrubbert und zwar mit Hilfe des Kühn'schen Grubbers, wodurch der Zusammenhang der Wurzeln mit dem Boden beseitigt wird. Schließlich erfolgt das Umpflügen des Landes in schmale, höchstens 15 cm breite und etwa 25 cm tiefe Furchen mittels eines Vorschars, das auf einen Tiefgang von 10 cm gestellt ist.*)

Die Ausführung der Fangpflanzenmethode bedingte früher den Ausfall einer vollen Jahresernte. Kühn hat daher vorgeschlagen, derartige Felder dadurch teilweise aus= zunützen, daß man von dem mit Fangpflanzen zu besäenden Felde eine zeitige Futterernte zu gewinnen sucht. Für einen solchen Zwischenfruchtbau eignet sich vortrefflich ein Ge= menge von Sandwicken und Winterroggen, das nach den oben gegebenen Weisungen zu säen ist, d. h. der Roggen wird in die bereits im letzten Drittel des Monats gesäten Sandwicken (100 kg pro ha) erst am 16. bis 18., spätestens am 20. bis 22. September eingedrillt (80 kg pro ha). Wo der Inkarnatklee sicher überwintert, ist es noch zweck= mäßiger, ein Gemenge von Sandwicken (100 kg) und Inkarnatklee (24 kg) zwischen dem 10. und 15. August zu säen. Auch eine reine Saat von Gelbklee und von Rotklee kann entweder schon im Frühjahr unter Winterroggen oder Gerste oder alsbald nach der Ernte in die umgebrochenen Getreidestoppeln, womöglich bis Mitte August, erfolgen.

Der Umstand, daß die Durchführung einer Fang= pflanzensaat immerhin schwierig und auch recht kostspielig ist, schon weil der Acker den Sommer über unbenützt bleibt, hat es mit sich gebracht, daß man zur Vernichtung der Nema= toden auch noch andere Mittel erprobte; vor allem ist die Behandlung des Bodens mit Schwefelkohlenstoff mit Erfolg durchgeführt worden; leider aber kommt dieses Verfahren zu teuer. Vielleicht gelingt es, denselben Effekt durch Be=

---

*) Wer solche Fangpflanzensaaten ausführen will, sei verwiesen auf das Flugblatt Nr. 11 der Kais. Biol. Anstalt f. Land= u. Forstw., in dem J. Kühn das ganze Verfahren ausführlich beschreibt.

handlung des Bodens mit einem Karbolineum präparat
zu erzielen, das am besten schon im August in den Boden
eingebracht wird, damit es sich im Herbst noch genügend
zersetzen kann. Nach den bisherigen Erfahrungen kann man
bei Humuskarbolineum auf eine rechtzeitige Zersetzung, falls
im Frühjahr Hackfrüchte gebaut werden, auch noch sicher
rechnen, wenn es erst im Herbst oder selbst erst im zeitigen
Frühjahr dem Boden zugesetzt wird. Als sehr vorteilhaft
hat sich auch eine kräftige Düngung, namentlich mit Kali=
salzen, erwiesen; auch durch die Behandlung des Bodens
mit Ätzkalk werden teils die Nematoden abgetötet, teils
die später gebauten Rüben gekräftigt. Außer in die
Wurzeln sämtlicher Varietäten von Beta und zahlreichen
Kruziferen, besonders von Raps und Rübsen, Senf,
Kohl, Kresse, Rettich, Ackersenf, Hederich, ferner von
Chenopodium= und Atriplexarten, dann von Hanf, Korn=
rade und verschiedenen Leguminosen dringen die Rüben=
nematoden besonders gerne auch in jene des Hafers und auch
der Gerste, sowie des Maises, ein. Darauf ist so weit als
irgend möglich Rücksicht zu nehmen bei der Fruchtfolge.
Zucker= und Runkelrüben, Hafer und Raps dürfen nicht
öfter als in 4 Jahren einmal auf den Feldern angebaut
werden. Über die Merkmale der Krankheit beim Hafer vergl.
Juli, S. 198.

Wo sich auf **Wiesen** Engerlingsschäden im Sommer
so stark bemerkbar machen, daß sich jetzt stellenweise die
Wiesennarbe vollständig ablöst, hat man, wenn nicht ent=
sprechend vorgegangen wird, unter Umständen noch nach
Jahren mit einem schlechteren Bestand, mit mehr als
der Hälfte Unkräuter, zu rechnen. Schwächer geschädigte
Wiesen erholen sich dagegen verhältnismäßig schnell wieder,
mindestens wenn sie mit Stallmist und mit Superphosphat
gedüngt werden. Aber auch in solchen Fällen ist es nach
Stebler=Zürich von Vorteil, eine Einsaat zu machen und
dann kräftig zu düngen. Für eine solche Einsaat eggt man
die Wiesen nach dem Endschnitt, sät und walzt ab; der
dadurch zu erzielende dichte Rasen verhindert es auch, daß
die Maikäfer wieder an den gleichen Stellen ihre Eier ab=
legen. Bei stärkerem Befall dagegen sollte sofort nach dem

Schaden ein Umbruch erfolgen und das Feld bei heißem, sonnigen Wetter öfters tief geeggt werden, wodurch die Engerlinge an die Oberfläche kommen. Stebler schlägt vor, den Acker zunächst mit Futterroggen und erst im folgenden Jahre mit einer Mischung zu bestellen. Man kann aber auch sofort wieder eine Grassamenmischung ansäen und zwar muß sie bei der jetzt im August erfolgenden Saat eine Über= frucht von Hafer erhalten. Als besonders geeignete Mischung zur Ansaat bezeichnet Stebler die folgende:

	Prozent	auf 1 a
Rotklee	10	35 g
Hopfenklee	10	35 „
Französisches Raigras . .	10	90 „
Wiesenschwingel	10	70 „
Knaulgras	20	120 „
Timothe	15	45 „
Goldhafer	5	20 „
Wiesenrispengras	10	35 „
Rohrschwingel	10	55 „

Bezüglich der Düngung ist zu beachten, daß nach in der Schweiz gemachten Beobachtungen mit phosphorsäure= haltigen Düngestoffen gedüngte Wiesen weit weniger von Engerlingen heimgesucht wurden als die nicht gedüngten. (Vielleicht weil gerade in diesen Fällen durch Phosphor= säuredüngung die Grasnarbe dichter wurde.)

Schon vom Juli an, besonders aber im August und noch mehr dann im nächsten Frühjahr, machen sich in lockeren, humosen Böden, besonders auch in Moorböden, die 3 cm langen, walzenförmigen, graubraunen, einen einziehbaren Kopf besitzenden Larven der **Kohlschnaken**, Tipula olera= cea, und einiger anderer Schnakenarten, durch Abfressen der Würzelchen verschiedener Gewächse, wie Kartoffeln, Kohl, Getreide, Raps, Erbsen, Bohnen, dann der verschiedensten Gemüsepflanzen, namentlich des Salats, und der meisten Wiesenpflanzen bemerkbar; gelegentlich fressen sie auch an den oberirdischen Pflanzenteilen. Nach Tacke=Bremen haben sich nur 2 Maßnahmen gegen die oft außerordentlich großen Tipulaschäden bewährt; die eine besteht in der Ansiedlung insektenfressender Vögel, in erster Linie der Stare, die zweite

in der regelmäßigen Anwendung schwerer Walzen, nament=
lich auf Moorwiesen. Auch das Walzen des Bodens ist
eher eine vorbeugende Maßnahme, da durch dasselbe nicht
nur viele Larven zerdrückt werden, sondern vor allem die
Eiablage in dem nun dichteren und festgelagerten Boden
abgehalten wird. Die An=
siedlung der Stare hat
sich in allen Fällen von
so durchgreifendem Er=
folg gezeigt, daß auf
Grund der Erfahrungen

Fig. 93. Kohlschnake (Tipula
oleracea). Natürl. Größe.

Fig. 94. Larve der Kohlschnake.
Länge 30 mm.

der Moorversuchsstation Bremen die preußische
landwirtschaftliche Verwaltung in einem Rund=
schreiben auf dieses Mittel zum Zwecke der Be=
kämpfung der Tipulaplage aufmerksam ge=

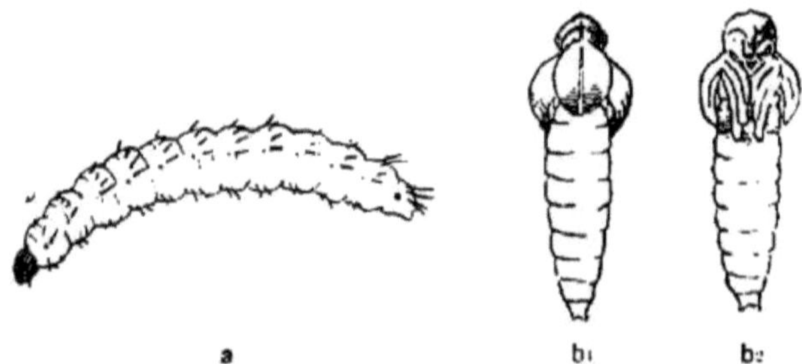

Fig. 95. Gartenhaarmücke (Bibio hortulanus).
a Larve, b₁ Puppe von oben, b₂ Puppe von unten.

macht hat. Unsere Figur zeigt auch die Schnaken selbst,
die im Juni und Juli oft in großen Mengen auf Wiesen,
Getreidefeldern ꝛc. schwärmen. Man empfiehlt vielfach, sie
abzufangen; doch dürften hierzu wohl höchstens Kinder Zeit
und Lust haben.

In ganz ähnlicher Weise werden die etwa 15 mm langen, schmutziggrauen Larven der **Haarmücken**, Bibio marci und B. hortulanus, schädlich, namentlich wieder nach der Überwinterung im zeitigen Frühjahr.

Von Anfang August an erfordern besonders die Schädigungen, die die Raupen der zweiten Generation des **Kohlweißlings** veranlassen, die größte Aufmerksamkeit. Wer hier mit dem Einschreiten erst abwartet, bis die gefräßigen Raupen über die Blätter der Kohl= und anderer Pflanzen sich verstreut haben, der wird in der Regel wenig Erfolg erzielen; auch hier ist Vorbeuge bei weitem vorzuziehen. Sie besteht darin, daß man die leicht kenntlichen, goldgelben Eierhäufchen, die von Ende Juli oder Anfang August an auf die Unterseite der Blätter gelegt werden, rechtzeitig und wiederholt absucht und vernichtet; am einfachsten geschieht

a   b

Fig. 96. Kohlweißling (Pieris brassicae).
Länge des Vorderrandes eines Vorderflügels 29—34 mm.
a Männchen, b Weibchen.

dies durch Zerdrücken mit den Fingern. Noch wesentlich rascher und sicherer erreicht man die Vernichtung der Eierhäufchen, indem man sie entweder mit einer Benzinlötlampe abbrennt oder mit einer insektentötenden Flüssigkeit, wie Schwefelkohlenstoff, Spiritus, Dufour'sche Lösung bepinselt. Besonders in Jahren, wo die Kohlweißlingsplage stark zu werden droht, wo schon von Mitte Juli ab die Schmetterlinge in großer Menge und in Wanderzügen beobachtet werden, dürfte die Verwendung von Schulkindern zur Vernichtung der Eier unerläßlich sein. Hat man die

Zerstörung der Eier versäumt, sodaß die Raupen in großer Anzahl erscheinen, so ist ein direktes Ablesen derselben nicht mehr durchführbar; hier kommt dann nur eine Bespritzung oder Bestäubung mit Stoffen in Betracht, durch die die Raupen zwar abgetötet, die Blätter aber nicht beschädigt und auch nicht dauernd ungenießbar gemacht werden. Bewährt haben sich hierfür warmes Wasser von 55° C und 2%ige Schmierseifenlösung, sowie eine Brühe, die auf 100 Liter Wasser 2 kg Kalk und 3 kg Kochsalz enthält. Auch mit schwachen, etwa ½%igen Karbolineumlösungen, sowie mit 2%iger Chlorkalklösung hat man Erfolge erzielt, ebenso mit Thomasmehl, von dem auf den Morgen 1 Ztr. zu streuen ist; nach 3 Tagen ist das Bestreuen mit derselben Gabe zu wiederholen. Schließlich ist vorgeschlagen worden, einige Schaufeln voll großer Waldameisen in einem Sack zu holen und sie in die von Raupen befallenen Kohlbeete zu leeren; die Ameisen sollen rasch mit den Raupen aufräumen und dann selbst bald wieder verschwinden.

Wesentliche Dienste zur Verhinderung künftiger Kohlweißlingsplagen leisten ihre natürlichen Feinde, namentlich die Schlupfwespen. Wo man, namentlich später im Herbst, auf den leeren Raupenbälgen und auf Puppen die Häuschen jener gelben Wollpuppen findet, die der Volksmund als „Raupeneier" bezeichnet, vermeide man ja, diese zu zerstören, da es die Puppen der nützlichen Schlupfwespen sind.

Außer den Raupen von Pieris brassicae, dem großen Kohlweißling, fressen an den Kohlpflanzen auch noch jene des kleinen Weißlings, P. rapae und P. napi. Bei beiden Arten werden zum Unterschiede vom großen Kohlweißling die Eier nicht in Häuschen, sondern einzeln auf die Unterseite der Blätter gelegt.

Auf jene Krankheiten der verschiedenen Hülsenfrüchtler, der Kohlgewächse, der Gemüsepflanzen u. s. w., die schon im Juni und Juli näher beschrieben sind, aber auch im August noch weiter sich zeigen oder erst auftreten können, sei besonders verwiesen.

Die jungen Pflänzchen des anfangs August gesäten **Rapses** werden bei trockenem Wetter sehr häufig schwer von Erdflöhen heimgesucht; dagegen wird empfohlen, einige

Tage nach der Hauptsaat, die in Reihen auszuführen ist, eine breitwürfige, dünne Übersaat ebenfalls mit Raps zu machen, da dadurch, daß die Erdflöhe besonders die jüngeren Pflänzchen befallen, die älteren gerettet werden. Das gleichzeitige Ausstreuen von Superphosphat mit den Rapssamen ist ebenfalls zu empfehlen. Über sonstige Mittel gegen Erdflöhe vergl. S. 54.

Die Larven der **Lattichfliege**, Anthomyia lactucae, die im August und September in zweiter Generation erscheinen, zerstören bisweilen die ganze Samenernte des **Salats**, indem sie durch ihr Saugen in den noch weichen Samen deren Verderben bedingen. Die Verpuppung erfolgt in der Erde.

Bezüglich des **Spargels** dürfte ein von der Braunschweigischen Landesversammlung 1902 angenommenes Gesetz folgenden Inhalts mitteilenswert sein:

„Die jungen Spargelpflanzungen, mit Einschluß der 3jährigen Pflanzungen, sind in den Monaten Mai bis August jedes Jahr allwöchentlich auf das Vorhandensein der **Spargelfliege** zu untersuchen; ergibt sich dabei, daß die Spargelpflanzungen von der Fliege befallen sind, so sind die Pflanzen bis an die Kronen abzuschneiden und sogleich an Ort und Stelle zu verbrennen. Die **Vernichtung der befallenen Pflanzen muß spätestens bis zum 15. August jeden Jahres ausgeführt sein**.“

Besonderer Hervorhebung bedarf jetzt die sogenannte **Schwärze des Meerrettichs**, die auf gewissen Böden und in manchen Jahren in besonders starkem Maße von Ende Juli an sich zeigt. Um diese Zeit fällt auf, daß die äußeren Blätter bei einer mehr oder minder großen Anzahl von Pflanzen ziemlich rasch vertrocknen; auf einem Querschnitt durch die Stangen solcher Pflanzen nimmt man wahr, daß der Gefäßbündelring eine zunächst geringe bräunliche Verfärbung aufweist, die im Laufe des August und des Herbstes immer stärker hervortritt, bis schließlich der Ring vollständig schwarz erscheinen kann, wodurch der Meerrettich gänzlich entwertet ist. Hauptsächlich zeigt sich die Krankheit auf Böden, auf denen Meerrettich ununterbrochen gebaut wird; hier kann nur ein Fruchtwechsel in Frage kommen. Namentlich hat sich gezeigt, daß das Liegenlassen einer solchen Fläche als Wiese während dreier Jahre die Ursachen der Schwärze auf einige Zeit beseitigt. Auf manchen, gut durchlässigen Böden wird übrigens der Meer= rettich, trotzdem er schon seit vielen Jahrzenten ununterbrochen gebaut wird, nicht schwarz. Über die eigentliche Ursache kann zur Zeit nur angegeben werden, daß sich infolge des unaus= gesetzten Anbaues namentlich in tieferen Schichten des Bodens gewisse Organismen, Bakterien und Pilze, ansiedeln, die für den Meerrettich schädliche Produkte erzeugen und schließlich bei vorgeschrittenen Stadien unter Umständen selbst in die erkrankten Wurzeln eindringen können. Eine Behandlung des Bodens mit Schwefelkohlenstoff und mit den verschieden= sten sonstigen Desinfektionsmitteln hat bisher ebensowenig befriedigende Erfolge gebracht, wie Düngung und mechanische Bearbeitung desselben. Auch Untergrundkalkung erwies sich, mindestens in stärkeren Fällen, als durchaus unwirksam.

Andere Krankheiten der Meerrettichstangen, auf die hier nur hingewiesen sei, sind die Kernfäule, die Rotbrüchig= keit, die Wasserschlündigkeit und das Kropfig= werden: wo sie sich zeigen, sind die Stangen am besten zu vernichten.

Im übrigen wird der Meerrettich auch von einer Orobancheart, O. ramosa, dem sogen. „Kreuzfresser" heimgesucht, der besonders häufig von benachbartem Hanf auf ihn übergeht.

Die schon im Juni erwähnten, sehr schädlichen Blatt= käfer treten Ende Juli in zweiter Generation auf und Ende August folgt das zweite Madengeschlecht; sie sind wie früher angegeben zu bekämpfen.

Gegen Ende des Monats stellt sich am Meerrettich häufig auch die schon bei den Rüben erwähnte Larve der Rapswespe ein und endlich wird er gelegentlich auch von den Kohlweißlingsraupen heimgesucht.

Im Anschluß an die Meerrettichschwärze sei kurz auch das Schwarzwerden des Selleries erwähnt, das entweder schon auf dem Felde anstritt oder darin besteht, daß das Selleriefleisch erst beim Kochen schwarzfleckig wird. Nach der Annahme mancher Praktiker wird die Erscheinung hervorgerufen, wenn der Sellerie infolge kalter Witterung oder Dürre nicht schnell genug wachsen kann. Vor allem scheint aber einseitige Stickstoffdüngung die Ursache zu sein, weshalb die Anwendung von Kali= und Phosphorsäure= düngung empfohlen wird. Des weiteren ist Fruchtwechsel und die Wahl wohlgeformter, weißer Knollen, sowie Samen gesunder Pflanzen zur Saat anzuraten.

Beim **Hopfen** kommen im August noch Bespritzungen gegen Schwärze oder Kupferbrand mit den bereits im Juli angegebenen Mitteln in Betracht, falls die Juli=Behandlung nicht nachhaltig genug gewirkt hat oder die zu bekämpfenden Schädlinge infolge des Witterungsverlaufes erst im August mehr hervortreten. Giftstoffe, wie Chlorbarium, dürfen jetzt aber nicht mehr verwendet werden.

Die Hopfengärten dürfen jetzt nur mehr ganz seicht bearbeitet werden. Bei abgenommenem Frühhopfen sind die Reben nicht zu tief abzuschneiden, weil sich sonst der Stock leicht verblutet.

Durch zu einseitige starke Düngung mit Stickstoff, über= mäßige Bewässerung u. s. w. zeigt sich am Hopfen gelegent= lich das sogen. Blindsein oder die Gelte, darin be= stehend, daß die Neigung, mehr Laubblätter hervorzubringen, eine abnorme Verlängerung und einen lockeren Bau der Dolden veranlaßt. Empfohlen wird dagegen Nachdüngung mit Superphosphat und das Abstechen einzelner stärkerer Wurzeläste. Wenn nach mehreren Jahren keine Besserung eintritt, so ersetzt man solche Stöcke am besten durch frische Fechser.

Vom August bis zum nächsten Frühjahr frißt, von der Winterruhe abgesehen, in den stärkeren Hopfenwurzeln die 16füßige, schmutziggraue, braunköpfige Raupe des Hopfenwurzelspinners, Hepialus humuli, was zur Folge hat, daß unter Umständen die Stöcke ein= gehen oder schlecht treiben. Auf das Vernichten dieser Raupen, die übrigens auch die fleischigen Wurzeln ver= schiedener anderer Pflanzen befallen, ist besonders beim Hacken des Hopfens im Frühjahr zu achten.

Auch in den **Weinbergen** wird man in der Regel gegen Peronospora, namentlich zur Verhütung der Leder=

beerenkrankheit, nochmals eine, unter Umſtänden mehrere
Beſpritzungen mit Kupferkalkbrühe ꝛc. ausführen, gegen
den echten Mehltau eine Beſtäubung mit fein gemahlenem
Schwefel vornehmen müſſen.

Von Mitte Auguſt an ſollte aber die Beſpritzung der Reben mit Kupferkalk ꝛc. eingeſtellt
werden, weil ſonſt Gefahr be-
ſteht, daß die zu lange grün
bleibenden Pflanzen nicht genügend ausreifen. Nur in Reb-
ſchulen iſt die Beſpritzung noch weiterhin zuläſſig und oft ſogar notwendig.

Das Hauptaugenmerk iſt jetzt
in vielen Gegenden dem Auftreten des
Sauerwurmes zuzuwenden, deſſen
dreimonatliches Regiment mit dem
Auguſt beginnt. Ein Vorgehen gegen
den Schädling durch Beſpritzung der
Trauben mit Inſektengiften kommt
jetzt kaum mehr in Betracht; es wäre
nur ſtatthaft, wenn das anzuwendende
Mittel an ſich unſchädlich oder ſicher
bis zur Traubenleſe wieder vollſtändig zerſetzt oder auf ſonſtige
Weiſe verſchwunden wäre.

Gute Erfolge kann man er-
zielen durch Ausleſen der vom Wurm
befallenen Beeren, zu dem ſich ganz

Fig. 97. „Sauerwurm"
(Raupe) nebſt Wirkungen
des Fraßes in der Traube.

beſonders Frauen und Kinder eignen; nur bei großer Übung
und ſcharfem Auge iſt es allerdings möglich, alle Wurm-
beeren zu erkennen, beſonders jene, welche zuletzt befallen
wurden und in denen gerade der Wurm ſitzt; vorgenommen
kann das Ausbeeren nur bei anhaltend trockener Witterung
werden.

Der Auguſt iſt auch die Hauptflugzeit des Spring-
wurmwicklers. (Vergl. S. 92.) Die Vorderflügel des-
ſelben ſind bis 10 mm lang, ockergelb, oder grünlich meſſing-
glänzend und mit 2 roſtfarbenen, oft zerriſſenen Querbinden
verſehen; die Hinterflügel ſind graubraun. Der weibliche

Schmetterling legt jetzt auf die Oberseite solcher Weinblätter, die etwas versteckt sind, seine Eier in Haufen von 50—60 Stück und noch mehr. Es hat sich herausgestellt, daß man durch Zerdrücken dieser Eigelege sehr gegen den Springwurm ankämpfen kann; denn eine einzige Person ist nach E. Rüb-saamen im stande, in einem Tage bis zu 2000 solcher Gelege durch Zerdrücken zu vernichten. Man muß mit dieser Bekämpfungsweise vorgehen, solange die Flugzeit der Motte andauert. Die jungen Räupchen schlüpfen bereits im September aus den Eiern, richten aber keinen nennens-werten Schaden mehr an; sie verbringen den Winter, jedes einzelne in ein Seidengehäuse eingeschlossen, hinter der Rinde der Rebstöcke, in den Vertiefungen am Kopf des alten Stockes und in sonstigen Schlupfwinkeln, die ihnen die Reben und Pfähle bieten.

Im **Obstgarten** stütze man gut behangene Äste der Obstbäume, wobei durch untergelegte Polster Quetschungen zu vermeiden sind, die sonst leicht zu Krebs Veranlassung geben. Wurmstichiges, abgefallenes Obst ist weiterhin zu sammeln und der innen wohnende Parasit zu vernichten; nur das gute Fleisch kann zur Marmelade verarbeitet werden. Sehr zu beachten ist, daß die Räupchen des Apfelwicklers jetzt die wurmstichigen Früchte verlassen, um sich geeignete Schlupfwinkel unter Baumrinden u. s. w. zu suchen; auch die am Baum noch befindlichen Räupchen suchen solche Schlupfwinkel auf; gegen diese Obstmaden leisten die Fang-gürtel oder Madenfallen vorzügliche Dienste, die jetzt sorgfältig zu revidieren sind. (Über die Fanggürtel vergl. S. 155.)

Die schmutziggelben Larven der Birnblattwespe, sowie die noch kleinen Räupchen des Goldafters, die jetzt die Blätter zerfressen, müssen, soweit möglich, gesammelt und vernichtet werden; letztere verursachen übrigens jetzt nur mehr geringen Schaden. Die glänzend schwarzen, kleinen Larven der Kirschblattwespe (vergl. Fig. 54 auf S. 162), welche die Oberhaut der Kirsch- und Birnbaumblätter ab-nagen, sind durch Bestäuben der taufeuchten Blätter mit Kalkstaub oder Schwefel zu bekämpfen. An den Stämmen begegnet man jetzt auch schon den Eierhaufen des Schwammspinners, welche vom August an gelegt werden und deren Vernichtung auf die schon im Januar angegebene Weise erfolgt. Gegen das lästige Blattminierräupchen schützt man die Blätter durch Bespritzen mit Quassiabrühe.

Auf Blutläuse ist weiterhin zu fahnden.

□ □ □ □ □ □ □ **September.** □ □ □ □ □ □

Auf die **Speicherschädlinge** ist weiterhin zu achten. Ende August bis September sind die Räupchen der Kornmotte ausgewachsen und verlassen nunmehr die Haufen, um in Rissen und Spalten an Holzwänden und Balken zu überwintern. Dieses Auswandern der Räupchen erfolgt bis in den Spätherbst hinein, die eigentliche Verpuppung erfolgt aber erst im Frühjahr. Die Räupchen können nun in großen Mengen gefangen werden, wenn man jetzt in die Getreidehaufen Stöcke oder Bretterstücke steckt, an denen sie emporkriechen; man wirft sie dann am besten den Hühnern vor. Auch an einem Streifen Brumataleim, der an allem Holzwerk des Speichers in einer Höhe von 50 cm angebracht wird, fangen sich die Räupchen.

Um die Einschleppung des Kornkäfers und anderer Schädlinge durch zugekauftes fremdes Getreide oder durch zu Brennereizwecken angekauften Mais und dergl. zu verhüten, bezw. um etwa vorhandenen Befall der Ware durch derartige Schädlinge sicher zu erkennen, empfiehlt es sich nach P. Lindner bevor man etwa die Ware auf den Speicher bringt, eine Probe in einer verschlossenen Flasche mehrere Wochen im warmen Zimmer aufzubewahren, wobei aus den in den Körnern verborgenen Larven die Käfer oder Motten hervorgehen.

Im September beginnt die **Saat des Wintergetreides** — Wintergerste wird man meist schon Ende August ausgesät haben; hier gilt es nun wieder, auch im Interesse des Pflanzenschutzes, zahlreiche Gesichtspunkte zu beachten, die sich teils auf die Wahl und richtige Bestellung und Düngung des Ackers, auf die Wahl und Herrichtung des Saatgutes und endlich auf die Zeit der Saat beziehen.

In erstgenannter Beziehung spielt zunächst die Art der Vorfrucht eine große Rolle; da Roggen im allgemeinen früher gesät wird als Weizen, so ist bei ihm besonders darauf zu sehen, daß die Vorfrucht das Feld zeitig genug räumt, um eine für das gute Gedeihen des Roggens nötige Vorbereitung des Ackers zu ermöglichen; aus diesem Grunde gilt allgemein die Kartoffel als nicht besonders gute Vorfrucht des Roggens. Wenn man, wie es vielfach üblich ist, die Kartoffeln zu frühzeitig dem Boden entnimmt, um den Acker noch für die Roggenbestellung vorbereiten zu können, so geschieht dies auf Kosten ihrer Güte und Haltbarkeit und namentlich auf leichteren Böden wird dadurch auch nicht viel erreicht, da der Boden nicht mehr genügend Zeit hat, sich zu setzen; auch das Walzen solchen Bodens verhindert unter Umständen nicht, daß im Winter der Roggen teilweise ausfriert, wenn es auch sehr zu empfehlen ist. Wo sich der Anbau von Roggen nach Kartoffeln nicht umgehen läßt, wird man besonders dort die Winterschläge einrichten, wo nicht zu späte Kartoffeln gebaut werden; außerdem muß nach Lilienthal auf solchen Böden die Saatfurche zu Kartoffelroggen so flach wie möglich gemacht werden. Ist es notwendig, vor der Saat nach dem Abernten der Kartoffeln zu pflügen, so ist unter allen Umständen durch wiederholtes Walzen und Ringeln der nötige Schluß des Bodens herzustellen. Kann wegen zu großer Feuchtigkeit nicht gewalzt werden, so suche man durch wiederholtes Eggen mit vermehrtem Vorspann, also durch den Tritt der Arbeitstiere, den gepflügten Boden möglichst fest zu machen. Das unsichere Gedeihen des Kartoffelroggens ist endlich auch noch bedingt durch Stickstoffhunger der Pflanzen im Herbst. Eine Stickstoffdüngung im Herbst zu solchem Roggen, und zwar womöglich mit schwefelsaurem Ammoniak, ist daher unbedingt notwendig.

Gut gedeiht dagegen der Roggen nach sich selbst, nach Ölfrüchten, sowie nach Hülsenfrüchten und besonders auch nach Gründüngung.

Aber auch nach Dunglupinen ꝛc. kann Roggen schlechte Erträge liefern, einerseits wegen des ungesetzten Bodens und dann ebenfalls wegen Stickstoffhungers der Pflanzen im Herbst. Sind die Lupinen oder andere Gründüngungspflanzen kurz vor der Saat untergepflügt worden, so empfiehlt es sich, noch vor dieser und auch nach ihr mit schweren

Ringelwalzen wiederholt zu walzen. Vielfach aber pflügt man die Stoppelsaaten schon 3—4 Wochen vor dem Termin der Roggensaaten unter, wodurch allerdings die Zeit, die für die Stoppelpflanzen zur Stickstoffassimilation und Erzeugung organischer Substanzen verbleibt, nur sehr kurz bemessen wird. Nach von Rümker ist es umso ratsamer, die Gründüngung erst kurz vor der Roggensaat, dann aber so sorgfältig als irgend möglich unterzupflügen, sowie den Roggen in die frische Furche zu säen, je ungünstiger die klimatische Lage des Anbauorts, je schwerer der Boden und je kürzer der Zeitraum war,. den die Gründüngungspflanzen zu ihrer Entwicklung hatten.

Bei einem dichteren Bestand der Gründüngungspflanzen verkümmert auch einer der schlimmsten Feinde des Sandbodens, die Quecke; umgekehrt wird ihre Entwicklung durch lückenhaften Stand von Zwischenfrüchten überaus begünstigt, sodaß es in solchen Fällen gut ist, die Zwischensaat möglichst bald umzupflügen und Maßregeln zur Vertilgung der Quecke zu treffen. Nach Beseler-Wende sollte man aber auf trockenen Sandböden und Böden mit nicht genügend hohem Grundwasserstand, auf denen durch zu häufige Bearbeitung viele Nährstoffe verloren gehen, die Queckenvertilgung nach der Ernte nicht vor Oktober vornehmen.

Als eine ausgezeichnete Vorfrucht für Wintergetreide, namentlich für Winterweizen, gilt allgemein der Klee, der nach dem zweiten Schnitt nicht zu tief gestürzt wird, nachdem man vorher eine schwache Stallmistdüngung aufbrachte. Es darf aber doch nicht unterlassen werden, darauf hinzuweisen, daß nach in verschiedenen Gegenden gemachten Erfahrungen der Weizen gerade nach Klee, namentlich auf schwereren Böden, keineswegs immer hervorragende Erträge gibt; häufig scheint dabei besonders das Auftreten der Fußkrankheit ertragsvermindernd auf den Weizen einzuwirken; auch stärkeren Befall des Weizens durch Rost hat man nach Klee schon wiederholt beobachtet; in künftigen Fällen könnte dies wohl durch eine Gabe von 4—6 Ztr. Superphosphat auf 1 ha bei der Saat vermieden werden. Sehr gut gedeiht das Wintergetreide nach Johannisbrache und besonders auch nach Schwarzbrache; bei letzterer ist auf manchen Böden nur darauf Bedacht zu nehmen, daß das Getreide infolge von Stickstoffüberfluß im nächsten Jahre sehr leicht lagert, weshalb ja vielfach zwischen Brache und Wintergetreide auf besseren Böden eine Rapssaat eingeschoben wird, die als besonders gute Vorfrucht bekannt ist.

Die **Schwarzbrache** darf in einem Werk über Pflanzenschutz nicht unerwähnt bleiben. Besonders auf schweren Böden, für die sie auch hauptsächlich in Betracht kommt, bietet sie nicht nur ein vorzügliches Mittel zur Unkrautbekämpfung, sondern bei richtiger Ausführung führt sie auch in bester Weise im Boden die Ackergare herbei, d. h. sie bedingt, daß jene Humusstoffe entstehen und zugleich jene Organismen sich vermehren, die, wie Untersuchungen an der Kgl. Agrikulturbotanischen Anstalt München ergeben haben, dadurch von der größten Bedeutung sind, daß sie eine normale Ernährung der meisten Kulturpflanzen erst ermöglichen. Bedeutsame physikalische Änderungen, die gleichzeitig mit den genannten vor sich gehen, veranlassen die Krümelstruktur und einen höheren Wassergehalt des Bodens; zugleich werden die im Boden bis dahin zum größten Teil in unaufnehmbarer Form vorhanden gewesenen Nährstoffe in lösliche Stoffe umgewandelt — kurz, aus einem untätigen, toten entsteht ein tätiger Boden, in dem nunmehr die Pflanzen oft auf Jahre hinaus besser gedeihen und dadurch auch widerstandsfähiger gegen Krankheiten und Schädigungen aller Art werden.

Freilich ist der Erfolg der Brachhaltung sehr von der Witterung abhängig, noch mehr aber von der Art ihrer Ausführung. Nach H. Droop beginnt man mit dem flachen Umbruch der Stoppeln (am besten mit dem Federzinkenkultivator), dem dann das Abeggen zu folgen hat, um das Keimen und Auflaufen der Unkrautsamen 2c. zu fördern. Im Spätherbst, am besten gewöhnlich nach Beendigung der Herbstbestellung, erfolgt das Tiefpflügen; den Winter über bleibt der gepflügte Acker in rauher Furche liegen, und namentlich bei Senkungen im Acker und bei schwachem Gefäll ist das Ziehen von Wasserfurchen notwendig. Die erste Frühjahrsarbeit auf der Brache darf nicht erfolgen, wenn der Boden noch zu naß ist, sonst aber so früh und dabei so sorgfältig wie möglich, gerade so, als ob darauf eine Aussaat von Getreide erfolgen sollte. Sie besteht in dem Aufbrechen der Winterkruste mit einer tiefgreifenden Egge oder einem Exstirpator, am besten aber mit dem Federzinkenkultivator. Das allmähliche Auflaufen und Gedeihen der Unkräuter sucht Droop möglichst zu begünstigen; natürlich gilt dies aber nicht für einen verqueckten Acker, der überhaupt nicht zur Brachehaltung sich eignet. Wird z. B. durch stärkeren Regen der Boden dichtgeschlagen oder zugeschwemmt, so soll man nach ihm bei trockenem Wetter die Kruste durch leichtes Eggen oder Brechen mit der Walze öffnen. Mitte oder Ende Mai wird die eigentliche Brachefurche gegeben durch möglichst sauberes Pflügen; nun läßt man erst recht die Unkräuter sich wieder ruhig weiterentwickeln. Von Juni ab geht dann die eigentliche „Gärung" im Boden vor sich, die man nicht stören soll durch unnötige Bearbeitung 2c. Nur wenn durch starke Regengüsse mit nachfolgender Hitze Krustenbildung eintreten sollte, so ist die Oberfläche mit einem leichten Eggenstrich aufzulockern. Im Juli wird, in der Regel zwischen Heu= und Roggenernte, die Brache ge= pflügt, wobei die Unkrautmasse, bevor sie zum Samentragen gelangt, vollständig in den Boden kommt und nun zur Vermehrung der organischen Substanzen beiträgt. Im August wird dann der Acker mit Raps oder von September an mit Weizen oder Roggen 2c. be= stellt. Wo spätere Einsaat stattfindet, und der Boden sich nochmals mit Unkräutern bedeckt hat, gibt man vor der Saat noch eine flache Furche oder wendet den Kultivator an.

Die Wirkungen der Schwarzbrache können unter Umständen auch durch Teilbrachen erreicht werden, so durch die Johannis= brache oder schon durch die richtige Behandlung des Stoppelfeldes nach den auf S. 200 gegebenen Weisungen. Immerhin wird sich auf sehr schweren Böden das zeitweilige Einschieben einer vollen Brache als sehr nützlich erweisen.

Der Weizen ist mit sich selbst weit weniger verträg= lich als der Roggen. Im übrigen wird er nach v. Rümker in der Folge nach sonst für ihn besonders günstigen Vor= früchten um so unsicherer, je höher der Kultur= und der Düngungszustand einer Scholle steigt; in solchen Fällen ist der Weizen, wie es schon unter Umständen durch Ein= schiebung einer Rapssaat nach Brache geschieht, in der Frucht= folge schlechter zu stellen.*)

Wo Wintergetreide auf sich selbst oder auf Sommer= getreide folgt, ist der Nährstoffzufuhr ganz besondere Be= achtung zu schenken und namentlich organischer Dünger in Form von Stallmist, Guano oder Gründüngung mit zur Anwendung zu bringen. Auf die Vorteile des ewigen Roggenbaues, namentlich in Verbindung mit ewigem Serra= dellabau oder nach dem sogen. System „Immergrün" sei hier nur hingewiesen.

Bei der Folge Wintergetreide nach Getreide ist es natürlich besonders wichtig, nach der Ernte des voran= gegangenen Getreides sofort die Stoppeln zu schälen und

---

*) Alle diese Verhältnisse, die hier nur angedeutet werden, um darzutun, daß ihre Beachtung ein unentbehrliches und wichtiges Glied in der Kette pflanzenschutzlicher Maßnahmen bildet, finden sich in eingehender Weise dargestellt in v. Rümker: „über Frucht= folge". (S. Literatur=Verzeichnis.)

abzueggen, damit nicht nur der Boden gehörig vorbereitet wird, sondern auch das Unkraut möglichst zum Auflaufen kommt, das dann durch die Saatfurche vernichtet wird. Beim Bau von Wintergetreide nach Sommergetreide ist auf leichten, verqueckten Böden die Gefahr, daß man des Unkrauts, namentlich der Quecken, nicht Herr wird, sehr groß, weil die Zeit zu kurz ist, um den Acker gehörig vorzubereiten. Wichtig ist auch Abeggen und das event. Walzen des Bodens unmittelbar vor der Saat zur Beseitigung von Schollen u. s. w.

Was die Wahl und Behandlung des Saat= gutes anbelangt, so ist es zunächst von Wichtigkeit, nur Sorten anzubauen, die den gegebenen Boden= und vor allem den klimatischen Verhältnissen entsprechen. Wer z. B. in Höhen= lagen besonders anspruchsvolle Getreidesorten baut, wird wahr= nehmen, daß die Pflanzen, weil sie ihre richtigen Entwicklungs= bedingungen nicht finden, von allen möglichen Krankheiten, namentlich von tierischen Parasiten weit stärker heimgesucht werden, als die den örtlichen Verhältnissen angepaßten Sorten. Wer Landsorten baut, benütze möglichst Saatgut, das durch die Saatzuchtanstalten und ihre Mitarbeiter be= reits einer möglichst weitgehenden Züchtung unterworfen worden ist. Wer in klimatisch günstigen Lagen wirtschaftet, wird sich auf den Anbau von Landsorten nicht beschränken, vielmehr durch Teilnahme an Anbauversuchen, namentlich an jenen der D. L.=G., alljährlich aufs neue Erfahrungen darüber zu gewinnen suchen müssen, welche Sorten für seine besonderen Verhältnisse in erster Linie sich eignen; er wird dabei finden, daß sich in manchen Beziehungen, z. B. was den Grad der Rostempfänglichkeit anbelangt, gewisse Sorten bei ihm anders verhalten, als in anderen Gegenden.

Wird das Saatgut in eigener Wirtschaft gewonnen, so ist eine gründliche Reinigung desselben durch Anwendung von Trieuren usw. vorzunehmen; namentlich ist darauf zu sehen, daß Unkrautsamen, Mutterkorn, Rade= und Brand= körner möglichst entfernt werden. Wird das Saatgut be= zogen, so lasse man sich Garantie geben für Echtheit der Sorte, sowie über die Reinheit und Gesundheit der Ware.

Auf alle Fälle sollte man nicht unterlassen, auch bei

Benützung von Eigenbau eine Probe des zur Saat be=
stimmten Getreides an eine Samenkontrollstation zur Unter=
suchung zu senden, deren Aufgabe es sein muß, nicht
nur in üblicher Weise Reinheit und Keimfähigkeit zu er=
mitteln, sondern auch festzustellen, ob das Saatgut bereits
völlig ausgereift und vor allem ob es frisch und gesund ist.

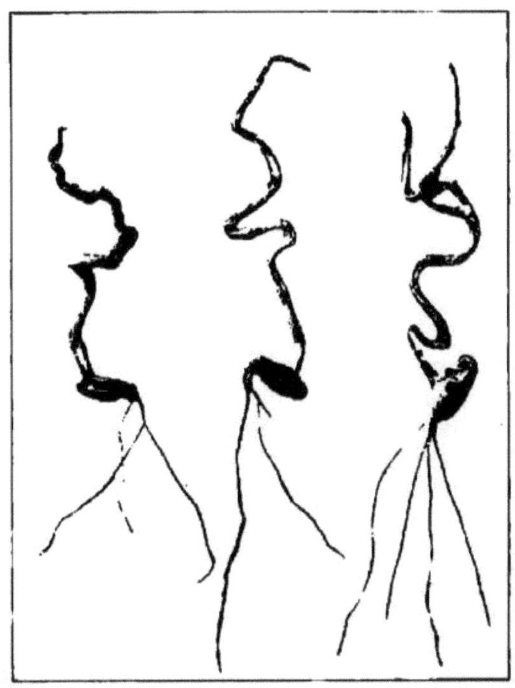

Fig. 98.

Infolge Fusariumbefalles nicht aufgelaufene Roggenkörner,
drei Wochen nach der Saat dem Boden entnommen.

Beim Weizen wird die Anstalt leicht ermitteln können, ob
die Körner von Steinbrandsporen infiziert sind, ob also eine
Beizung des Saatgutes notwendig ist oder nicht; beim
Roggen wird sie vor allem festzustellen haben, ob nicht etwa
ein Teil der Samen infiziert ist durch jene Fusariumart, die
bei später Saat, ungünstigen Bodenverhältnissen und dergl.

bereits das Auflaufen des Roggens schwer beeinträchtigt, vor allem aber im Frühjahr als Schneeschimmel ein Auswintern des Roggens zur Folge haben kann. Findet sich Fusarium bei einem größeren Prozentsatz der Körner, so sollte das betreffende Saatgut entweder überhaupt nicht oder erst nach vorhergegangener Beizung verwendet werden. Als bestes Beizmittel hierfür hat sich bisher bei den an der Agrikulturbotanischen Anstalt München ausgeführten Versuchen 0,1 % Sublimat erwiesen, das für diesen Zweck in Pastillenform von der Agrikulturbotanischen Anstalt München nebst Gebrauchsanweisung bezogen werden kann. Auf die große Giftigkeit des Sublimats und die sich daraus ergebenden Vorsichtsmaßnahmen ist in dieser Anweisung besonders hingewiesen.

Ein schlechtes Auflaufen kann bei Roggen sowohl als bei Weizen auch dadurch bedingt sein, daß die Körner infolge unrichtiger Behandlung bei der Ernte und vor allem während der Lagerung unter einer gewissen Selbsterwärmung gelitten haben. War dieselbe sehr stark, so tritt dies ohne weiteres schon durch den Geruch der Ware oder mindestens durch das Ergebnis einer Keimfähigkeitsprüfung zutage. Es liegen aber zahlreiche Fälle vor, in denen die gewöhnliche Keimprüfung nichts Abnormes ergab, das Saatgut aber namentlich auf schweren Böden oder unter sonstigen, für das Auflaufen ungünstigen Verhältnissen doch fast vollständig versagte. Gräbt man solche Körner aus dem Boden aus, so findet man, daß sie entweder gar nicht zum Keimen gelangten oder doch bald nach Beginn der Keimung wieder zugrunde gingen. Das charakteristische Merkmal dafür, daß es sich dabei, mindestens in den meisten Fällen, um einen Mangel des Saatgutes handelt, besteht darin, daß derartige Körner dicht von einem grünen Schimmel, meist aus dem gewöhnlichen Pinselschimmel bestehend, bedeckt sind. Eine Untersuchung des Saatgutes an einer Samenkontrollstation, die sich nicht auf die schablonenmäßige Ermittlung der prozentischen Keimfähigkeit beschränkt, würde einen derartigen Fehler natürlich sofort aufdecken. Böden, auf denen Derartiges vorkommt, beweisen übrigens dadurch ihre große Kalkungsbedürftigkeit.

Die verdünnte Sublimatlösung hat sich auch als ein gutes Beizmittel gegen den Steinbrand des Weizens erwiesen; wo Weizen aber nicht gleichzeitig von Fusarium befallen ist, empfiehlt sich für die Beizung gegen Steinbrand mehr die Anwendung des Formalins oder die Kandierung mit Kupferkalkbrühe. Die Kühn'sche Methode der Beizung mit Kupfervitriol kommt nur in Betracht, wenn der Weizen nicht mit Maschinen ausgedroschen wurde oder mindestens eine Sicherheit dafür vorliegt, daß beim Maschinendrusch die Körner nicht zum Teil verletzt wurden.

Das noch vielfach übliche bloße Kalken des Getreides bietet durchaus keinen genügenden Schutz gegen Brand.

Näheres über die Beizung gegen Brand siehe Anweisung S. 391.

Was die Saatzeit anbelangt, so ist zu beachten, daß alle Saaten, die bereits in der ersten Hälfte des Septembers ausgeführt werden, gefährdet sind, von Getreidefliegen, namentlich von der Fritfliege, befallen zu werden. In normalen Lagen sollte daher die Saat nicht vor dem 20. September erfolgen. In höheren Lagen wird man allerdings vielfach eine frühere Saat ausführen müssen, damit hier den Auswinterungsgefahren möglichst vorgebeugt wird. Es darf aber damit gerechnet werden, daß diese Gefahr, mindestens soweit Schneeschimmelwirkung in Betracht kommt, wesentlich vermindert wird, sobald eine Untersuchung des Saatgutes und event. Beizung desselben gegen Fusarium allgemein Platz greifen. Erst bei Verwendung wirklich gesunden Saatgutes wird man auch in klimatisch weniger günstigen Lagen eine Verminderung der üblichen Aussaatmengen bei Wintergetreide vornehmen und damit erreichen können, daß sich die einzelne Pflanze besser bestockt und entwickelt.

Nach langjährigen Erfahrungen, die Pogge in Mecklenburg und Vorpommern machte, hat sich unter den dortigen Verhältnissen eine frühe Aussaat (in der Zeit vom 14. bis 24. September) als das beste Vorbeugungsmittel gegen das Auftreten des Rostes erwiesen. (Die Rostart, um die es sich handelte, ist leider nicht genannt.) Man sieht hieraus, daß bei der Wahl der Saatzeit die verschiedensten Momente

zu berücksichtigen sind, und daß es vor allem darauf an=
kommt, sich bei dieser Wahl vor Augen zu halten, welche
derselben nach den in den Vorjahren gemachten Erfahrungen
die meiste Berücksichtigung verdienen.

Auf die mannigfaltigen Vorteile der Drillsaat gegen=
über der Breitsaat, namentlich in Bezug auf die Möglich=
keit, das Saatquantum auf ein geringeres Maß zu be=
schränken, die Körner in die gewünschte gleichmäßige Tiefe
zu bringen, ihnen auch eventuell die Vorteile der Töpfer'schen
Druckrollen angedeihen zu lassen und späterhin das an sich
nützliche Behacken und damit den Kampf gegen das Unkraut
besser vornehmen zu können ꝛc., sei hier nur hingewiesen.

Namentlich in höheren Lagen wird zur Roggensaat
vielfach vorjähriges Saatgut benützt, schon weil das frische
um diese Zeit meist noch nicht ausgedroschen ist. Die dabei
gemachten Erfahrungen sind meist recht günstige; namentlich
soll dadurch das Auftreten des Schneeschimmels und damit
die Gefahr des Auswinterns wesentlich vermindert werden.
Eine vorherige Untersuchung solchen Saatguts sollte aber
viel mehr üblich werden, als es der Fall ist, da der Roggen
bekanntlich bei nicht ganz vorzüglicher Lagerung leicht große
Einbuße an Keimfähigkeit erleidet.

Wo man nach der Ernte auf umgestürzten Sommerungen
die Ausfallkörner auflaufen ließ zu Fangpflanzen für Ge=
treidefliegen, werden dieselben natürlich da, wo Winterung
folgt, vorher untergebracht; andernfalls sind sie Ende des
Monats oder zu Beginn des Oktobers unterzupflügen.

Fig. 99. Fritfliege (Oscinis frit).
Fliege (Länge 2—3 mm), Larve und Puppe.

Unter den vorstehend und auch sonst in den verschiedenen
Monaten erwähnten **Getreidefliegen**, von denen leider zahlreiche

Landwirte trotz der außerordentlichen Schädigungen, die sie so häufig bewirken, noch wenig oder gar nichts wissen, sind die sogen. Frit= fliegen, Oscinis frit und Oscinis pusilla, die häufigsten. Sie legen ihre Eier von Mitte August bis gegen den 20. September in Aus= fallpflanzen und junge Wintersaaten; aber auch da, wo sie solche nicht vorfinden, in Gräser aller Art. Die daraus hervorgehenden kopf= und fußlosen, weißlichen, 3—4 mm langen, hinten mit zwei

Fig. 100. Roggenpflanze, infolge des Fraßes von Fritfliegenlarven stark bestockt und zwiebelähnlich angeschwollen.
Bei a zwei Larven.   (Nach Rörig, T. u. L.)

warzenförmigen Erhebungen versehenen Larven verursachen durch ihren Fraß am Grunde des Herzblattes ein Gelbwerden und Ab= sterben desselben, sodaß es sich leicht aus den umhüllenden, noch grünen Blättern herausziehen läßt. Es stellt dies eine der häufigsten Ursachen des „Auswinterns" der Wintersaaten dar, da die Pflänzchen absterben, wenn sich nicht die Möglichkeit zur Bildung von Seiten=

trieben ergibt. Die Verpuppung zu einem kleinen, bräunlichen walzenförmigen Tonnenpüppchen erfolgt am Sitz der Larve erst im Frühjahr. Ende April bis Mitte Mai erscheint die Frühjahrs= generation der Fliege, welche in ganz ähnlicher Weise spät gesäte Sommersaaten heimsucht. Gegen Mitte Juli endlich kommt die Sommergeneration hervor, die ihre Eier in Nebentriebe von Sommer=

getreidepflanzen, vor allem aber auch in die Rispen und Ähren von Hafer und Gerste legt und zur Bildung besonders leichter Körner, schwedisch „Fritkörner", Veranlassung gibt.

Häufig vergesellschaftet mit der Fritfliege findet sich die Hessenfliege, Cecidomyia destructor. Sie befällt eben= falls die Winter= und Sommersaaten, hat aber nur 2 Generationen. Ihre gelbliche Larve, die jener der Fritfliege ähnelt, aber keine 2 Erhebungen am Hinterleibs= ende besitzt, bezw. ihre einem Leinsamen ähnelnde braune Puppe, findet man bei der Wintergeneration im Herzen der Winter=

Fig. 101. Hessenfliege.
Länge 2—3 mm.

getreidepflanzen, die dadurch meist schon zu Beginn des Winters ab= sterben. Die Verpuppung erfolgt hier, im Gegensatz zu der Frit= fliege, schon im Herbst. Der Larve der Sommergeneration begegnet man dagegen meistens im Halm von Wintergetreide über dem ersten oder zweiten Knoten, der dadurch Knickungen erfährt, wie sie im

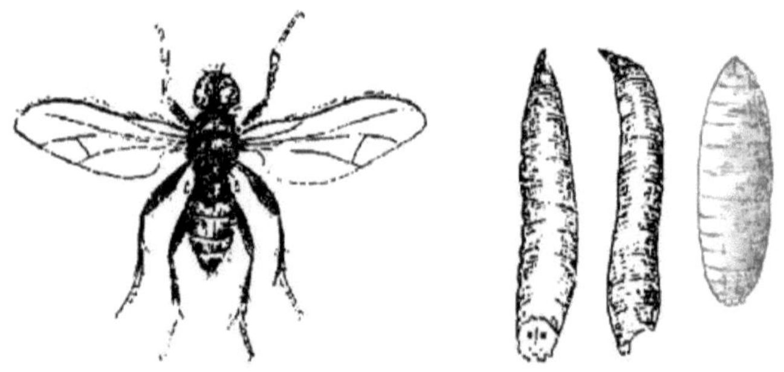

Fig. 102. Blumenfliege.
Fliege, Larve von oben und von der Seite und Puppe.

Juli, S. 193, beschrieben sind. Auch an Sommersaaten können der= artige Halmbeschädigungen durch die Larven dieser Fliege veranlaßt werden.

Am Wintergetreide werden ähnliche Beschädigungen, wie durch die beiden vorgenannten Arten, auch durch die etwa doppelt so großen Larven der Getreideblumenfliege, Hylemyia coarctata, ver=

anlaßt, die neuerdings, besonders in Norddeutschland, größeren Schaden verursacht. Die Verpuppung der Larven erfolgt hier im April bis 7 cm tief im Boden, weshalb, wenn ein Umbruch der Wintersaaten wegen des Befalls durch diese Fliegen notwendig ist, die Furche besonders tief gegeben werden muß, damit die Fliege nicht mehr aus dem Boden hervorkommen kann

Endlich kann auch die gelbe Halmfliege, Chlorops taeniopus, die im Sommer besonders an Weizen und Gerste das oberste Halmglied ausfrißt (vergl. Juni, S 193) die Wintersaaten schon im Herbst befallen.

Die wichtigste Maßnahme gegen die sämtlichen Arten von Getreidefliegen besteht in möglichst später Saat des Winter= und in möglichst früher Saat des Sommergetreides. Über alle sonstigen Maßnahmen suche man die Angaben in den einzelnen Monaten nach dem Register.

In vielen Gegenden ist es recht wichtig, das ausgesäte Getreide vor Krähen= und Sperlingsfraß zu schützen. Mittel zur Vertilgung der Krähen sind im April, S. 39 angegeben. Zum direkten Schutz der Saaten werden die Getreidekörner entweder mit Mennige angemischt und nach dem Trocknen gesät (vergl. hierzu auch S. 80) oder man behandelt das Getreide auch mit Steinkohlenteer, was aber jedenfalls nur mit großer Vorsicht geschehen darf, wenn die Keimfähigkeit nicht leiden soll. 100 Kilo Getreide werden dabei mit 1 Liter Steinkohlenteer so lange gemischt, bis jedes Korn einen schwarzen Überzug zeigt; dann wird so viel trockene Holzasche zugefügt, bis die Körner nicht mehr aneinanderkleben; oder man läßt die Körner einen Tag lang in der Sonne trocknen, bevor man sie aussät. Jedenfalls berücksichtige man immer, wenn man unter Schaden durch Krähenfraß zu leiden hat, daß die Krähen auch viele nütz= liche Eigenschaften besitzen und wohl nur in der Nähe ihrer Nistplätze, also dort, wo sie in großen Scharen auftreten, überwiegend schaden.

Zum Schutz der Saaten vor Sperlingen und anderen kleinen Vögeln wird angeraten, auf das besäte Feld ge= stoßenen, mit Branntwein getränkten Mais oder ebenso be= handelte Grassamen nachmittags auszustreuen. Auch Strych= nin=Getreide ist für diesen Zweck schon empfohlen worden. Zu berücksichtigen ist aber dabei, daß die Tiere vor gefärbten Körnern recht mißtrauisch sind.

Bei Samen von Hülsenfrüchtlern hat sich nach Fruwirth das 12- bis 24stündige Belassen derselben in gewöhnlichem Petroleum gut bewährt. Nach Kießling, der dies bestätigt, ist auch ein 24stündiges Belassen dieser Samen in einer Lösung von 100 g Schmierseife auf 1 Liter Wasser wirksam. Wer derartige Verfahren anwendet, wird aber gut tun, sich vorher genau zu vergewissern, ob nicht doch die Keimfähigkeit durch sie gefährdet wird.

Betreffs der Ernte der Hülsenfrüchtler, namentlich der Erbsen und Wicken, die am zweckmäßigsten hier im Zusammenhang besprochen wird, ist zu bemerken, daß man sie im allgemeinen zunächst in Schwaden liegen läßt, sie dann aber, um ihnen besseren Schutz gegen Feuchtigkeit zu gewähren und das Platzen der Hülsen zu vermeiden, meist in größere Haufen setzt oder mehrere Schwaden zusammenbringt. Bohnen werden am zweckmäßigsten bald gebunden und aufgestellt. Gut ist natürlich auch für Hülsenfrüchtler das Trocknen auf Reitern, namentlich für solche Früchte, bei denen die Ernte unter Umständen sehr spät im Herbst erfolgt, wie es meist bei der Serradella der Fall ist, bei der möglichst gutes Trocknen besonders wichtig erscheint, da sie bis zum Eintritt des Frostes grün bleibt. Noch besser als Aufreitern ist nach von Rümker die von Seydel bekanntgegebene Methode des festen Einrollens der Hülsenfrüchte zu großen Kugeln, in der Weise, daß die Hülsen möglichst in das Innere der Kugel gelangen. Die Nachreife soll in solchen Kugeln, die beispielsweise bei Erbsen einen Durchmesser von 30—40 cm haben, aber auch bis 1 m stark gemacht werden können, sehr gut vonstatten gehen. Die Kugeln läßt man zunächst auf dem Felde liegen oder man spießt sie, falls schlechtes Wetter bei der Ernte ist, auf Stangen. von Rümker empfiehlt diese Methode für alle rankenden, bei der Reife abtrocknenden Hülsenfrüchte auf das Wärmste. Für nicht rankende Leguminosen, wie Ackerbohnen, Lupinen, ist nach ihm das Aufstellen von Haubenpuppen am besten, falls nicht die Ernte bei zu sehr vorgerückter Jahreszeit stattfindet; in solchen Fällen ist es besser, die Erntemasse dachartig in Stiegen zusammenzustellen, was allerdings mit Ausfall verbunden ist.

Gegen Ausgang des Septembers erfolgt vielfach schon die **Kartoffel**ernte; dabei ist alles zu berücksichtigen, was sich hierüber im Oktober angeführt findet.

Die meisten der schon im Juli und August genannten Krankheiten und Schädigungen der **Rüben** können auch jetzt und weiterhin sich geltend machen. In der Regel mehr als im Sommer tritt im Spätsommer der Rübenrost, Uromyces betae, auf den Blättern und zwar zunächst auf den älteren, in Form gelber oder brauner Flecken hervor. Die in den Sommermonaten vorgenommene, auch gegen viele andere Krankheiten empfohlene Bespritzung mit Kupferkalk dürfte auch vorbeugend gegen diesen Rost wirken, der im übrigen nur bei besonders starkem Auftreten einen wirklich in Betracht kommenden Schaden verursacht. Wesentlich ist es, befallene Blätter der Samenrüben jetzt und im Frühjahr rechtzeitig und sorgfältig zu entfernen.

Unter den tierischen Schädlingen tritt jetzt die 22füßige Afterraupe der Rübenblattwespe in zweiter Generation auf, nicht nur an den Rüben, sondern vor allem auch an verschiedenen Kruziferenarten durch ihren Fraß an den Blättern viel größeren Schaden als im Juni anrichtend. Gegen sie kommt hauptsächlich in Betracht die Bespritzung mit einer Insektengiftbrühe, namentlich mit einer der auf S. 360/61 genannten Petroleumbrühen; event. würde auch eine etwa $^1/_4$—$^1/_2$ %ige Karbolineumbrühe gute Dienste leisten. Nach Rörig hat man auch gute Erfolge erzielt durch das Abkehren der Pflanzen mit Reisigbesen; noch besser bewährt hat sich nach ihm ein Apparat, der aus einer Anzahl von etwa 1 m langen Brettern besteht, die auf niederen Rollen fahrbar und miteinander derart verbunden sind, daß jedes Brett zwischen 2 Rübenreihen läuft. Die obere Seite ist mit Leim oder mit Teer bestrichen; die über ihnen in geeigneter Höhe angebrachten Besen kehren die Larven von den Pflanzen auf die Bretter herab.

An **Kohlpflanzen** und am **Spargel** 2c. treten jetzt, ebenfalls in zweiter Generation — die erste erscheint schon im Juni — die grünen Raupen der Gemüseeule, Mamestra oleracea, und jene der Kohleule, M. brassicae, auf. Die letztgenannte Raupe schädigt nicht nur durch ihren Fraß

an den Blättern, sondern sie dringt beim Kopfkohl auch bis
in das Herz des Kopfes ein; außer Ablesen der Raupen
wird sich jetzt nicht viel machen lassen.

Recht schädlich können unter Umständen bei Rüben,
aber auch bei Kartoffeln und anderen Pflanzenarten, die
Raupen verschiedener Saateulen, die sog. Erdraupen,
werden, die vom September an in Rüben und Knollen aller

Fig. 103. Kohleule (Mamestra brassicae).

Art oft tiefe Löcher fressen und nachts auch an die oberirdischen Teile verschiedener Pflanzen, namentlich an Gemüsepflanzen, gehen. Die Raupen überwintern als solche
und richten in den Frühjahrsmonaten in Gemüsegärten,
aber auch am Getreide u. s. w. besonders großen Schaden

Fig. 104. Raupe der Wintersaateule (Agrotis segetum),
eine Erdraupe.

an. Auch gegen diese Schädlinge leisten wieder besonders
die Stare gute Dienste; hinter dem Pfluge werden auch von
den Krähen viele aufgenommen. In den Gemüsegärtnereien
sucht man sie jetzt und im Frühjahr von 10 Uhr abends an
mit Laternen von den oberirdischen Teilen ab, da sie sich
tagsüber zusammengerollt in der Erde verborgen halten.
Zum Fangen der im Sommer fliegenden Schmetterlinge
wird das Aufstellen von Fanglaternen empfohlen (vergl.

S. 218); in Gärten fangen sie sich nachts auch gerne in mit Zuckerwasser gefüllten Gläsern.

Besonders großer Schaden wird in manchen Jahren mit feuchtwarmer Herbstwitterung an Pflanzen aller Art, namentlich an der jungen Getreidesaat, an Klee und Kohlarten, an Rüben, dann an allen Gemüse- arten, besonders am Salat und an weichen Früchten und dergl. durch die Ackerschnecke, Limax agrestis, (vergl. Fig. 103), verursacht. Die Schnecken fressen meistens nachts und hinterlassen am Morgen auf den Pflanzen und auf dem trockenen Boden einen eingetrockneten, glänzenden Schleimstrei- fen, der ihre Gegenwart leicht verrät. Unter klei- neren Verhältnissen, also in Gärten, kann man durch Einsammeln der Schnecken oder durch Auslegen von Brettern, Strohbündeln oder Röh- ren, unter denen sie vor dem Tageslicht Schutz suchen, auch durch Aus- legen von Ködern, wie Möhren-, Rüben-, Kür- bisstückchen, Salatblät- tern, Krautblättern, die auf der Unterseite mit

Fig. 105. Beschädigung durch Acker- schnecken an Rotklee.

ranziger Butter bestrichen sind rc., vorgehen. Besonders bewährt soll es sich haben, im Boden Blumentopfuntersätze einzugraben, die bei Eintreten der Dämmerung 1 cm hoch mit Bier gefüllt werden. Zur Vertilgung der Ackerschnecken auf größeren Flächen könnte unter Umständen das Eintreiben von Hühnern in Betracht kommen. Rascher zu einem Erfolge führt aber das Überstreuen befallener Flächen mit 10 hl frisch gelöschtem Kalk pro ha. Diese Kalkung hat möglichst am frühen Morgen oder ganz spät abends zu erfolgen und zwar mit einer Pause von $^1/_4$ bis $^1/_2$ Stunde 2 mal hintereinander, da die älteren Tiere sich gegen die einmalige Kalkung durch Schleimabsonderung schützen können. Zu beachten ist, daß der Kalk auch die Schleimhäute des Menschen angreift, daß man infolgedessen nicht gegen den Wind streuen darf und im übrigen alle Vorsichtsmaßregeln zu berücksichtigen hat, die beim Kalk= streuen überhaupt in Betracht kommen. (Waschen der Hände durch Abreiben mit Öl, nicht mit Wasser, Verwendung einer Schutzbrille oder Bestreichen der Augenbrauen und =Lider mit Öl.) Auch die Kleider werden stark angegriffen. Am besten erfolgt natürlich, wo es möglich ist, das Ausstreuen des Kalkes mit der Düngerstreumaschine. An Stelle von Kalk kann man auch Asche, Viehsalz oder Kainit, Super= phosphat, Eisenvitriol 2c. verwenden.

Auch eine direkte Behandlung des Bodens mit schweren Walzen kann unter Umständen günstig wirken, weniger durch Abtöten der Tiere, als durch das dadurch herbeigeführte leichtere Austrocknen des Bodens, das den Schnecken schäd= lich ist.

Um die Weiterverbreitung der Schnecken von den be= fallenen Feldern auf benachbarte zu verhindern, streut man zwischen beide in nicht zu schmalen Streifen Kalk, Gips, Viehsalz, Häcksel, Gerstenspreu 2c.

In den **Hopfen**gärten sehe man bei der Ernte darauf, daß die Reben nicht zu tief am Stock abgeschnitten werden: am besten wird die Saftabströmung unterbunden, wenn man mit den höher abgeschnittenen Reben einen Knoten macht. Der Hopfengarten ist nach der Ernte von allen umher= liegenden Pflanzenteilen möglichst zu säubern; wo das viel= fach übliche Einpflanzen von Kraut, Rüben 2c. zwischen die Hopfenreihen es nicht verbietet, ist nach der Ernte der Boden richtig zu bearbeiten. Haben sich im Laufe des Sommers gewisse Schädlinge, wie die den Kupferbrand erregenden Milbenspinnen oder Hopfenwanzen und dergl. eingestellt, deren Überwinterungsformen z. T. auf den Hopfenstangen sich vorfinden, so ist schon jetzt vorzusehen, diese Stangen im Laufe des Herbstes oder Winters von den Schädlingen zu befreien. Näheres hierüber siehe Februar, S. 13.

An den **Weiden** macht sich jetzt die zweite Generation der Weidenkäfer geltend, gegen die man wie gegen die erste vorgeht. Vergl. S. 73.

Von den **Weinbergen** sind Stare und Sperlinge fern zu halten. (Vergl. S. 167.) Gegen Wespen, Hornisse und einige Fliegenarten bringt man zum Schutz edler Trauben an Spalieren 2c. Schutzbeutel aus Gaze an, die man sich selbst leicht zusammennähen kann; sie sind am Stiel fest=zubinden. Eine Verbesserung der einfachen Beutel besteht darin, daß an ihnen einige Reifen aus nicht rostendem Draht befestigt werden, wodurch sie ihre Form behalten, was verhindert, daß sie sich stellenweise an die Früchte an=legen und Faulstellen veranlassen. Die Öffnung solcher Säckchen muß groß genug sein, um sie bequem und rasch über Trauben oder andere Früchte ziehen zu können; zum Schließen dienen 2 Bänder, die zusammengezogen werden können. Solche gut gefertigte Säckchen stellen, da sie auch nachts gleichmäßige Wärme bewirken, gleichzeitig ein Mittel zur schönen Ausbildung und Reife der Früchte dar. Zweck=mäßig zum Fangen der Wespen erweist sich das Aufhängen von Fliegengläsern, die mit versüßtem Branntwein, Zuckerwasser, Honig oder dergl. gefüllt sind. In Weinbergen hat man nach Taschenberg gute Erfolge erzielt, indem man mehrere Hundert gebrauchte Champagnerflaschen, die zu etwa $^1/_3$ mit anlockender Flüssigkeit gefüllt waren, aufstellte. Endlich sind erreichbare Wespennester zu zerstören, wobei aber mit der nötigen Vorsicht und aus diesem Grunde am besten nur nachts vorzugehen ist. Gegen die Nester der gemeinen Wespe, die sich in der Erde befinden, empfiehlt sich am meisten das Eingießen von etwa 20 ccm Schwefelkohlenstoff in die Löcher mittels eines Trichters. Die Löcher sind sofort nach dem Eingießen zuzutreten. Die an Baumzweigen hängenden

Nester der mittleren und einiger anderen Wespenarten
schneidet man in ein Netz ab, das alsdann in kochendes
Wasser getaucht wird. Ebenso geht man vor gegen die in
Baumhöhlen hängenden Nester, nachdem man vorher alle
Zugänge verstopft hat. Vor dem Flugloch von Hornissen-
nestern, die sich oft in Ställen und Speichern oder an Obst-
spalieren vorfinden, hängt man abends einen Rahmen auf,
der dicht mit einem mit dickem Fliegenleim überstrichenen
Bast- oder Bindfadengewebe überzogen ist. Die kleben-
bleibenden Tiere sind dann leicht zu töten.

Wurmstichige Trauben (vergl. S. 254) sind vor der Reife
abzusuchen, da später der Sauerwurm die reifen Trauben
verläßt, um sich in Rindenritzen und dergl. zu verpuppen.

Während der einbindige Traubenwickler in einem
Jahr zwei Generationen besitzt, hat der bekreuzte (vergl.
S. 150) eine Heuwurm- und meist zwei Sauerwurm-Perioden.
Die Motte desselben erscheint anfangs September in der
Regel noch einmal und dadurch gestaltet sich natürlich der
Kampf gegen diese Art besonders schwierig. Bemerkens-
wert ist aber, daß die Räupchen der bekreuzten Art nach
mehrfachen Erfahrungen lieber künstliche Verstecke zur
Verpuppung aufsuchen; als solche hat man schon Knäule
von Wollfäden, Tuchlappen, kurze Bambusröhrchen, Strohwische und Holzwolle, Torf und Rindenstücke benützt, die in
einer ungefähren Höhe von 20—30 cm über dem Boden
zwischen Reben und Pfählen angebracht werden. Nach Erfahrungen von C. Preiß-Mittelweier verpuppen sich
die Raupen besonders gerne in ca. 10 cm langen Gersten-
strohbüscheln, die man an die Stöcke anbringt. Gute Erfolge hat derselbe, seiner Angabe zufolge, auch gegen den
Sauerwurm erzielt durch Bestäuben der Trauben mit
ungelöschtem Kalk bei trockener, taufreier Witterung in
der Zeit des Ausschlüpfens der Räupchen. Im übrigen ist
gegen den Sauerwurm vorzugehen, wie im August, S. 254
angegeben.

Ein Bespritzen der Reben mit einer Kupferbrühe kommt
jetzt nur mehr für Rebschulen in Betracht, wo es aber nicht
versäumt werden sollte.

Im **Obstgarten** geht man gegen Wespen und ähnliche Schädiger der Früchte in gleicher Weise wie vorstehend angegeben vor. Die Insektenfanggürtel sind jetzt öfters nachzusehen; man beachte dabei, daß sich gegen Ende September bereits auch manche nützliche Tiere in den Gürteln fangen, die in ihnen Überwinterungsgelegenheit suchen. Spinnen und ähnliche Tiere, die als nützlich bekannt sind, wird man natürlich bei Zerstörung des Inhaltes der Fanggürtel nicht mitvernichten; Ende des Monats sind die Fanggürtel am besten überhaupt abzunehmen.

An den Blättern der verschiedenen Obstarten fallen jetzt die im August genannten, durch Mottenlarven verursachten Miniergänge besonders auf; man geht gegen sie vor wie dort angegeben.

Im September hat sich in den letzten Jahren häufiger die Apfelblattmotte, Simaethis pariana, in unangenehmer Weise bemerkbar gemacht; namentlich die an Straßen stehenden Obstbäume wurden durch sie oft so geschädigt, daß sie schon von weitem ein krankes, an Verbrühen erinnerndes Aussehen zeigten und zwar dadurch, daß die lebhaft beweglichen, etwas über 1 cm langen, gelblichen, mit schwarzen Wärzchen bedeckten Räupchen einzeln oder zu mehreren das Blattgewebe in einem tütenförmig zusammengesponnenen Blatt abnagten. Die Verpuppung erfolgt entweder an der Fraßstelle oder zwischen Rindenritzen, zuweilen aber auch in der Erde. Auch bei diesem Schädling sind zwei Generationen vorhanden. Eine zweckmäßige Behandlung der Obstbäume während der Vegetationsruhe, wie sie in den entsprechenden Monaten angegeben ist, wird auch gegen ihn die beste Vorbeuge darstellen.

Einige schon im Juli und August genannte Raupenarten fressen im September noch weiter; die Raupen des Goldafters haben bereits begonnen, die Blätter zu verspinnen und auf diese Art ihr „Winternest" herzustellen, auf die man schon jetzt sein Augenmerk zu richten hat; ebenso auf die um die Zweige gelegten Eier des Ringelspinners.

Daß im September die Obstbäume nicht mehr stärker gegossen und vor allem nicht mehr mit stickstoffhaltigen Düngemitteln, namentlich also mit Jauche, gedüngt werden dürfen, sei besonders hervorgehoben; andernfalls würde die große Gefahr bestehen, daß das Holz nicht ausreift und dadurch dem Frost nicht genügend Widerstand leistet.

Bei der Obsternte ist das Obst sorgfältig zu pflücken, damit Verletzungen möglichst vermieden werden. (Vergl. Näheres Oktober, S. 294.) Noch am Baume hängende oder abgefallene kranke Früchte sind, ebenso wie alles Fallobst, gesondert zu sammeln und zu vernichten, bezw. soweit sie geeignet erscheinen, zu verfüttern.

Beim **Beerenobst** sind die Maßnahmen gegen den Amerikanischen Mehltau weiterhin zu berücksichtigen. Vergl. S. 395.

Abgefallene Haselnüsse lasse man nicht liegen, da sie die Larven des Haselnußbohrers beherbergen.

Im Herbst findet man häufig, besonders an alten Stöcken von Nadelholzbäumen, in großen Mengen beisammen wachsend, die braunen Schwämme des **Hallimasch's**, Armillaria mellea. Diese Schwämme sind eßbar; der Pilz selbst aber, dem sie angehören, ist einer der gefährlichsten Schädlinge der Nadelholz- und auch der Laubbäume und unter diesen namentlich der Steinobstbäume; auch die Stachel- und Johannisbeersträucher werden von ihm befallen. Er ist der Veranlasser des sogen. Erdkrebses, der bei den Nadelholzbäumen durch das Hervortreten großer Harzmassen am Grunde der Stämme, bei allen Baumarten durch Ablösen der Rinde, sowie durch das Auftreten eigentümlicher schwarzer, verzweigter Stränge unter der Rinde, der sogen. Rhizomorpha des Pilzes, charakterisiert ist. Da eine Heilung einmal befallener Stämme nicht mehr möglich ist, so sind solche samt den Stöcken und Wurzeln sorgfältig zu entfernen. Im Garten, oder wo es sich um Beerensträucher handelt, wird man den von den Wurzelresten befreiten Boden mit Ätzkalk (1 kg pro qm) gut vermengen.

Eine sehr häufige Erscheinung ist auch die Rotpustelkrankheit der Bäume und Sträucher, veranlaßt durch Nectria cinnabarina. Sie ist charakterisiert durch das Auf-

treten aus der Rinde hervorbrechender roter, meist dicht
stehender Wärzchen, die aus den Fruchtpolstern des Pilzes
bestehen. An ihnen werden im Laufe des Sommers in
großer Zahl Konidien abgeschnürt, die durch den Wind ver=
breitet, neue Ansteckungen bewirken, aber nur dann, wenn
sie in Wunden von Bäumen eindringen und auch wohl sonst

Fig. 106. Fruchtkörper vom
Hallimasch, an der Basis eines
Kiefernstammes hervorbrechend.
Stark verkleinert.

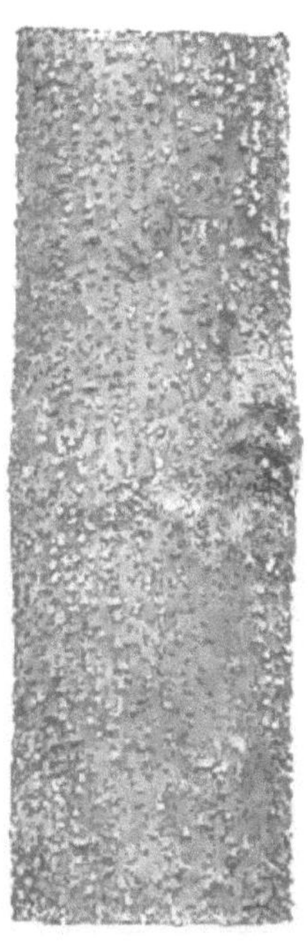

Fig. 107. Rotpustelkrankheit.
Ein mit den Fruchtkörpern des
Pilzes besetztes Zweigstück.
Etwas verkleinert.

eine gewisse Disposition zum Befall vorhanden ist. Wäh=
rend der kälteren Jahreszeit bilden sich auch häufig Wärzchen,
die dunkler gefärbt sind und auf ihrer Oberfläche zahlreiche
Schlauchfrüchte, Perithecien, tragen. (Vergl. S. 343.)
Namentlich wenn in Baumschulen die Krankheit auftritt,
empfiehlt es sich, stark befallene Stämmchen herauszunehmen

und zu verbrennen, schwächer befallene bis auf das gesunde
Holz zurückzuschneiden und den Abfall ebenfalls durch Verbrennen zu vernichten Zur Vorbeuge werden alle größeren
Wunden und Verletzungen mit Baumwachs oder Steinkohlenteer bestrichen.

Über andere holzzerstörende Pilze vergl. Dezember,
S. 330.

In den **Speicherräumen** verläßt der Kornkäfer, wo er vorhanden war, mit dem Eintritt der kälteren Jahreszeit, meist also gegen Ende dieses Monats, die Getreidehaufen, um in allen möglichen Fugen und Ritzen, vielfach auch in tieferen Stockwerken und selbst in der Erde den Winter zu verbringen. Man kann eine große Zahl der Käfer fangen und vernichten, wenn man in weiten Bogen um das lagernde Getreide mit Brumataleim einen einige Zentimeter breiten Ring anbringt.

Wo **Feldmäuse** vorhanden sind, ziehen sich dieselben jetzt immer mehr in die Kleefelder, wo sie oft so große Verheerungen anrichten, daß der Klee verloren ist und späterhin umgebrochen werden muß. Mehr und mehr werden jetzt auch die bereits auflaufenden Wintersaaten von den Mäusen bedroht. Jetzt ist daher, abgesehen vom zeitigen Frühjahr, mit die günstigste Zeit, gegen die Feldmäuse vorzugehen. Wenn sie jetzt auch oft die dargebotenen Giftköder oder die mit Bazillen infizierten Haferkörner nicht immer gleich fressen, sondern zum Teil in ihren Vorratskammern aufstapeln, so daß der Erfolg der Bekämpfung nicht so bald sich geltend macht, wie zur Zeit, wo die Mäuse an Nahrungsmangel leiden, so hat doch die Erfahrung gelehrt, daß auf Feldern, auf denen im Oktober die Mäusebekämpfung allgemein durchgeführt wurde, im Laufe des Winters, spätestens bis Ende Dezember, die Mäuseplage verschwunden war; auch in den forstlichen Pflanzkämpen geht man jetzt zweckmäßig gegen die Mäuse vor. Über die verschiedenen Methoden der Mäusebekämpfung vergl. S. 401.

Auf **Wiesen** ist jetzt wieder gute Gelegenheit, gegen die nun blühende Herbstzeitlose vorzugehen und zwar am besten durch Ausstechen. Hierzu sind besondere Herbstzeitlosenstecher (vergl. S. 46 u. Fig. 8) zu verwenden, die sich bei den von der Agrikulturbotanischen Anstalt veranlaßten

Versuchen als sehr brauchbar erwiesen haben. Wo ganze Wiesen in überaus starkem Maße von der Zeitlose besetzt sind, wie man es so oft sieht, und das Ausstechen der einzelnen Pflanzen daher nicht mehr durchführbar ist, empfiehlt es sich, die Wiesen umzupflügen, einige Jahre Getreide und Hackfrüchte zu bauen und sie erst dann wieder als Wiesen niederzulegen.

Soweit jetzt noch **Wintergetreide**saaten vorgenommen werden, beachte man die hierfür schon im September gegebenen Weisungen. An den im Laufe des Monats bereits auflaufenden Wintersaaten schädigen im Oktober außer den Mäusen sehr häufig und oft sogar in so starkem Maße, daß ein Umpflügen erforderlich ist, die A c k e r s c h n e c k e n, gegen die nach den im September, S. 273 gegebenen Weisungen vorzugehen ist.

Wo sich s c h l e c h t e s A u f l a u f e n der Wintersaaten bemerkbar macht, oder wo sich Lücken oder irgend welche Krankheitserscheinungen zeigen, mache man sofort, falls man nicht selbst mit Sicherheit die Ursache ausfindig machen kann, der zuständigen Samenkontroll= und Pflanzenschutzstation Mitteilung unter Einsendung mehrerer mit Wurzeln und Erde ausgehobener Pflänzchen und einer Probe des zur Verwendung gelangten Saatgutes. Wenn die hiermit gegebene Anregung, niemals eine Saat vorzunehmen, ohne Zurückbehaltung einer oder zweier Durchschnittsproben des verwendeten Saatgutes, befolgt wird, wird man in vielen Fällen einen etwaigen Zusammenhang zwischen den Wahrnehmungen auf dem Felde und der Beschaffenheit des Saatgutes feststellen können.

S c h l e c h t e s A u f l a u f e n kann, sofern nicht ausschließlich Witterungseinflüsse in Betracht kommen, verursacht sein durch mangelnde Keimfähigkeit des Saatgutes oder durch Fusariumbefall desselben. (Vergl. hierüber bes. September, S. 263.) Eine schlechte Entwicklung der Pflanzen, der unter Umständen ein Absterben derselben folgen kann, kann bedingt sein hauptsächlich durch den Befall durch Getreidefliegen (vergl. September, S. 266), der sich jetzt erst bemerkbar macht.

Der jungen Roggensaat wird gelegentlich die Larve des Junikäfers schädlich und ebenso kann jene des Getreidelaufkäfers die Herbstsaaten heimsuchen (vergl. April, S. 49).

Von Ende Oktober an zeigt sich auf der Wintersaat in manchen Jahren auch der R o st in auffälligem Maße; noch mehr tritt er meist anfangs November hervor, weshalb diese Erscheinung und ihre Ursachen im November, S. 315 eingehender beschrieben sind.

Bei der meist erst im Oktober voll einsetzenden **Kartoffelernte** nehme man schon auf dem Felde soweit als möglich eine Trennung der kranken und angefaulten Knollen von den gesunden vor, sofern es sich nicht um schon in der nächsten Zeit in der Brennerei zu verwendendes Material handelt. Wenn man im Juli oder in der ersten Hälfte des August in jenen Fällen, wo sich die Ring- oder Blattrollkrankheit auf den Kartoffelfeldern zeigte, in der auf S. 207 beschriebenen Weise die kranken Pflanzen besonders kennzeichnete, so daß nunmehr bei der Ernte die krank gewesenen und gesunden Stauden unterschieden werden können, so wird man überall da, wo es sich um Gewinnung von Saatgut handelt, die Knollen hierfür nur von gesunden Stauden entnehmen.

Jeder fortgeschrittene Landwirt wird, möglichst anschließend an die Ernte, von jeder Sorte, die er baut, den Knollenertrag, die Größe der Knollen und möglichst auch den Stärkeertrag ermitteln, oder letzteren durch Übersendung einer guten Durchschnittsprobe der Knollen an die zuständige Versuchsstation feststellen lassen. Die betreffenden Zahlen, sowie der ebenfalls genau zu ermittelnde Prozentsatz an kranken Knollen, der späterhin sich geltend machende verschiedene Grad der Haltbarkeit der Knollen, die An- oder Abwesenheit von Schorf auf der Schale und dergl. sind genau zu notieren. Nicht minder gilt das für alle Wahrnehmungen, die im Laufe der Vegetationszeit an den einzelnen Sorten zu machen waren in Bezug auf Sortenreinheit, Gleichmäßigkeit des Aufganges und der Entwicklung, Grad der Widerstandsfähigkeit gegen Befall aller Art, mehr oder minder weitgehende Anzeichen von hervortretenden Abbauerscheinungen, namentlich das hierfür charakteristische Rollen der Blätter und Kleinbleiben der geernteten Knollen, während sehr oft die Mutterknollen noch unverfault und sichtlich erheblich zugewachsen erscheinen 2c.

Befriedigt eine Sorte nicht mehr, so vergewissere man sich, ob die gegen ihren weiteren Anbau vorliegenden Bedenken durch eine Eigentümlichkeit der Sorte an sich veranlaßt sind oder ob nicht vielleicht bloß das von dieser Sorte verwendete Saatgut die Schuld getragen hat. Namentlich wo es sich um sogen. Abbauerscheinungen handelt, braucht nicht immer sofort die Sorte gewechselt zu werden, sondern man wird nur Bedacht darauf zu nehmen haben, gesundes Saatgut von dieser Sorte zu erlangen.

Das von den Kartoffeln geräumte Feld soll nicht nur von den Knollen, sondern auch von den noch vorhandenen Stengel- und Blattresten möglichst befreit werden. Selbstverständlich wird man beim Herausnehmen der Kartoffeln Engerlinge, Erdraupen, Drahtwürmer, Schnakenlarven und dergl. wo sie sich vorfinden, vernichten.

Vielfach ist es üblich, das Kartoffellaub gleich auf dem Felde zu verbrennen, weil dadurch zahllose pilzliche und tierische Keime mitvernichtet werden. Diese Maßnahme dürfte aber ziemlich überflüssig sein, mindestens in Fällen, wo die Kartoffelkrankheit nicht stark aufgetreten und wo der Zustand des Kartoffelkrauts bei der Ernte noch die Verwendung des abgetrockneten Kartoffellaubes als Einstreu möglich erscheinen läßt.

Die Aufbewahrung der geernteten Knollen in Kellerräumen ist nur da zu empfehlen, wo die Keller kühl und trocken sind, die Möglichkeit der Lüftung besteht und das direkte Sonnenlicht nicht eindringen kann. Die nicht zu hoch aufgeschichteten Knollen müssen von Zeit zu Zeit umgeschaufelt werden. Besser ist es, die Knollen in über der Erde gelegenen, vor Frost geschützten Lagerräumen den Winter über aufzubewahren, schon weil hier auf entsprechenden Gestellen die Sorten besser auseinander gehalten werden können; wo größere Mengen von Kartoffeln zu überwintern sind, erfolgt dies in Mieten, die zweckentsprechend angelegt werden müssen. Man entfernt vor der Einwinterung alle Exemplare, die beginnende Trocken- oder Naßfäule zeigen.

Nach Appel muß man von einer richtig angelegten Kartoffelmiete verlangen, daß ihre Temperatur nicht unter — 1° C sinkt, und daß sie möglichst lange unter + 8° C erhalten bleibt; außerdem, daß in ihr während des ganzen Winters möglichste Trockenheit herrscht. Durch diese Bedingungen wird einerseits ein Erfrieren, andererseits ein Verfaulen der Kartoffeln durch Bakterien oder Pilze verhindert; besonders häufig tritt in Mieten eine Fusarium= fäule ein. Das einzumietende Material muß möglichst frei sein von verletzten und kranken Kartoffeln; unter allen Um= ständen aber gilt dies in Jahren, wo so viele kranke Kar= toffeln vorhanden sind, daß sie nicht allgemein ausgelesen werden können, für das Saatgut. Der Platz für die Mieten soll nicht in einer Senkung liegen und die Mietensohle sollte man nicht vertiefen. Als höchste Sohlenbreite wähle man

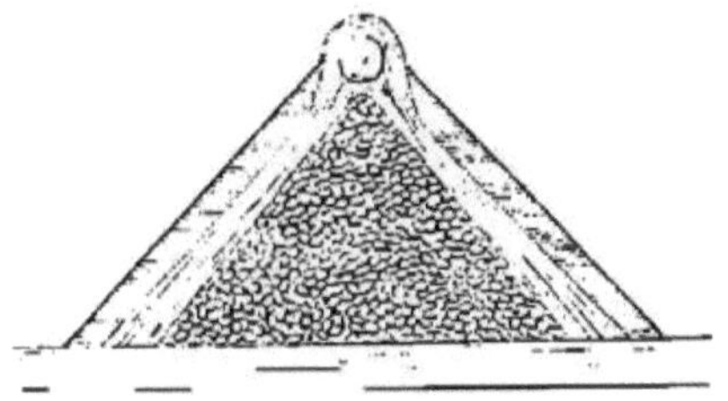

Fig. 108. Kartoffelmiete.

jene von 1,5 m; die Höhe des dachförmig aufgeschütteten Kartoffelhaufens beträgt etwa 1 m. Das wichtigste an der Miete ist die Decke; als erste Decke verwende man nur Stroh, das in mindestens 15 cm dicker Schicht über die Kartoffeln gebreitet und sofort mit etwa 10 cm Erde bedeckt wird. Eine zweite Decke, bestehend aus Stroh, Kartoffel= kraut und ähnlichem Material wird später ebenfalls 15 cm dick aufgeschichtet und abermals mit einer ebenso starken Erdschichte überkleidet. Hat man Mäusefraß zu befürchten, so breitet man nach v. Rümker unter der untersten Stroh= schichte dicht über den Kartoffeln eine Lage Wacholder (Juniperus communis) aus. Namentlich wenn die Kar= toffeln bei nassem Wetter geerntet sind oder aus sonstigen

Gründen das Eintreten einer Mietenfäulnis befürchtet werden kann, ist die Anbringung eines Firstrohres ganz besonders zu empfehlen, d. h. man legt über die erste Strohdecke
den First der Miete entlang einen Erntebaum und bringt
darüber nochmals eine starke Schichte Stroh. Wenn dann
später durch die aufgeworfene Erde die Strohenden befestigt
sind und der Erntebaum herausgezogen wird, so entsteht
das Firstrohr, durch welches Feuchtigkeit aus dem Innern
fortwährend abziehen kann; es ist erst bei der völligen Ein-
deckung der Miete zu schließen, wirkt aber auch dann noch
weiterhin günstig. Unter Umständen kann auf die Mietensohle noch ein Lattengestell gebracht werden, um zu erreichen,
daß ein Teil der Kartoffeln hohl liegt und auch von unten
her Luft durch die Miete ziehen kann. Zum Messen der
Temperatur benützt man am besten dauernd liegende Thermometer. Nach Appel wird auf der Stirnseite nahe dem
Kamm der Miete ein unten mit einigen Ausschnitten ver-
sehenes Blechrohr in die Kartoffeln eingelegt, in welches
ein Stock paßt, der in einer Rinne am untersten Ende das
Thermometer trägt, an der Rohrmündung aber stark mit
Werg abgedichtet ist.

Ein besonderes **Kartoffelmietenthermometer**
„System zu Putlitz" ist neuerdings empfohlen worden. Es
ist zum Preise von 18 ℳ durch G. zu Putlitz, Berlin SW.,
Teltowerstraße 37 zu beziehen.

Nicht unerwähnt darf schließlich bleiben, daß vielfach
empfohlen wird, zum Schutz gegen Fäulnis in Mieten und
Kellern die Kartoffeln mit **Kalk oder Gips** zu durch-
schichten und daß ferner als Schutzmittel gegen Erfrieren
der Kartoffeln das **Bedecken der Mieten** mit Kainit
gute Dienste leisten soll.

Es ist wichtig, daß der Landwirt die bei der Ernte oder
späterhin während der Lagerung an den Kartoffelknollen auftretenden Krankheiten und Schädigungen möglichst unterscheiden lernt:
dazu soll folgende Übersicht dienen:

1. Die Knollen sind innerlich gesund; auf der Oberfläche zeigen sich aber mehr- oder minder tiefgehende Wucherungen
verschiedener Art. Hierher gehört vor allem der Schorf der Kartoffeln,
von dem man Flach-, Tief- und Buckelschorf unterscheidet. Soweit
bekannt, wird er hauptsächlich durch bakterienartige Organismen
veranlaßt; näheres vergl. S. 50. Wiederholt ist schon beob-

achtet worden, daß die Kartoffeln auf Feldern, die von Bäumen
oder Mauern beschattet werden, nur im Bereich des Schattens Schorf
zeigen. Schorfähnliche schwarze Krusten können aber auch durch einen

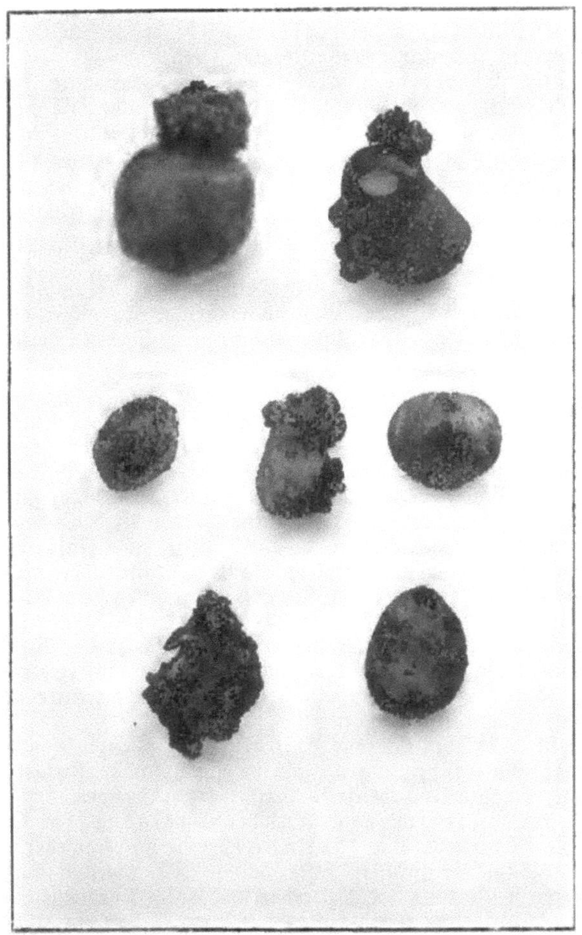

Fig. 109. Kartoffeln mit Chrysophlyctis-Geschwülsten in verschiednen
Altersstadien.

Pilz, Urophlyctis pulposa, hervorgerufen werden; ein anderer Pilz,
Rhizoctonia solani, erzeugt den sogenannten Grind, bestehend
aus leicht ablösbaren, später meistens dunkel gefärbten Pusteln.

2. Krebsartige Wucherungen und Geschwülste an den Knollen werden gelegentlich durch einen Pilz, Chrysophlyctis endobiotica, hervorgerufen. (Vergl. Fig. 109.)

3. Die Knollen zeigen eingesunkene Stellen, unter denen das Fleisch unter Bräunung abgestorben ist, und schließlich das charakteristische Bild der Zellenfäule der Knollen, die durch Phytophthora infestans hervorgerufen wird.

Ähnlich beginnt auch meist die unter 5 genannte Fusariumfäule und auch das bekannte Stengelälchen kann zu derartigen krankhaften Veränderungen Veranlassung geben (Wurmfäule).

4. Die Knollen zeigen mehr oder minder tiefe, in das Fleisch eindringende Fraßspuren, aus deren Ausdehnung und Größe auf die Art der veranlassenden Schädlinge geschlossen werden kann. Größere Wunden werden hervorgerufen durch Engerlinge, Erdraupen, die Larven von Erdschnacken ꝛc. Feinere Bohrgänge können besonders durch Drahtwürmer veranlaßt werden; auch Tausendfüße, sowie die Maulwurfsgrille, vor allem aber auch eine Milbenart, Rhyzoglyphus echinopus, können Zerstörungen an Kartoffeln hervorrufen.

5. Von Fraßwunden aus oder auch ohne solche geht das Fleisch in Fäulnis über. Besonders häufig, namentlich auch während der Aufbewahrung, tritt die durch Bakterien veranlaßte Naßfäule auf, bei der sich das Fleisch schließlich in eine jauchige, übelriechende Masse verwandelt. Auch eine Trockenfäule, bei der schließlich fast nur die Stärkekörner übrig bleiben, kann ebenfalls durch Bakterien, aber auch durch Pilze, wie Fusarium, veranlaßt werden. Bei der „Rhizoktoniafäule" verschwinden die Stärkekörner und die anfangs weichen Knollen schrumpfen beim Eintrocknen zusammen.

Auch der im Juli, S. 212 näher beschriebene Wurzeltöter Rhizoctonia violacea, ein Pilz, der durch sein violettrotes Mycel auffällt, kann auf die Kartoffeln übergehen und zu einer jauchigen Zersetzung Veranlassung geben.

Meist treten verschiedene Erreger der Knollenfäule gleichzeitig auf, sodaß die Erscheinungen, wie sie Wurmfäule, Fusariumfäule und dergl. veranlassen, ebenfalls kombiniert sich zeigen.

6. Das Fleisch der Knollen zeigt beim Durchschneiden braune Verfärbungen, die sich entweder auf den Gefäßbündelring beschränken oder das Fleisch regellos durchsetzen. Im ersteren Falle kann die Bakterienringkrankheit vorliegen, vielfach aber zeigen sich solche Verfärbungen auch, ohne daß ein Krankheitserreger auffindbar ist und aus solchen Knollen können ganz gesunde Pflanzen hervorgehen; im letzteren Falle ist dies die Regel: es handelt sich hier meist um die sogen. Eisenfleckigkeit, die sich nicht vererbt, im übrigen aber durch Kalkung des Bodens verhindert werden soll.

7. Nicht parasitär ist das Süßwerden der Kartoffeln, das infolge von Frostwirkung eintritt, wenn dieselbe noch nicht das

direkte Erfrieren der Kartoffeln zur Folge hat. Ein Teil der Stärke ist dabei in Zucker übergegangen. Auch in feuchten Kellern werden die Kartoffeln leicht süß; man kann derart veränderte Knollen wieder genießbar machen, wenn man sie mehrere Tage hintereinander in einen Raum bringt, dessen Temperatur etwa 20° C beträgt.

Tritt während der Ausbildung der Knollen eine langandauernde Trockenperiode ein, der später wieder genügend Regen folgt, so zeigt sich häufig die sogen. Kindelbildung, d. h. an den Knollen selbst setzen sich durch das Austreiben der Augen neue, kleinere Knollen an oder die Kartoffeln werden spündig, womit man die Eigentümlichkeit bezeichnet, daß sich die ganze Spitze der Knollen verlängert.

Hauptsächlich auf derartige Einwirkungen längerer Trockenheit zurückzuführen und infolgedessen gewissermaßen als Notreife sind auch jedenfalls jene eigentümlichen Veränderungen der Knollen aufzufassen, die es bedingen, daß aus ihnen blattrollkranke Pflanzen hervorgehen. Abgesehen davon, daß derartige Knollen meistens kleiner sind als normale, ist es bisher nicht gelungen, irgend ein Kennzeichen dafür, daß sie zu einer krankhaften Entartung neigen, an ihnen aufzufinden. Über die Erscheinungen der Blattrollkrankheit vergl. Seite 206.

Kartoffeln, die von starkem Froste betroffen wurden, sobaß sie erfroren sind, werden am besten eingesäuert und zwar unter Zumischung von ca. ¹⁄₅ des Volumens an Häcksel oder Spreu und Kochsalz. (Auf 100 kg Masse 120—160 g Viehsalz.)

Auch bei der Ernte der **Zucker- und Runkelrüben** sind einige Gesichtspunkte, wie vorstehend für Kartoffeln angegeben, zu beachten. Bei der großen Schädlichkeit mancher tierischer Parasiten der Rübenpflanzen, die, wie die Runkelfliege, die Schildkäfer u. s. w. in verschiedenen Entwicklungsformen im Ackerboden überwintern, ist ein möglichst tiefes Umpflügen des Bodens nach der Rübenernte angezeigt. Abgeschnittene Rübenköpfe, angefaulte Rüben, überhaupt irgend welche Teile der Rübenpflanze sollten nicht auf dem Acker verbleiben, oder, soweit sie nicht verfüttert werden können, mindestens tief mit untergepflügt werden. Die Einmietung der Rüben erfolgt wie bei den Kartoffeln.

An den geernteten Rüben zeigen sich vielfach ganz ähnliche Krankheitserscheinungen wie bei den Kartoffeln. Auch bei ihnen tritt der Schorf auf; ferner geht der Wurzeltöter, Rhizoctonia violacea, sehr gerne auf sie über. Alle jene tierischen Schädlinge, wie die Engerlinge, Larven der Kohlschnacken, Drahtwürmer rc., die die Kartoffeln anbohren, finden sich auch bei den Rüben; bei diesen besonders auch die Larven der Gartenhaarmücke.

Eine besondere Art des Schorfes bei den Rüben ist der Gürtelschorf, der darin besteht, daß die Rübe mehr gegen ihre Mitte einen mehr oder minder breiten schorfigen Ring zeigt, unter dem das Dickenwachstum geringer ist, so daß eine Einschnürung entsteht. Veranlaßt soll die Erscheinung werden durch ziemlich große Nematoden, sogen. Enchytraëiden, die durch Erzeugen von Wunden zur Ansiedlung von gewissen bakterienartigen Organismen, Oospora-Arten, Veranlassung geben.

Gelegentlich kommen auch Mißbildungen an den Rüben vor, wie der wahrscheinlich durch Milben veranlaßte Wurzelkropf, sowie auch Krebsknoten, die durch einen Pilz, Urophlyctis pulposa, veranlaßt werden.

Die häufigste Art der Fäulnis des Rübenfleisches ist die gewöhnliche Trockenfäule. (Vergl. über sie S. 208.) Eine Art Naßfäule wird durch eine Sklerotienkrankheit, Sclerotinia libertiana, hervorgerufen und endlich können gewisse Bakterien die Rübenschwanzfäule (vergl. S. 242) veranlassen.

Sollten im Herbst auf den noch nicht geernteten Zucker- und Runkelrüben die Larven der Schildkäfer in zweiter Generation auftreten, so geht man vor wie im Juni, S. 129 angegeben.

Häufig werden im Oktober durch Frühfröste die meist zuletzt das Feld räumenden Rüben vom Frost überrascht. In Lagen, wo diese Gefahr besonders vorhanden ist, wird man schon bei der Wahl der Runkelsorte darauf einigermaßen Bedacht nehmen können, indem man blattreichere, gegen Frost geschützte Sorten, wie die Oberndorfer, zum Anbau verwendet. Ist der Frost nicht ungewöhnlich stark und lange andauernd, übersteigt er nicht −3 bis 4 ° C, so sei man mit der Entnahme der Rübe aus dem Boden nicht zu voreilig. Nach den Erfahrungen vieler Landwirte wird der Frost bei Wiederkehr gelinder Witterung aus den Rüben wieder „herausgezogen", sodaß die Rüben nicht leiden; ist aber der Frost sehr stark, so daß kein Zweifel mehr bestehen kann, daß die Rüben stark gefroren oder erfroren sind, oder dauert der Frost so lange, daß die Wiederkehr wärmerer Witterung nicht abgewartet werden kann, so sind die im gefrorenen Zustand dem Boden entnommenen Rüben in Gruben einzusäuern. Bei der gewöhnlichen Aufbewahrung würden sie rasch faulen und keineswegs kann man sie etwa durch rasches Verfüttern noch verwerten, da derartig gefrorene Rüben bedenkliche Magen-

und Darmstörungen bei den Tieren zur Folge haben. Das bei richtigem Vorgehen aus den Rüben zu gewinnende Sauerfutter ist dagegen schmackhaft und bekömmlich.

Im Oktober 1908 zeigte sich vielfach, daß namentlich die Oberndorfer Rübe, die bis zur Hälfte im Boden wächst und eine ansehnliche Blattmasse besitzt, soweit sie im Boden stak, überhaupt nicht gefroren war. Oberirdisch wurde sie durch den starken Blattkranz sowohl vor der Kälte als vor dem noch schlimmeren plötzlichen Auftauen geschützt. Zugunsten anderer Rüben, die diese Vorteile nicht besitzen, wie z. B. die Eckendorfer, wird dagegen hervorgehoben, daß sie auf Frühreife gezüchtet seien, die bereits die Aberntung anfangs Oktober ohne Gefährdung ihrer Aufbewahrungsfähigkeit gestatte; dieser Vorteil dürfte allerdings in der Praxis, wo die Rübenernte vielfach als letzte Erntearbeit auf dem Felde vorgenommen wird, nicht immer genügende Berücksichtigung erfahren.

Das namentlich in kleineren Wirtschaften übliche Abblatten der Rüben trägt natürlich ebenfalls zur Erhöhung der Frostempfindlichkeit bei, ganz abgesehen davon, daß es die Rübenerträge bedeutend herabdrückt.

Was das Einsäuern in gemauerten oder glatt ausgeschaufelten Gruben selbst anbelangt, so empfiehlt es sich besonders, die Rüben gleich auf dem Felde mit dem Rübenschneider zu zerkleinern, in der Weise, daß die Stücke sofort in die Grube fallen und dann durch starkes Festtreten zu bewirken, daß keine Hohlräume zwischen ihnen verbleiben. Ein Dämpfen der gefrorenen Rüben vor dem Einsäuern vermindert die Gefahr, daß diese doch noch vor dem Einsäuern faulig werden.

Man hat auch erfrorene Rüben, gut mit Erde durchschichtet, in Mieten gebracht und dabei gute Haltbarkeit erzielt. Besonders angezeigt soll diese Methode für die Konservierung gefrorener Mohrrüben sein, die sich, gut mit Sand durchschichtet, auch in erfrorenem Zustande lang halten.

Eine andere Methode besteht darin, daß man die gefrorenen Rüben wie das Eis in Eismieten derart mit Erde und anderem schlecht wärmeleitenden Material (wie Kaff, Torfstreu, Sägespäne ꝛc.) bedeckt, daß sie überhaupt nicht auftauen. Man entnimmt den Mieten das tägliche Futterquantum, läßt es im Stall auf Spreu oder Kaff auftauen und zerkleinern, um auf diese Weise den auslaufenden Saft aufzufangen und mit zu verfüttern. Die angebrochene Miete muß immer sehr sorgfältig wieder eingedeckt werden.

Sicherer wird immer das Einsäuern sein; für dasselbe ist im Herbst 1908 von verschiedenen Seiten auch vorgeschlagen worden, die Rüben in unzerkleinertem Zustande, sogar mit den daran hängenden Blättern, durch Leute festtreten zu lassen, die dabei mit dem Spaten die Masse zerstampfen. Ist ein Teil fertig, so wird er 50—60 cm dick mit der aus der etwas vertieften Miete genommenen Erde zugedeckt; nach etwa 1—2 Wochen ist die Miete zur Schließung der Risse abermals mit 20—50 cm Erde zu bedecken.

Im **Hopfengarten** beugt man für nächstes Jahr dem Auftreten verschiedener Schädlinge, namentlich der Milbenspinne, der Hopfenwanzen und dergl. vor, wenn man die Stangen jetzt schwach ankohlt oder mit Petroleum abreibt. Hopfenreben, in denen sich der Gliedwurm (Raupe des Hirsezünslers) befindet, sind zu verbrennen: abgefallene Rebenblätter u. s. w. sorgfältig zu sammeln.

Einpflügen von Kalkstaub in den Hopfengarten vor Winter, also Ende Oktober oder November, ist zu empfehlen, ebenso das Aufpflügen des Hopfenbodens.

Auch in den **Weinbergen** achte man nach der Lese vor allem darauf, daß alles, was zur Verschleppung von Schädlingen in das nächste Jahr Veranlassung geben könnte, entfernt und vernichtet wird, daß also die größte Sauberkeit im Weinberge herrscht. Der Kampf gegen die an den Rebenpfählen und dergl. vorkommenden Überwinterungsformen kann schon jetzt aufgenommen werden, soweit dabei aber Bespritzungen mit karbolineumhaltigen Präparaten in Betracht kommen, ist es entschieden besser, damit bis zum Frühjahr zu warten.

Die wichtigsten der verschiedenen auf den heranreifenden oder erntereifen Beeren auftretenden Krankheiten und Schädlinge sind nachstehend zusammengestellt:

1. Unter den tierischen Schädlingen der Trauben, bezw. der einzelnen Beeren kommt außer Wespen und Hornissen und einigen Fliegen in der Hauptsache nur der Sauerwurm in Betracht, d. i. die Räupchen zweier verschiedener Arten des Traubenwicklers. Vergl. S. 150.

2. Die meisten jener Pilzarten, die Krankheiten der Blätter hervorrufen können, gehen auch auf die Beeren über, namentlich der echte und der falsche Mehltau. Ersterer verursacht ein Vertrocknen und schließliches Verfaulen der Beeren, letzterer gibt zu der sogen. Lederbeerenkrankheit Veranlassung, infolge der ganze Trauben zugrunde gehen, indem die einzelnen Beeren samt den Stielen welken und unter Bräunung zusammenschrumpfen. (Vergl. Fig. 110.) Eine ganz ähnliche Erscheinung kann auch der Traubenschimmel,

Fig. 110.
Von falschem Mehltau
(Peronospora viticola)
befallene und infolgedessen geschrumpfte
Weinbeeren.
(Nach Sorauer.)

Botrytis cinerea, hervorrufen, wenn er sehr zeitig auf den Trauben sich einstellt, was gelegentlich bei länger andauernder, feuchter und kühler Witterung der Fall ist. An bereits reifen Beeren sieht man bekanntlich diesen Pilz als Erreger der **Edelfäule**, durch welche den Beeren außer Wasser und etwas Zucker besonders auch Säure entzogen wird, nicht ungern. Auch der **Rußtau**, Capnodium salicinum, kann auf die Beeren übergehen und ebenso die Erreger der **Weißfäule** und des **schwarzen Brenners**, sowie verschiedene andere Blattfleckenpilze. Vergl. hierüber S. 229. Bei der Weißfäule zeigen sich auf den verschrumpfenden Beeren bald die bräunlichen, pustelförmigen Pilzfrüchte; bei dem schwarzen Brenner treten auf den Beeren zunächst schwarze Flecken auf, die beim Vergrößern eine mehr graue Farbe annehmen, dann aber von einem schwarzen Rand umgeben sind.

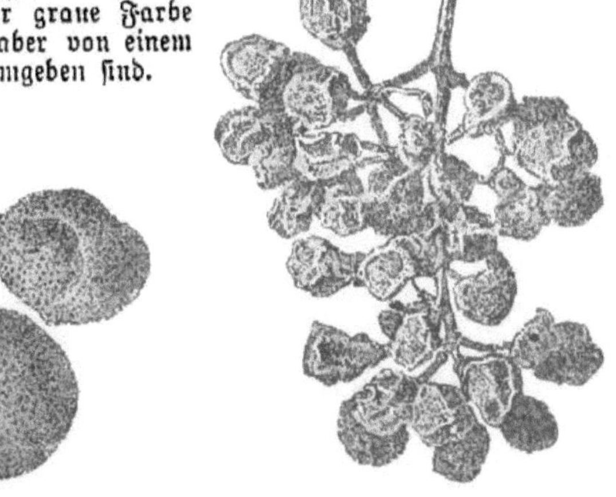

Fig. 111. An Weißfäule (White-Rot) erkrankte Weinbeeren.
A Anfangsstadium. B Späteres Stadium. (Nach Sorauer.)

Die gefürchtete **Blackrotkrankheit** (Schwarzfäule) der Blätter und Beeren, Laestadia Bidwellii, bei der die Beeren unter Schwärzung rasch welken und hart werden, wobei auf ihrer Oberfläche kleine schwarze pustelartige Pilzfrüchte auftreten, hat in Mitteleuropa, wohin sie aus Amerika eingeschleppt wurde, noch nicht dauernd Fuß fassen können.

3. Der **Befall der Beeren**, namentlich durch den echten Mehltau, kann auch zum Aufplatzen derselben Veranlassung geben; ein derartiger „Samenbruch", bei dem die Samenkerne hervortreten, kann aber auch in Folge von Verletzungen eintreten, unter Umständen auch durch ein zur unrichtigen Zeit, nämlich an heißen Tagen bei direktem Sonnenschein vorgenommenes Schwefeln. Bei plötzlich eintretendem, grellem Sonnenschein, nachdem längere Zeit

feuchte Witterung geherrscht hat, können die Beeren an Sonnen=
brand erkranken, der mit Verschrumpfung und Fäulnis endet,
während anhaltend kühle und nasse Witterung Veranlassung zur
Sauerfäule geben kann. An Verletzungen der Beeren siedelt sich
auch häufig Monilia fructigena an.

Im **Obstgarten** beginnt mit dem Oktober die Haupt=
ernte des Obstes; im allgemeinen ist die Pflückreife
der in dieser Beziehung sehr verschieden sich verhaltenden
Sorten gekommen, sobald einzelne Früchte abzufallen be=
ginnen. Der Stiel der Früchte muß sich leicht lösen, wenn
die Frucht wirklich reif ist. Gutes Obst sollte nur mit
der Hand und nur wo es nicht erreichbar, mit dem Obst=
pflücker abgenommen werden. Das vielfach übliche Ab=
schütteln ist bei jedem Obst, das länger aufbewahrt werden
soll, gänzlich zu verwerfen. Es kann bei Apfel, Birnen und
Pflaumen nur bei niederen Bäumen, und wenn die Früchte
zum sofortigen Genuß bestimmt sind, geschehen.

Die Aufbewahrung des Obstes sollte in Kellern
nur erfolgen, wenn diese durchaus trocken sind und gut ge=
lüftet werden können: andernfalls verdirbt es zu leicht und
nimmt bald auch den Geruch anderer Dinge, die etwa noch
im Keller aufbewahrt werden, an. Am günstigsten sind nach
Norden oder Osten gelegene Obstkammern, in denen die
Früchte nach Sorten getrennt auf einstellbaren Hürden zur
Aufbewahrung gelangen: in solchen Räumen herrscht die
erwünschte gleichmäßige Temperatur und es kann eine genaue
Kontrolle über den Zustand der einzelnen Früchte ausgeführt
werden. Selbstverständlich sind alle fauligen Stücke sofort
zu entfernen, da sie sonst nur benachbarte anstecken würden.
Sind die Räume sehr trocken, so tritt eine Fäulnis der
Früchte weniger ein, dafür aber welken sie leichter ab. Eine
gleichmäßige Feuchtigkeit in dem Raum wirkt daher im
allgemeinen nur günstig, ebenso wie eine öftere Durchlüftung
desselben.

Nach Versuchen der Versuchsanstalt Wädenswil
bleibt sich die Atmung und Wasserverdunstung des Lager=
obstes gleich bei völliger Dunkelheit wie bei zerstreutem
Tageslicht. Sobald jedoch das direkte Sonnenlicht Zutritt
hat, nehmen beide sofort deutlich zu. Es empfiehlt sich daher,

falls das direkte Licht in den Lagerraum durch Fenster oder
Lücken Zutritt haben sollte, diese zu verdunkeln.

Namentlich mit den schon im September geernteten Früchten
können in die Obstkammern vielfach auch noch Obstmaden (vergl.
S. 158) gelangen, die alsbald die Früchte verlassen. Schilling
empfiehlt gegen sie das Aufhängen von Lappenfallen in den Kam-
mern, d. h. man nagelt in der Nähe der Früchte an die Wände
einige einmal zusammengelegte Tuchlappen. Im Laufe des Winters
sind natürlich die Schädlinge, die sich in ihnen eingenistet haben, zu
vernichten.

Indem bezüglich sonstiger Schädlinge der Obstfrüchte auf die
Zusammenstellungen im Juni verwiesen wird, sei hier nur kurz erwähnt, daß sich auf den Apfelfrüchten außer den bekannten

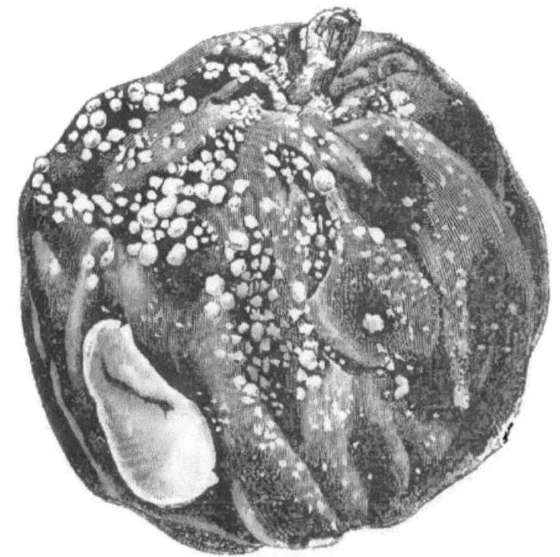

Fig. 112.
Apfel von Monilia befallen, mit den Sporenpolstern bedeckt.

Schorf= oder Rostflecken (Fusicladium) gelegentlich auch ein
Rostpilz und dann vor allem die verschiedensten Schildlaus=
arten finden können; ist letzteres der Fall, so darf dies als
Beweis dafür angesehen werden, daß die betreffenden Bäume
stark von Schildläusen heimgesucht sind, die alsbald bekämpft
werden müssen. Kleine, schwarze, punktförmige Pustelchen, ähnlich
aussehend wie Fliegenschmutzflecken und daher auch so
genannt, rühren von einem wenig schädlichen Pilz, Leptothyrium
Pomi, her. Wiederholt hingewiesen wurde schon auf die Monilia=

krankheit der Apfel, bei der die Pilzräschen meist in Form kon=
zentrischer Ringe auf der Oberfläche auftreten; bei manchen Apfel=
sorten ruft dieser Pilz aber auch die sogen. Schwarzfäule hervor,
d. h. die verfaulenden Früchte zeigen eine glänzend schwarze Ober=
fläche, auf der die Pilzrasen nicht immer erscheinen. Nach Molz
gelangt der Pilz nur bei Zutritt des Lichtes zur Fruchtpolsterbildung;
dadurch erklärt sich auch die ringartige Anordnung dieser Polster,
die bedingt ist durch den Beleuchtungswechsel zwischen Tag und Nacht.
Fehlen durch Lichtabschluß die Bedingungen der Pilzfruktifikation,
so tritt Schwarzfäule ein, die übrigens auch durch einen allzugeringen
Feuchtigkeitsgrad der Luft bedingt wird. Das Auftreten von
Faulflecken oder das Faulen der ganzen Früchte wird im
übrigen durch unsere gewöhnlichsten Schimmelpilze, wie den Pinsel=
schimmel, Penicillium, den Traubenschimmel, Botrytis, den
Köpfchenschimmel, Mucor ꝛc., sowie unter Umständen wohl
auch durch Bakterien veranlaßt. Die sogen. Bitterfäule kann
ebenfalls durch Pilzarten veranlaßt werden, die entweder auf der
Schale weiße oder rote Schimmelpolster oder, wie das besonders
häufig bei Gloeosporium fructigenum der Fall ist, kleine Pilz=
früchtchen bilden.

Endlich sind noch zu nennen Erscheinungen, die allem Anschein
nach nicht parasitärer Natur sind, nämlich das sogen. Stippig=
und Glasigwerden der Früchte. Ersteres tritt besonders
häufig bei gewissen Sorten, nach Böttner z. B. besonders bei der
Harberts=Reinette, auf, die entweder sehr saftige oder solche Früchte
tragen, bei welchen die Epidermis nicht gut schließt und die Zellen=
wände nicht so stark ausgebildet sind, als dies bei trockenen und
kleinen Früchten der Fall ist. Es äußert sich im Auftreten bräunlich ge=
färbter Flecken im Fleisch dicht unterhalb der Schale. Man führt
dies teils auf Wassermangel, teils auf Nahrungs= namentlich
Stickstoffüberfluß zurück; es soll sich meistens mit dem Älterwerden
der Bäume verlieren. Kalken der Böden, Sortenwechsel, bezw.
Umpfropfung, ferner die am Baume hängenden Früchte während
des Wachstums frei von beschattenden Blättern zu halten und die
bereits geernteten Früchte einzeln mit Papierhüllen zu umgeben,
sind die bisher empfohlenen Maßnahmen. Das Glasigwerden wird
zwar von manchen auf Bakterienwirkung zurückgeführt, dürfte aber
ebenfalls mit Ernährungsverhältnissen zusammenhängen, da es sich
besonders an den Früchten junger, zum ersten Male tragender
Bäumchen zeigt.

An den Birnenfrüchten begegnet man im wesentlichen
denselben Pilzkrankheiten. Häufig trifft man bei ihnen außerdem
die Steinkrankheit, bei der sich die im Birnenfleisch vorhandenen
Steine übermäßig vergrößern, wahrscheinlich infolge des Einflusses
heißer Witterung oder Trockenheit.

Hat sich auf Birnenwildlingen die Blattbräune (vergl.
Juni, S. 174) stärker gezeigt, so empfiehlt es sich, sie
nach starkem Zurückschneiden auf neues Land auszupflanzen,

während das bisherige Land nach gutem Kalken umzugraben und auf einige Jahre zu anderen Zwecken zu verwenden ist.

Nach der Obsternte wird man daran gehen, die Stämme zu reinigen durch Abkratzen von Flechten und Moos und alten, lockeren Borken unter Zuhilfenahme der Baumscharre. Der sich ergebende Abfall ist sorgfältig zu sammeln und alsbald zu verbrennen, da sich in ihm die Überwinterungsformen zahlreicher Obstbaumschädlinge, vor allem die überaus gefährlichen Blütenstecher, die an den Stämmen einen Unterschlupf gefunden haben, vorfinden. Selbstverständlich darf die Baumscharre nicht mit solcher Gewalt angewendet werden, daß Verletzungen der eigentlichen Rinde eintreten: kleine Schäden werden aber immerhin nicht immer zu vermeiden sein, deshalb nimmt man zweckmäßig nach dem Abkratzen sofort eine Kalkung der Stämme vor, indem man nicht zu dünne Kalkmilch mit einem Maurerpinsel aufstreicht. Um die gekalkten Stämme werden dann noch im Oktober die sogenannten **Leimringe** angebracht, da die Weibchen des Frostspanners durch den Leim abgehalten werden, in die Baumkronen zu gelangen; gleichzeitig fangen sich auch die in der Dämmerung und nachts fliegenden Männchen an den Ringen. Da der direkt auf den Stamm aufgetragene Leim schädlich auf den Baum wirken würde, mindestens wenn es sich nicht um ganz starke Stämme handelt, so streicht man ihn auf etwa 11 cm hohe Streifen von Pergamentpapier auf, die in etwa Manneshöhe fest auf den Baum gebunden werden und zwar durch Bindfaden oben und unten. Die Rinde ist vorher etwas zu glätten. Der Papierstreifen muß fest anliegen und die Enden müssen übereinandergreifen. Den unteren Rand des Papiers bringt man nach aufwärts, damit der Leim nicht herabläuft. Der Leim muß nicht nur sehr klebrig sein, sondern vor allem diese Klebrigkeit bis in das Frühjahr hinein behalten, da die Flugzeit der Schmetterlinge vielfach so lange dauert. Wo im Laufe des Winters die Klebrigkeit verloren zu gehen droht, ist daher rechtzeitig neuer Leim aufzutragen. Unter den verschiedenen Sorten von Raupen- oder Brumataleim, die für diesen Zweck im Handel erscheinen, sind die bekanntesten jene der Firmen J. M. Wizemann-

Stuttgart, Huth & Richter=Wörmlitz bei Halle
a. S., Schindler & Mützel=Stettin, Ludwig
Polborn=Berlin S., Kohlenufer 2—3. Handelt es sich
um Bäume, die noch an Pfählen stehen, so wird selbstverständlich
auch ein Leimring direkt auf diese Pfähle aufgetragen und
ebenso wird man bei Spalierobst dafür Sorge tragen müssen,
daß die Tiere nicht an den Stäben emporkriechen können.

Die richtigste Zeit zum allgemeinen Anlegen der
Leimringe ist etwa Mitte Oktober. Es wird aber auch empfohlen,
schon von Mitte September an zunächst nur an vereinzelte Bäume
solche Ringe anzubringen und sie täglich zu kontrollieren und mit
dem allgemeinen Anlegen zu beginnen, sobald sich an diesen Probe=
ringen vereinzelte Frostspanner vorfinden. Nach von Klingemann
ist es gut, 10 cm über dem ersten Ring, der sich etwa in Brusthöhe
befindet, noch einen zweiten anzubringen.

Den Leim kann man sich selbst herstellen, indem
6 Teile weiches Fichtenharz und 5 Teile Raps= oder Stearinöl und
4 Teile Schweineschmalz gut vermischt werden, oder indem man
2,5 kg Rüböl und 0,5 kg Schweineschmalz bis auf ²/₃ der Masse
einkocht und unter beständigem Umrühren noch je 0,5 kg Terpentin
und 0,5 kg Kolophonium zusetzt.

Durch Zusammenschmelzen von Kiefernteer mit Kolophonium
im Dampf von siedendem Wasser erhält man ebenfalls brauchbaren
Leim. Einfacher ist es aber, ein gutes Fabrikat zu kaufen. Dabei
hat man nach Janson darauf zu achten, daß man einen Leim
bekommt, der nur schwach riecht und in der Sonne nicht fließt
und beim Besprizen mit kaltem Wasser nicht blau anläuft; beim
Betupfen soll er lange Fäden ziehen, nach deren Reißen dornen=
förmige Erhebungen dauernd zurückbleiben. Janson empfiehlt als
gutes Fabrikat das Hindsberg'sche „Lauril" von O. Hindsberg=
Nackenheim a. Rh. Man trägt den Leim an einen 7 cm breiten
Gürtel mit einer Bürste oder der Raupenleimkelle 2—3 mm hoch
auf und betupft ihn dann mit der Bürste, damit er eine rauhe
Oberfläche bekommt, was seine Wirksamkeit erhöht. Auch bei bestem
Leim ist es gut, ihn alle 2 Wochen aufzurauhen.

Zu beachten ist auch, daß man beim Erneuern der
Leimringe darauf Rücksicht nimmt, daß der Gürtel nicht
immer an derselben Stelle die Rinde bedeckt.

Vielfach ist es üblich, die sogenannte Obstmadenfalle
oder den Fanggürtel, die sich vom Sommer her noch an
den Bäumen befinden, im Oktober mit Raupenleim zu be=
streichen, sie also von jetzt an als Leimgürtel zu benützen.
Vor diesem Verfahren muß aber dringend gewarnt werden,
in allen Fällen, wo es sich um Fanggürtel handelt, die von

Meiſen nach Inſekten durchſucht werden; denn durch den
ſo plötzlich an den Gürtel angebrachten Leim gehen viele
der ſo überaus nützlichen Meiſen dadurch zugrunde, daß
ihnen durch ihn der Schnabel verklebt wird.

Am beſten nimmt man die Fanggürtel ungefähr zu
der Zeit von den Bäumen ab, zu welcher man die Leim=
ringe anbringt. Wo ſie aber doch noch einige Zeit belaſſen
werden und zwar bis Mitte November, was immerhin viel=
fach empfohlen wird, weil ſich in ihnen beſonders die Blüten=
ſtecher fangen, bringt man ſie etwa 15 cm oberhalb der
Leimringe an. Die abgenommenen Gürtel ſind am beſten
zu verbrennen; nur der Hofheimer Fanggürtel, der
von J. Feierabend in Niederhauſen im Taunus
geliefert wird, kann mehrere Male gebraucht werden.

Das abgefallene Laub beherbergt vielfach gefährliche
Krankheitserreger, die möglichſt beſeitigt werden müſſen.
So entwickeln ſich auf ihm während des Winters die Schlauch=
früchte der Schorferreger, deren Sporen im Frühjahr die
neue Infektion bewirken. Ähnlich liegen die Verhältniſſe
bei den Fleiſchflecken der Pflaumenblätter, denen der Kern=
obſtbäume und der Fleckenkrankheit der Birnenblätter. Es
wird daher vielfach empfohlen, wo ſich ſolche Krankheiten
gezeigt haben, das Laub tief unterzugraben oder es zuſammen=
zurechen und zu verbrennen. Dabei ſcheint aber doch ver=
geſſen zu werden, daß auch das abgefallene Laub bei der
Ernährung der Pflanzen noch eine Rolle ſpielt, indem es
namentlich bei der Zerſetzung Humus liefert. Auf alle
Fälle dürfte es daher beſſer ſein, es nicht zu verbrennen,
ſondern es jetzt liegen zu laſſen und bei dem an ſich ſehr
empfehlenswerten Umgraben der Baumſcheiben mit unter=
zubringen. Wo es vollſtändig entfernt wird, ſollte man für
anderweitigen Erſatz an Humus ſorgen, indem man im
Herbſt die Baumſcheibe mit Waldlaub oder dergl. bedeckt.
Auf dieſe Weiſe kann man z. B. in Fällen, wo die Bäume
im Sommer an Gelbſucht litten, günſtige Erfolge er=
zielen, wenn nicht, was auch häufig der Fall iſt, dieſe Er=
ſcheinung durch einen zu hohen Grundwaſſerſtand veranlaßt
wird, der einen größeren Teil der Wurzeln zum Faulen
bringt. Durch das Umgraben der Baumſcheibe werden

nicht nur die Ernährungsverhältnisse des Baumes günstig beeinflußt, sondern vor allem auch alle jene verschiedenen tierischen Schädlinge, die im Boden unter den Bäumen überwintern, und zwar je nach der Art als ausgebildetes Insekt oder als Puppe, in ihrer Winterruhe gestört und den Vögeln preisgegeben. Sehr zu empfehlen ist es, zu diesem Zweck Hühner mitzuverwenden. Viele dieser Schäd= linge gelangen dabei auch in Tiefen, aus denen sie sich im Frühjahr nicht mehr emporarbeiten können. Um dieses Emporkommen weiter zu verhindern, wird auch vielfach an= gegeben, den umgegrabenen Boden recht festzustampfen, doch vermag ich diesem Vorschlag keinen rechten Gefallen abzu= gewinnen.

Besonders gut ist es, das ganze Baumgelände umzu= pflügen und umzuhacken: soweit notwendig nach vorher= gegangener Düngung mit Kompost oder Rindviehmist. Auch sogen. Pferch hat sich sehr gut bewährt.

Gegen die tierischen Schädlinge der **Beerenobststräucher,** die ebenfalls im abgefallenen Laub oder im Boden über= wintern, geht man in ähnlicher Weise wie vorstehend an= gegeben vor. Spitzkranke Triebe werden sorgfältig entfernt und verbrannt.

Von Mitte Oktober bis Anfang November ist auch die Zeit, Bäume und Sträucher zu pflanzen, sofern man nicht vorzieht, dies erst im März auszuführen. Ein richtiges Vorgehen dabei ist auch im Interesse des Pflanzenschutzes sehr wichtig: denn nur ein Baum, auf dessen gutes Fortkommen in der Zukunft schon bei der Pflanzung gehörig Rücksicht genommen wurde, wird sich gesund und widerstandsfähig gegen Schädlinge aller Art erweisen. Man darf nie vergessen, daß z. B. ein über= mäßiges Auftreten von Schildläusen u. dergl. ein Zeichen dafür ist, daß die befallenen Pflanzen unter ihnen nicht zusagenden Ernährungs= und sonstigen Bedingungen stehen.

Es kann hier auf die verschiedenen Einzelheiten, die bei der Pflanzung von Bäumen und Sträuchern in Betracht kommen, nicht näher eingegangen werden; hervorgehoben sei nur, daß die einzelnen Baumgruben geräumig genug sein müssen, um den Wurzeln auf längere Zeit hinaus die

Möglichkeit zur Ausbreitung zu geben; daß die in die Gruben einzufüllende Erde etwa bis zu ¹/₆ mit Kompost

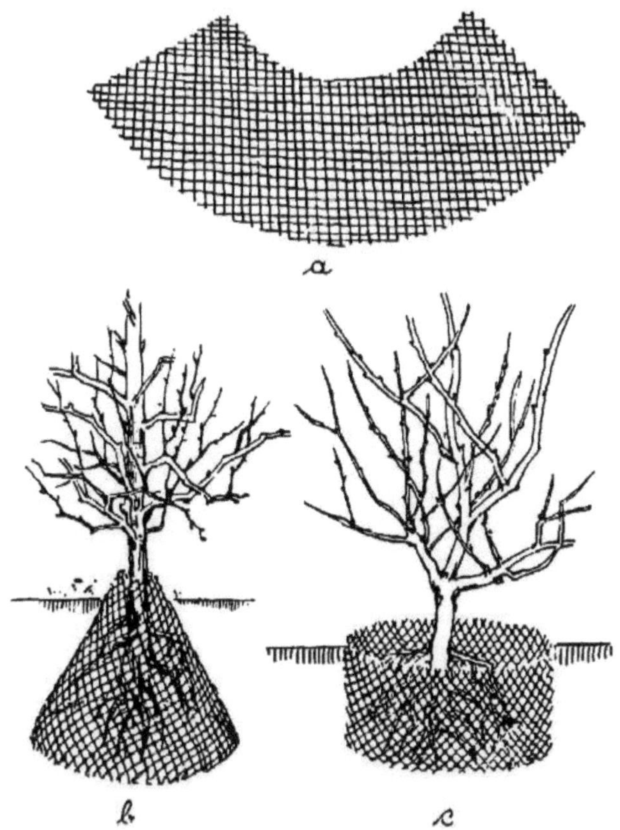

Fig. 113. Schutz der Obstbaumwurzeln gegen Wühlmausfraß durch Umgeben mit Drahtgitter.

a Form des Drahtnetz-Mantels; b richtige, c falsche Anlage (z. T. nach Rappe).

oder mindestens mit gutem Gartenboden vermischt sein soll; daß die Bäume nicht zu tief gesetzt werden u. dergl.[1]

[1] Wer über alle diese Verhältnisse genauer sich informieren will, den verweisen wir u. a. auf das ausgezeichnete Gartenbuch für Anfänger von Johannes Böttner, Verlag von Trowitzsch & Sohn, Frankfurt a. O. Sehr zu empfehlen ist auch das Christ-Lucas

Gegen die Wühl= oder Schermaus kann man die jungen Obstbäume schützen, indem man schon beim Einpflanzen die Wurzeln mit einem genügend großen engmaschigen Drahtgitter umgibt. Der Draht hält jahrelang im Boden, wenigstens solange, bis die Bäume älter und widerstandsfähiger geworden sind. Die Art der Ausführung ist aus Fig. 113 ersichtlich; man schneidet zunächst das Drahtgitter nach der unter a abgebildeten Form zu, legt es wie bei b um die Wurzeln des zu schützenden Baumes und verschließt die untere Öffnung mit einer entsprechend großen, ebenfalls aus Drahtgitter bestehenden Scheibe; die obere Öffnung wird nach dem Einsetzen in die Grube und dem Einfüllen der Erde um den Stamm herum zugezogen, um ein Eindringen der Tiere von oben zu verhindern. Bei der unter c skizzierten Schutzhülle wäre der Zweck verfehlt, weil durch die obere Öffnung den Mäusen der Zutritt frei steht. Man kann auch bei kleineren Flächen das ganze Gebiet mit einem engmaschigen, ca. 60—80 cm breiten Drahtnetz umgeben, das bis zur halben Höhe in den Boden einzugraben ist. Diese Maßnahme ist besonders in solchen Fällen angebracht, wo von den Nachbarn nichts für die Bekämpfung geschieht.

Man achte darauf, die Bäume ja nicht zu eng zu setzen, da sie sich sonst späterhin mit dem Größerwerden gegenseitig die Nahrung wegnehmen und den Zutritt des Sonnenlichtes erschweren und so zum Überhandnehmen mancher Krankheiten Veranlassung geben. Wo von früher her Bäume zu eng stehen, entferne man die schwächeren Exemplare und verpflanze sie an andere Stellen, falls ihr Zustand es nicht ratsam erscheinen läßt, sie überhaupt zu vernichten.

Beim Anbinden der Bäume an Pfähle vermeide man Material, das in das Holz einschneidet. Von früher gepflanzten Bäumen, die schon kräftig genug sind, um sich allein zu halten, sind die Pfähle am besten jetzt im Herbst ganz zu entfernen.

Böttner empfiehlt, wenn ein abgestorbener Baum ausgehauen worden ist, in die noch offene Grube 2 Fässer

<hr>

Gartenbuch), das bereits in 15. Auflage im Verlag von Eugen Ulmer=Stuttgart erschienen ist.

gute Jauche einzugießen und dann die Grube zu schließen;
erst nach 2—3 Jahren kann an dieser Stelle wieder ein
junger Baum gepflanzt werden.

Die vollständige Erneuerung der in die Baumgrube
zu füllenden Erde ist notwendig, wenn an der gleichen
Stelle vorher bereits ein Baum gestanden hat und infolge=
dessen die sogenannte Baummüdigkeit zu erwarten ist.
Dieser unangenehmen Erscheinung kann man auch noch be=
gegnen, indem man 4—5 Wochen vor der Pflanzung den
Boden mit Schwefelkohlenstoff behandelt. (Näheres vergl.
S. 381).

Nach Janson will namentlich Steinobst nach Kern=
obst nicht recht gedeihen, während das umgekehrte Vorgehen weit
eher Erfolge bringt. Besonders empfindlich ist der Pfirsich, dann
folgen Pflaume, Sauerkirsche, Aprikose und Süßkirsche; Birnen=
bäume sollen nicht so empfindlich sein wie Apfelbäume.

Auch die Aufeinanderfolge von Johannisbeeren und
Stachelbeeren und umgekehrt ist streng zu vermeiden. Dagegen
ist nach demselben Autor die Aufeinanderfolge beider auf Himbeeren
oder Erdbeeren, auf Kern= oder Steinobst unbedenklich. Auch können
Erdbeeren und Himbeeren in beliebiger Folge aufeinander kommen.

Im Oktober wird man die Gelegenheit warnehmen,
die **Mistbeetkästen,** namentlich wenn vorher irgendwelche
Schädlinge sich zeigten, einer sorgfältigen Reinigung zu
unterziehen. Bei trockenem Wetter kann man die Mistbeet=
kästen und Fenster mit scharfer Lauge, bestehend aus grüner
Seife, Soda, Alaun und Holzasche, sauber abwaschen, die
Innenseite der Kästen und die Fenster können gefirnißt
werden. Die Verwendung von Karbolineum ist aber zu
vermeiden.

Gegen eine neuerdings im Frühjahr auftretende Blatt=
fleckenkrankheit des Salats, verursacht durch einen
Pilz, Marssonia Panattouana, ist außer der vorbeugenden
Bespritzung mit ½—1%iger Kupferkalkbrühe im Frühjahr,
auch jetzt im Herbst durch Erneuerung der Erde und Be=
streichung der Holzverkleidung der Kästen vorzugehen, zu der
man in diesem Falle auch Kalkmilch, Kupfervitriollösung ꝛc.
verwenden kann.

Mit dem November setzen die eigentlichen Winter=
arbeiten ein, die sich nicht mehr alle scharf nach Monaten
trennen lassen. Ihre Vornahme früher oder später wird ab=
hängig sein von der jeweiligen Witterung, von den Arbeiter=
und den allgemeinen Wirtschaftsverhältnissen. Manche der
Maßnahmen, die im Interesse des Pflanzenschutzes schon im
November ausgeführt werden können und deshalb nachstehend
angegeben sind, dürfen daher unter Umständen auch auf
spätere Zeit verschoben werden; bei vielen Anweisungen,
die sich für die folgenden Wintermonate angegeben finden,
kommt das Umgekehrte in Betracht.

Mit einigen Maßnahmen sollte man aber im November
nicht länger zuwarten, nämlich mit jenen, die sich auf den
so ungemein wichtigen **Vogelschutz** beziehen. Der November
ist zunächst die geeignetste Zeit zum Aufhängen von
Nisthöhlen. Die zahlreichen bei uns überwinternden
Höhlenbrüter benützen sie schon im Winter während der Nacht
und gewöhnen sich an sie viel besser als an Höhlen, die
zu spät angebracht werden; immerhin kann aber auch den
ganzen Winter hindurch bis in den März das Aufhängen
von Nisthöhlen erfolgen. Zurzeit werden bei weitem am
meisten die nach dem System des Freiherrn von Ber=
lepsch hergestellten Nisthöhlen verwendet; dieselben sind
genaue Nachbildungen natürlicher Spechthöhlen und auch im
übrigen so beschaffen, daß sie von den Vögeln allem Anschein
nach ebenso gerne bezogen werden, wie natürliche Höhlungen
in Bäumen. Das wesentlichste der Höhlen geht aus der
Fig. 114 hervor. Das Flugloch zeigt zum Schutz gegen Regen
eine Steigung von 4 Grad; die Höhlung hat eine spitzovale
Muldenform. Deckel und Aufhängeleisten bestehen aus 2 cm
dickem Eichenholz und sind durch Schlüsselschrauben an die
Höhle befestigt. Die Höhlen werden in vier verschiedenen
Größen zum Preise von 0,70—2,20 ℳ ausschließlich Fracht=

gebühr für 1 Stück (bei Mehrbezug noch etwas billiger)
geliefert, je nach den Vogelarten, denen sie dienen sollen;
namentlich sind die Breite des Flugloches und die Größe der
Höhlung den Vogelarten angepaßt. Während die kleineren
für die Meisenarten, Rotschwänzchen usw., die mittleren für
Stare, Spechte 2c. dienen, kommen die größeren auch für

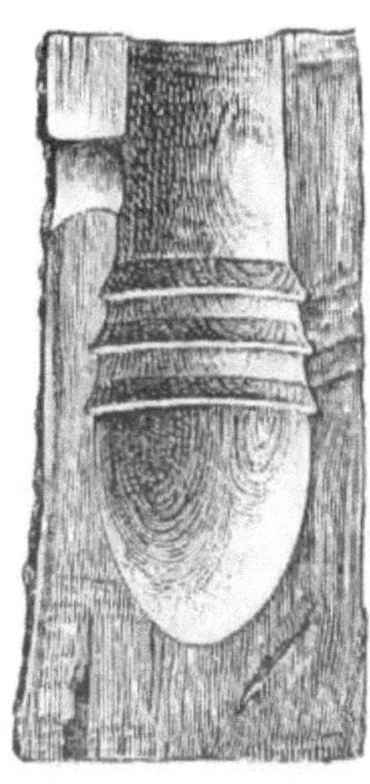

Fig. 114. Durchschnitt durch eine natürliche Spechthöhle und eine
von Berlepschische Nisthöhle.

Eulen, Käuze, Turmfalken 2c. in Betracht; einige besondere
Formen sind für Mauersegler und Halbhöhlenbrüter be=
rechnet. In Deutschland können echte, mit einem gesetzlich
geschützten Warenzeichen versehene Berlepschische Nisthöhlen
nur bezogen werden von der Firma H. Scheid=Büren

(Westfalen). Diese Firma besitzt auch noch Fabriken in Mühlhausen in Ostpreußen und in Dobrilugk in der Provinz Brandenburg; Bestellungen sind aber stets nur nach Büren zu richten.

Wichtig ist das richtige Aufhängen der Nisthöhlen. Die kleineren bringt man in Abständen von mindestens 10—15 m an Bäumen, Baumpfählen 2c. 2—4 m hoch an; nur die für die Stare und andere Vogelarten, die sich die Nahrung nicht in der Nähe des Nestes suchen, bestimmten Höhlen können ganz nahe beieinander, selbst mehrere auf einen Baum, angebracht werden. Auf großen Gebieten rechnet man im Durchschnitt etwa 8 Höhlen auf 1 ha, falls man durch die Vögel eine Verminderung der Schädlinge erreichen will. Das Flugloch soll nach Osten oder Südosten gerichtet sein. Die Höhlen müssen senkrecht oder in der Richtung des Flugloches mit dem oberen Teil etwas übergeneigt zu stehen kommen.

Kaum minder wichtig als für die Höhlenbrüter zu sorgen, ist es, auch den Freibrütern, zu denen unsere besten Singvögel, wie Grasmücke, Nachtigall 2c. gehören, wieder die durch die intensive Wirtschaftsweise der letzten Zeit vielfach fast verloren gegangene Möglichkeit zur Ansiedlung zu bieten. Abermals hat hier von Berlepsch erfolgreich Mittel und Wege gezeigt: Vor allem kommt die Anlage von Vogelschutzgehölzen in Betracht, wenn es nicht möglich ist, bereits vorhandene Gebüsche dem Zwecke nutzbar zu machen. Bei der Anlage spielt neben der Auswahl der Straucharten besonders der sachgemäße Schnitt die Hauptrolle. Es würde zu weit führen, hier auf Einzelheiten, die bei diesen Anlagen zu berücksichtigen sind, näher einzugehen: erwähnt sei nur, daß man gerade im Herbst am besten damit beginnt, indem der Boden des für die Anlage ausersehenen Grundstückes jetzt tief umgegraben und während des Winters grobschollig liegen gelassen wird. Im übrigen liefert die Forstbaumschule Buch und Hermansen zu Krupunder bei Halstenbeck in Holstein nach Angabe des Freiherrn von Berlepsch die speziell für Vogelschutzgehölze nötigen Pflanzen, unter denen Weißdorn, Weiß- und Rotbuche, Wildrose, wilde Stachelbeere, Holunder, Wacholder,

Fichten 2c. die wichtigste Rolle spielen; sie werden aber auch in manchen anderen guten Baumschulen Deutschlands zu haben sein. Der Schnitt ist so auszuführen, daß quirlförmige Veräftelungen als Neftunterlage von den Vögeln benützt werden können. Bis zur vollständigen Herstellung eines richtigen Vogelschutzgehölzes vergehen 7–9 Jahre, wenn man, wie es die Regel ist, 3jährige Pflanzen verwendet; bei der Benützung älterer Pflanzen kann man auch früher zum Ziele gelangen. Namentlich Flächen, die landwirtschaftlich nicht nutzbar gemacht werden können, wie Steinbrüche, Lehm= und Sand= gruben, steile Hänge, Gräben und Uferböschungen 2c. können zur Anlage von Schutzgehölzen benützt werden. Bei allen sonstigen Anpflanzungen, wie lebenden Gartenzäunen und Hecken, ferner bei Bepflanzungen der Wege, Straßen, Bahn= dämme, Fluß= und Teichufer, bei Unterholz im Walde usw. muß, um sie dem Vogelschutz dienstbar zu machen, gleichfalls mehr oder weniger nach dem Muster der Vogelschutzgehölze verfahren werden.

Nähere Anweisungen zur Anlegung von Vogelschutz= gehölzen (und ebenso über die Nisthöhlen 2c.), die bearbeitet sind von Martin Hiesemann, sind zu beziehen vom Verlag Franz Wagner=Leipzig. „Die ganze Vogel= schutzfrage nach Freiherrn von Berlepsch“ ist von diesem Autor bearbeitet in einem im gleichen Verlag erschienenen Werk, das im einzelnen 1,25 M. kostet. Die Anschaffung ist dringend zu empfehlen. Im übrigen sei darauf hingewiesen, daß sich in den meisten Staaten bereits besondere Vereine zur Förderung des Vogelschutzes gebildet haben, durch welche die Schriften 2c. ebenfalls bezogen werden können. Der Verein für Vogelschutz in Bayern besitzt eine Geschäfts= und Auskunftsstelle in München, Widenmayer= straße 1/3 r. Auf seine Veranlassung hat die Samenhandlung I. Schmitz=München, Viktualienmarkt 5, eine Nieder= lage Berlepschischer Nisthöhlen eingerichtet; auch Vogelschutz= gehölzsträucher können dort bezogen werden.

Was die Heranziehung bereits vorhandener Gebüsche zu dem vorliegenden Zwecke anbelangt, so kann als augenblick= licher Ersatz für die immerhin wesentlich vorzuziehenden Quirle, die sich durch den Schnitt ergeben, eine Niftunterlage gelten, die durch Zusammenbinden mehrerer Zweige eines Gebüsches geschaffen wird.

Im November sind auch alle Vorkehrungen zu treffen, die mit der notwendigen **Winterfütterung der Vögel** zusammenhängen. Als sogen. **Futterbaum** eignen sich besonders abgehauene Fichten, aber auch andere

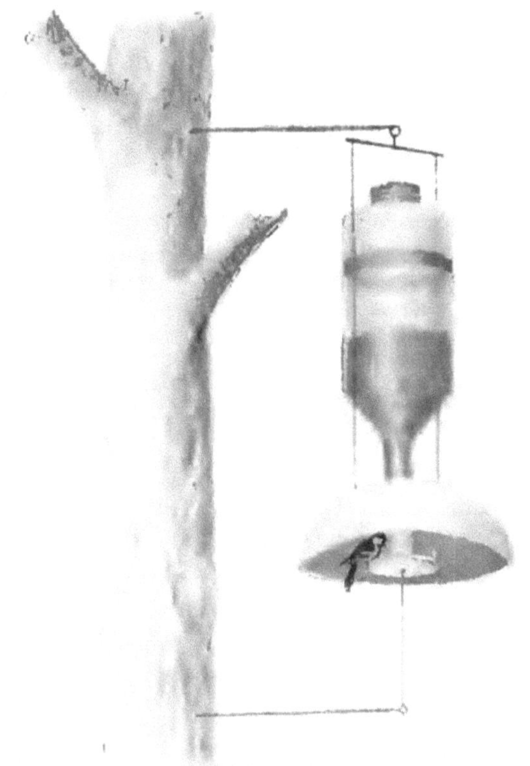

Fig. 115. Futterglocke.

Nadelbäume oder Zweige derselben. Auf sie wird eine Futtermischung gegossen, die ebenfalls von der Firma **Scheid-Büren** unter dem Namen Futtersteine in den Handel gebracht wird. Der Preis beträgt für einen Futterstein 65 ₰, bei Abnahme von 8 Stück (Postpaket) je

60 ₰. Man kann sich die Mischung selbst herstellen, indem man z. B. 200 g ganze und 100 g zerkleinerte Hanfkörner mit 150 g getrocknetem gemahlenem Weißbrot, je 100 g getrocknetem und gemahlenem Fleisch, Mohn, weiße Hirse und je 50 g Hafer, getrocknete Holunderbeeren, Sonnenblumenkerne, Ameiseneier und Mohnmehl vermischt und dazu etwa 1400 g Fett, Rinder- oder Hammeltalg gibt. Die Mischung wird auf Feuer erhitzt, gut durchgerührt und noch in siedendem Zustande auf die Zweige der Bäume gegossen.

Einfacher ist das bekannte sogen. Hessische Futterhaus, in dem das Futter durch eine dachartige Vorrichtung vor Witterungseinflüssen geschützt ist. Es ist von der Firma Scheid zum Preise von 35 ℳ zu beziehen. In ihm können sämtliche Futterstoffe gereicht werden, nur die Rübsamen werden von den freilebenden Vögeln verschmäht.

Die Einrichtung der Futterglocke, die mit Hanfsamen gefüllt wird, ist aus nebenstehender Fig. 115 ersichtlich.

Zu empfehlen sind ferner: das Hilbersdorfer Futterhaus, zu beziehen von der Bezirksanstalt Hilbersdorf, Station Muldenhütte, in Sachsen. Preis einschließlich Verpackung und Fracht innerhalb Deutschlands 23 ℳ; die Futterkrippe, zu beziehen von der Firma Louis Kellner Nachf., Heiligenstadt, Eichsfeld, Stubenstraße, zum Preise von 3,50 ℳ oder 5 ℳ, je nach Größe; die Bruhnsche Meisendose, zu beziehen vom Verlage Parus, Hamburg 36, die je nach Größe 2,80 ℳ oder 5,25 ℳ kostet; das Westfälische Futterhaus, zu beziehen von Scheid-Büren, zum Preise von 30 ℳ; der Schwarzsche Futterkasten zum Füttern der Vögel am Fenster, zu beziehen von Gustav Ehrhardt, Schleusingen i. Th. Preis einschließlich Verpackung 2,25 ℳ.

Die Mischfutter, die man käuflich erwirbt, sollen mindestens zur Hälfte aus Hanf bestehen und frei von Rübsamen sein. Gut ist auch nach Rörig ein Gemisch von Hanf, Mohn, Sonnenblumensamen, geriebener Semmel und etwas Hafer zu 3 Teilen und zerlassenem Rindertalg zu 2 Teilen.

Auch durch Aufhängen von Fleischresten, Knochen mit anhaftendem Fleisch und Fetteilen, Tierkadavern, Speckschwarte re. kann man gute Erfolge erzielen; vorsichtig dagegen muß man mit Brot sein, das an feuchten Orten leicht sauer und dadurch für die Vögel gefährlich wird.

Mit der Fütterung der Vögel beginne man, sobald ihnen durch tiefen Schnee Nahrungsmangel droht. Besonders gefährlich für sie ist eine Zeit mit Wirbelschnee, Rauhreif oder Glatteis.

Zur erfolgreichen Durchführung des Vogelschutzes ist es auch unbedingt nötig, die Zahl der Feinde der Vögel auf ein zulässiges Maß herabzudrücken. Als durchaus schädlich sind zu betrachten: Katze, Wiesel, Marder, Iltis, Haus- und Feldsperling, Sperber, Hühnerhabicht, Eichelhäher, Elster, gelegentlich auch Eichhörnchen, Krähen und Würger. Auch die Amsel kann bei zu großem Überhandnehmen anderen Vögeln nachteilig werden. Unschädlich dagegen sind Bussard und Turmfalke.

Bezüglich der Katzen gilt, daß in fremdem Gelände herumschweifende Katzen getötet werden dürfen. Zu ihrem Fang sind die Kastenfallen von Förster Stracke zu Velen in Westfalen zu empfehlen und die bekannten Fallen der Firmen: Rudolf Weber-Haynau, Schlesien, und Grell & Co. ebenda.

Was die Sperlinge anbelangt, so sagt Freiherr von Berlepsch, daß je nach ihrer Abnahme die Zunahme der anderen Vögel steigt. Zu ihrem Fang kann man die künstlichen Sperlingsnester der Tonwarenfabrik Seegerhall bei Neuwedel, Bezirk Frankfurt a. O., von denen 50 Stück 12,50 *M.* kosten, verwenden. Namentlich im Winter kann man sie, wenn man in langen Streifen Futter auf schneefreie Plätze streut, durch in der Richtung solcher Streifen abgegebene Schrotschüsse töten.

Schließlich sei noch darauf aufmerksam gemacht, daß neuerdings in Seebach, Kreis Langensalza, dem Besitztum des Freiherrn von Berlepsch, eine staatlich unterstützte Versuchs- und Musterstation für Vogelschutz eingerichtet worden ist, deren Hauptaufgabe es sein soll, die Erfahrungen auf diesem Gebiete der Allgemeinheit zugänglich zu machen. Die Station kann nach vier Tage vorher erfolgter Anmeldung jederzeit und unentgeltlich besichtigt werden; ferner finden dort im Winter fünftägige Lehrkurse für Vogelschutz statt, die, abgesehen von Wohnung und Verpflegung, kostenlos sind. Mit Recht wird in dem Werk von Martin Hiesemann über die Lösung der Vogelschutzfrage, dessen Ausführungen wir in Vorstehendem im wesentlichen folgten, hervorgehoben, daß es besonders für die Schule eine dankbare Aufgabe sei, die Erfahrungen und Lehren des praktischen Vogelschutzes möglichst zu berücksichtigen. In Bayern sind überdies von der Agrikulturbotanischen Anstalt-München Schritte eingeleitet, es dahin zu bringen, daß durch Lehrer und Schule, namentlich auf dem Lande, die Gesamtbestrebungen des Pflanzenschutzes möglichste Unterstützung finden.

Übrigens gehören zu den Tieren, die den Vögeln schädlich werden können, auch Ratten und Mäuse. Die Bekämpfung der Feld- und Wühlmäuse ist in verschiedenen Monaten und außerdem zusammenhängend auf S. 401 u. 404 dargestellt. Hier sei nur, obgleich es sich hier nicht mehr ausschließlich um Maßnahmen des eigentlichen Pflanzenschutzes handelt, kurz auf einige Mittel zur Bekämpfung oder Vertreibung der lästigen **Ratten** auch aus bewohnten Räumen hingewiesen:

In erster Linie wird gegen sie jetzt das Ratin empfohlen, das auch gut wirkt, aber, namentlich wenn es öfters angewendet werden muß, etwas teuer kommt. Näheres hierüber vergl. S. 404. Ein bekanntes Mittel stellen frische Meerzwiebeln dar, die man nach Vermengung mit der etwa doppelt so großen Menge Fleisch mit einer Hackmaschine zerkleinert. Aus der sich ergebenden Masse werden dann kleine Kugeln geformt, die man leicht mit Talg anbrät und dann mit Zucker bestreut. Dieses Mittel hat wie das Ratin den Vorzug, daß es für Menschen und Tiere unschädlich ist. Gut wirkt auch, in die Löcher mit Schwefelkohlenstoff durchtränkte Lappen von 10 cm im Quadrat zu stopfen, dann einige Stücke von alten Säcken nachzuschieben und die Löcher mit Erde zuzumachen. (Über das Arbeiten mit Schwefelkohlenstoff vergl. S. 379.) Auch wenn man in die Löcher

Karbolineum eingießt, kann man die Ratten töten oder vertreiben. Das Verfahren muß aber 3—4 Wochen lang jede Woche einmal wiederholt werden. Giftstoffe dort zu verwenden, wo die Ratten in geschlossene Räume gelangen, ist weniger ratsam. Wo dies aber nicht der Fall ist, bringt auch die Verwendung von Bariumkarbonatbrot sehr gute Erfolge.

Wichtig ist es, die Materialien, die zur Rattenbekämp= fung dienen sollen, nicht mit der bloßen Hand anzufassen und die Ratten ferner an ausgelegte Köder erst zu gewöhnen, indem man ihnen vorher ähnliche, aber unschädliche Prä= parate hinlegt.

Zum Fangen, bezw. Töten der **Kaninchen** und anderer größerer Nagetiere sind im März, S. 16, einige Methoden angegeben. Hier sei nur noch erwähnt, daß eine Kanin= chenfalle zum Preise von 1,50 ℳ. auch von der Firma Schmidt in Erfurt (Blumenschmidt) erhältlich ist.

Hier seien gleich einige Vorbeugungsmittel gegen **Wild= verbiß** angereiht, von denen von vornherein anzugeben ist, daß mit ihnen öfters gewechselt werden muß, da sich nach Eckstein die Rehe allmählich selbst an die übelriechendsten zu gewöhnen pflegen und auch scharfe Spitzen zu vermeiden lernen. Zur Anbringung solcher Mittel, die durch ihren Geruch oder Geschmack die Rehe abhalten, ist der Spätherbst die beste Zeit; im Februar ist dann, wenn überhaupt nötig, die Behandlung zu wiederholen. Zur Anwendung kommt vor allem das Bestreichen der Höhentriebe mit Stein= kohlenteer. Nach Eckstein, dem wir hier hauptsächlich folgen, hat sich ferner gut bewährt ein Raupenleim und ein besonders gegen Wildverbiß hergestellter Leim, die beide zum Preise von 14, bezw. 20 ℳ. für 100 kg von der Firma Schindler & Mützel, Stettin, zu beziehen sind. Ein Raupenleim ist auch das Hyloservin von H. Er= misch in Burg bei Magdeburg, der ebenfalls 14 ℳ. pro 100 kg kostet. Teurer sind das Anstrichöl= Wingenroth von der Firma A. Wingenroth, Mannheim, und besonders das Pikrofötidin von Revierförster a. D. Laage, Hamburg, Schwanke= straße 62. Zur Verwendung gelangen ferner entsäuerter

Baumteer, zu beziehen von Hans Gleitsmann-München, Ickstattstr. 19, Pomolin von M. Brock-
mann-Leipzig-Eutritzsch, Haller Wildleim
von der Fettwarenfabrik Zapf & Lang in Schwäbisch
Hall, Wild-Lucasin von A. Lucas in Gera,
Untermhaus (Reuß).

Alle diese Mittel sind mit der bloßen Hand oder mit
Hilfe von Bürsten an regenfreien Tagen aufzubringen. Für
diesen Zweck besonders geeignete Bürsten sind von Förster
Büttner in Eifa, Kreis Alsfeld, zum Preise von 2 ℳ.,
von Förster Scherz zu Klötze i. Altmark, zum Preise
von 3 ℳ. zu beziehen. Besonders empfiehlt Eckstein
auch Schwefelschlamm, der bei Bezug eines Fasses
von 250 kg nur 4,50 ℳ. pro 100 kg ab Fabrik Gries-
heim a. M. kostet. Bezüglich verschiedener Mittel, wie das
Schuberthssche, das Mortzfeldsche, dann Trumps Kalk-
mischung gegen Wildverbiß, sei auf Ecksteins Werk „Die
Technik des Forstschutzes gegen Tiere" verwiesen. Auch das
Umwickeln der zu schützenden Triebe und Knospen mit Werg
ist im Gebrauch und ebenso die Anwendung besonderer
Knospenschützer, die von der Firma Heinrich
Lotter in Zuffenhausen, Württemberg, geliefert
werden. Das Umwinden mit unverzinktem Eisendraht und
die Anbringung von Papierhüllen sollen sich ebenfalls gut
bewährt haben. Nicht nur Koniferen, sondern auch andere
Bäume, namentlich Weiden, werden gerne verbissen; unter
letzteren besonders Mandel-, Hanf- und Blendweiden. Bei
Hanfweiden machte dabei B. Wüst die Beobachtung, daß
sich an den Wunden ein Pilz einstellte, durch dessen Wuche-
rung im Mark ein großer Teil der Stöcke einging.

Auf freiem Felde spielt jetzt die **Vorbereitung der
Aecker zur Frühjahrsbestellung,** soweit sie nicht schon im
Oktober erfolgte, eine besonders wichtige Rolle; wo immer
es angängig, sorge man dafür, daß die Felder noch vor
Winter gepflügt werden, damit der Frost recht in den
Boden eindringen und die für dessen Fruchtbarkeit so nütz-
liche Krümelstruktur bewirken kann. Pflügen der
Felder vor Winter und nicht erst im Früh-
jahr ist eine der wichtigsten pflanzenschutzlichen Maß-

nahmen, da auf in dieser Weise behandelten Äckern, im nach=
folgenden Jahre die Pflanzen besser gedeihen und dadurch
widerstandsfähiger gegen Befall werden, weil namentlich
die Winterfeuchtigkeit besser erhalten bleibt und die Pflanzen
im nächsten Jahre auf leicht austrocknenden Böden oder
in trockenen Gebieten nicht so leicht an Wassermangel leiden.

Die Tiefe der Herbstfurche hat sich zum Teil nach
der Art der Frucht, die im Frühjahr folgen soll, zu richten.
Die Art der **Fruchtfolge** ist demnach in der Regel
schon im Herbst festzusetzen. Soweit dabei pflanzenschutzliche
Erwägungen mitspielen, ist namentlich zu berücksichtigen
die Unverträglichkeit mancher Pflanzenarten mit sich selbst
und auch mit anderen (vergl. S. 43) und die dadurch
bedingten Erscheinungen der Bodenmüdigkeit; namentlich
wenn bestimmte Krankheiten oder Schädlinge im Laufe des
Sommers oder Herbstes sich geltend gemacht haben, ist dar=
auf besondere Rücksicht zu nehmen. So wird man z. B.,
wo die Stockkrankheit des Roggens aufgetreten ist (vergl.
S. 41), und nicht schon unmittelbar nach der Ernte Winter=
roggen eingesät wurde, um die sich entwickelnden Pflanzen
im Frühjahr samt den in ihnen enthaltenen Älchen zu ver=
nichten, vermeiden müssen, auf dem infizierten Acker im
kommenden Jahre Weizen, Hafer, Kartoffeln, Buchweizen,
Hanf, Weberkarde 2c. zu bauen.

Aufackern der Felder auf die rauhe Furche empfiehlt
sich auch als Kampfmittel gegen im Boden vorhandene
Schädlinge. Mit dem Aufackern kann zu gleicher Zeit das
Kalken der Felder verbunden werden, wo ein solches in
Betracht kommt. Im allgemeinen ist das **Kalken der Böden**
ein ausgezeichnetes Mittel, den Boden zu beleben, ihn tätig
zu machen und ihm dadurch die Fähigkeit zu geben, gesunde
Pflanzen hervorzubringen. Schwerer Boden ist mit Ätz=
kalk, leichter mit kohlensaurem Kalk zu behandeln, für mittlere
Böden sind Mischungen von beiden besonders zu empfehlen;
ebenso kommt für Wiesen meistens solcher Mischkalk, der
jetzt von verschiedenen Firmen zu beziehen ist, in erster
Linie in Betracht. Da durch die Kalkung die im Boden
enthaltenen verschiedenen Stoffe eine raschere Zersetzung er=
fahren, worauf hauptsächlich die Wirkung des Kalkes beruht,

so kann, mindestens auf leichteren Böden, des Guten
leicht zu viel getan werden, weshalb man sich hier auf
kleinere Kalkgaben beschränkt. Wo große Kalkmengen in
den Boden gebracht werden, ist das Kalken nur nach vier-
bis fünfjährigen Pausen zu wiederholen. Alle gekalkten
Felder müssen gut gedüngt werden, da sie sonst, eben infolge der stärkeren Umsetzungen im Boden, zu leicht an
Nährstoffen verarmen würden.

Im Spätherbst wird man auch zweckmäßig den Feldern
da, wo die Fruchtfolge es verlangt, die nötigen Nährstoffe
zuführen; namentlich empfiehlt sich dies für jene Düngemittel, die sich erst im Boden zersetzen oder umsetzen müssen,
damit sie zur Wirkung gelangen, wie Guano, schwefelsaures
Ammoniak; auch für Stallmist, oder solche, die bei der
Anwendung kurz vor der Saat, die Bodenbeschaffenheit oft
ungünstig beeinflussen, wie Kainit ꝛc.

Insbesondere ist jetzt die Zeit, den **Wiesen** Thomasmehl und Kainit zuzuführen.

Wo sich auf Wiesen oder Weiden zahlreiche Maulwurfshaufen zeigen sollten, empfiehlt es sich sehr, jetzt oder
im Laufe des Winters die Erde frischer Maulwurfshaufen
zu sammeln und sie auf kugelförmige Haufen zu bringen,
die durch Bedeckung mit Stroh vor dem Durchfrieren zu
schützen sind. Diese Erde erweist sich im Frühjahr ausgezeichnet zur Anzucht von Gemüse- und anderen Pflanzen,
die leicht durch Keimlingspilze befallen werden. So soll
in solcher Erde das Umfallen der Levkojenpflanzen ꝛc. vollständig vermieden werden; sie dürfte auch nach Versuchen
an der Agrikulturbotanischen Anstalt ein vorzügliches Mittel
gegen Wurzelbrand der Rüben darstellen.

Am **Wintergetreide** zeigt sich Ende Oktober, besonders
aber anfangs November, namentlich beim Roggen, in
manchen Jahren R o st in starkem Maße. In der Hauptsache handelt es sich nach bisherigen Beobachtungen dabei um
den sogen. Braunrost. Im Jahre 1907, wo der Rost in
dieser Zeit epidemisch auftrat, ließ sich feststellen, daß namentlich der frühgesäte Roggen bei der überaus warmen Herbstwitterung sehr stark rostig wurde, aber nur da, wo er
infolge der Bodenbeschaffenheit und der Düngung in seiner

Ernährung durch die Wurzeln nicht gleichen Schritt halten konnte mit den durch die Besonnung an den Blättern ausgelösten Vorgängen. In der Hauptsache war es eine infolge von Trockenheit bedingte Wachstumsstockung, die den Rostbefall bewirkte; als ein Witterungsumschlag eintrat, verschwand auch die Krankheit und im nächsten Frühjahr erwiesen sich die an sie geknüpften Befürchtungen als unrichtig. Es sei dies nur erwähnt, weil bei Wiederkehr solcher Erscheinungen der Landwirt durch sie einen Beweis dafür in Händen hat, daß die Bearbeitung und Düngung der Felder hätte besser sein sollen.

Im **Weinberge** kommen jetzt und im Laufe des Winters noch manche Maßnahmen in Betracht, die im Interesse des Pflanzenschutzes liegen. Nach M o l z zeichnen sich im Winter zugehackte Weinberge das ganze Jahr über durch die lockere Struktur ihres Baugrundes und durch geringeres Auftreten von Unkraut aus. Eine kleine Unterstützung in der Bekämpfung des Heu= und Sauerwurms ist nach ihm auch in dem Entfernen der während des Winters zum Gerten verwendeten Weidenbänder zu erblicken, da der Sauerwurm deren Markröhren, namentlich wenn die Weiden gespalten sind, zuweilen als Puppenwiege benützt. Dagegen sollen die Strohbänder als Verpuppungsort für diesen Schädling kaum in Betracht kommen. Um Puppen an den Rebenpfählen zu zerstören, hat man empfohlen, diese 10 Minuten lang in Ätzkalklösung einzustellen.

Wo sich die Chlorose des Weinstocks gezeigt hat, können die im April, S. 57, angegebenen Maßnahmen, soweit sie sich auf Düngung, Bodenlockerung usw. beziehen, auch im Herbst zweckmäßig durchgeführt werden. Stallmist soll möglichst nur in stark verrottetem Zustand zur Anwendung gelangen. Wichtig ist auch die Kalidüngung, zu der sich das 40%oige Kalisalz besonders eignet, das man besser erst im Frühjahr gibt. Gute Erfolge gegen Chlorose hat man in neuerer Zeit, namentlich auch bei Obstbäumen, durch Anwendung organischer Stickstoffdünger, wie Blutmehl u. dergl. erzielt; die im April genannte Schlackendüngung kann im Herbst ebenfalls zur Ausführung gelangen. Wo die Entstehung der Chlorose mit dem Kalk=

gehalt des Bodens in Beziehung steht, leiden die lebhafter,
kräftiger wachsenden Sorten, vor allem die amerikanischen
Sorten oder Unterlagen besonders daran, weil sie durch
ihre starke Wurzeltätigkeit und die damit verbundene Kohlen=
säureausscheidung auch mehr Kalk dem Boden entnehmen.
Diese stärkere Tätigkeit dürfte übrigens vielleicht mit der
Grund sein, daß gerade solche Sorten weniger empfindlich
gegen die Reblaus sind. Außer der während des Frühjahrs
auszuführenden Eisenvitriolbehandlung kommt gegen die
Kalkchlorose allem Anschein nach auch eine Düngung mit
Humus in Betracht. Bei der Chlorose der Obst=
bäume, die hier gleich miterwähnt sei, ist mit die häufigste
Ursache schlechte Durchlüftung des Bodens, die namentlich
durch zu hohen Grundwasserstand bedingt ist. Entwässe=
rung des Bodens spielt deshalb als Gegenmittel hier mit die
Hauptrolle.

Mehr und mehr beschränken sich nun im übrigen die
Arbeiten auf die Tätigkeit im Obst= und Gemüsegarten und
in den Scheunen.

Bezüglich der Behandlung der Getreide und
anderer Samenvorräte auf dem **Speicher**, die
jetzt ganz besondere Vorsicht erheischt, sei auf die Aus=
führungen im Juli, S. 203, verwiesen.

Das Dreschen der Hülsenfrüchte wird am
besten erst im Laufe des Winters bei Frostwetter vorgenom=
men und zwar mit Maschinen mit nicht
zu eng gestellter Trommel, weil sonst
zu viel Samen zerschlagen werden. Viel=
fach wird empfohlen, Erbsen=, Wicken=
und Bohnensamen 2c., die von Samen=
käfern (vergl. Fig. 116) befallen sind
(vergl. Febr. S. 11), bald nach der Ernte,

Fig. 116. Erbsenkäfer
(Bruchus pisi).

bezw. nach dem Ausdrusch mit Schwefelkohlenstoff zu behan=
deln, nach dem auf S. 11 beschriebenen Verfahren. Es ist aber
wohl zu bedenken, daß dasselbe nur statthaft ist bei Samen,
die zur Saat benützt, nicht aber bei solchen, die zu Kon=
serven 2c. verarbeitet werden, da ja die toten Käfer in den
Samen verbleiben, und daß ferner das im Januar und

Februar (S. 11) beschriebene Verfahren zur Beseitigung der Käfer wesentlich einfacher und sicherer ist.

Im **Garten** sind im Laufe des Novembers Maßnahmen zum Schutze frostempfindlicher Pflanzen zu treffen. So wird man junge Obstbäume, die auf Quittenunterlagen stehen, da sie besonders empfindlich sind, mit einer starken Düngerdecke umpacken; empfindlichere Spalierbäume mit nicht zu dick aufliegenden, luftabschließenden Materialien, am besten also mit Fichtenzweigen u. dergl. decken. Nach J. Böttner soll man aber mit diesem Eindecken erst in den letzten Tagen des Novembers beginnen, um ein Verweichlichen der Bäume durch ein zu frühzeitiges Decken zu vermeiden. Nach demselben Autor müssen die Rosenstämme in der Zeit vom 10.—20. November niedergelegt werden; dieses Niederbiegen ist aber nur bei frostfreiem Wetter möglich: zum Decken der Rosen verwendet man am besten Erde oder Torf, während Fichtenreisig, strohiger Dünger u. dergl. nur in Betracht kommen, wenn die Rosen zwar schon niedergebogen, der Boden aber bereits vollständig gefroren ist. Niedrige Rosen häufelt man mit etwas Erde oder Torf an, bringt eine dicke Schicht kurzen Düngers auf und deckt schließlich das ganze mit Fichtenzweigen.

Nicht minder wichtig ist die Vorbereitung des Gartenbodens für das Frühjahr. Im allgemeinen kommen dabei die gleichen Gesichtspunkte in Betracht wie auf Äckern. Auch hier ist Düngung und vor allem Bodenlockerung des gesamten Geländes, in diesem Falle durch Umgraben, am besten jetzt auszuführen und der Boden alsdann in rauher Scholle liegen zu lassen, sodaß der Frost eindringen kann.

Auf die Nützlichkeit des Umgrabens der Baumscheiben ist schon im Oktober hingewiesen worden; ebenso sei hier nochmals die Bedeutung einer Kalkung des Bodens hervorgehoben, deren Notwendigkeit sich besonders zeigt, wenn die Steinobstbäume Gummifluß zeigen, an den Kohlpflanzen die Hernie auftritt u. dergl.

Peinliche Sauberhaltung der Gartenbeete und der Bäume ist eine weitere Forderung, die im Herbst zu beachten ist. Was die Bäume anbelangt, so ist das

notwendigste hierüber schon im Oktober angeführt. Außer
dem Abkratzen der Stämme und deren Bestreichen mit Kalk-
milch*) (vergl. Oktober, S. 297), zu welchem Zweck der An-
strichapparat Fix und ähnliche Vorrichtungen, in kleineren
Betrieben ein Maurerpinsel, verwendet werden können,
kommt hauptsächlich das Herausschneiden von Zweigen und
Rindenteilen in Betracht, die durch Monilia oder den
Bakterienbrand (vergl. Juni, S. 169) oder aus sonstigen
Ursachen erkrankt oder abgestorben sind; ferner die sorgfältige
Entfernung etwa noch am Baume hängender pilzbefallener
Früchte und Blätter. Gegen manche Schädlinge empfiehlt es
sich, der Kalkmilch noch andere Stoffe zuzusetzen. So wird
namentlich gegen die **Blutlaus** eine Mischung von Kalkmilch
mit etwas Blut und Asche angewendet, die mit dem Pinsel
aufzutragen ist. Gegen einige Schädlinge, die zwischen Borke
und Holz leben, benützt man neben der einfachen Kalkmilch
auch als Streichmittel einen Überzug aus ½ Lehm mit je
¼ Kalk und Kuhmist. In den letzten Jahren verwendet man
vielfach statt des Kalkes in der Obstbaumpflege auch Karbolineum, oder man versetzt mindestens die Kalkmilch
mit etwa 10 % einer der käuflichen, konzentrierten Karbolineumemulsionen; doch möchten wir vorläufig davon ab-
raten, Karbolineum schon im Herbst zum Bestreichen der
Stämme oder zum Bespritzen der ganzen Bäume anzuwenden,
da es, wie es scheint, allzu leicht durch Wunden oder auf
sonstige Weise in die lebende Rinde eindringt und Schädigungen veranlaßt, gegen die sich der Baum während der
Vegetationsruhe nicht schützen kann. Anders verhält es sich
mit der Benützung des Karbolineums im zeitigen Frühjahr
(vergl. März, S. 28).

Bei Vornahme der Reinigung und Kalkung der Bäume
sollte man auf gewisse Schädlinge, die ein besonderes Vorgehen notwendig machen, hauptsächlich achten; so ist bei Vorhandensein der **Blutlaus** am Apfelbaum der Wurzelhals
frei zu legen und ebenfalls mit Kalkmilch zu begießen. Stark

---

*) Über die Herstellung der Kalkmilch vergl. S. 349. Für den
vorliegenden Zweck soll sie nicht übermäßig dick sein, damit sie sich
gut verspritzen läßt. Um ein Verstopfen der Spritzen zu vermeiden,
ist sie vor der Anwendung durch einen groben Sack zu seihen.

davon befallene Äste schneidet man am besten vollständig weg, um sie sofort zu verbrennen, und wo eine Rettung des Baumes nicht mehr aussichtsreich erscheint, sollte man rücksichtslos den ganzen Baum entfernen.

Ganz besonders empfiehlt es sich, jetzt schon die sogen. **großen und kleinen Raupennester** zu entfernen; die

Fig. 117. Unversehrte Raupennester des Goldafters.
a vor dem Winter, b nach dem Winter.   (Nach Rörig.)

ersteren, die oft einen ziemlichen Umfang erreichen und aus einem dichten Gespinst, in dem noch einige Blätter eingewebt sind, bestehen (vergl. Fig. 117), stammen vom Gold after, die letzteren, die nur Pflaumengröße erreichen, vom Baumweißling. Zum Abschneiden bedient man sich am besten der Raupenschere, während sich die Raupenfackel

weniger bewährt hat. Im Notfalle kann man sich nach
Böttner eine Raupenschere selbst herstellen, indem man
eine kräftig gebaute Schere mit dem einen Schenkel an einer
Stange anbindet und am anderen eine Schnur befestigt.
Selbstverständlich kann aber mit einer solchen Vorrichtung
keine besondere Kraft ausgeübt werden. Die abgeschnittenen
Nester sind zu verbrennen.

Auf die Überwinterungszustände verschiedener Obst=
baumschädlinge, wie die Eierschwämme des Schwamm=
spinners, die Eierringe des Ringelspinners u. dergl. (vergl.
Januar S. 4 und 5) ist schon jetzt zu achten. Auf den
Gartenbeeten lasse man ja die vom Kohlgallenrüßler
bewohnten oder von der Hernie befallenen Kohlstrünke
nicht stehen, vielmehr nehme man sie samt und sonders, gleich=
gültig, ob sie krank oder gesund sind, heraus und ver=
brenne sie.

Spätestens bis zum 15. November sind auch die
Spargelpflanzen möglichst tief unter der Erde ab=
zuschneiden und an Ort und Stelle zu verbrennen, wodurch
am besten der Spargelfliege und besonders dem Spargel=
rost begegnet wird. Wo dieser Schädling sich bereits ein=
gestellt hat, ist es unbedingt notwendig, daß diese Maß=
nahme seitens aller Spargelzüchter einer Gegend vorge=
nommen wird.

Wenn hier beim Spargelstroh, bei der Kohlhernie
u. dergl. Verbrennen verdächtiger oder befallener Teile
angeraten wird, so folgten wir einem Rat, der sich in allen
Büchern über Pflanzenschutz findet. Er ist auch zweifellos
gut, da das Verbrennen das bei weitem sicherste Mittel dar=
stellt, Schädlinge zu vernichten. Wer aber mit der Praxis,
namentlich der Gärtner, Fühlung hat, der weiß, daß ab=
gesehen von Ausnahmefällen im besten Falle alle diese
Pflanzenrückstände, wenn man sie überhaupt nicht stehen
läßt, auf den **Komposthaufen** wandern. Mit diesem Kompost
hat es aber eine eigene Bewandtnis; der Gärtner weiß, welch
ganz außerordentliche Bedeutung guter Kompost für ihn besitzt
und auch der Landwirt wird wieder mehr als es bisher der
Fall war, diese Bedeutung schätzen lernen, wo ihre Erkennt=
nis verloren gegangen sein sollte. Im richtig hergestellten,

ausgereiften Kompost ist der Humus in einer Form enthalten, die bei der Vermittlung der mineralischen Nährstoffe
für die Pflanzen von größtem Einfluß ist. Man kann es
daher dem Praktiker nicht allzusehr verargen, wenn er be-
strebt ist, seinen Kompostvorrat möglichst zu vermehren und
wenn er sich daher schwer entschließt, Abfallstoffe aller Art
ohne Auswahl zu verbrennen, anstatt sie dem Komposthaufen
einzuverleiben. Wo nachgewiesenermaßen Schädlinge im
Kompost erhalten bleiben und mit ihm verschleppt werden,
ist dies natürlich doch ein großer Fehler. Es scheint aber,
daß der Nachweis hierfür bisher mit einiger Sicherheit doch
nur für vereinzelte Schädlinge, wie z. B. für die Sporen
des Hernieerregers der Kohlgewächse, für Nematoden 2c.,
für gewisse Arten von Unkrautsamen, wenn sie unverletzt
in den Kompost gelangen 2c., erbracht ist. Die größte Vorsicht
und Überlegung in dieser Richtung ist also auf alle Fälle
notwendig. Daneben aber dürften die richtige Bearbeitung
des Kompostes, seine Durchsetzung mit Kalk, unter Umständen
auch mit Humuskarbolineum, mit die wichtigsten Maßnahmen
bilden, nicht nur Kompost von erwünschter Güte zu erhalten,
sondern auch zu vermeiden, daß durch ihn irgend welche
Bodenschädlinge verschleppt werden.

Für die **Aufbewahrung des Gemüses,** das man gegen
Mitte des Monats alles einerntet, ist der Keller im allgemeinen wenig geeignet. Wurzelgemüse sind nach Böttner
im Keller ganz in Erde einzuschlagen, Kohlgemüse und
Porree nur mit den Wurzeln. Der Keller ist dauernd
gut zu lüften; auch bei leichtem Frost dürfen die Fenster
stets geöffnet bleiben. Kohlrabi, Mohrrüben und
andere Rüben werden im Freien eingemietet, ähnlich wie
Zucker- und Runkelrüben. Die Strünke von Kohlarten,
abgesehen von Rosenkohl, der im Freien bleiben kann,
bringt man ohne Wurzeln mit dem Kopf nach unten in
flache Gruben in 2—3 Schichten übereinander und deckt sie
mit Erde. Die Sellerieknollen sind nach Entfernung
der Wurzeln und aller größeren Blätter nebeneinander einzugraben und dann zu überdachen. Das Dach ist durch eine
entsprechend dicke Laub- oder Streudecke vor dem Eindringen
des Frostes zu sichern. Die reifen Zwiebeln läßt man

zunächst austrocknen, indem man sie in einem trockenen, luftigen Raum auf Brettern ausbreitet, wobei sie gleichzeitig nachreifen. Wenn die Blätter und Wurzeln vollständig abgetrocknet sind, so breitet man sie auf einem luftigen Speicher aus, wobei sie öfters mit einem Holzrechen behutsam umzuwenden sind. Sobald Kälte eintritt, bringt man sie auf etwa 70 cm hohe Haufen und bedeckt sie mit Stroh oder Wolldecken. Sie sind bis zur Weihnachtszeit einer häufigen Durchsicht zu unterwerfen zur Verhütung des Verschimmelns namentlich durch die Sclerotienkrankheit. Wo diese vorhanden ist, lagert man die Zwiebeln möglichst flach.

Bei Blumenzwiebeln treten sehr häufig in den Lagerräumen Wurzelmilben auf, die bei Verwendung derartiger Zwiebeln im Frühjahr ein Erkranken und Eingehen der Pflanzen hervorrufen können. Als sehr vorteilhaft hat sich dagegen das Bepudern der Zwiebeln mit Insektenpulver oder Tabakstaub, namentlich vor dem Einsetzen im Frühjahr, erwiesen. Solche Mittel dürften daher wohl auch in Lagerräumen versuchsweise zur Anwendung kommen.

Soweit die Witterung es gestattet, können auch im Dezember jene Arbeiten im Freien, die im November nicht fertig geworden sein sollten, wie Pflügen ꝛc., noch nachgeholt werden. Die Komposthaufen sind am besten jetzt, falls kein Schnee liegt, umzusetzen; man versäume auch nicht, die Mieten immer gut zu kontrollieren. Auf Hasen, Kaninchen, Wühlmäuse ꝛc. ist zu achten und gegen sie nach den in den verschiedenen Monaten gegebenen Weisungen vorzugehen.

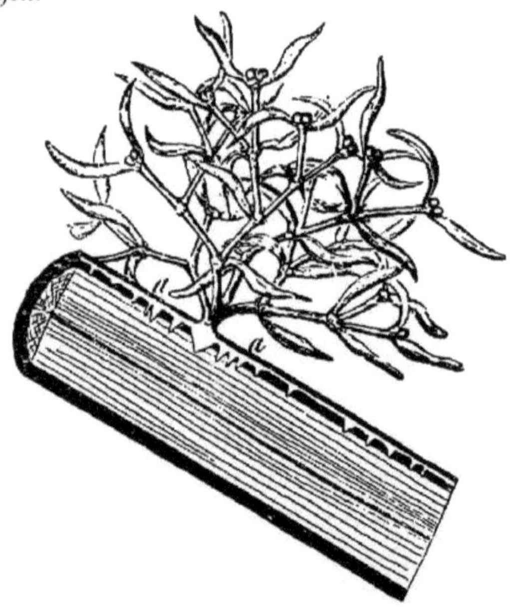

Fig. 118. Die gemeine Mistel (Viscum album).

Sehr zu empfehlen ist es, gerade im Dezember die **Misteln**, Viscum album, von den Bäumen zu entfernen. Sie können als Futter verwendet werden, namentlich auch

für Wild. Zweckmäßiger aber dürfte es sein, sie zu ver=
kaufen, da sie infolge der jetzt auch in Deutschland immer
mehr sich einbürgernden, ursprünglich nur auf England
beschränkten Sitte, am Weihnachtsfeste Mistelzweige aufzu=
hängen, in größeren Städten an Weihnachten einen begehrten
Handelsartikel darstellen.

Bei dem Vorkommen der Mistel auf schwächeren Zweigen
empfiehlt es sich, dieselben 20—30 cm unterhalb der Ansatz=
stelle abzuschneiden; wenn aber die Mistelbüsche, wie es
bei Nadelhölzern häufig der Fall ist, am Hauptstamm oder
an sehr starken Zweigen aufsitzen, so kommt mehr das Aus=
schneiden, bezw. Ausstämmen des Parasiten in Betracht;
die dabei entstehenden Wunden sind sorgfältig mit Holzteer
zu verschließen. In solchen Fällen wird allerdings die
Mistel oft wieder nachwachsen; hier dürfte daher vielleicht
ein neuerdings durch M o l z bekanntgewordenes Verfahren
versuchsweise in Anwendung zu bringen sein, nach dem
man die Mistelbüsche glatt über der Ansatzstelle wegschneidet
und diese dann mit geteerter Dachpappe, die man mit starkem
Bindfaden befestigt, überdeckt. Damit diese Hülle nicht von
Schädlingen als Unterschlupf benützt wird, schlägt Molz
vor, den zu umbindenden Astteil vorher mit einem Anstrich
von Lehmbrei zu versehen, dem 10 % einer Karbolineum=
emulsion zugesetzt sind. Es wird sich aber doch sehr fragen,
ob nicht gerade hierdurch Schädigungen der Bäume veranlaßt
werden, die den Vorteil dieses Verfahrens, das auf dem
Lichtbedürfnis der Mistel begründet ist, wieder aufheben.

Von Interesse ist, daß nach den Untersuchungen v o n
T u b e u f's unterschieden werden muß zwischen der L a u b h o l z -
M i s t e l, der T a n n e n m i s t e l und der K i e f e r n m i s t e l; die beiden
letztgenannten Varietäten gehen nicht auf Laubbäume, also auch nicht
auf Obstbäume über. Die Tannenmistel beschränkt sich auf Abies
pectinata und cephalonica; die Kiefernmistel tritt außer auf der eigentlichen Kiefer auch noch auf Pinus laricio, seltener auf der Fichte
auf. Bei der Tanne ist der von Misteln verursachte Schaden besonders groß, da durch sie nicht nur die Krone geschädigt, sondern
auch die Entwicklung des Nutzholzes sehr beeinträchtigt wird. Die
Laubholzmistel tritt besonders auf dem Apfelbaum, sehr selten auch
auf dem Birnbaum auf; ferner kommt sie vor auf der Mehlbeere,
der Elsbeere, dem Weißdorn, der Schlehe, der Traubenkirsche, dann
auf Pappeln, Weiden, Linden, Ahorn, Birken, Robinien, Hainbuchen
(dagegen allem Anschein nach nicht auf der Rotbuche) u. s. w.

Nicht weniger als die Misteln, fallen die **Hexenbesen** an den Bäumen auf, die zwischen gesunden Ästen oft sehr große, nestartige Gebilde darstellen. Bei den Kirschen werden sie veranlaßt durch einen Pilz, Exoascus cerasi; der

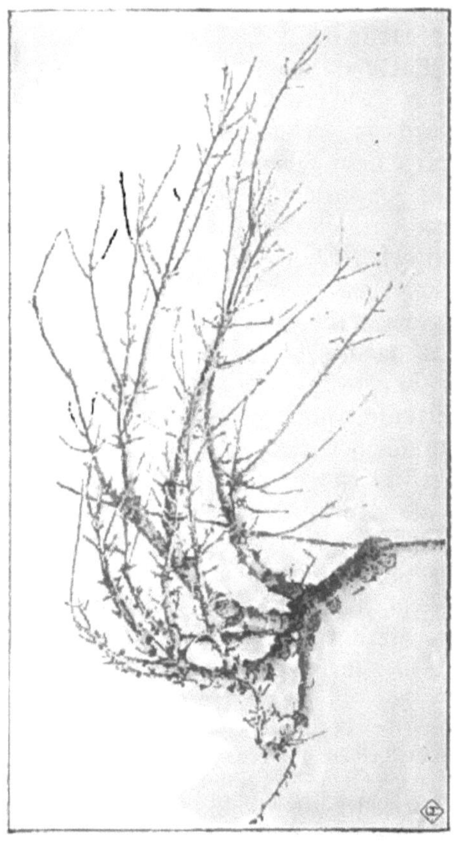

Fig. 119. Hexenbesen der Kirsche.

Zweig, dem sie entspringen, ist durch die Wirkung dieses Pilzes vier- bis fünfmal dicker, als der ihn tragende Mutterzweig. Die Kirschenhexenbesen entfalten sich im Frühjahr zeitiger als die normalen Zweige, bilden aber wenig oder gar keine Blüten und demnach auch keine Früchte; sie ent-

ziehen dagegen den Pflanzen große Mengen von Nährstoffen,
sodaß sie als sehr schädlich anzusehen sind und durch
Zurückschneiden bis auf das gesunde Holz entfernt werden

Fig. 120. Hexenbesen des Flieders im Winter.

müssen. Meist tritt auf der Unterseite der Blätter nach der
Baumblüte ein zarter mehliger Anflug unter gleichzeitiger
Kräuselung der Blätter auf. Ähnliche, aber kleinere Hexen-

besen werden an Pflaumen und Zwetschgen durch Exoascus Insititiae hervorgerufen.

(Nach von Tubeuf.)

Fig. 121. Zapfentragender, verbänderter Kiefernast.

Hexenbesen kommen auch noch an zahlreichen anderen Baumarten vor: sie werden meist ebenfalls durch Exoascus-, bezw. durch Taphrina-Arten veranlaßt: in manchen Fällen

ist aber der Erreger noch nicht bekannt. Sehr häufig ist der
Hexenbesen der Tanne, der durch einen Rostpilz,
den man früher Aecidium elatinum nannte, hervorgerufen
wird, der aber jetzt, nachdem nachgewiesen ist, daß diese
Aecidien zu einer auf wildwachsenden Alsineen vorkommenden
Rostpilzart gehören, als Melampsorella Caryophyllacearum
zu bezeichnen ist.

Einen Hexenbesen, der nicht durch einen pilzlichen Orga=
nismus, sondern durch Milben veranlaßt wird, haben
wir bereits im Mai
am Flieder kennen
gelernt. Jetzt im
Winter fällt derselbe
besonders auf (vergl.
Fig. 120) und kann
deshalb sehr leicht ent=
fernt werden.

Im Zusammen=
hang mit diesen Miß=
bildungen seien kurz
auch die **Verände=
rungen** oder Fascia=
tionen genannt, die
nicht nur an Bäumen
vorkommen, wo sie
ebenfalls jetzt beson=
ders leicht wahrge=
nommen werden
können, sondern im
Sommer auch an allen
möglichen krautarti=

Fig. 122. Weidenrosen.

gen Pflanzen gelegentlich auftreten. Sie entstehen nicht durch
Befall durch irgend welche Parasiten, sondern ohne ersicht=
liche Veranlassung, vielleicht aber infolge einer übermäßigen
Saftzufuhr. (Vergl. Fig. 121.)

An den Weiden fallen den Winter über die sogenannten
Weidenrosen besonders auf, die auf die Wirkungen der
Weidenrosengallmücken, Cecidomyia rosaria ꝛc., zurückzu=
führen sind. Sie können bei starkem Auftreten, wie sich

in der Pfalz gezeigt hat, der Weidenkultur ungemein schäd=
lich werden. Je nach den Weidenarten und der verursachenden
Gallmückenart haben übrigens die Weidenrosen, die jetzt im
Winter abzuschneiden sind, verschiedene Formen und Farben.
Sehr häufig finden sich ferner an den Weiden die sogen.
Wirrzöpfe und Holzkröpfe, über deren Entstehung
noch nicht genügend Klarheit herrscht. Auch sonstige Abnormi=
täten, auf die hier nicht näher eingegangen werden kann,
vor allem auch die durch Wildverbiß veranlaßten Be=
schädigungen, fallen im Winter besonders in die Augen.

Ferner sei noch des Auftretens der sogen. **Baum=
schwämme** gedacht, d. h. der Fruchtkörper verschiedener zu
den Basidiomyceten gehörenden Pilzarten, deren Mycel die
charakteristischen Holzzersetzungen (Weißfäule, Rotfäule 2c.)
veranlaßt. Eine hierher gehörige Art, den Hallimasch, haben
wir schon im September kennen gelernt. Bei vielen Arten
sind die Baumschwämme vieljährig und setzen, wie das
Holz selbst, Jahresringe an; dabei zeigen sie auch eine holzige
Konsistenz: bei anderen Arten sind die Fruchtkörper fleischig
und erscheinen alljährlich aufs neue.

An Obstbäumen treten besonders häufig auf der
Feuerschwamm, Polyporus igniarius, der Schwefelpilz,
P. sulphureus, und andere Polyporus=Arten, ferner auch
Agaricus= und Pholiota=Arten. Bei ersteren zeigt die Unter=
seite der Fruchtkörper feine Löcher, bei letzteren Lamellen=
bildung. Besonders an Apfelbäumen tritt auch eine
Schwammart, bei der die Unterseite der Hüte mit Stacheln
besetzt ist (Hydnum Schiedermayri), gelegentlich auf. Wo
sich einmal an Bäumen derartige Fruchtkörper zeigen,
ist dies ein Zeichen, daß die Zersetzung der betreffenden
Stämme oder Äste schon sehr weit vorgeschritten ist,
sodaß in der Regel nicht viel mehr dagegen getan werden
kann. Wenn empfohlen wird, an Obstbäumen auftretende
Schwämme möglichst bald zu entfernen, so geschieht dies
weniger im Interesse der betreffenden Bäume, sondern mehr
zum Schutze der noch gesunden, die immerhin in gewissem
Grade der Ansteckungsgefahr durch die Sporen der Frucht=
körper ausgesetzt sind, namentlich wenn man es versäumt,
etwaige Wunden nicht sofort mit Teer oder auf sonstige

Weise zu verschließen. Am besten ist es, Obstbäume, die bereits stärkeren Schwammbefall zeigen, vollständig zu beseitigen.

Auch den Beerensträuchern können einige solche Schwammarten gefährlich werden. So finden sich häufig die Hüte von Polyporus Ribis am unteren Stammende von Johannis- und Stachelbeersträuchern, deren Holz durch die Wirkung des Pilzes rotfaul wird. Auch hier bildet die baldige Vernichtung einmal erkrankter Sträucher die zweckmäßigste Maßnahme.

Auf die zahlreichen Arten der holzzersetzenden Pilze von mehr forstlicher Bedeutung kann hier nicht eingegangen werden. Eine an der Birke sehr häufig vorkommende Polyporus-Art stellt Fig. 123 dar.

Zum Schlusse sei noch eine Regel des Pflanzenschutzes hervorgehoben, die eigentlich in jedem Monat hätte besonders angeführt werden müssen. Manche Maßnahme, die der Vernichtung von Schädlingen dienen soll, bringt nicht den erwünschten Erfolg, wenn sie nicht auch der Nachbar ausführt, ja in Gegenden, wo bestimmte Kulturpflanzen eine

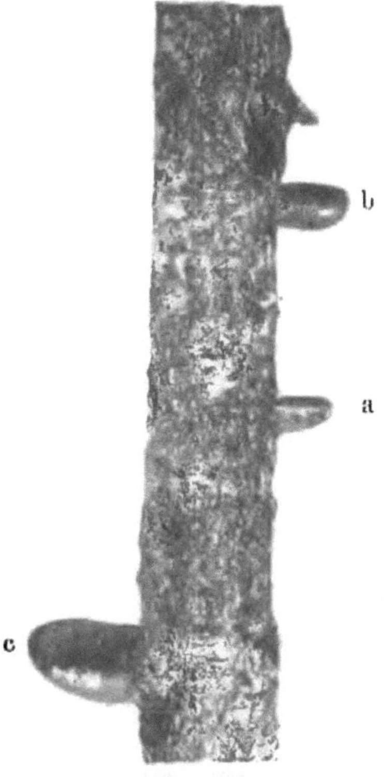

Fig. 123.
Fruchtkörper von Polyporus betulinus, aus einem Birkenstamm hervorgebrochen.
Bei a und b von der Seite, bei c teils von oben gesehen.
Original. Stark verkleinert.

ganz besondere Bedeutung besitzen, wo etwa Wein-, Hopfen-, Obst-, Spargelbau im Vordergrund stehen, ist ein gemeinsames Vorgehen ganzer Gemeinden viel-

fach unerläßlich). Kaum auf irgend einem anderen
Gebiete kann sich der Gemeinsinn so betätigen, als bei der
Ausübung des Pflanzenschutzes, und es wäre wohl zu
wünschen, daß dieser überall in einem Maße vorhanden wäre,
der es durchaus unnötig machte, durch polizeiliches Ein=
greifen erst ein gemeinsames Vorgehen zu erzwingen. Wo
nicht die eigene Erkenntnis von selbst zur richtigen Aus=
übung des Pflanzenschutzes führt, ist ohnehin von vornherein
zu erwarten, daß jeder Zwang nur halben Erfolg mit sich
bringen wird.

Anhang.

1. Über die Ursachen und die Erreger von Pilzkrankheiten der Kulturpflanzen.

Bei den überaus zahlreichen Krankheiten und Schädigungen, von denen die Kulturpflanzen aller Art heimgesucht werden können, kann und muß man, soweit es sich nicht ausschließlich um Frostwirkungen oder Einflüsse übermäßiger Trockenheit, Rauchschädigungen u. dergl. handelt, soweit vielmehr ein Befall der Pflanzen durch tierische oder pflanzliche Parasiten in Betracht kommt, vielfach unterscheiden zwischen diesen Erregern und den eigentlichen Ursachen der Krankheiten oder Schädigungen. Bei Beschädigungen, wie sie etwa durch den Fraß von Raupen entstehen, scheinen Ursache und Erreger ein und dasselbe zu sein. Daß dies nicht immer zutrifft, geht schon daraus hervor, daß das Auftreten vieler schädlicher Insekten 2c. in Abhängigkeit von der Witterung und anderen, zum Teil abstellbaren Einflüssen steht, die man als die wahren Ursachen des Befalles ansehen muß.

Bei den eigentlichen Krankheiten der Pflanzen ist es, mindestens in vielen Fällen, möglich, nachzuweisen, daß ihre Erreger, soweit solche überhaupt in Betracht kommen, erst infolge bestimmter, auf die Pflanzen einwirkender Einflüsse sich festsetzen und entwickeln können. Dabei können diese Einflüsse, z. B. jene eines abnorm warmen und zeitigen Frühjahrs über weite Gebiete sich erstrecken und dadurch die Ursache zu einer epidemischen Ausbreitung einer Krankheit werden, oder sie sind etwa nur auf bestimmten Äckern vorhanden und bestehen hier in der Eigenart des Bodens, in falscher oder schlechter Bearbeitung desselben, ungenügender oder einseitiger Düngung u. dergl.

Diese Verhältnisse sind bei Ausübung des Pflanzenschutzes ganz besonders zu berücksichtigen; der Kampf gegen Krankheiten und Schädigungen der Pflanzen hat sich nicht nur direkt gegen die Erreger zu

richten und möglichst deren Vernichtung an=
zustreben, sondern in sehr vielen Fällen wird
es ebenso wichtig und unter Umständen sogar
erfolgreicher sein, die eigentlichen Ursachen
abzustellen, soweit dies möglich ist.

Eine große Rolle kann unter diesen Ursachen besonders
auch der Umstand spielen, daß die angebaute Sorte den
klimatischen oder Bodenverhältnissen nicht angepaßt ist.

Bei den vorbeugenden Maßnahmen ist namentlich Be=
dacht darauf zu nehmen, daß den Wirkungen schädlicher
Witterungseinflüsse möglichst begegnet wird. So wird man
z. B. in den Weinbaugebieten die ersten Bespritzungen gegen
die Peronospora schon bald nach Mitte Mai vornehmen, wenn
um diese Zeit schon andauernd feuchtwarmes Wetter herrscht;
der Hopfenbauer wird im Sommer der drohenden Blattlaus=
oder Milbengefahr schon zeitiger und in höherem Grade Auf=
merksamkeit schenken müssen, falls eine frühzeitige Hitzeperiode
eintritt usw.

Vielfach ist der Zusammenhang eines Schädlings mit
den krankhaften Erscheinungen, die er hervorruft, durch den
Praktiker nicht so ohne weiteres feststellbar, wie etwa bei
einer Fraßbeschädigung; die Art und Weise, wie ein Be=
fall durch Pilze 2c. zustande kommt, wie sich die näheren
Vorgänge während des Krankheitsprozesses abspielen, wie sich
der Krankheitserreger vermehrt u. dergl., läßt sich meist nur
mit Hilfe eingehender mikroskopischer Untersuchungen er=
mitteln.

Für den rein praktischen Zweck, dem unser Kalender
dienen sollen, genügt es, über die wichtigsten pilzlichen Krank=
heitserreger die in der folgenden Zusammenstellung gemachten
Angaben kennen zu lernen:

Die Erreger von Krankheiten lassen sich nach ihren Eigen=
schaften und auch nach den von ihnen veranlaßten krank=
haften Erscheinungen in verschiedene Gruppen zusammenfassen,
von denen manche, wie die Schleimpilze, nur bei gewissen
Pflanzenarten als Parasiten auftreten, während andere, wie
die Mehltaupilze, die Rostpilze usw. in zahlreichen Arten
die verschiedensten Kulturpflanzen befallen. Beispielsweise be=
gegnen wir echtem Mehltau in verschiedenen Arten bei den
Getreidearten, den Hülsenfrüchtlern, den meisten Gemüse=
und Handelspflanzen, den verschiedenen Obstarten, dem
Weinstock usw.; dabei kann er vom Frühjahr bis in
den Spätherbst je nach der befallenen Pflanzenart und

nach den Witterungseinflüssen usw. in jedem Monat auf=
treten. Der Umfang unseres Kalenders wäre daher auf
Kosten seiner Übersichtlichkeit viel zu groß geworden, hätte
man in fast jedem Monat oder bei jeder einzelnen Kultur=
pflanze wieder den Mehltau und ähnliche Krankheits=
erreger besprochen. Ziemlich durchgeführt ist dies nur bei den
wichtigsten Gruppen landwirtschaftlicher und gärtnerischer
Pflanzen oder da, wo die betreffende Krankheit gerade eine be=

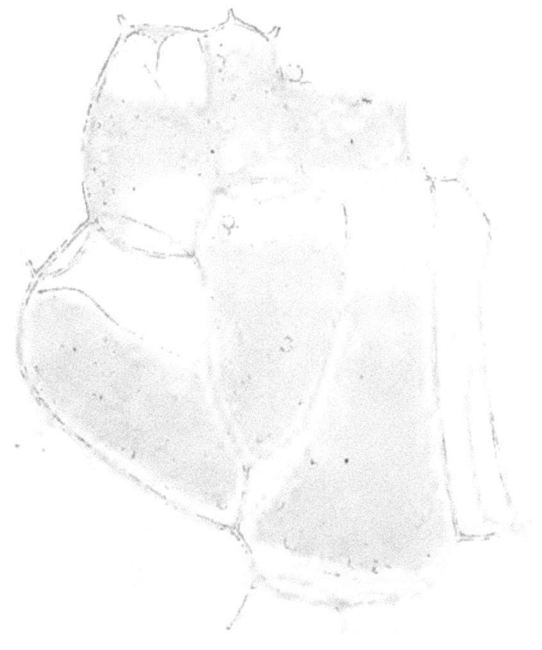

Fig. 124. Zellen aus einer herniösen Wurzelanschwellung.

sonders große Rolle spielt. Für weniger wichtige Gemüsearten,
für die meisten Zierpflanzen und andere mehr gärt=
nerische Pflanzen mußte darauf verzichtet werden; dafür
sind in der folgenden Zusammenstellung ge=
rade Krankheiten dieser Gruppen von Kultur=
pflanzen als Beispiele herangezogen.
    Als Krankheitserreger kommen hauptsächlich in Betracht:

1. **Bakterien.** In die Gruppe dieser Krankheiten gehören die meisten Schorferscheinungen der Knollen- und Wurzelfrüchte, der Rotz der Zwiebeln, auch jener der Hyazinthen und anderer Blumenarten; auch die Naß- und Trockenfäule der Knollen 2c. wird meist durch Bakterien veranlaßt. Näheres über solche Bakterienkrankheiten siehe besonders Juli, S. 219.

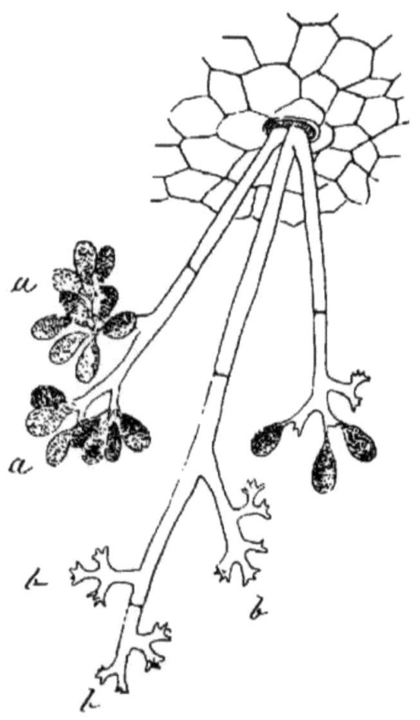

Fig. 125. Konidienträger von Peronospora viticola aus einer Spaltöffnung auf der Unterseite eines Weinblattes hervorwachsend. Bei a sind die an den Konidienträgern gebildeten Konidien noch vorhanden, bei b sind sie schon abgefallen.

2. **Schleimpilze.** Vergl. unter Hernie der Kohlgewächse, S. 68. Fig. 124 zeigt einen Durchschnitt durch eine von Plasmodiophora veranlaßte herniöse Anschwellung.

3. **Die falschen Mehltaupilze, Peronosporeen.** Die Fäden dieser Pilzarten wuchern im Innern der

befallenen Pflanzenteile (meist der Blätter), die dadurch, namentlich bei feuchtwarmer Witterung, rasch sich ausbreitende Flecken erhalten, in denen das Gewebe zerstört ist. Am Rande dieser Flecken kann man, meist nur auf der Unterseite der Blätter, solange die Flecken noch zuwachsen, namentlich mit Hilfe einer Lupe sehr deutlich die feinen, aus dem Innern durch die Spaltöffnungen hervorbrechenden Pilzfäden wahrnehmen, an denen sich in großen Mengen die der Vermehrung dienenden sogen. Konidien der Pilze bilden. (Vergl. Fig. 125.) Indem bezüglich des falschen Mehltaues des Weinstocks, der Runkel- und Zuckerrüben, sowie der hierher gehörigen Kartoffelkrankheit rc. auf die Ausführungen in den einzelnen Monaten verwiesen wird, sei hier nur erwähnt, daß der falsche Mehltau in verschiedenen Arten auch auftreten kann an den Kohlarten, an Raps und Rübsen, an Leindotter, Levkojen und anderen Kreuzblütlern, an den meisten Hülsenfrüchtlern und Kleearten, an den Speisezwiebeln, an Mohn, an der Weberkarde, an zahlreichen Umbelliferen, wie Petersilie, Möhre, Sellerie rc., an Cichorie, Endivie, am Salat, an Artischocken, Rhabarber, an Gurken, Melonen usw. Zu den Peronosporeen gehört auch Phytophthora omnivora, ein Pilz, der namentlich die Keimpflanzen von Laub- und Nadelhölzern zum Umfallen bringt. Verwandt mit ihm ist Pythium de Baryanum, der besonders häufige Veranlasser des Umfallens von Keimlingen, namentlich in Mist- und Frühbeetkästen, und ferner Cystopus candidus, der den Weißrost an den Stengeln und Blättern von Kohlarten, Rettich und Radieschen, Meerrettich, Gartenkresse, Portulak, Schwarzwurzel, Spinat, Rapunzel rc. veranlaßt und besonders häufig auch auf Unkräutern aller Art, namentlich auf dem Hirtentäschel, vorkommt.

Gegen das Auftreten der falschen Mehltaupilze kann fast nur vorbeugend vorgegangen werden und zwar hauptsächlich durch Bespritzung oder Bestäubung der Pflanzen mit Kupferpräparaten. (Vergl. S. 348.) Da sich diese Krankheiten in trockener Luft weniger ausbreiten können oder, falls sie bereits vorhanden sind, meist durch Trockenheit zum Stillstand gebracht werden, so wird man da, wo es möglich ist, z. B. bei Kulturen in Mistbeeten rc., Erfolge durch möglichste Luftzufuhr und Trockenhaltung erzielen.

Anmerkung: Bei Pythium bilden sich die Konidien im Innern der befallenen Pflanzenteile; auch die Weißrostarten unterscheiden sich wesentlich von den eigentlichen Peronosporeen, indem sich bei ihnen die Konidien kettenförmig abschnüren und zwar zunächst unter der Oberhaut der befallenen Pflanzenteile, die schließlich gesprengt wird.

Die Peronosporeen, Pythieen und Albugineen (Weißrost-Arten) bilden zusammen die große Pilzfamilie der Peronosporaceen, die ihrerseits mit den Chytridiaceen (wovon einige Arten das Umfallen der Keimlinge bewirken) und den nur im Wasser an lebenden Tieren und abgestorbenen organischen Resten vorkommenden Saprolegniaceen und einigen anderen weniger wichtigeren Familien die Ordnung der Oomyceten bilden. Das gemeinsame Merkmal aller in diese Ordnung gehörenden Pilze ist, daß sie außer durch Konidien, sowie z. T. auch durch Schwärmsporen u. s. w. sich auch geschlechtlich fortpflanzen durch dickwandige, nach einer Ruhezeit keimende Oosporen.

An die Ordnung der Oomyceten schließt sich jene der Zygomyceten an, bei denen die geschlechtliche Fortpflanzung durch Kopulation von 2 Mycelästen erfolgt, die Zygosporen erzeugen, während die ungeschlechtliche Vermehrung durch Konidien oder wie bei den hierher gehörenden Mucor-Arten (Köpfchenschimmel) in Sporangien erfolgt.

Oomyceten und Zygomyceten bilden zusammen als Phycomyceten oder Algenpilze, deren Mycel fast stets ungegliedert ist, eine Unterklasse der eigentlichen Pilze, der Hyphomyceten, die man den Bakterien und Schleimpilzen gegenüberstellt.

Alle weiteren, nachstehend noch beschriebenen Pilzgruppen gehören der Unterklasse der Eumyceten an, bei denen im Gegensatz zu den Phycomyceten die Mycelfäden stets durch Querwände geteilt sind.

Die Eumyceten zerfallen in die beiden Ordnungen: Ascomyceten und Basidiomyceten.

4. Die echten Mehltauarten, Erysipheen. Die meisten in diese Gruppe gehörenden Pilze rufen einen weißen, mehlartigen, abwischbaren Überzug, besonders auf den Blättern, unter Umständen aber auch auf den Trieben und Früchten hervor; derselbe besteht aus Pilzfäden, die nicht in das Innere der Pflanzen eindringen, sondern nur durch kleine Saugfäden, sogen. Haustorien, ihre Nahrung den Pflanzenteilen entziehen. Der Vermehrung dienen in erster Linie Konidien, die den ganzen Sommer hindurch an besonderen Fäden des Pilzes kettenförmig abgeschnürt werden. (Vergl. Fig. 126.) Außerdem bilden sich in dem Pilzüberzug nach einiger Zeit kleine, mit bloßem Auge meist noch gerade wahrnehmbare dunkle Pilzfrüchte, Perithecien (vergl. hierzu Fig. 126 B), in denen die überwinternden Sporen in zu

schlauchartigen Organen umgewandelten Pilzfäden, den sogenannten Ascusschläuchen, entstehen. Die Mehltaupilze werden nach dieser Fruchtform zu den Ascomyceten gestellt. Wir begegnen dem Mehltau schon vom April ab bis in den Herbst an den meisten Kulturpflanzen. Auf die wichtigsten Arten ist in den einzelnen Monaten ausführlich hingewiesen. Hier sei nur erwähnt, daß echter Mehltau auch auf fast allen Kleearten und Hülsenfrüchtlern, auf Gurken und Kürbissen, auf der Cichorie, der Schwarzwurzel, an Tabak, an verschiedenen Umbelliferen, unter den Zierpflanzen besonders auf Rosen,

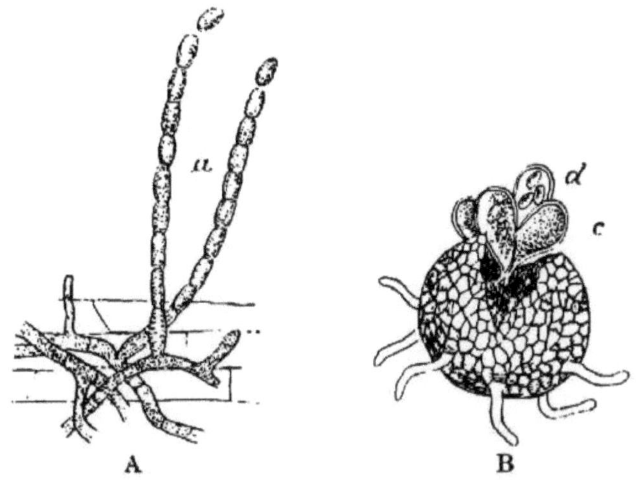

Fig. 126. Mehltaupilz, Erysiphe communis.
A Mycel mit kettenförmig abgeschnürten Sporen (bei a). B Perithecie, aufgerissen. Aus dem Riß quellen die blasenförmigen Schläuche c hervor. Einer derselben, d, bereits mit Sporen erfüllt.

auf Chrysanthemen, ferner an den verschiedenen Laubholzarten, an der Erdbeere, auf Gräsern usw. vorkommt.

Die sicherste Maßnahme gegen die Mehltaupilze stellt das Bestäuben der bedrohten oder schon befallenen Pflanzenteile mit feingemahlenem Schwefel dar. Vergl. S. 355.

5. Die Rußtaupilze gehören ebenfalls zu den Ascomyceten, erzeugen aber weit häufiger als die Ascusfrüchte, auch unvollkommene Früchte, Pykniden ꝛc., in denen sich die

Sporen nicht in Schläuchen bilden, und oft verschiedene Konidienträger. Sie leben ebenfalls nur auf der Oberfläche der Pflanzenteile, auf denen sie schwarze Überzüge bilden. Besonders häufig stellt sich auf manchen Pflanzen, wie an Hopfen, Obstbäumen, Linden u. dergl. der Rußtau ein, wenn die Blätter von Blattläusen ꝛc. befallen werden, deren süße Ausscheidungen, der sogen. Honigtau, den besten Nährboden für diese Pilze bilden. Zur Verhinderung

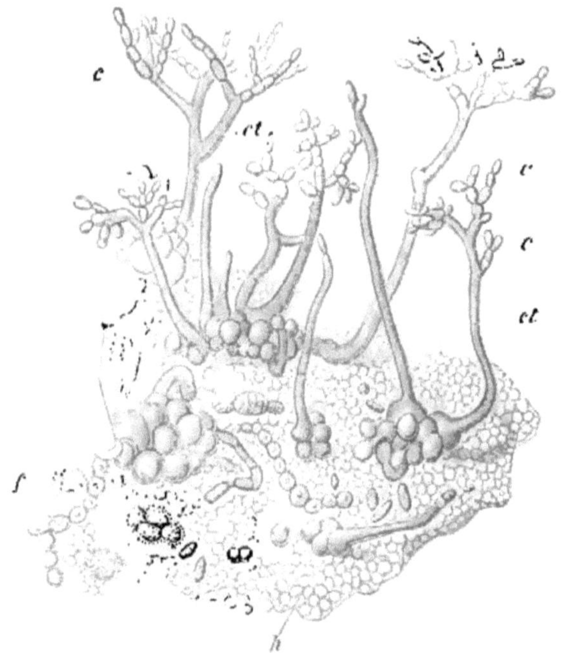

Fig. 127. Rußtau, Capnodium salicinum.
c Konidien, ct Konidienträger.

seines Auftretens wird man also mehr die bedingenden Ursachen, namentlich Blattläuse und Schildläuse, Milben und dergl., deren Auftreten an Freilandpflanzen selbst erst wieder vielfach von der Witterung, bei Gewächshauspflanzen durch dumpfe, feuchte Luft ꝛc. beeinflußt wird, zu beseitigen haben.

Besonders sei hervorgehoben ein hierher gehöriger Pilz, Stemphylium ericoctonum, der die Nadeln der Erikaarten zum vorzeitigen Abfall bringt; ferner ist zu erwähnen der

Rußtau an Tannen und Fichten. Im übrigen vergl. besonders unter Hopfen, S. 223.

6. Zahlreiche andere Krankheiten der Blätter, vielfach auch der Triebe und Früchte können durch die verschiedenartigsten, zu den Ascomyceten gehörenden Pilze veranlaßt werden, die dabei je nach ihrer Art entweder ihre charakteristischen Schlauchfrüchte, Perithecien, ausbilden oder in sogenannten unvollkommenen Früchten, Pykniden ꝛc., besonders häufig auch nur in schimmelartigen, verschieden gefärbten und gestalteten, Konidien erzeugenden, meist aus dem Innern der Pflanzenteile hervorbrechenden Rasen oder Überzügen wachsen. Dieses letztere ist z. B. der Fall bei den sogen. Schorfkrankheiten der Äpfel und Birnen, wo im Sommer nur Konidien von den die Flecken erzeugenden schwarzen Pilzfäden abgeschnürt werden, während die Perithecien im abgefallenen Laub entstehen und erst im nächsten Frühjahr reife Sporen ausbilden. Als Beispiel für das alleinige Auftreten von Pykniden während des Sommers seien die roten Fleischflecken der Zwetschgen und Pflaumen genannt; auch hier bilden sich die Schlauchfrüchte erst während des Winters und Frühjahrs an den abgefallenen Blättern. Ähnlich liegt der Fall bei verschiedenen anderen Blattfleckenkrankheiten der Obstarten, sowie bei solchen des Weinstockes ꝛc.; vergl. Juni, S. 170.

Bei vielen hierher gehörenden Pilzarten kennt man die Schlauchfrüchte überhaupt nicht, sondern nur Konidienzustände oder die unvollkommenen Früchte, die Pykniden. Besonders häufig kommt dies vor bei den Erregern jener Blattkrankheiten, die in Form von meist scharf umrissenen, beim Vertrocknen meist braun werdenden und oft aus dem Blattgewebe herausfallenden Flecken an den Hülsenfrüchten, den Obstarten, den Erdbeeren u. dergl. auftreten. Unter den in den einzelnen Monaten nicht immer besonders genannten, hierher gehörigen Blattfleckenkrankheiten, gegen die vielfach vorbeugende Behandlung durch Bespritzung mit Kupferbrühe erfolgreich ist, seien hervorgehoben die Blattflecken an Endivie, Hanf, Meerrettich, Möhre, Pastinak, Petersilie, Sellerie, Spargel, Spinat, Tabak, Tomaten ꝛc.

Wo die Konidienfruktifikation oder die Pyknidenbildung für sich allein auftritt, hat man darnach besondere Pilzgattungen mit oft ungemein zahlreichen Arten aufgestellt. So sind die allbekannten Namen: Penicillium, Aspergillus, Cladosporium, Helminthosporium, Sporidesmium, Fusicladium, Cer-

cospora, Fusarium ꝛc. nur Bezeichnungen für die **K o n i d i e n -
z u s t ä n d e** von verschiedenen Ascomyceten, ferner die Namen:
Phyllosticta, Phoma, Ascochyta, Septoria ꝛc. nur Bezeichnungen
für jene Pyfniden genannten **P i l z f r ü c h t e**, in denen nicht
Sporen innerhalb von Ascusschläuchen gebildet, sondern
Konidien an der Spitze von Pilzfäden abgeschnürt werden.

Wird die Schlauchfrucht von irgend einer dieser Arten
entdeckt oder vielleicht der Zusammenhang einer schon längst
bekannten Schlauchfrucht mit einer solchen Art nachgewiesen,
so soll fortan für die wissenschaftliche Bezeichnung der ganzen

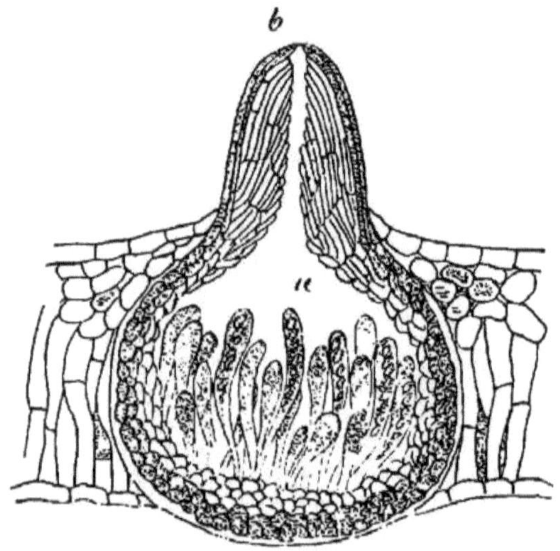

Fig. 128. Schnitt durch die im Gewebe der Wirtspflanze sitzende
Schlauchfrucht von Gnomonia erythrostoma.
a Sporenschläuche (Asci), b Hals mit Öffnung.

Art jene der Schlauchfrucht geltend sein. Nachdem z. B.
A b e r h o l d nachgewiesen hat, daß sich auf von Fusicladium
befallenen Blättern während der Vegetationsruhe Schlauchfrüchte ausbilden, die zur Gattung Venturia gehören, und
es ihm gelungen ist, den Zusammenhang derselben mit
Fusicladium vollständig sicherzustellen, sollte eigentlich der Pilz
künftig nicht mehr Fusicladium, sondern Venturia heißen, usw.
Vielfach haben sich aber die Bezeichnungen für die Konidien-
und Pyfnidenformen so eingebürgert, daß man sie trotzdem
und mit Recht beibehält.

Der Vollständigkeit halber sei erwähnt, daß es auch zahlreiche Ascomyceten gibt, darunter manche Krankheitserreger, bei denen nur die Perithecien, keine Pykniden oder Konidien, auftreten.

Die sämtlichen vorstehend unter 4—6 genannten Ascomyceten zeichnen sich dadurch aus, daß ihre Schlauchfrucht ein Perithecium darstellt, d. h. die Ascusschläuche entstehen im Innern von Früchten, die entweder vollkommen geschlossen sind (vergl. Fig. 126 B): Perisporiaceen, zu denen außer den echten Mehltau= und Rußtaupilzen auch die Trüffeln und verschiedene andere Pilzarten gehören, oder die eine Öffnung besitzen, durch welche die reifen Sporen austreten können: Pyrenomyceten, zu denen namentlich die unter 6 genannten überaus zahlreichen Arten gehören. (Vergl. hierzu Fig. 128.)

Aber nicht alle Ascomyceten besitzen Perithecien; bei einer großen Gruppe von ihnen, den Discomyceten oder Scheibenpilzen, bilden sich die Sporenschläuche auf der Oberfläche von scheiben=, becher= oder kreiselförmigen Fruchtkörpern, die man Apothecien nennt. Auch bei den Discomyceten können Nebenfruchtformen, namentlich Konidienzustände, auftreten.

7. Zu den Discomyceten gehören die Morcheln, aber auch verschiedene Krankheitserreger, die ebenfalls häufig außer in ihrer Schlauchfruchtform in Nebenfruchtformen, namentlich Konidienträgern, auftreten.

Die als Pflanzenschädling wichtigste hierher gehörige Gat tung ist Sclerotinia, von der wir Arten schon in verschiedenen Monaten kennen lernten. Die durch sie veranlaßten Sklerotienkrankheiten sind charakterisiert durch das Auftreten schwarzer, meist unregelmäßig gestalteter, aus verflochtenen Pilzfäden bestehender Dauerformen, der sogen. Sklerotien, die sich in und an den befallenen Pflanzenteilen entwickeln. Häufig geht diesen Bildungen ein Ko= nidienzustand, nämlich der graue Schimmel oder Trauben= schimmel, Botrytis cinerea, voraus, der auch für sich allein schädlich werden kann. (Vergl. z. B. S. 229.) Von den Sklerotienkrankheiten werden besonders die Stengel der Kar= toffeln und Tomaten, des Hanfes (Hanfkrebs!), der Möhren, des Tabaks, der Gurken, vieler Hülsen= früchtler, der Balsaminen, ferner die Wurzeln der Möhren und vor allem auch die Speise= und verschiedene Blumenzwiebeln befallen, wobei überall, wo es sich um saftigere Gewebe handelt, ein Erweichen derselben stattfindet. Hinzuweisen ist besonders auf die Sklerotienkrankheit der Tulpen, Hyazinthen ꝛc., den ebenfalls hierhergehörenden „schwarzen Rost“ der Hyazinthen, Schneeglöckchen ꝛc. Botrytis zeigt sich besonders in feuchten Sommern

und in dumpfen Lagen, namentlich auch an den verschieden=
sten Zierpflanzen. Botrytis Douglasii bringt die jungen Triebe
der Douglastanne, zuweilen auch jene der Weißtanne,
Fichte und Lärche zum Absterben. Auch der sogen. Ver=
mehrungsschimmel, von dem hauptsächlich die Steck=
linge heimgesucht werden, ist eine Botrytis=Art; ferner spielt
Botrytis neben verschiedenen anderen Schimmelpilzen (Mucor,
Penicillium ꝛc.) als Erreger der Obstfäule eine Rolle. Die
bekannten für die Obstbäume und deren Früchte so gefährlichen
Monilien (vergl. S. 168) sind ebenfalls Konidienzustände
einiger Sclerotinia=Arten.

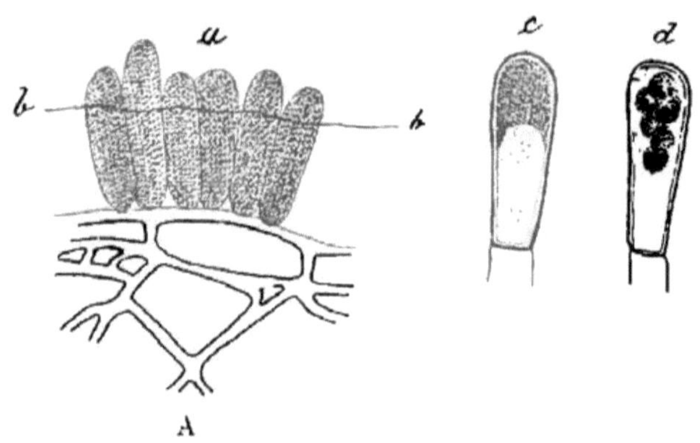

Fig. 129. Exoascus Pruni.

A Querschnitt durch die Oberfläche einer Pflaumentasche, a eine Anzahl frei
neben einander stehender Schläuche, b b die Reste der alten Pflaumen=Oberhaut,
unter der sie hervorgebrochen sind: stark vergrößert. c und d einzelne Schläuche
noch stärker vergrößert. Bei c noch unreif, bei d bereits Sporen enthaltend.

In der Hauptsache geht man gegen die in diese Gruppe
gehörenden Pilze vor durch vorsichtige Entfernung erkrankter
Teile, bei gärtnerischen Pflanzen durch möglichste Trocken=
haltung und Durchlüftung. Über die Botrytis=Fäule der
Trauben vergl. August, S. 229.

Zu den Discomyceten stellt man auch einige Pilzarten,
deren anfangs geschlossene, schwarze Schlauchfrüchte sich
später durch Spalten oder Klappen oder mit einem Deckel
öffnen. Hierher gehören der bekannte Runzelschorf auf
Ahornblättern, Rhytisma acerinum, und verschiedene
Pilze, die wie Lophodermium Pinastri, Hypoderma nervi-
sequum u. dergl., je nach ihrer Art auf den Nadeln verschie=

bener Koniferen leben und Verfärben und Abfallen derselben
bewirken.

8. Noch erheblich einfacher geht die Ascusbildung vor
bei der Familie der Exoascaceaen, indem bei den
zugehörigen Pilzen die Sporenschläuche nicht in einer besonderen Frucht, sondern unmittelbar auf Zweigen des Mycels

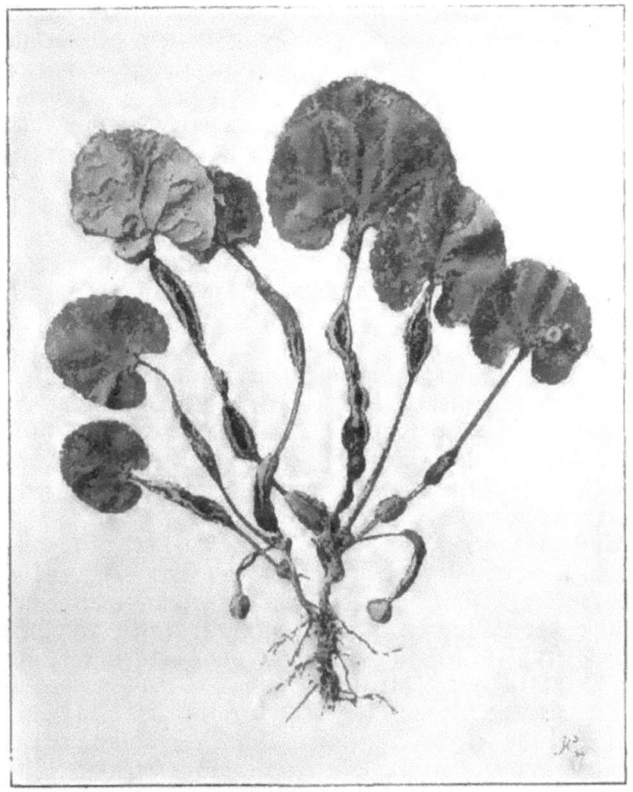

Fig. 130. Veilchenbrand (Urocystis Violae).

sich bilden und in einer meist zusammenhängenden Schicht
aus dem Innern der befallenen Pflanzenteile hervorbrechen.
(Vergl. Fig. 129.) Die wichtigsten Vertreter dieser Familie
haben wir als Erreger verschiedener Hexenbesen (vergl.
S. 326), der Kräuselkrankheit der Pfirsiche, der Taschenkrankheit der Pflaumen ꝛc. bereits kennen gelernt.

Bei der zweiten Ordnung der Eumyceten, den **Basidio= myceten**, bilden sich die Sporen nicht in Schläuchen, sondern durch Abschnürung von Mycelfäden, die in ihrer typischen Form als Basidien bezeichnet werden. Hierher gehören:

9. Die Brandpilze, Ustilaginaceaeen, bei denen die Sporen, in welche das Mycel schließlich zerfällt, bei der Keimung basidienähnliche Konidienträger bilden. Die meisten Brandpilze verwandeln, wie es namentlich allbekannt ist von den Getreidebrandarten, den Fruchtknoten der befallenen Pflanzen in eine pulverförmige oder schmierige schwarze, aus Sporen bestehende Masse, andere leben in den Staubbeuteln der Blüten zahlreicher Pflanzenarten, nicht wenige befallen aber auch die Blätter und Stengel und andere Organe der Pflanzen. Unter diesen ist hier besonders hervorzuheben der Brand der Speisezwiebeln und der Zwiebeln verschiedener Zierpflanzen, deren Schuppen durch den Pilz schwielige Auftreibungen erhalten, in denen sich nach dem Zerreißen die dunklen Sporenmassen zeigen. Der Brand geht später auch auf die Blätter der befallenen Pflanzen über, vor allem wird er aber schädlich, wenn er die jungen Samenpflanzen befällt, die dann überhaupt keine Zwiebeln mehr ansetzen und vorzeitig zugrunde gehen.

Recht häufig ist auch der Veilchenbrand, Urocystis Violae, der an den Stengeln und Blättern der Veilchen schwielenartige Auftreibungen, ähnlich wie die vorbeschriebenen, hervorruft. (Vergl. Fig. 130.)

Auch auf den Blättern der Palmen kommt ein Brandpilz, Graphiola Phoenicis, vor, der aber ein mehr gelbes Sporenpulver besitzt. Bei den Palmen kann auch eine Be= spritzung der Pflanzen mit Kupferpräparaten in Betracht kommen; leicht lassen sich bei ihnen auch derartige Blattpilze durch Betupfen mit Spiritus beseitigen.

Die meisten Brandpilze werden durch das Saatgut ver= breitet und können durch entsprechende Behandlung desselben, namentlich durch Beizung mit Kupferpräparaten ꝛc. bekämpft werden. Vergl. Getreidebrand S. 391.

10. Die Rostpilze, Uredinaceaeen, veranlassen Er= krankungen der Blätter, vielfach auch, je nach der Pflanzen= art, der Halme, der Stämme und Triebe und auch der Früchte, wobei sie zunächst stets in Form rundlicher oder länglicher, zunächst meist rostfarbiger Pusteln aus den befallenen Ge= weben hervorbrechen. In diesen Pusteln werden von den Pilzfäden die Sommer= oder Uredosporen, späterhin die

mehr dunkel gefärbten Winter- oder T e l e u t o ſ p o r e n ab-
geſchnürt, und endlich können ſich entweder auf denſelben
Pflanzenarten, bei vielen Roſtpilzen aber auch auf ganz
anderen Arten, die man dann als Z w i ſ c h e n w i r t e bezeichnet, noch andere Fruchtformen, insbeſondere Becherfrüchte oder A c c i d i e n bilden. Die ſporentragenden Ba-
ſidien entſtehen bei den Roſtpilzen bei der Keimung der
Teleutoſporen. Vergl. beſonders die Angaben über Getreideroſte und den Birnenroſt im Juni, S. 123 und S. 177.

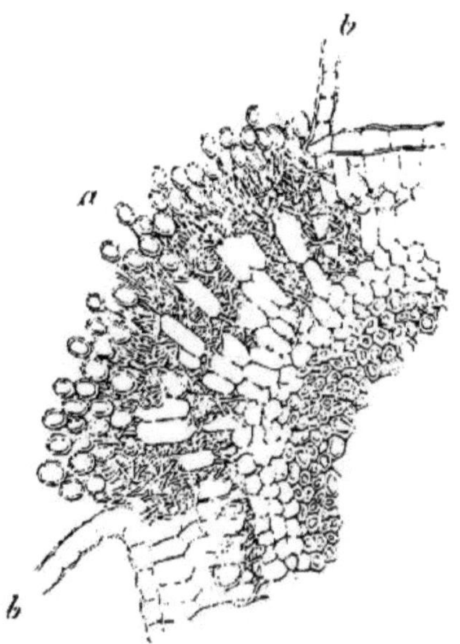

Fig. 131. Sporenlager von Roſtpilzen.
Turchſchnitt durch ein Uredoſporenlager (vom Spargelroſt). (Nach Krüger.)

Außer auf die Getreideroſte, die Roſtarten der Obſtbäume
und Beerenſträucher, der Koniferen und alle ſonſtigen zahlreichen Arten, die ihrer beſonderen Wichtigkeit wegen in
den entſprechenden Monaten aufgeführt ſind, ſei hier nur
noch beſonders hingewieſen auf die verſchiedenen Roſtarten,
die auftreten auf G a r t e n - und a n d e r e n N e l k e n
a r t e n , auf den M a l v e n (wo der Roſt, Puccinia malva-
cearum, ein beſonders gefürchteter Schädling iſt), auf V e i l
c h e n , Chrysanthemum-Arten, Sonnenblumen ꝛc.

11. Bei den eigentlichen Basidiomyceten ist eine typische ungeteilte Basidie mit meistens 4 Sporen vorhanden. Diese Basidien sind zu besonderen Schichten, dem Hymenium, vereinigt, das entweder offen auf der Oberfläche der Fruchtkörper liegt: Hymenomyceten, oder in denselben eingeschlossen ist: Gastromyceten. Zu den Hymenomyceten gehören die großen, sogen. Hutpilze, von denen viele Arten als Holzzerstörer bekannt sind. (Vergl. S. 330.)

2. Die chemischen Mittel zur Bekämpfung von Pilzkrankheiten. (Fungicide.)

I. Die kupferhaltigen Mittel.

1. Die Kupferpräparate sind sehr wirksam gegen viele Arten von krankheitserregenden Pilzen, doch ist es falsch, sie als Universalmittel gegen alle Pilzkrankheiten zu betrachten. In erster Linie kommt ihre Verwendung in Betracht gegen den falschen Mehltau, also gegen die verschiedenen Peronospora-Arten des Weinstocks, der Rüben, Leguminosen usw., gegen die Phytophthora der Kartoffeln. Gut wirken sie auch gegen die Erreger der verschiedenen Dürrfleckenkrankheiten an Obstbäumen und Beerensträuchern, gegen den Rost der Rosen, den Erreger der Schütte der Kiefern usw. Über die Verwendung von kupferhaltigen Mitteln zur Beizung des Getreides gegen Brand vergl. S. 393.

Gegen tierische Schädlinge sind Kupferpräparate entweder völlig unwirksam oder die Wirkung ist doch meist eine so geringe, daß sie besser durch andere Mittel ersetzt werden.

2. Die gebräuchlichsten Kupfermittel: Kupfervitriollösung (Kupfersulfat) für sich allein kommt nur für die Beizung gegen einige Getreidebrandarten in Betracht. (Vergl. S. 393.) Bei allen Kupferpräparaten, die auf lebende Pflanzenteile aufgespritzt oder aufgestäubt werden, muß die stark sauer reagierende Lösung von Kupfervitriol durch Zusatz anderer Stoffe neutralisiert werden, wobei das Kupfer zugleich in andere Verbindungen übergeführt wird.

a) Die Neutralisation erfolgt durch Kalk. Die **Kupferkalkbrühe** wird zurzeit bei weitem am meisten unter allen Kupfermitteln angewendet. Sie war auch das erste Kupferpräparat, das man zur Bespritzung verwendete und zwar in der Gegend von Bordeaux, weshalb die Brühe auch Bordelaiser Brühe genannt wird; auch spricht man vom „Bordelaisieren“ der Pflanzen.

Die Herstellung der Kupferkalkbrühe ist einfach, doch müssen die Vorschriften genau beachtet werden, wenn sie genügend wirksam und unschädlich für die Pflanzen sein soll. Zur Gewinnung einer 2%igen Brühe verfährt man folgendermaßen: 2 kg Kupfervitriol werden grob zerstoßen und in ein Säckchen gefüllt. Dieses Säckchen hängt man dann in 50 Liter Wasser, das man in einem hölzernen oder irdenen (nicht eisernen) Gefäß bereit hält. In 12 bis 24 Stunden (am besten also über Nacht) ist der Kupfervitriol gelöst. 2 kg Stücke von gebranntem Kalk sind ferner allmählich mit Wasser zu benetzen, bis der Kalk zu Pulver zerfällt, das man mit etwas mehr Wasser zu einem Brei verrührt. Diesen Brei treibt man durch ein feines Sieb oder durch einen gröberen Sack, um darin befindliche Steinchen, die später die Spritzen verstopfen würden, zurückzuhalten, und rührt ihn dann ebenfalls in 50 Liter Wasser zu Kalkmilch an. Die Kupfervitriollösung und die Kalkmilch, die getrennt für sich längere Zeit aufbewahrt werden können, werden dann unmittelbar vor der Verwendung in möglichst gleichem Strahl in ein drittes Gefäß eingegossen, wobei die dadurch entstehende Brühe gut umgerührt wird. Benützt man statt gebranntem Kalk bereits gelöschten Kalk, so ist entsprechend mehr, etwa 4 kg, zu nehmen. Will man die Kupfervitriollösung zur Kalkmilch gießen, so muß dies allmählich und unter beständigem Umrühren erfolgen, während man beim umgekehrten Vorgehen die Kalkmilch auf einen Guß der Vitriollösung zusetzt.

Da der Kalk je nach seiner Herkunft eine sehr ungleiche Beschaffenheit besitzt, so kann doch, auch wenn man genau nach dieser Vorschrift verfährt, die gewonnene Kupfervitriolkalkbrühe noch schädliche Eigenschaften haben, indem nicht aller Kupfervitriol neutralisiert ist. Vor der Verwendung ist daher die Brühe zu prüfen: Anzeichen für eine richtige Brühe sind, daß sie eine schön tiefblaue (nicht grüne) Farbe und wolkige, fast schleimige Konsistenz besitzt, daß sie sich ferner, wenn man sie in einem Glas stehen läßt, nur sehr langsam absetzt und die über dem blauen Bodensatz stehende Flüssigkeit nicht mehr blau gefärbt, sondern wasserhell ist. Ist dies nicht der Fall, so muß noch mehr Kalkmilch zugesetzt werden. Ein Überschuß an Kalk gilt nicht als schädlich. Um die Prüfung in wünschenswerter Schnelligkeit ausführen zu können, benützt man das bekannte violette Lackmuspapier; taucht man es in die vorher gut umgerührte Brühe ein, so muß es unverändert bleiben oder heller blau werden; tritt eine Rötung ein, so ist dies ein Zeichen, daß die Lösung noch sauer ist und es muß noch mehr Kalkmilch zugesetzt werden.

Fast mehr noch wird das weiße Phenolphtaleinpapier verwendet, das sich, wenn die Zusammensetzung richtig ist, purpurrot färben muß. Lackmuspapier ist in jeder Apotheke erhältlich. Von den verschiedenen Sorten von Phenolphtaleinpapier hat sich besonders jene der Firma Eugen Dietrich in Helfenberg bewährt. Die Papiere sind trocken aufzubewahren.

Eine andere Prüfungsmethode besteht darin, daß man zur fertigen Lösung etwas Blutlaugensalz hinzufügt; tritt dabei eine Rotfärbung ein, so ist weiterer Zusatz von Kalkmilch erforderlich. An Stelle von Blutlaugensalzlösung kann man auch Fließpapierstreifen, die mit der Lösung getränkt und alsdann wieder getrocknet worden sind, verwenden.

Zu empfehlen ist auch eine Methode, den Überschuß an Kupfervitriol nachzuweisen vermittelst einer blanken Stahlklinge, einer Stricknadel, eines eisernen Nagels 2c., welche in die fertige Lösung getaucht werden. Findet sich nach etwa 1_2 Minuten langem Verweilen in der Brühe auf diesen Gegenständen ein roter kupferiger Niederschlag, so ist dies ein Zeichen, daß es noch an Kalk mangelt.

Die 2%ige Brühe, die also je 2 % Kupfervitriol und Kalk enthält, kann durch entsprechende Verdünnung mit Wasser zu 1,5=, 1= oder 0,5%igen Brühen verwandelt werden. Letztere findet nur Verwendung zur Bespritzung von Steinobstbäumen; doch ist es üblicher, für diesen Zweck Brühen mit 1 % Kupfervitriol und 2 % Kalk zu verwenden.

Die Kupferkalkbrühe muß am Tage ihrer Herstellung verwendet werden; sie verliert nämlich infolge chemischer Umsetzungen bald ihre schleimige Beschaffenheit und damit ihre Haftfähigkeit und Wirksamkeit. Man hat durch verschiedene Zusätze, wie Kolophonium, Melasse, Zucker usw., zu erreichen gesucht, diese schnelle Zersetzung hintanzuhalten, bezw. die Haftfähigkeit zu erhöhen. Am besten hat sich zu diesem Zweck ein Zusatz von Zucker erwiesen, der schon vor längerer Zeit von verschiedenen Seiten empfohlen wurde. Nach neueren Untersuchungen von Kelhofer genügen 50 g Zucker auf 1 hl Brühe, um diese so zu konservieren, daß sie lange Zeit ohne Verlust der Wirksamkeit aufbewahrt werden kann.

Man hat auch schon vielfach versucht, Kupferkalk in Pulverform in den Handel zu bringen, den der Empfänger vor der Verwendung nur in der entsprechenden Menge Wasser zu verteilen hat. Besonders zu nennen ist hier das Kupferzuckerkalkpulver, das von der Firma Aschenbrandt in Straßburg zu beziehen ist. Über die allgemeine Beurteilung derartiger pulverförmiger Kupferpräparate siehe nachstehend unter Kupfersoda.

b) Die Neutralisation erfolgt mit Soda: **Kupfersodabrühe.**

Zur Herstellung einer 1%igen Brühe löst man 1 kg Kupfervitriol in 50 Liter Wasser und ½ kg kalzinierte, d. h. wasserfreie Soda (im Handel auch offene Bleichsoda genannt), in der gleichen Menge. Benützt man gewöhnliche, kristallisierte Soda, so müssen auf 1 Teil Kupfervitriol 1½ Teile derselben verwendet werden. Die Kupfersulfat- und die Sodalösung gießt man in einem dritten Gefäß zusammen. Während bei der Kupferkalkbrühe der wirksame Bestandteil Kupferoxydhydrat ist, das nach der Verwendung unter dem Einfluß der Kohlensäure bald zum größten Teil in kohlensaures Kupfer übergeht, wird bei der Kupfersodabrühe von vornherein basisch kohlensaures Kupfer erzeugt. Man kann daher auch kohlensaures Kupfer, das für sich käuflich ist, direkt zunächst mit wenig Wasser zu einem steifen Brei anrühren und durch allmählichen Wasserzusatz unter beständigem Umrühren auf die erwünschte Verdünnung bringen: **Kupferkarbonatbrühe.** Die Kupfersoda- oder Kupferkarbonatbrühe verliert nach der Herstellung noch rascher ihre feinflockige Form als die Kupferkalkbrühe, indem sich ein ziemlich schweres, körniges Pulver ausscheidet, was die Haftbarkeit und Wirksamkeit vermindert und schließlich aufhebt. Die Herstellung unmittelbar vor der Verwendung ist hier also besonders wichtig.

Auch bei diesen Brühen hat man den Versuch gemacht, durch Zusätze von Zucker, Melasse, Leim ꝛc. die Haltbarkeit und Haftbarkeit zu erhöhen. In neuerer Zeit ist für diesen Zweck besonders auch schwefelsaures Aluminium zur Verwendung gelangt in dem sogen. Tenax, das von der Firma Fr. Gruner, Chem. Fabrik, Eßlingen a. N. in Form eines trockenen Pulvers in den Handel gebracht wird. Auch Kupfersoda allein wird schon seit langer Zeit,

namentlich von der Chemischen Fabrik Heufeld (Ober-
bayern), in Form eines Pulvers vertrieben und zwar zum
Preise von 1,20 ℳ pro Kilo. Es braucht nur in entsprechen-
dem Verhältnis im Wasser gelöst zu werden.

Über die Brauchbarkeit derartiger pulverförmiger Kupferpräparate ist schon viel gestritten
worden. Gegen sie wird geltend gemacht: der nicht unerheb-
lich höhere Preis, das Fehlen der Möglichkeit, die richtige
Zusammensetzung zu kontrollieren, vor allem aber die Tatsache, daß in den pulverförmigen Mitteln allmählich chemische
Veränderungen vor sich gehen, die ihre Brauchbarkeit stark
herabsetzen. Eine Garantie dafür, daß sie kurz vor dem
Bezug frisch hergestellt sind, wäre also notwendig. Die Ver-
teidiger pulverförmiger Mittel führen dagegen an die Einfachheit der Herstellung der Brühe, die jede Prüfung mit
Lackmuspapier ꝛc. überflüssig mache, die reinliche Arbeit, die
Unmöglichkeit, daß Verstopfungen der Spritzen eintreten u.
dergl. Speziell gegen die Kupfersodabrühe wird auch angegeben, daß man die Spritzflecken zu wenig sehe, sodaß die
Arbeit nicht entsprechend kontrolliert werden könne; ihre Ver-
teidiger halten dies aber gerade für einen Vorzug, weil diese
Brühe keine Schattenwirkung ausübe und demzufolge die Assi-
milation der Blätter nicht herabdrücke.

Zweifellos hätte die Verwendung fertiger Pulver viel für
sich, wenn die Bedenken gegen sie behoben werden könnten.
Die Praxis, namentlich im Weinbau, hat sich übrigens in wohl
den meisten Fällen bereits für die eigene Herstellung der
Brühe aus ihren verschiedenen Bestandteilen entschieden. Im
übrigen scheint die Wirkung der frischen Kupfersodabrühe
jener der Kupferkalkbrühe durchaus gleichwertig zu sein.

c) Die Neutralisation erfolgt mit Natron
oder Kalilauge: **Kupfernatron= (oder Kali=) Brühe.**

Dieses Verfahren ist ebenfalls vielfach üblich. Die fertige
Brühe muß ebenso wie die Kupfersodabrühe neutral sein,
was mit Lackmuspapier ꝛc. geprüft werden kann.

d) Die Neutralisation erfolgt durch Am
moniak: **Kupferammoniakbrühe.**

Der bei einem Zusatz von Ammoniak zur Kupfervitriollösung zunächst entstehende Niederschlag von Kupferhydro-
xyd löst sich in einem Überschuß von Ammoniak wieder zu
einer klaren, dunkelblauen Flüssigkeit auf, weshalb das Gemisch auch Azurin oder eau celeste genannt wird. Durch
diesen Überschuß von Ammoniak dürften allerdings unter Um

ständen an den bespritzten Blättern leicht Verbrennungen hervorgerufen werden. Die Meinungen über die Brauchbarkeit des Azurins gehen jedenfalls sehr auseinander; gelobt werden dagegen allgemein Ammoniakbrühen, die einen starken Seifenzusatz erhalten haben. Solche seifige Brühen wären vielleicht auch zur gleichzeitigen Bekämpfung tierischer Schädlinge, z. B. des Heuwurms, zu benützen. Bei der Beurteilung der Kupferammoniakbrühe ist übrigens auch zu erwägen, ob es tatsächlich notwendig ist, mehr Ammoniak, als man zur Neutralisation des Kupfersulfats braucht, zu verwenden. Für käufliche Azurinpulver gilt im allgemeinen dasselbe, was vorstehend für Kupfersodapulver angegeben ist.

Namentlich in Amerika wird auch viel eine **Kupferkarbonatammoniakbrühe** benützt, zu der das Kupferkarbonat direkt verwendet oder durch Mischung von Kupfervitriol und Soda hergestellt wird: Abgeändertes Azurin. Die verschiedenen Vorschriften, wie sie z. B. in Hollrung „Chemische Mittel gegen Pflanzenkrankheiten" für die Herstellung derartiger Brühen zusammengestellt sind, gehen weit auseinander, indem namentlich das Verhältnis zwischen Soda und Ammoniak ein sehr wechselndes ist.

Es wird genügen, zwei solche Vorschriften hier anzuführen:
1. Kupfervitriol 1 kg, Ammoniak (26° B) ¾ Liter, Soda 1¼ kg, Wasser 100 Liter. Das Kupfersulfat löst man in 20 Liter Wasser auf, versetzt es mit dem Ammoniak und rührt es gut durcheinander und füllt es dann auf 90 Liter auf. Dazu setzt man die in 10 Liter Wasser gelöste Soda.

2. 1 kg basisches Kupferkarbonat, 2 Liter Ammoniak, 100 Liter Wasser. Das Kupferkarbonat wird mit wenig Wasser zu einem steifen Brei angerührt, dann das Ammoniak und schließlich das Wasser zugegossen.

Bei der Beurteilung der verschiedenen vorstehend beschriebenen Brühen hat man bisher fast ausschließlich deren ja in erster Linie in Betracht kommende Wirksamkeit gegen den zu bekämpfenden Pilz und die damit in Beziehung stehende Haftfähigkeit u. dergl. berücksichtigt. Da die Kupferkalkbrühe aber auch große Mengen Gips, die Kupfersodabrühe schwefelsaures Natron enthält usw., so ist allerdings auch schon vielfach erwogen worden, ob diese Nebenstoffe nicht etwa schädlich wirken. Zahlreiche an der Agrikulturbotanischen Anstalt München ausgeführte Versuche über die Wirkung der Bespritzung der Pflanzen mit verschiedenen Brühen bezw. Lösungen

von Kalkmilch, Gips, Kalisalzen, salpetersauren Salzen u.
dergl. lassen es aber kaum zweifelhaft erscheinen, daß den
Nebenstoffen der Kupferbrühen eine weit höhere
Bedeutung zukommt, als bisher angenommen
wurde; denn diese Stoffe können, wenn man
sie auf die Blätter aufspritzt, je nach der
Boden= und Pflanzenart schädlich oder nützlich
auf die Entwicklung der Pflanzen einwirken.
Auf Böden, die stark kalkhaltig sind, und auf denen die
Reben ohnehin zur Kalkchlorose neigen, dürfte es verfehlt
sein, ausschließlich Kupferkalkbrühen zu verwenden, namentlich
solche, bei denen Kalk im Überschuß ist. Schon bei der Wahl
des Kalkes wird zu erwägen sein, ob das Mengenverhält=
nis zwischen Kalk und Magnesia im Boden nicht
die Verwendung dolomitischer Kalke angezeigt erscheinen läßt,
zumal dieselben nach Untersuchungen von Muth an sich
ein vorzügliches Material zur Herstellung von Bordeauxbrühe
darstellen. Bei der Bespritzung von Rüben und anderen für
Natron dankbaren Pflanzen wird die Kupferjodabrühe am
meisten am Platze sein, während in anderen Fällen Kupferkali=
bezw. Kupferammoniakbrühe vorzuziehen ist 2c.

In diesem Zusammenhang sei auch hingewiesen auf die
Kupferhumusbrühe, deren Brauchbarkeit zurzeit der
Herausgabe dieses Buches durch Versuche geprüft wird.
Näheres ist über sie zu erfahren durch die Agrikulturbotanische
Anstalt München.

c) Bei der Herstellung der bisher besprochenen Kupfer=
brühen geht man fast immer vom Kupfervitriol aus, doch
lernten wir schon bei der Besprechung der Kupferkarbonat=
brühen kennen, daß zu ihnen auch käufliches Kupfer=
karbonat verwendet werden kann.

Unter den Präparaten, die andere Kupfersalze enthalten
oder aus solchen hergestellt werden, sind zu nennen das
essigsaure Kupfer (Verdet neutre), das sich bei einem von
Hensler=Landau ausgeführten Versuch gegen Perono=
spora gut bewährte. Namentlich schien es, als würde durch
den scharfen Essiggeruch zugleich der Traubenwickler etwas
von der Eiablage abgehalten.

Von französischen Forschern ist ferner eine Brühe von
gerbsaurem Kupfer empfohlen worden. Zu deren Herstellung
kocht man 20 kg zerstoßene Eichenlohe 1 Stunde lang in
50 Liter Wasser, wobei das durch Verdampfung verloren
gehende Wasser zu ersetzen ist. Zu der abgegossenen Flüssigkeit

fügt man 1 kg Kupfersulfat zu, das vorher in 2 oder 3 Liter Wasser gelöst wurde. Schließlich verdünnt man mit Wasser auf 100 Liter.

In neuerer Zeit kommt unter dem Namen „Cucasa" von der Firma Dr. L. C. Marquart, Chem. Fabrik, Beuel a. Rh., ein Mittel in den Handel, das aus Kupfersaccharat bestehen soll.

II. Die Schwefelpräparate.

Namentlich gegen die echten Mehltaupilze, und unter diesen am meisten gegen das Oidium des Weinstocks, wird schon seit längerer Zeit das Bestäuben der Pflanzen mit feinem Schwefelpulver angewendet. Die Wirkung hängt dabei überaus von dem Feinheitsgrad des Schwefelpulvers ab; derselbe wird allgemein nach einem von Chancel angegebenen Verfahren mittelst des Sulfurimeters bestimmt. Solche Sulfurimeter sind von Johannes Greiner, München, Mathildenstraße 12, zu beziehen. Da bei Ausübung der Methode aber viele Einzelheiten zu beachten sind, namentlich Innehaltung einer bestimmten Temperatur usw., so tut man gut, die Untersuchung an einer Versuchsstation vornehmen zu lassen.

Von den zur Bekämpfung der Mehltauarten, namentlich des Oidiums, verwendeten Schwefelsorten unterscheidet man:

1. **Ventilato**: Zur Gewinnung dieser Sorte wird stets ein umgeschmolzener, gereinigter, „raffinierter" Schwefel, der nur ganz geringe Verunreinigungen besitzt, verwendet; derselbe wird gemahlen und mit Hülfe eines Gebläses durch feine Seidensiebe gestäubt. (Daher Ventilato.) Er ist bezüglich der Feinheit der beste Weinbergschwefel und soll mindestens 85 Grad nach Chancel aufweisen. Ventilato ist infolge seiner Feinheit stets impalpabile (unfühlbar).

2. **Impalpabile**: D. i. unfühlbar fein gemahlener Schwefel, ohne weitere Sortierung durch Gebläse und ebenfalls fast stets hergestellt aus raffiniertem Schwefel. Impalpabile wird je nach Nachfrage mit einem Feinheitsgehalt von 60 bis 80 Grad nach Chancel hergestellt.

3. **Floristella** ist ein Rohschwefel (also nicht durch den Raffinationsprozeß gereinigt) und hat meist nur zwischen 45—50 Grad nach Chancel. Er ist also als Bekämpfungsmittel am wenigsten zu empfehlen. Trotz dieses Umstandes wird er nach einer Mitteilung der Agrikulturabteilung der Schwefel-

Produzenten G. m. b. H. Hamburg 1, der wir zum Teil auch die hier gemachten Angaben verdanken, am meisten gebraucht, besonders in Spanien, Italien und Griechenland, weil dort die Winzer 2c. bezüglich der Wirkungen des Schwefels noch nicht so aufgeklärt sind, wie in den übrigen in Betracht kommenden Ländern.

Zu bemerken ist noch, daß auch von den Sorten Ventilato und Impalpabile von einzelnen Fabriken Marken in den Handel gebracht werden, die nicht den Durchschnittsnormen entsprechen. So kann offenbar ein Ventilato mit geringerem Feinheitsgrade erhalten werden, wenn ein weniger feines Sieb eingesetzt wird. Aus diesem Grunde ist es empfehlenswert, außer den Namen Ventilato und Impalpabile sich stets die Feinheitsgrade nach Chancel garantieren zu lassen.

Die feinstgemahlenen Schwefelsorten sind natürlich teurer, dafür reicht man aber mit ihnen weiter und ihre Wirksamkeit ist eine erheblich größere, schon weil sie besser haften und nicht so leicht durch den Wind abgeschüttelt werden. Am wenigsten zu gebrauchen sind die sogen. Schwefelblumen.

Über die bei der Verwendung des Schwefels in Betracht kommenden Gesichtspunkte sind bereits auf S. 153 nähere Angaben gemacht. Sollte der Schwefel Neigung zum Zusammenballen zeigen, so kann man leicht Abhilfe schaffen, indem man in je 10 Pfund Schwefel 1 Pfund reingesiebte Holzasche oder 1 Pfund Kalk kräftig einmischt. Beim Bestäuben der Pflanzen tritt man nicht dicht an sie heran, sodaß sich der Schwefel wie eine feine Wolke über sie ergießt.

Einmal vorhandene Mehltauschäden können durch Schwefelung nicht mehr beseitigt werden, wohl aber verhindert sie das Fortschreiten der Krankheit. Möglichst frühzeitige Anwendung, sobald sich die ersten Anzeichen von Mehltau geltend machen, ist daher anzuraten. In Weinbergen, wo das Schwefeln vielfach bereits zu den regelmäßigen Arbeiten gehört, pflegt man unmittelbar nach dem zweiten Spritzen, das noch vor der Blüte erfolgt, zum erstenmale zu schwefeln, nachdem die Kupferbrühe eingetrocknet ist. Zur Verstäubung des Schwefels empfiehlt sich besonders die Verwendung der sogen. Rückenschwefler, mindestens für alle Fälle, wo ganze Weinberge, hohe Obstbäume, Hopfen u. dergl. zu schwefeln sind. Diese Apparate, von denen hier „Victoria" von der Firma Gebr. Holder, Metzingen i. Württ., der für Hopfen mit einem 4 m langen Bambusrohr und Schlauch geliefert wird, sowie der Schwefelverstäuber „Vulkan" der Firma C. Platz=Ludwigshafen a. Rh., dann die Rex=Apparate von Jg. Heller, Wien II/2 und „Torpille" von V. Vermorel=Villefranche zu nennen sind, kosten je nach ihrer Größe 17—27 ℳ. Billiger, aber natürlich weniger leistungsfähig sind die gewöhnlichen Schwefelblasebälge, die in verschiedener Form und Größe außer von den oben genannten Firmen z. B. auch von der Firma Becker & Burhardi=Speyer geliefert werden. (Preis 4—5 ℳ.)

Auf die Zweckmäßigkeit, eine Schutzbrille beim Schwefeln zu verwenden, sei hier nochmals hingewiesen. Besonders bewährt hat sich unter diesen Brillen jene von Ullmann & Hahn, Optische Anstalt in Stutt= gart; doch liefert auch jede Firma, die Verstäubungsapparate führt, gleichzeitig brauchbare derartige Brillen.

Außer reinem Schwefel verwendet man zum Verstäuben auch Mischungen von Schwefel mit Gips ꝛc.; vor allem aber kommt **Schwefelkalk** in Betracht. Zur Herstellung von Spritz= brühen benützt man dagegen in erster Linie **Schwefelkali**, d. i. sogen. Schwefelleber, deren Anwendung in be= sonderen Fällen, z. B. im Kampfe gegen den Amerikanischen Stachelbeermehltau, empfehlenswerter ist, als die des pulver= förmigen Schwefels. Näheres hierüber vergl. S. 395 unter Amerikanischem Stachelbeermehltau.

Andere schwefelhaltige Stoffe, die man als Bespritzungs= bezw. Bekämpfungsmittel im Pflanzenschutz benützt, sind Kalziumbisulfit und Natriumbisulfit, die gegen den Traubenschimmel angewendet werden. (Vergl. S. 230.)

Zahlreich sind auch die Versuche, Mittel zu gewinnen, die gleichzeitig gegen Peronospora und Oidium wirken sollen. Das einfachste derselben ist gewöhnliche Kupfer= kalkbrühe mit einem Zusatz von 1 oder 2 kg Schwefelmilch auf den Hektoliter, die man zuvor mit wenig Wasser zu einem Teig und dann nach und nach mit mehr Wasser zu einem dünnen Brei verrührt hat. Neßler, von dem diese Angabe herrührt, hat auch Bestäubung, namentlich der Träubchen, mit Kupferschwefelkalk empfohlen.

Zu erwähnen ist auch noch das Kupfersulfit, das man nach Condures gewinnt, indem man in einem Gefäß 2 kg Kupfervitriol, in einem anderen 2 kg Natriumsulfit und 1 kg doppelkohlensaures Natron in Wasser löst. Gießt man die letztere Lösung in jene des Kupfersulfats, so entsteht ein grünlicher Niederschlag von Kupfersulfit. Zur Herstellung der

Spritzbrühe füllt man mit Wasser auf 200 Liter; für spätere Bespritzungen verwendet man besser etwas stärkere Lösungen.

Neuerdings ist auch vorgeschlagen worden, der Kupferkalkbrühe Schwefelleber zuzusetzen; es wurden aber gegen die Zweckmäßigkeit eines solchen Verfahrens von verschiedenen Seiten Bedenken geäußert.

———

3. Die chemischen Mittel zur Bekämpfung von Insekten 2c.

Die zahlreichen hierher gehörigen Mittel sollen entweder die tierischen Schädlinge direkt abtöten (Kontaktgifte) oder man sucht mit ihnen deren Nahrung zu vergiften (Nahrungsgifte). Manche Mittel wirken in beiden Richtungen oder auch dadurch, daß sie durch ihren Geruch oder Geschmack die Schädlinge abhalten, die Eiablage verhindern usw.

I. Die Kontaktgifte.

1. An sich ungiftige Stoffe, wie **Fette, Oele** 2c. können töblich auf die Insekten wirken, indem sie deren Atmungsorgane verstopfen; man verwendet daher z. B. Schweinefett gegen die Blutlaus und tropft Rapsöl oder irgend ein anderes Öl, das auch noch mit einem Insektengift versetzt werden kann, gegen den Heuwurm in die Gescheine ein. Besonders wirken auch **Seifenlösungen** in dieser Richtung, weshalb sie vielfach in 1—5%iger Konzentration als Spritzmittel für sich allein Verwendung finden (z. B. gegen Blattläuse, gegen den Heuwurm). Am besten eignen sich, schon der Billigkeit wegen, die sogen. Schmierseifen, die in Deutschland meist benützt werden, während man in Amerika mehr Walfischölseife u. dergl. verwendet. Die Schmierseifen (Kaliseifen) dürfen nur nicht zu alkalisch sein; wenn es sich um eine Bespritzung sehr zarter und empfindlicher Pflanzen handelt, empfiehlt es sich überhaupt, an ihrer Stelle eine neutrale, sogen. Ölkernseife (Natronseife) zu verwenden. Namentlich gegen den Heuwurm wird neuerdings die Verwendung 3%iger Schmierseifenlösung sehr empfohlen. Beim Bespritzen der Gescheine mit dieser Lösung muß mit starkem Druck gearbeitet werden.

2. Wesentlich verstärkt wird die Wirkung der Schmierseifenlösungen durch Zusatz von Mitteln, die direkt töblich auf

Insekten 2c. wirken. Unter diesen steht mit an erster Stelle das **Dalmatinische Insektenpulver**, das auch für sich allein ausgezeichnet wirkt, wenn man es auf befallene Pflanzenteile aufstäubt, die dabei keinerlei Beschädigungen erleiden. Gegen Erdflöhe an sonnigen Tagen angewendet, genügen 1,5 bis 2 g auf 1 qm. Gute Dienste leistet Insektenpulver, wenn man es auf einem Eisenblech über glühenden Holzkohlen langsam verbrennt in Gewächshäusern gegen die schwarze Fliege usw. Für einen Raum von 10 cbm reichen dabei 2—4 g. Es ist aber wohl zu beachten, daß nur Dalmatinisches Insektenpulver wirksam ist und auch dieses nur, wenn es frisch ist, d. h. den ihm eigenen Geruch in starkem Maße zeigt. Es muß auch stets in gut schließenden Gefäßen aufbewahrt werden. Dalmatinisches Insektenpulver kostet 2,40—2,50 ℳ pro kg; am besten vermitteln es die Pflanzenschutzstationen. Völlig unbrauchbar ist gegen den Heuwurm nach Dufour ein Insektenpulver, das nicht aus den Blütenköpfchen verschiedener Pyrethrumarten, sondern aus den Wurzeln von Anacyclus Pyrethrum stammt.

Durch Zusatz von Dalmatinischem Insektenpulver zu einer Schmierseifenlösung erhält man die sogenannte **Dufoursche Lösung**, die als eines der wirksamsten Bespritzungsmittel gegen Blattläuse, Milben, Raupen u. dergl. bezeichnet werden muß. Gegen den Heuwurm, gegen den dieses Mittel ganz besonders von Dufour empfohlen wurde, wirkt am besten eine Mischung von 3 % Schmierseife und 1,5 % Insektenpulver. Da die Heuwurmräupchen, namentlich wenn es sich um beide Arten des Traubenwicklers handelt, zu sehr ungleicher Zeit auftreten, so ist gegen sie eine zweimalige Bespritzung notwendig, deren Kosten Zschokke auf 40 ℳ pro Morgen berechnet. Stellenweise beobachtete Schädigungen der Träubchen sind nur durch alkalische Seifen verursacht worden. Nach Lenert wird die Wirkung der Dufourschen Lösung gegen den Heuwurm bedeutend verstärkt, wenn man zu 100 Liter Spritzflüssigkeit 100 g Schwefeläther zusetzt.

Gegen kleinere und weichhäutige Schädlinge, wie Blattläuse, Milben 2c. genügt eine Konzentration von 0,5 % Insektenpulver und 1,5 % Schmierseife. Die Brühe muß vor der Verwendung stets frisch hergestellt werden. Zur Bereitung von 10 Liter Brühe mit 1,5 % Schmierseife löst man 150 g solcher Seife in einem Liter heißem Wasser auf und setzt darauf 50 g Insektenpulver nach und nach unter Umrühren zu. Nach vollkommener Verteilung dieses Pulvers wird soviel kaltes Wasser hinzugefügt, daß die gesamte Menge 10 Liter beträgt. Die Brühe wird sodann durch ein Haarsieb oder Seihetuch gegossen, um sie von Unreinigkeiten, die die Spritze verstopfen könnten, zu befreien.

Es ist auch empfohlen worden, statt des Insektenpulvers selbst, einen mit Spiritus und Ammoniak daraus gewonnenen Extrakt zur Herstellung einer Brühe zu verwenden.

3. Ein vorzügliches Mittel, namentlich gegen Blattläuse, stellt die **Quassiabrühe** dar. Zu ihrer Herstellung werden 1,5 kg Quassiaspäne etwa 12 Stunden in 10 Liter Wasser eingeweicht und dann aufgekocht; nach weiteren 24 Stunden gießt man die Lösung von den Spänen ab. Gleichzeitig löst man 2,5 kg Schmierseife oder noch besser Kernseife ebenfalls in 10 Liter Wasser. In ein gut gereinigtes Petroleumfaß füllt man weiterhin 80 Liter Wasser und vermischt damit unter gutem Umrühren die je 10 Liter Quassia- und Seifenlösung. Die so bereitete Brühe hat den großen Vorzug, daß man sie den ganzen Sommer über in dem zugedeckten Faß aufbewahren kann, ohne daß sie ihre Wirksamkeit verliert. Quassiaholz ist für ca. 1,50 ℳ für 1 kg in den Apotheken und Droguengeschäften zu erhalten.

4. Ein gutes Insektengift ist auch **Petroleum** in verdünntem Zustand. Da es sich nicht mit Wasser vermischt, so müssen sogen. Emulsionen hergestellt werden. Zur Bereitung einer solchen zerkleinert man 125 g Seife und weicht sie in ½ Liter Wasser 12 Stunden lang ein, löst sie dann bei Siedehitze und setzt n a c h   d e r   W e g n a h m e   v o m   H e r d 2 Liter schwach angewärmtes Petroleum zu. Die notwendige Vermischung wird am besten mittelst einer Blumenspritze bewirkt, indem man durch fortgesetztes Einsaugen und scharfes Herausspritzen eine rahmartige Beschaffenheit zu erzielen sucht: **Petroleumrahm.** Zuletzt wird nochmals ½ Liter Wasser erhitzt und unter weiterer Verrührung beigemischt. Im allgemeinen ist eine Brühe, die 2 Liter Petroleumemulsion a u f 100 L i t e r W a s s e r enthält, stark genug.

Gegen S c h i l d l ä u s e , gegen die der Petroleumrahm ebenfalls viel angewendet wird, muß jedoch die unverdünnte Emulsion benützt werden, die man am besten mit einer Bürste aufstreicht. Auch gegen die B l u t l a u s sind nur stärkere Konzentration wirksam genug.

Ein anderes Rezept für ein petroleumhaltiges Mittel, namentlich gegen Blattläuse, lautet: 1 kg Petroleum, 2 Liter Schmierseife, 1 kg Soda und 96 Liter Wasser.

Die sog. **Krügersche Petroleumemulsion**, die besonders auch gegen Schildläuse viel angewendet wird, ist zu beziehen von Klönne & Müller, Berlin, Luisenstraße 49.

Namentlich bei Verwendung von hartem Wasser geht die Emulgierung des Petroleums nicht gut vor sich; steht nur solches zur Verfügung, so muß etwas Lauge zum Wasser zugesetzt werden. Noch zweckmäßiger ist es, statt Seifen= wasser saure Milch zu verwenden, indem man 1 Liter davon mit 2 Liter Petroleum zusammenbuttert. In Amerika soll allgemein Milch statt Seifenwasser zur Herstellung von Petroleummischungen verwendet werden, die man dort als die bewährtesten Mittel gegen Blattläuse, Schildläuse und saugende Insekten überhaupt ansieht.

Petroleum setzt man auch gerne giftigen Bekämpfungs= mitteln in geringer Menge zu, um das Wild von damit besprißten Pflanzen abzuhalten.

5. Nikotinhaltige Präparate: Die aus Tabak, bezw. Tabakrückständen hergestellten Mittel wirken zum Teil auch als Nahrungsgifte und als Abschreckungsmittel. **Tabak= staub** wird gelegentlich benützt zum Ausstäuben auf Pflanzen, die von Blattläusen, Erdflöhen rc. befallen sind. Auch ver= wendet man Tabak zum Ausräuchern von Gewächshäusern, wobei man ihn auf einem Eisenblech über glühenden Kohlen langsam verbrennt. Viele Pflanzenarten sind aber gegen Tabakdämpfe empfindlich, so namentlich die Orchideen, viele Farnkräuter, Gesneriaceen usw. In dem S. 73 beschriebenen „Nikotinverdampfer" werden besonders präparierte Nikotinkuchen verdampft.

Viel häufiger ist die Anwendung von **Tabakextrakt** zum Besprißen oder Abwaschen der Pflanzen. Man kann sich einen solchen Extrakt selbst herstellen, indem man auf eine größere Menge Tabakrippen heißes Wasser gießt und dieses solange anziehen läßt, bis eine dunkelbraune, stark riechende Brühe entstanden ist, die man vor der Verwendung ver= dünnt. Benüßt man sie als Waschmittel bei Gummibäumen oder anderen großblätterigen Pflanzen, so muß man bald mit reinem Wasser gründlich nachspülen. Besser ist es, Tabak= extrakte zu beziehen, die zur Verwendung im Pflanzenschuß besonders hergestellt werden. Die Wirkung dieser Extrakte ist vielfach ausgezeichnet, andererseits aber auch infolge ihrer wechselnden Zusammensetzung sehr schwankend. In neuerer Zeit wird in Frankreich auf Veranlassung des Staates ein solcher Extrakt, das **Nicotine titrée**, hergestellt, das einen fest bestimmten Nikotingehalt, und zwar 10 %, enthalten soll. Die Untersuchung eines solchen Extraktes an der Zentralversuchsstation München, die auf Veranlassung der Zoologischen Abteilung der Wein- und Obstbauschule Neustadt a. H. erfolgte, ergab bei zwei Proben: Gesamtnikotin = 9,20—9,53 %, Nikotin in freier Form = 5,07—5,72 %, Nikotin gebunden an Schwefelsäure = 3,48—4,46 %.

Das französische Produkt wird in Deutschland zollfrei eingeführt.

Eine wesentlich andere Zusammensetzung hat ein einheimisches Ersatzprodukt, das von der Elsässischen Tabakmanufaktur in Straßburg-St. Ludwig für 2,50 ℳ pro kg geliefert wird; es besitzt aber gleiche Wirksamkeit.

Zur Verwendung gelangen diese Extrakte natürlich nur in Verdünnungen und zwar setzt man gewöhnlich zur Gewinnung der Spritzbrühen 1—1,5 Liter des Extraktes zu 100 Liter Wasser, bezw. zu 100 Liter Kupferkalkbrühe.

Nach Schwangart ist vielleicht bei Verwendung von freiem Nikotin (gegen den Heuwurm) eine bessere Wirkung zu erzielen, als von gebundenem, während bei letzterem wahrscheinlich die Wirkung von größerer Dauer sein wird, da das freie Nikotin sehr flüchtig ist; gegen den Heuwurm wäre mehr die längere Dauer der Wirksamkeit erwünscht. Ein Produkt, in dem das Nikotin vollständig gebunden ist, wird von der Tabakfirma Pels-Hamburg angeboten. Bei der üblichen Mischung dieser Nikotinpräparate mit Bordelaiserbrühe (vergl. auch S. 373) wird aber das Nikotin frei. Aus diesem Grunde wären nach Schwangart doch Präparate vorzuziehen, in denen das Nikotin an Pflanzensäuren gebunden ist, wie im natürlichen Tabakextrakt. Ein solches Präparat mit konstantem (10 %) Nikotingehalt wird von der Firma Everth-Hamburg geliefert. Tabakextrakte zur Schädlingsbekämpfung sind ferner zu beziehen von den Firmen Ankersmit & Co.-Bremen, Buchstraße 11 und G. H. Clausen & Co.-Bremen, Bachstraße 115. Die erstgenannte Firma liefert den Extrakt in Blechbüchsen von 50 kg oder in Fässern mit 300 kg; außerdem ist von ihr eine Tabaklauge mit 90 % Nikotin zum Preise von 30 ℳ pro kg zu beziehen.

Die Tabakextrakte werden besonders viel angewendet gegen den Heuwurm und zwar meist vermischt mit Kupferbrühen, sowie gegen andere Raupen verschiedener Art; empfohlen wird, falls die Extrakte für sich allein verwendet werden, die Bespritzung an bewölkten Tagen vorzunehmen, damit die Blätter nicht verbrannt werden. Auch bei Weidenkäfern wurden mit solchen Extrakten gute Resultate erzielt.

In Verbindung mit Seifenbrühen gelangt Tabakextrakt zur Verwendung in der bekannten **Neßlerschen Tinktur,** in der 40 g Schmierseife, 50 g Fuselöl, 60 g Tabakextrakt und 200 ccm Spiritus vermischt und mit Wasser auf 1 Liter verdünnt sind.

Nach Laborde sollen gegen den Heuwurm **Nikotinseifenbrühen** besonders wirksam sein. Zu ihrer Herstellung nimmt man 1 kg Seife und 2 kg Nikotin auf 100 Liter Wasser.

Ob Nikotinpräparate gegen den Sauerwurm verwendet werden können, bleibt noch festzustellen; jedenfalls sind manchen von ihnen Konservierungsmittel zugesetzt, deren starker Geruch leicht auf die Trauben übergehen könnte.

6. Schwefelkohlenstoffhaltige Mittel. Im Gegensatz zu anderen Ländern, namentlich zu Italien, wird in Deutschland der Schwefelkohlenstoff zur Herstellung von Spritzmitteln noch wenig benützt, trotzdem er sich dazu gut eignen soll. So wird die sogenannte **Göldsche Tinktur** gegen die Blutlaus empfohlen; sie besteht aus 60 % Milch, 20 % Terpentin und 20 % Schwefelkohlenstoff. Daß gegen die Blutlaus auch das Betupfen mit einer nur mit Schwefelkohlenstoff getränkten Watte sehr zu empfehlen ist, sei übrigens besonders hervorgehoben.

Laborde empfiehlt gegen den Heuwurm ein Gemisch von 1 kg Schwefelkohlenstoff, 1 kg Ölsäure, 2 kg Petroleum und 0,2 kg Ätzsoda auf 100 l Wasser.

Zur Gewinnung einer Brühe gegen Nester- und einzelne Raupen soll billige Seife in Wasser gelöst und etwa $\frac{1}{3}$ des Seifengewichtes an Fett und alsdann soviel Schwefelkohlenstoff zugesetzt werden, als unter Umschütteln aufgenommen wird. Vor der Verwendung verdünnt man mit soviel Wasser, daß der Seifengehalt etwa $1-1\frac{1}{2} \%$ beträgt.

Emulsionen von großer Haltbarkeit soll man nach Targioni-Tozetti erhalten durch Mischung von 10 Teilen alkoholischer Seifenlösung, 10 Teilen Amylalkohol, 10—20 Teilen Schwefelkohlenstoff (an dessen Stelle auch Benzol, Nitrobenzol oder Petroleum treten kann) und 500—800 Teilen Wasser. Statt mit Wasser kann man diese Mischungen auch mit Kupfervitriollösungen anmachen. Für die Bespritzung des

Weinstocks sind die Verdünnungen so zu wählen, daß etwa 0,25 % bis höchstens 1 % Schwefelkohlenstoff in den Brühen enthalten sind.

Schwefelkohlenstoff enthaltende Emulsionen sind auch von verschiedenen Firmen zu erhalten.

7. Lysol=, kresol= und karbolhaltige Präparate. Karbolineum. ¼ %ige **Lysollösung** wird als Spritzmittel gegen Blattläuse empfohlen; stärkere Lysollösungen als 1 %ige dürfen nur an verholzten Pflanzenteilen verwendet werden.

Ein Rezept gegen Minierräupchen lautet: 1½ kg Tabakextrakt und ¼ l Lysol auf 100 l Wasser.

Zur Beseitigung der Blattläuse an Topfpflanzen soll sich die Bespritzung mit 50fach verdünntem **Kresolseifen-Erdöl** gut bewährt haben, das von der Firma Richard Bauer, Laboratorium in Frankfurt a. d. Oder zum Preise von 1,80 ℳ per Liter zu beziehen ist; bei Mehrbezug billiger.

Fleischer empfiehlt gegen Blattläuse eine 1 %ige Lösung von **Sapokarbol**, d. i. ein Gemisch von Rohkresol mit Seife.

Gegen den Heuwurm soll sich gut bewährt haben eine Mischung von 4 kg Phenoltabaksaft, 1,5 kg Kreolin und 1 kg Seife auf 100 l Wasser.

Amylokarbollösung, ein gutes Spritzmittel gegen zahlreiche Insekten, wird durch Mischen von 150 g Schmierseife, 160 g reinem Fuselöl und 9 g 100 %iger Karbolsäure hergestellt; bei der Verwendung werden auf 1 Teil dieser Brühe 9 Teile Wasser gegeben.

Eine außerordentliche Bedeutung als Pflanzenschutzmittel hat in den letzten Jahren das **Karbolineum**, namentlich im Obstbau, gewonnen. Dabei ist man von der ursprünglichen Verwendung unverdünnten Karbolineums als Anstrichmittel fast vollständig abgekommen, weil doch zu häufig, namentlich bei Steinobstbäumen, schwere Schädigungen eintraten. Zurzeit verwendet man fast ausschließlich Karbolineumemulsionen, die den Vorteil bieten, daß sie in jedem beliebigen Verhältnis mit Wasser verdünnt werden können. Zur Emulgierung werden von den zahlreichen Firmen, die solche Karbolineumpräparate liefern, verschiedenartige Mittel, meistens aber solche seifenartiger Natur, namentlich Harzölseife usw., benützt.

Es kann hier nicht darauf eingegangen werden, die einzelnen Karbolineumpräparate und deren Namen aufzuzählen, schon weil alljährlich zahlreiche neue derartige Präparate auf den Markt gebracht werden. Uns bekannte Firmen, die solche Karbolineumpräparate liefern, sind:

R. Avenarius & Co., Stammhaus in Stuttgart; P. Beck-München, Glückstraße 13; E. Bickel & Co.-Mainz; H. Gleitsmann-München, Ickstattstraße 19; Lohn & Dickhoff-Hamburg 15; Dr. H. Nördlinger-Flörsheim a. Main; F. Schacht-Braunschweig, Bültenweg 21; G. Schallehn-Magdeburg; L. Webel-Mainz.

Im allgemeinen hängt die Preiswürdigkeit und Brauchbarkeit der verschiedenen Karbolineumpräparate natürlich in erster Linie von ihrem Gehalt an Karbolineum ab; sehr zu beachten ist aber auch, daß Karbolineum keinen einheitlichen, stets gleich zusammengesetzten chemischen Körper darstellt, sondern in überaus zahlreichen, auch im Preis sehr verschiedenen Marken im Handel erscheint, die, abgesehen von ihrer verschiedenen Konsistenz, namentlich auch im Gehalt an wirksamen, besonders aber auch an pflanzenschädlichen Stoffen sehr schwanken. Die Emulsionen dürfen nicht stark alkalisch sein. Hauptsächlich kann die Verwendung von Karbolineumemulsionen, die nach den Angaben jener Firmen, die bereits genügende Erfahrungen gesammelt haben, entsprechend dem jeweiligen Zweck, zu verdünnen sind, empfohlen werden zur Bespritzung der Bäume und unter Umständen auch der Beerensträucher, der Reben usw., im unbelaubten Zustand. Wer dagegen dünne Karbolineumemulsionen auch zur Bespritzung der Pflanzen während der Vegetationszeit verwenden will, wird gut tun, um selbst ein Urteil über die Zweckmäßigkeit dieses Verfahrens zu gewinnen, zum Vergleich Kupferbrühen, Dufoursche Lösung u. dergl. oder andere pilz- oder insektentötende Spritzmittel heranzuziehen. Jedenfalls kommen diese Karbolineumemulsionen wenig gegen Pilzkrankheiten, wie Fusicladium rc. in Betracht, während ihre Wirkung gegen tierische Schädlinge begrenzt ist durch den geringen Konzentrationszustand, in dem sie ohne Schaden für die Blätter rc. während des Sommers verwendet werden können.

Inwieweit dünne, d. h. höchstens ½ %ige Karbolineumemulsionen zur Bespritzung von Gemüsepflanzen gegen Erdflöhe, Raupen rc. ohne Schädigung der Pflanzen verwendet werden können, bleibt noch festzustellen. Meldungen über damit erzielte günstige Ergebnisse liegen aber schon von verschiedenen Seiten vor.

8. Verschiedene andere Bespritzungsmittel. Nach H. Mayr werden alle nackten Pflanzenläuse, alle Raupen von Groß- und Kleinschmetterlingen rc. schon nach kurzem Verweilen im **Wasser von 45° C** getötet. Insekten mit hartem Panzer, wie Käfer, besonders kleine Rüßler, gehen in kurzer Zeit in Wasser von 50° C zugrunde. Gegen Schildläuse ist keine höhere Temperatur notwendig, nur längeres Verweilen der Pflanzen im Wasser. Palmen in Töpfen, die von Thrips oder Schildläusen heimgesucht sind, werden an ihrer Basis mit einem Tuch so umwickelt, daß der Topf beliebig gedreht und gewendet werden kann, ohne daß das Erdreich durcheinander fällt. Sie werden dann in eine Wanne mit Wasser von 50° C gelegt und ein paarmal hin- und hergerollt, damit alle Blätter wenigstens eine halbe Minute unter Wasser sind. Die umwickelte Stelle, an der ebenfalls Schädlinge sitzen können, wird alsdann mit 50° C heißem Wasser bespritzt.

Regenwürmer vertreibt man aus Töpfen, indem man diese solange in heißes Wasser einstellt, bis die Wärme die Erde durchdringt. Die Regenwürmer versuchen zu fliehen, kommen aber im heißen Wasser sofort um.

Selbst zarte Rosentriebe hat Mayr durch heißes Wasser von Läusen befreit. Bei winterkahlen Bäumen können gegen die verschiedensten Schädlinge und deren Eier noch viel höhere Temperaturen angewendet werden; hier muß aber gespritzt werden.

Raupennester können durch heißes Wasser abgetötet werden, ohne daß man sie abzuschneiden braucht.

Voß empfiehlt gegen die Birnblattmilbe rc. die Bespritzung mit gereinigtem **schwefelsaurem Aluminium** (Aluminium sulf. purum) in 2%iger Lösung. A. sulf. technicum oder crudum ist meist nicht wirksam genug, während purissimum, als zu teuer, überflüssig ist. Auch gegen Blattläuse, Milbenspinnen rc. soll diese Bespritzung, bei trockenem Wetter ausgeführt, nützlich sein; (ferner auch gegen den Rosenmehltau).

Nubina: 50 Teile norwegischer Holzteer und ebensoviel einer gesättigten Lösung von Natronlauge werden vermischt. Das dabei entstehende wasserlösliche Produkt wird je nach der Pflanzenart und den zu bekämpfenden Schädlingen in 1 bis 5%iger Lösung verwendet. Das von Berlese angegebene Mittel wurde besonders gegen den Heuwurm empfohlen.

Neuerdings ist es auch gegen die Milbenspinne am Hopfen angewendet worden.

Labordesche Mischung: 1½ kg Fichtenharz und 200 g Ätznatron (frei von Karbonat) sind in 1 l denaturiertem Spiritus zu lösen; dazu gibt man 1 l Ammoniak (22gradig) und verdünnt das Ganze auf 100 l Wasser. Die Bespritzung mit dieser Mischung soll sich besonders gegen Raupen bewähren, die durch Haarbekleidung oder Gespinste vor der Benetzung mit wässerigen Flüssigkeiten geschützt sind.

Zum Bepinseln der Rebstöcke (nach dem Abreiben) gegen Rebschildläuse soll eine **Harzlösung**, die aus 1 l denaturiertem Spiritus, 300 g weißem Harz und 20 g Katechu besteht, wirksam sein.

In Amerika verwendet man vielfach **Fischtran**, bezw. **Fischöl** zur Herstellung von Spritzmitteln. So soll gegen die Milben- oder Rote Spinne die sog. Halloway-Brühe gut sein: 16,5 kg Harz, 2,5 kg Fischöl und 0,5 kg Kalilauge werden mit Wasser zusammengekocht und alsbann auf 100 l Wasser verdünnt; in der Regel verdünnt man vor der Verwendung die Brühe noch mit 3 Teilen Wasser.

Mehrfach ist auch schon versucht worden, tierischen Schädlingen durch Mittel beizukommen, die **Säfte giftiger Pflanzen** enthalten. So soll sich nach Sajo gegen die Larven von Blattwespen die Bespritzung mit einer Brühe, die auf 7 bis 10 Liter Wasser 50 g Helleboruspulver enthält, gut bewähren. Gegen den Fraß der Erdraupen soll eine Bespritzung mit einem Extrakt von Rittersporn gut gewirkt haben.

Neßlersche Tinkturen sind gegen Blutläuse mit einem Pinsel aufzutragen. 50 g Schmierseife sind in 650 g warmem Wasser zu lösen, dem nachträglich 100 g Fuselöl und 200 g Weingeist zugesetzt werden.

Nach einem anderen Rezept löst man 30 g Schmierseife in 1 l warmem Wasser und fügt 40 ccm Fuselöl und 2 g Karbolsäure zu.

Außer diesen und den zahlreichen in den vor- und nachstehenden Kapiteln genannten **Blutlaus**mitteln seien noch einige Geheimmittel hervorgehoben, die vielfach gelobt werden, so das „Antisual" der Fabrik landwirtsch. Artikel „Agraria", Dresden-A. 16, das „Schizoneurin" der Firma Braun-Neuwied a. R.; ein Mittel, das von Apotheker Zahn-Oberingelheim a. R. zu beziehen ist, und endlich ein englisches Mittel, dessen Vertrieb in Deutschland die Firma Max Kanold-Hamburg 8 übernommen hat.

Übrigens ist auch **denaturierter Spiritus**, für sich allein angewendet, von guter Wirkung gegen die Blutlaus, deren Herd an Stämmen und Zweigen man damit behandelt.

Gegen Blattläuse an Obstbäumen hat Neßler eine Brühe von 40 g Schmierseife, 50 g Amylalkohol, 200 g Spiritus auf 1 l Wasser oder 30 g Schmierseife, 2 g Schwefelkalium und 32 g Amylalkohol auf 1 l Wasser empfohlen.

Brühen mit **Formalin** (bis zu ½%) sind mit Erfolg zur Bespritzung belaubter Bäume und Sträucher gegen Blattläuse ꝛc. benützt worden.

9. Salbenartige Mittel zum Aufstreichen gegen Blutläuse ꝛc. 100 g **Quecksilbersalbe** (giftig) werden mit 700 g Schmierseife und 200 g Petroleum verrieben; sollte die dadurch entstehende Salbe hart geworden sein, so kann sie durch denaturierten Spiritus beliebig verdünnt werden.

Paraffin, mit 1% Nitrobenzol versetzt, liefert jeder Drogenhändler.

Fettmischung von Fuhrmann-M.-Gladbach. 1 Teil Pferdefett und 1 Teil Schmiertran sind mit 3 Teilen denaturiertem Spiritus zu versetzen. Für ältere Holzteile kann man zu dieser Mischung noch ¼—⅛ Teil ungereinigte Karbolsäure hinzufügen. Vor der Verwendung sind die Mischungen gut durchzurühren.

Gegen verschiedene Rüsselkäfer, die den Weinstock heimsuchen, empfiehlt Taschenberg besonders die **Balbiani'sche Salbe**, die man herstellt, indem man 30 Teile Naphtalin zu 20 Teilen Steinkohlenteeröl setzt und diese Mischung dann zu 100 Teilen gebranntem Kalk zugießt, den man kurz vorher mit Wasser gelöscht hat. Das Ganze wird dann soweit verdünnt, daß es 400 Teile Wasser enthält.

Erwähnt kann an dieser Stelle auch werden eine breiartige Mischung, die **Leineweber'sche Komposition**, die man als Schutzmittel gegen Borkenkäfer der Obstbäume verwendet, indem man sie auf Stämme und Äste aufstreicht, bis sich eine starke Kruste bildet. Man gewinnt sie durch Vermengen von Tabakextrakt mit gleicher Menge Ochsenblut, 1 Teil gelöschtem Kalk und 16 Teilen frischem Kuhmist; das Ganze läßt man unter öfterem Umrühren in einer offenen Tonne einige Zeit stehen.

Hieran schließen sich dann an die **Raupenleime**, deren Herstellung und Bezugsquellen bereits S. 297 vermerkt sind, und die verschiedenen Mittel, die zur Schließung von Wunden dienen, welche durch Hasen, Stürme, Hagel oder durch den Menschen selbst beim Beschneiden der Bäume veranlaßt werden. Angaben über deren Herstellung und Anwendung finden sich in den verschiedenen Monaten. Hier sei nur zusammenfassend erwähnt, daß **Baumwachs** zum Teil auch in warmem, flüssigem Zustand verwendet wird; kaltflüssiges ist jedoch im allgemeinen vorzuziehen. (Vergl. S. 2). Selbst kann man sich Baumwachs nach Lucas herstellen, indem man 2 kg rohes Fichtenharz durch langsames Erwärmen (nicht auf offenem Feuer) flüssig macht und 2 Eßlöffel Leinöl, sowie 100 g Bienenwachs zufügt. Beginnt die Masse nach Wegnahme vom Feuer zu erkalten, so gießt man langsam 280 g 90 %igen Weingeist hinzu, den man vorher durch Einstellen in warmes Wasser mäßig erwärmt hat.

Es gibt noch verschiedene andere Rezepte, die aber alle ziemlich kompliziert sind, sodaß es fast empfehlenswerter erscheint, fertige Mischungen zu kaufen.

10. Unter den Mitteln, die man zur Vertilgung von Insekten auf Pflanzen **aufstäubt** oder **aufstreut**, sind in erster Linie das Dalmatinische Insektenpulver (vergl. S. 359), sowie Tabakstaub zu nennen. Auch Thomasmehl, Superphosphat, Rohguano, Ätzkalk und kohlensaurer Kalk, ferner Kalisalze, Eisenvitriol u. drgl. werden verwendet. Besonders zu erwähnen ist hier auch Schwefelpulver, wenn auch dessen Wirksamkeit gegen Insekten nicht allzugroß ist. Ein Schwefelpräparat, das besonders gegen Schnaken, Erdflöhe, Spargelkäfer usw. empfohlen wird, besteht aus 1,5 kg Schwefelleber, 2,5 kg Ruß, 17,5 kg Ätzkalkpulver und 17,5 kg Gaskalkpulver; es ist bei Tau oder nach Regen auszustreuen.

Eine Mischung von Rohnaphtalin mit Ätzkalk 10 : 90, die aufgestreut wird gegen Erdflöhe 2c., hat kaum eine durchschlagende Wirkung.

11. Die Nahrungsgifte.

Unter den Nahrungsgiften spielen in Amerika und vielen anderen Ländern die Arsenverbindungen eine ganz außerordentliche Rolle; allein gegen den Schwammspinner gelangten in den Vereinigten Staaten in manchen Jahren schon mehrere tausend Tonnen von Arsenpräparaten zur Verwendung. In Deutschland ist bisher die Methode, die Nahrung schädlicher Insekten mit arsenhaltigen Mitteln zu vergiften, gelegentlich schon vor mehr als 10 Jahren, namentlich gegen Rübenschädlinge, mit bestem Erfolge benützt worden, und neuerdings erblicken zahlreiche Praktiker in der Verwendung von Arsenpräparaten, hauptsächlich von Schweinfurtergrün, das einzige Mittel, um den in den letzten Jahren besonders schweren Schädigungen, die der Heu und Sauerwurm veranlaßt, für die Zukunft zu begegnen. Gegen den Wunsch, Arsenpräparate im Weinberg zu verwenden, hat aber das Kaiserl. Gesundheitsamt schwere Bedenken geltend gemacht und neuerdings in einem Gutachten ausgesprochen, daß Versuche in Weinbergen mit arsenhaltigen Mitteln nur unter gewissen Vorbedingungen und unter Hinzuziehung von Hygienikern unternommen werden sollten. Das möglichst klein zu bemessende Versuchsstück wäre durch einen Zaun abzuschließen, auch sollte es so liegen, daß der darüber hinstreichende Wind nicht benachbarte Dörfer berührt und die Möglichkeit ausgeschlossen wird, daß Arsen etwa in das Quellwasser gelangt u. drgl. Nun ist zwar Vorsicht beim Umgehen mit so außerordentlich giftigen Stoffen sicherlich sehr angebracht, aber die unabweisbaren Forderungen der Praxis werden über diese Bedenken, die wir für sehr übertrieben halten, hinweggehen, falls sich für die arsenhaltigen Mittel nicht etwa im Nikotin oder in anderen Stoffen ein vollwertiger Ersatz findet. Zu verlangen wird vielleicht sein, daß die Verwendung von Arsen nicht in das Belieben des Einzelnen gestellt wird, d. h. also, daß zweckmäßigerweise in Weinbaugebieten Organisationen geschaffen werden, wie sie etwa den Spritzgenossenschaften (vergl. S. 378) entsprechen, durch die die Arsenmittel nur unter Kontrolle ausgegeben werden. Als wesentlichste Forderung kommt bei der Verwendung von arsenhaltigen Mitteln in Betracht, daß sie nur zu einer Zeit benützt werden dürfen, wo die Gefahr völlig ausgeschlossen ist, daß zur Zeit der Ernte an den Pflanzenteilen noch Arsen vorhanden ist. Dabei ist aber wohl zu berücksichtigen, daß Arsensalze, namentlich bei der Gegenwart von reduzierenden Stoffen, wie Humus, in verhältnismäßig kurzer Zeit vollständig zersetzt werden, indem sich flüchtiger Arsenwasserstoff bildet. Durch Zusatz von Humus ꝛc. zu arsenhaltigen Bekämpfungsmitteln dürfte demnach auch in dieser Richtung die Gefahr wesentlich verringert werden können.

Unter den verschiedenen arsenhaltigen Stoffen sind bisher bereits verwendet worden: **reines Arsenik,** dann a r s e n i g - und a r s e n s a u r e S a l z e, vor allem aber verschiedene arsenhaltige Farbſtoffe, wie **Pariſergrün**, **Londonerpurpur**, in Deutſchland namentlich **Schweinfurtergrün**, z. T. auch **Scheelſches Grün**.

Bei Verwendung von Arſenik, das durch gleichzeitigen Zuſatz von Soda in lösliches Salz übergeführt wird, oder von dem beſonders viel verwendeten arſenigſauren Natrium, iſt den daraus hergeſtellten Brühen ſtets Kalk zuzuſetzen, falls man nicht vorzieht, dieſe Arſenverbindungen den Kupferkaltbrühen beizugeben. Andernfalls würden durch die löslichen Salze Verbrennungen veranlaßt.

Bekanntere Rezepte zur Herſtellung derartiger Arſenmittel ſind folgende:

500 g weißes Arſenik und 2000 g kriſtalliſierte Soda werden mit 4¹/₂ l Waſſer gekocht, bis eine Auflöſung ſtattgefunden hat, worauf das verkochte Waſſer (alſo auf etwa 6 l) wieder erſetzt wird. Zu etwa 200 l Waſſer (oder Bordeauxbrühe) fügt man ¹/₂ l dieſer Miſchung und 1—2 kg friſch gelöſchten Kalk.

Bei Verwendung von arſenigſaurem Natrium benützt man im allgemeinen 100—200 g, für ſtärkere Löſungen ſelbſt 300 g, die dann aber mit 100 g Kalk zu neutraliſieren ſind, auf 100 l Waſſer, d. h. die zu verwendenden Löſungen enthalten im Maximum 0,3 ⁰/₀ des arſenigſauren Salzes.

Große Verbreitung hat in Amerika beſonders auch die Verwendung des **arſenſauren Bleis** gefunden, das, damit es die gewünſchten Eigenſchaften beſitzt, am beſten an Ort und Stelle aus Löſungen von eſſigſaurem Blei und arſenſaurem Natrium hergeſtellt wird. Es wird in Amerika bis zu 1,5 ⁰/₀ mit der Spritzflüſſigkeit vermiſcht. Auch in Deutſchland hat man, namentlich gegen den Heuwurm, dieſes Mittel ſchon mit gutem Erfolge angewendet; da hier aber zu der Giftigkeit des Arſens noch jene des Bleis kommt, das ſchließlich doch, da es nicht wieder verſchwindet, in den Wein gelangen kann, ſo ſcheint man im allgemeinen in Deutſchland von ſeiner Benützung abzuſehen.

Die erwähnten **arſenhaltigen Farbſtoffe** werden teils zum Aufſtäuben, teils zur Herſtellung von Spritzmitteln benützt; im erſteren Falle vermengt man ſie zweckmäßig mit 100 Teilen Gips oder mit je 50 Teilen Gips und Mehl; im letzteren Falle ſetzt man ſie faſt allgemein den Kupferbrühen zu (vergl. S. 374). Das Aufſtäuben hat ſich weniger bewährt. Auch dieſe Stoffe ſind, falls ſie nicht mit Bordeauxbrühe vermiſcht werden, nicht zu reinem Waſſer, ſondern zu

Kalkmilch zuzusetzen. Vom Schweinfurtergrün verwendet man im Durchschnitt etwa 120 g auf 100 l Spritzflüssigkeit; die zu wählende Konzentration hängt zum Teil auch von der Art des zu bekämpfenden Schädlings und von der Pflanzenart ab. So benützt man gegen den Heuwurm jetzt ziemlich allgemein etwa 150 g auf 100 l Bordeauxbrühe. Dagegen lautet ein Rezept gegen Aaskäfer: 200 g Schweinfurtergrün, 500 g Fettkalk auf 100 l Wasser. Früher, bevor man das Mittel richtig ausgeprobt hatte, hat man noch viel stärkere Mengen empfohlen; in Franks „Kampfbuch gegen Schädlinge" findet sich z. B. gegen Aaskäfer und andere schädliche Insekten der Rüben für 1 hl Brühe 1½–2 kg Schweinfurtergrün angegeben.

Notwendig ist es, das Schweinfurtergrün zunächst mit geringen Mengen Wasser, Spiritus oder Glyzerin zu einem Brei anzurühren, damit es sich besser verteilt und längere Zeit in Schwebe bleibt.

Außer gegen den Heuwurm und verschiedene Rübenschädlinge, sind Arsenpräparate bisher besonders gegen Obstmaden, Schwammspinner, Ringelspinner, Miniermotten, Pflaumenbohrer, Apfelblütenstecher, Kirschblattwespen, Getreidelaufkäfer ꝛc. verwendet worden. Gegen den Maikäfer erzielte v. Tubeuf bessere Erfolge durch Aufstäuben von schweinfurtergrünhaltigen Mitteln als durch Bespritzen.

Zu den Nahrungsgiften gehören auch **Chlorbarium** und **kohlensaures Baryt**; das letztere ist unlöslich und kann, vermengt mit indifferenten Stoffen, wie Mehl u. dergl. aufgestäubt werden. Als Zusatz zu Spritzflüssigkeiten ist es wohl etwas zu schwer, dagegen wird es besonders viel angewendet zum Vergiften der Mäuse (vergl. S. 402).

Das Chlorbarium wird meist in 2–4%iger Lösung verwendet und zwar besonders gegen Rübenschädlinge; nur bei älteren Pflanzen wird man die konzentriertere Lösung benützen. Neuerdings ist es auch gegen den Heuwurm, sowie gegen die Hopfenblattlaus schon versuchsweise zur Anwendung gelangt. Damit die Lösung besser haftet und auch der Geschmack der Pflanzenteile durch die salzige Lösung nicht verdorben wird, setzt man gleiche Teile Melasse hinzu. Der Preis des Chlorbariums, das man von E. Merck-Darmstadt beziehen kann, beträgt für 1 kg 2,50 ℳ, bei 10 kg je 1,90 ℳ.

4. Die chemischen Mittel zur gleichzeitigen Bekämpfung von Pilzen und Insekten.

Die hier in Betracht kommenden Mittel sind bisher fast ausschließlich angewendet oder nur empfohlen worden zur gleichzeitigen Bekämpfung der Peronospora, bezw. des Oidiums und des Traubenwicklers. Wir können sie in 3 Gruppen bringen, nämlich:

1. Mittel zur gleichzeitigen Bekämpfung der Peronospora und des Traubenwicklers.

In erster Linie erfordern hier Beachtung alle Bestrebungen, durch Zusatz von arsen oder nikotinhaltigen Mitteln zu den Kupferbrühen Erfolge zu erzielen. Nähere Angaben hierüber finden sich S. 372 und S. 362. Von dort nicht genannten Mischungen seien hier noch erwähnt: nach Laborde: a) Von guter vorbeugender Wirkung: 1%ige Kupferkalkbrühe, welcher auf 100 Liter 1 kg Arsenseife (12% Arsen enthaltend) zugesetzt wird. b) Fichtenharz 1500 g, Ätznatron 200 g, Ammoniak (22 Grad) 1 Liter, Grünspan oder Kupferacetat 100 g auf 100 Liter Wasser. c) Nikotinseifen-Kupfervitriollösung: 2 kg Seife, 3 kg Nikotin, 1 kg Kupfervitriol auf 100 Liter Wasser.

Zu erwähnen sind dann noch folgende Rezepte zur Gewinnung geeigneter Spritzflüssigkeiten:

1) nach Targioni-Tozetti: zu 100 Liter Wasser werden 3 kg Seife, 0,5 kg Kupfersulfat gegeben;

2) nach Jemina: Mischung von 600 Teilen Schmierseife, 100 Teilen Tabaksaft, 50 Teilen Creolin, 50 Teilen Kupfervitriol, 200 Teilen Lauge. In Wasser im Verhältnis von 1:3 zu einer Brühe zu verteilen;

3) nach Martini: 1 kg Kupfervitriol, 1 kg weißer Kalk, 1,5 kg Rubina auf 100 Liter Wasser. Nach Berlese wirkt die Mischung gut gegen den Sauerwurm und besser gegen Peronospora als echte Bordeauxbrühe. Nach Battaglini soll diese Mischung mehr vorbeugend durch Verhinderung der Eiablage wirken.

Kombinationen von Kupferpräparaten und Seifenlaugen gibt es sehr viele, so z. B.:

1) Kupferkalkbrühe 1%, Kupfervitriol 0,5%, Ätzkalk mit Kernseife 1—3%, oder Schmierseife 1—3%, Harzseife (Fichtenharz 2, kristallisierte Soda 1, Wasser 8 Teile) 7—9%, Petrolseife (Petroleum 2 Liter, Kernseife 125 g, Wasser 1 Liter) 2—6%.

2) Kupfervitriol-Ammoniaklösung (Kupfervitriol 500 g, Ammoniak 17° Bé 750 ccm auf 100 Liter Wasser) mit Kernseife 2 und 3 %, oder Schmierseife 3 %, Harzseife 3 %.

3) Kupferkarbonatbrühe mit Kernseife 2 und 3 %, oder Schmierseife 2 und 3 %, Harzseife 1, 2 und 3 %.

4) Ammoniakalische Kupferkarbonatbrühe mit Kernseife 2 und 3 %, oder Harzseife 2—6 %. Eine sehr gute, fein und gleichmäßige, überhaupt nicht absetzende Mischung soll mit 3 % Kernseife zu erzielen sein.

2. Mittel zur gleichzeitigen Bekämpfung des Oidiums und des Traubenwicklers.

Nach Berlese soll man die Reben in der Blütezeit mit einem Schwefel behandeln, der vorher mit einer „Rubina"-Lösung befeuchtet wurde.

Nach Battaglini wirkt, besonders vorbeugend, eine Mischung von Schwefel mit 2 % Rubina sehr gut.

Nach Blumharb: Eine sorgfältige Mischung von Holzasche mit sublimiertem Schwefel.

Nach Laborde: Ein mit 2 % Kupferarseniat versetzter Schwefel.

3. Mittel zur gleichzeitigen Bekämpfung von Peronospora, Heuwurm und Oidium.

1,5 kg Kupfervitriol, 0,13 kg übermangansaures Kali, 0,2 kg Sapoterpentin, 0,5 kg kohlensaures Natron auf 100 Liter Wasser; oder 1,5 kg Kupfervitriol, 0,2 kg Sapoterpentin, 0,5 kg kohlensaures Natron und 0,1 kg Aloe auf 100 Liter Wasser.

Ausdrücklich sei bemerkt, daß die meisten dieser verschiedenen Mittel in der großen Praxis wohl wenig erprobt wurden; sie sind nur der Vollständigkeit halber angeführt.

Die kombinierte Anwendung von Pilz- und Insektenbekämpfungsmitteln kommt, wie im Kalender an verschiedenen Stellen näher ausgeführt ist, besonders auch im Obstbau sehr in Betracht; namentlich gilt dies von Mischungen von Kupferbrühen mit Schweinfurtergrün ꝛc., die in ähnlichen Mischungsverhältnissen wie beim Weinstock zur Anwendung zu bringen sind. In Amerika, wo die Verwendung arsenhaltiger Stoffe schon seit langer Zeit erprobt ist und die Bespritzung der Obstbäume zu den bereits regelmäßig auszuführenden Arbeiten gehört, wird im allgemeinen die erste Bespritzung mit irgend einer Kupferbrühe schon im sehr zeitigen Frühjahr vorgenommen; bei der zweiten, welche kurz vor der Blüte erfolgt, setzt man dann der Kupferbrühe 0,25—0,30 % eines Arsenpräparates zu. Ein ebensolcher Zusatz findet statt bei der 3., kurz nach der Blüte und bei der 4., 14 Tage später erfolgenden Bespritzung, während bei der 5. und 6. Bespritzung (und bei der 1.) Arsenik nicht zugesetzt wird. Ein derartiges Vorgehen dürfte sich auch in Deutschland empfehlen, da, wo man Schweinfurtergrün u. dergl. überhaupt verwenden will.

Karbolineum als Zusatz zur Kupferbrühe kommt höchstens für die erste Bespritzung, die noch vor Knospenausbruch erfolgt, in Betracht. Gut verspritzbare und auch sehr wirksame Kupferkarbolineumbrühen erhält man durch einfaches Vermischen von Kupferkalk- oder Kupfersoda- brühen mit den käuflichen Karbolineumemulsionen, in einem Verhältnis, daß die Brühen 1—2 % Kupfersulfat und etwa 5—7 % Karbolineum enthalten. Die Menge des letzteren ist umsomehr zu verringern, je mehr die Vegetation vorschreitet. Nach Aufbruch der Knospen erscheint die Anwendung von Karbolineum überhaupt nicht mehr angezeigt.

5. Über Spritzapparate, Spritzgenossenschaften ꝛc.

Zur Auftragung der verschiedenen Spritzflüssigkeiten auf die zu schützenden Pflanzenteile bedient man sich besonderer Spritzapparate, von denen zu unterscheiden sind: die ein- fachen Handspritzen, dann größere, auf dem Rücken zu tragende Spritzen und schließlich große fahrbare Apparate. Die Hand- spritzen, die jetzt in verschiedenen Systemen von allen Firmen geliefert werden, die sich überhaupt mit der Her- stellung von Spritzapparaten (s. nachstehend) befassen und zwar zum Preise von etwa 4 -7 ℳ, kommen natürlich nur für kleinere Verhältnisse in Betracht, leisten aber ganz gute Arbeit. Weil bequemer und empfehlenswerter sind die bereits sehr viel verwendeten **Rückenspritzen**, welche, je nach dem System, in der Regel 14—25 Liter Flüssigkeit fassen können und im Durchschnitt auf 30—50 ℳ zu stehen kommen. Da die Bespritzung der Reben mit Kupferkalk zuerst in Frankreich all- gemeiner ausgeführt wurde, so haben auch französische Firmen lange Zeit die besten Rebspritzen geliefert; auch heute noch werden namentlich die Spritzen der Firma Vermorel viel angewendet. Verschiedene vergleichende Versuche haben aber unzweifelhaft den Beweis erbracht, daß in den letzten Jahren auch von deutschen und österreichischen Firmen Spritzapparate geliefert werden, die den französischen zum mindesten eben= bürtig sind.

Man unterscheidet Rebspritzen mit Membran= und mit Kolbenpumpen; bei ersteren wird der Druck auf die Spritz= flüssigkeit dadurch erzeugt, daß eine auf dem Boden des Pumpenraumes angebrachte Gummimembran durch die Be= wegung des Pumpenhebels, an dem sie durch ein Kurbel= stück befestigt ist, gehoben und gesenkt wird. Bei der dadurch bedingten Ausdehnung des Pumpenraumes wird in ihm die Spritzflüssigkeit durch ein Ventil aus dem Behälter eingesogen und bei dem darauffolgenden Zusammenpressen durch das Druckventil in den Windkessel gedrückt. Bei den Kolbenpumpen wird die Spritzflüssigkeit durch die übliche Kolbenvorrichtung in gleicher Weise in den Windkessel übersührt. Pumpenstiefel und Windkessel befinden sich bei einigen dieser Spritzen ge= trennt und außerhalb des Behälters, bei anderen dagegen sind sie ineinandergeschoben und innerhalb des Spritzbehälters angebracht. Der nötige Druck wird dabei durch Pumpen während des Spritzens hergestellt. In neuerer Zeit bürgern sich aber auch selbsttätige Spritzen immer mehr ein, bei denen dieses Pumpen während des Spritzens in Wegfall kommt. Solche automatische Spritzen müssen, da sie einen großen Druck auszuhalten haben, besonders sorgfältig und aus gutem Material, d. h. am besten aus Kupfer her= gestellt sein, damit Explosionen ausgeschlossen sind. Ihre Verwendung ist besonders in allen jenen Fällen zu emp= fehlen, wo man während der Spritzarbeit beide Hände frei haben möchte, so z. B., wenn man Hopfen zu bespritzen hat, wo es auf die Dauer zu anstrengend wäre, die langen Spritzrohre mit einer Hand zu halten und zu dirigieren. Die Pumpenspritzen werden aber zurzeit in den sonstigen Fällen meist noch vorgezogen.

Bei den **fahrbaren Spritzen** ist zu unterscheiden zwischen jenen, bei denen eine Spritze nur auf den Wagen aufmontiert ist, der nötige Druck also wie bei den Rückenspritzen erzeugt wird, und solchen, bei denen, wie bei den meisten fahrbaren Hederichspritzen, durch die Fortbewegung des Gefährtes der Druck erzeugt wird.

Bei den Hederichspritzen unterscheidet man auch neben den eigentlich fahrbaren, die durch Zugtiere fort= bewegt werden, noch schiebbare, die ähnlich wie ein

Schubkarren von dem Arbeiter selbst geschoben werden. Sie sind nur zu empfehlen, wo es sich um ganz ebenes Gelände handelt und auch die Beschaffenheit des Bodens der Fortbewegung nicht zu große Schwierigkeit bereitet; andernfalls ist die Anstrengung auf die Dauer zu groß.

Ungemein wichtig bei allen Spritzen ist es, daß sie möglichst einfach und natürlich auch recht solid gebaut sind. Nicht nur werden dadurch Störungen im Betrieb vermieden, sondern man kann notwendig werdende Reparaturen auch leichter selbst ausführen: namentlich soll die Pumpvorrichtung leicht zugänglich sein. Zu den Verdichtungen muß besonders gutes Material verwendet werden; die Spritzen selbst müssen namentlich da, wo es sich um die Anwendung von Flüssigkeiten handelt, die, wie z. B. Eisenvitriollösung, stark ätzend wirken, aus einem Material hergestellt sein, das nicht angegriffen wird. Alle besseren Spritzen sind daher aus Kupfer angefertigt, während Apparate aus bloß gestrichenem oder verkupfertem Eisenblech meist in wenigen Jahren unbrauchbar werden. Bei fahrbaren Heberichspritzen hat sich auch ein hölzerner Flüssigkeitsbehälter besonders gut bewährt.

Die Wirkung der Bespritzung ist besonders abhängig von der Feinheit der Verteilung der Spritzflüssigkeiten. Dieselbe wird um so größer sein, je stärker und gleichmäßiger der Druck ist und je besser die Verstäuber funktionieren. Bei den fahrbaren Spritzen erfolgt die Verstäubung aus einem Rohr an mehreren Stellen, bei den tragbaren Apparaten dagegen kommt außer dem einfachen Verstäuber noch ein Doppelverstäuber in Betracht. Die Verwendung des ersteren ist vorzuziehen, wo es sich, wie z. B. bei der Bespritzung der Reben, um besonders sorgfältige Arbeit handelt.

Wesentlich ist es auch, daß Verstopfungen in den Spritzen und den Verstäubern 2c. vermieden werden. An fast allen Apparaten ist daher zunächst eine siebartige Vorrichtung angebracht, durch welche man die Spritzflüssigkeit zur Abhaltung von Steinchen u. dergl. eingießt, am besten, indem man noch ein Seihtuch darüber legt. An den Verstäubern selbst befinden sich zum Teil sinnreiche Vorrichtungen, um eintretende Verstopfungen der feinen Ausflußöffnungen sofort beheben zu können. Über derartige Einzelheiten bringen die Prospekte der Firmen, die solche Spritzen liefern, ausführliche, mit Abbildungen versehene Angaben. Hier sei nur noch erwähnt, daß zur Ermöglichung der Bespritzung von Obstbäumen, Hopfen 2c. die Verstäuber an lange Röhren montiert sind, unter denen die leichten Bambusröhren, die ein feines Metallrohr enthalten, den Vorzug verdienen.

Die uns bekannten deutschen Firmen sowohl für Reben- und Obstbaum-, sowie auch für Hederichspritzen sind: Maschinenfabrik Drescher-Halle a. S., Gebr. Holder-Metzingen (Württemberg), Mayfarth & Co.-Frankfurt a. M. und die Rheinpfälzische Maschinen und Metallwarenfabrik Carl Platz-Ludwigshafen a. Rh.

Ferner verfertigen Spritzapparate: J. G. Büchel, Nürnberg, Lothringer Blechwarenfabrik, vorm. L. Houpin, Metz, Nikolaus Knopp, Neustadt a. H., Kunde & Sohn, Dresden, und sicherlich noch vereinzelte andere Firmen, die uns nicht bekannt geworden sind.

Eine Firma, die nur fahrbare, nach unseren Erfahrungen besonders empfehlenswerte Hederichspritzen liefert, ist die Maschinenfabrik Kaehler-Güstrow i. Mecklenburg.

Sehr zu empfehlen ist die Bildung von **Spritzgenossenschaften**, namentlich da, wo der Wein- oder Obstbau nicht den ausschließlichen Betrieb bilden, sodaß schon die Anschaffung großer Spritzapparate, der Transport der Spritzbrühen u. dergl. für den einzelnen verhältnismäßig hohe Kosten verursachen. Landwirtschaftslehrer Grimm Alsenz hat schon im Jahre 1904 begonnen, in seinem Bezirk solche Spritzgenossenschaften zu gründen und damit anerkannte Erfolge erzielt. Kupfervitriol wird nach vorheriger Berechnung des Bedarfs im ganzen bezogen und ebenso erfolgt der Ankauf der Spritzen ꝛc. auf Kosten der Genossenschaft. Die Brühe wird in der Regel im Ort fertiggestellt und in einem Faß an die höchste Stelle eines Weinbergs gefahren, von wo die Arbeiter den Wagen abwärts gehen lassen. Die nötigen Fuhren übernehmen die Genossen in den meisten Fällen abwechslungsweise unentgeltlich. Über weitere Einzelheiten vergl. Bericht von Grimm in den Praktischen Blättern für Pflanzenbau und Pflanzenschutz 1907, S. 26.

In anderen Gemeinden stellt man konzentrierte Vorratslösungen von Kupfervitriol her, meist so, daß durch zehnfache Verdünnung mit Wasser die gewünschte Stärke erreicht wird.

Besonders ist genossenschaftliches Vorgehen auch bei der Hederichbespritzung am Platze, nicht nur weil die fahrbaren Spritzapparate 250—450 ℳ kosten, sondern auch weil die Bedienung der Spritzen und die Instandhaltung derselben in einer Hand liegen sollen und auch die gemeinsame Anschaffung von Eisenvitriol usw. sehr empfehlenswert ist.

6. Anweisung zur Verwendung des Schwefelkohlenstoffs.[1]

Der Schwefelkohlenstoff ist eine wasserklare, stark licht=
brechende, leicht bewegliche, unangenehm faulig riechende
Flüssigkeit, die etwas schwerer ist als Wasser (1 Liter wiegt
1,29 kg). Er siedet schon bei etwa 46⁰ C und besitzt daher
schon bei gewöhnlicher Temperatur eine große Flüchtigkeit.
Die Schwefelkohlenstoffdämpfe sind 2,68mal schwerer als Luft
und sinken daher zu Boden; sie wirken auf Tiere einschläfernd
und namentlich kleinere Tiere werden durch sie ungemein
rasch getötet. Auf diesen Eigenschaften beruht die vielseitige
Verwendungsmöglichkeit dieses Stoffes im Pflanzenschutz. Daß
sich diese Verwendung noch nicht so allgemein eingebürgert
hat, wie es wünschenswert wäre, ist hauptsächlich durch die
große Feuergefährlichkeit des Schwefelkohlenstoffs bedingt. Bei
Annäherung brennender oder glühender Kör=
per entzündet er sich mit explosionsartiger
Heftigkeit. Er darf deshalb nur mit dem Feuer=
zug befördert werden und bei seiner Auf=
bewahrung, sowie beim Hantieren mit ihm
müssen gewisse Vorsichtsmaßnahmen streng
beachtet werden: Das Anzünden von Streich=
hölzern, Rauchen, überhaupt Feuer und Licht
irgend welcher Art, selbst das Andrehen elek=
trischer Lampen ist in der Nähe von Schwefel=
kohlenstoff strengstens zu vermeiden. Wo mit
ihm gearbeitet wird, sind sämtliche Beteiligte
vorher hierüber genau zu belehren; selbst=
verständlich muß auch vor dem Genuß der sehr
giftigen Flüssigkeit gewarnt werden.

Wo man diese Vorsichtsmaßnahmen beachtet, ist aber
keinerlei Gefahr zu befürchten.

In Deutschland wird der Schwefelkohlenstoff, soweit die
Bekämpfung der Reblaus in Betracht kommt, nur
zu deren vollen Vernichtung mit herangezogen. In fast allen
übrigen weinbautreibenden Ländern dagegen erfolgt der Kampf
gegen die Reblaus, abgesehen von der Anzucht europäischer
Reben auf amerikanischen Unterlagen, durch das sogenannte
Kulturalverfahren, d. h. man führt nur so viel
Schwefelkohlenstoff in den Boden ein, daß die Reben selbst
nicht allzu sehr darunter leiden, die Reblaus aber   nach

---

[1] Ausführlicher ist dieser Aufsatz erschienen in den Praktischen
Blättern für Pflanzenbau und Pflanzenschutz, 1909, 4. Heft.

Möglichkeit vermindert wird. Auf 1 qm bringt man mit Hilfe von Einspritzpfählen (Fig. 132) meist 24 g Schwefelkohlenstoff in vier etwa 20—30 cm tiefe, in sehr bündigen Böden unter Umständen auch noch tiefere Löcher. Auf 1 ha berechnet man in Österreich die Gesamtkosten dieses Verfahrens auf 100—120 ℳ. Die Wirkung des Schwefelkohlenstoffs beruht dabei auch darauf, daß er ungemein aufschließend auf die Nährstoffe, namentlich auf den Stickstoff des Bodens einwirkt, was in neuerer Zeit besonders in der Pfalz Veranlassung gegeben hat, den Schwefelkohlenstoff zum „Vergiften" des Weinbergbodens, d. h. zur Erhöhung seiner Fruchtbarkeit (vergl. S. 230) in großen Mengen zu verwenden. Der Wirkung der nach einer solchen Behandlung zunächst oft zu reichlich fließenden Stickstoffquelle ist durch entsprechende Düngung, namentlich mit leicht aufnehmbaren Kali- und Phosphorsäuredüngern, ein Gegengewicht zu schaffen.

Wo es sich nicht um die Bekämpfung der Reblaus, sondern lediglich um die Erhaltung alter Weinberge handelt, die auf keine, namentlich mineralische, Düngung mehr recht reagieren, weil die konkurrierenden Bodenorganismen diese zugeführten Nährstoff für sich allein in Beschlag nehmen, da genügt auf 1 qm schon die jährliche Gabe von 12 g Schwefelkohlenstoff, um damit Erfolge zu erzielen, die in diesem Falle in einer teilweisen Beseitigung der genannten Organismen und damit einer Neubelebung des Bodens beruhen.

Eine für den Weinbau besonders wichtige Tatsache besteht darin, daß durch eine Behandlung des Bodens die Rebenmüdigkeit beseitigt werden kann, was hauptsächlich darauf zurückzuführen ist, daß durch die Schwefelkohlenstoffgase den Reben schädliche Bodenorganismen abgetötet, sowie deren Stoffwechselprodukte, Enzyme ꝛc. beseitigt werden. Auf die Wirkung dieser Organismen ist es hauptsächlich zurückzuführen, daß junge Reben, die man bald nach dem Ausroden alter Stöcke pflanzt, nicht nur ungenügende Nahrung finden, sondern auch direkte Schädigungen erleiden.

Bis ein ausgerodeter Weinberg wieder mit Reben bepflanzt werden kann, muß daher eine ziemlich lange Zeit, bis zu 15 Jahre (die sog. Wustzeit), verstreichen, während der, je nach der Lage die Weinberge z. T. brach liegen, z. T. mit Luzerne ꝛc. bebaut werden. Bringt man aber bald nach dem Ausroden Schwefelkohlenstoff und zwar auf 1 qm, verteilt auf 4—6 Löcher, je nach der Bodenart, 200—400 ccm und in Tiefen von 30—60 cm, so werden die den jungen Reben schädlichen Bodenorganismen und die Stoffwechselprodukte zerstört und meist schon 5—6 Wochen darauf können junge Reben angepflanzt werden; um an Arbeit zu sparen, begnügt man sich bei Neuanlagen vielfach auch mit 1 Loch auf 1 qm.

Wo dieses Verfahren bereits in die Praxis Eingang gefunden hat, gibt man den Schwefelkohlenstoff entweder im Juli oder August oder erst im Frühjahr; im letzteren Falle werden dann nicht Wurzelreben, sondern Blindreben gepflanzt. Nach Mitteilungen aus der Pfalz rechnet man dort, daß 4 Mann an einem Tag einen Morgen behandeln können, falls auf 1 qm nur 1 Loch kommt. Da das Kilogramm Schwefelkohlenstoff bei größerem Bezug nur mehr 30 ₰ kostet, so berechnet Fischer-Geisenheim die Kosten des Verfahrens für einen Morgen (25 a) auf 183 ℳ.

Zu 30 ₰ für das Kilogramm ab Fabrik ist der Schwefelkohlenstoff z. Zt. nur zu erhalten, wenn der Besteller Fässer oder Trommeln zum Versand zur Verfügung stellt. Muß die Fabrik selbst die Gefäße stellen, so erhöht sich der Preis einschließlich der Fracht für die Zurücksendung der Gefäße auf 35 ₰. Da die gefüllten Gefäße, solange der Schwefelkohlenstoff nicht gebraucht wird, zur Vermeidung der Gefahr im Felde eingegraben werden, so leiden sie so sehr, daß sie gewöhnlich nach 3—4maligem Transport unbrauchbar sind. Da aber eine eiserne Trommel für 100 kg Schwefelkohlenstoff 12 ℳ kostet, so ist es für die Winzer weit vorteilhafter, wenn die Fabrik die Gefäße stellt, die in diesem Falle auch für volle Ankunft garantiert.

Ganz ähnlich liegen die Verhältnisse beim Nachstufen, d. h. beim Auspflanzen der Lücken in alten Weinbergen: hier bringt man an den zukünftigen Standort der Stufrebe 100—120 g Schwefelkohlenstoff und zwar am besten während des Winters, damit die umstehenden alten Reben nicht zu sehr leiden: späterhin kommt die aufschließende Wirkung des Schwefelkohlenstoffs auch diesen zu statten.

Wie die Reben, so leiden bekanntlich auch die Obstbäume an Bodenmüdigkeit, d. h. an der Stelle, wo ein alter Baum gestanden hat, wird in den nächsten Jahren ein junger Baum, namentlich derselben Art, nicht gedeihen. Es liegen bereits genugsam praktische Erfahrungen darüber vor, daß diese Bodenmüdigkeit durch Behandlung des Bodens mit Schwefelkohlenstoff ebenfalls vollständig beseitigt werden kann. Man gibt in solchen Fällen auf den Quadratmeter 300—400 g Schwefelkohlenstoff.

Der Gedanke liegt sehr nahe, die Wirkung des Schwefelkohlenstoffs auch bei allen möglichen anderen Pflanzenarten zu erproben, die unter Müdigkeitserscheinungen leiden. Mit Erfolg ist dies bereits durchgeführt worden gegen die Rüben = müdigkeit, die bekanntlich hauptsächlich durch Nematoden veranlaßt wird. Allein zur Abtötung der im Boden befindlichen Rübennematoden sind so große Mengen von Schwefelkohlen = stoff notwendig, daß sich das Verfahren doch zu teuer stellt, als daß es für diesen Fall empfohlen werden könnte. Auch gegen andere an den Wurzeln lebende Nematoden verschiedener Art, die an gärtnerischen Pflanzen, wie Gloxinien, Hortensien, an Erdbeeren u. dergl. vorkommen, hat man schon Schwefel = kohlenstoff angewendet, wobei in Entfernungen von $^{1}\!/_{2}$ m 20 cm tiefe Löcher gestoßen wurden, in die man je 20 ccm Schwefelkohlenstoff goß.

Zur Bekämpfung der Engerlinge hat man schon wiederholt die mit Schwefelkohlenstoff gefüllten Jamainschen Kapseln oder die Olbrichschen Gelatinekapseln verwendet, die in Löcher in die Erde gelegt werden. Die Berichte über die Ergebnisse lauten sehr verschieden. Die letztgenannten Kapseln haben eine Füllung von 2,5, 5 und 25 g; am zweckmäßigsten sind die kleinen Kapseln, von denen 1000 Stück 5 ℳ kosten. Man legt sie in Baumschulen am besten Mitte Mai in 18 bis 20 cm tiefe Löcher, die sofort zugetreten werden müssen. Auf Wiesenböden ist es uns nicht gelungen, mit Schwefel = kohlenstoff gegen Engerlinge durchgreifende Erfolge zu erzielen. (Vergl. aber S. 130.)

Erwähnt sei noch, daß sich bei allen Bodendesinfektions = versuchen, die mit Schwefelkohlenstoff vorgenommen wurden, späterhin eine gewisse Verminderung des Unkrautes deut = lich zu erkennen gab, was darauf zurückzuführen ist, daß der Schwefelkohlenstoff manche Unkrautsamen abtötet. Durch seine aufschließende Wirkung veranlaßt er allerdings, daß die noch zum Auflaufen gelangenden Unkräuter späterhin desto üppiger wachsen.

Empfehlenswert ist zur Einbringung des Schwefelkohlen = stoffs in den Boden die Verwendung des sogen. Spritz = pfahls oder Pal injecteur; derselbe wird hergestellt von den Firmen Carl Platz, Maschinenfabrik in Ludwigshafen, und Ignaz Heller, Wien II, Praterstraße 49.

Wo man mit Locheisen Löcher in den Boden stößt, in die der Schwefelkohlenstoff eingegossen wird, ist nach Oberlin großes Gewicht darauf zu legen, daß der Boden an den Wänden nicht durch Seitwärtsbewegen des Locheisens fest =

gedrückt wird, weil sonst die Verbreitung nach den Seiten beeinträchtigt wird. Überhaupt wirkt der Schwefelkohlen= stoff um so besser, je leichter er sich im Boden verbreiten, ohne daß er andererseits zu rasch sich verflüchtigen kann. Es ist daher erklärlich, daß er z. B. in Baumschulen gegen Engerlinge erheblich besser wirkt, als in festen Wiesenböden.

Mehr als gegen frei im Boden lebende Insektenlarven hat der Schwefelkohlenstoff sich bewährt zur Vernichtung verschiedener Tiere, die im Boden in Höhlen oder Gängen leben, vor allem der Feldmäuse, der Kaninchen, des Hamsters und des Ziesels, ferner der Maulwurfsgrillen usw. Ein= gehende Versuche in dieser Rich= tung mit Nagetieren sind nament= lich von der Kaiserl. Biologischen Anstalt ausgeführt worden; bei denselben hat sich ergeben, daß die genannten Tiere auffallender Weise, wenn man in ihre Höhlen Schwefelkohlenstoff einführt, nicht zu fliehen suchen, was natürlich die Wirkung der Dämpfe wesent= lich beschleunigt.

Im Kampfe gegen die Feld= mäuse sollte der Schwefelkohlen= stoff besonders angewendet werden, wenn nicht gerade eine Mäuse= kalamität besteht, die Zahl der Löcher also nicht allzu groß ist. Gerade wenn nur vereinzelte Mäuse vorkommen, könnte durch Anwendung von Schwefelkohlenstoff dem späteren Auftreten einer Mäuseplage vorgebeugt werden, freilich nur dann, wenn das Ver=

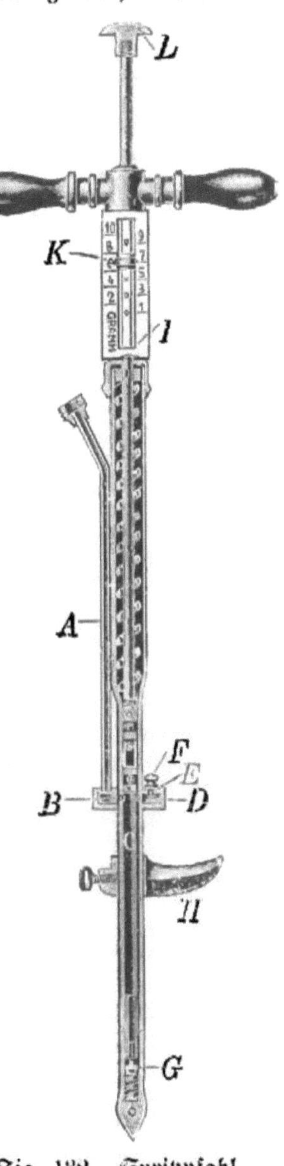

Fig. 132. Spritzpfahl, Modell 1908.

fahren in großen Gebieten regelmäßig zur Anwendung gelangen würde. Man gießt in jedes Mäuseloch, das bewohnt scheint, etwa 5 bis 8 g Schwefelkohlenstoff und zwar am besten mit Hilfe einer einfachen Kanne, die ein genaueres Abmessen der Flüssigkeitsmenge gestattet. Solche Kannen, deren Einrichtung aus der nebenstehenden Abbildung ohne weiteres hervorgeht, werden geliefert von der Firma Altmann-Berlin NW 6, Luisenstraße 47, zum Preise von 12 ℳ.

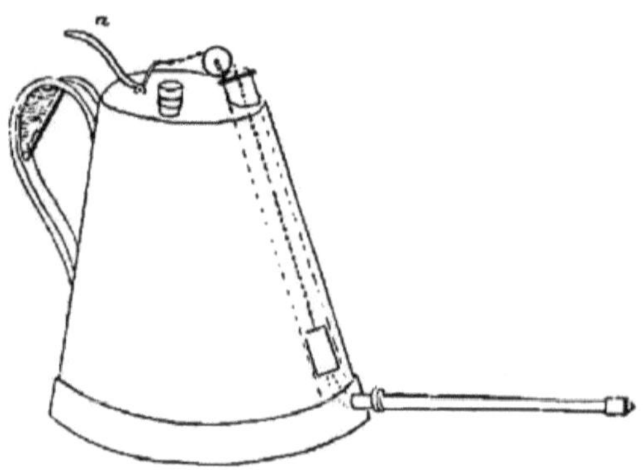

Fig. 133.   Schwefelkohlenstoffkanne.

Sehr zu empfehlen sind im übrigen für alle Arbeiten mit Schwefelkohlenstoff, namentlich auch im Weinberg, sowie zum Aufbewahren kleinerer Mengen, die explosionssicheren Kannen der Fabrik explosionssicherer Gefäße (G. m. b. H. Salzkotten, zumal dieselben nicht erheblich teurer zu stehen kommen als gewöhnliche Petroleumkannen.

Die Vertilgung der Kaninchen mit Schwefelkohlenstoff erfolgt am besten während des Winters bei Schneebedeckung, da dann die nicht bewohnten Baue zugeschneit sind. Man gießt in die Baue den Schwefelkohlenstoff nicht direkt hinein, sondern benützt einen sogenannten Zwischenträger, am besten quadratische Stücke von Sackleinwand von etwa 30 cm Seitenlänge, die dann 50 ccm Schwefelkohlenstoff, d. h. die für einen Kaninchenbau nötige Menge fassen. Man kann aber auch Holzwolle, Torf oder Heu als Zwischenträger verwenden. Je zwei Arbeiter arbeiten so zusammen, daß der eine, der die Schwefelkohlenstoffkanne trägt, den Lappen in den Eingang des Loches steckt und ihn dann durchtränkt, während der andere mit dem Stiel eines Spaten den Lappen in die Öffnung hineinschiebt und diese dann durch Aufwerfen einer Schaufel Schnee verschließt. Liegt kein Schnee, so empfiehlt es sich, am Tage vorher alle Löcher mit Erde leicht zu verschließen, da dann nur die bewohnten Baue geöffnet sein werden; an einem der nächsten Tage muß das Verfahren wiederholt werden.

Gegen den Hamster, der während des Winters seine Röhren verstopft hält, kann den ganzen Sommer hindurch der Kampf geführt werden, auf Kleeschlägen am besten sofort nach dem Schnitt, auf Getreidefeldern gleich nach der Ernte. Das Verfahren ist das gleiche wie beim Kaninchen, nur genügen, der Kleinheit des Tieres entsprechend, 30 ccm für einen Bau. Die Stückchen Sackleinwand brauchen deshalb nur 15 cm Seitenlänge zu besitzen.

Die Bekämpfung des Ziesels ist jener des Hamsters entsprechend.

Speziell gegen den Hamster sind mit gutem Erfolg die Briestschen Hamstertabletten verwendet worden; es sind dies aus einzelnen Papierscheiben zusammengeheftete Zylinder, welche in einer zum Teil mit Schwefelkohlenstoff gefüllten Blechdose aufbewahrt werden. Zu beziehen von J. Briest, Blankenburg a. H., zum Preise von 35 ℳ für 1000 Stück.

Gegen Ratten kommt Schwefelkohlenstoff weniger in Betracht, da sich seine Anwendung in bewohnten Räumen seiner Feuergefährlichkeit wegen nicht empfiehlt.

Dagegen stellt der Schwefelkohlenstoff ein ausgezeichnetes Mittel dar zur Abtötung der Speicherschädlinge aller Art, namentlich des schwarzen Kornkäfers, Calandra granaria. (Näheres hierüber vergl. S. 122.)

Auch gegen den Erbsenkäfer wird ein ähnliches Verfahren angeraten. Vorgeschlagen wird, die Samen in einem geschlossenen oder bedeckten Gefäß unterzubringen und sie etwa 1 bis 2 Stunden der Schwefelkohlenstoffwirkung auszusetzen; auf 1 hl sollen dabei 30—50 ccm Schwefelkohlenstoff, der in einer offenen, flachen Schale in den Kästen auf die Körner gestellt wird, kommen. Dieses Verfahren scheint jedoch praktisch wenig angewandt zu werden, wie schon daraus hervorgeht, daß die Angaben über die Zeit, während welcher man den Schwefelkohlenstoff einwirken lassen soll, bei den einzelnen Autoren von 10 Minuten bis zu 36 Stunden schwanken. Die eine wäre wohl zu kurz, um einen Erfolg

zu erzielen, die andere würde in den meisten Fällen die Keim=
fähigkeit der Körner vollständig zerstören. Tatsächlich gibt
es auch zur Beseitigung der Erbsenkäfer einfachere Mittel.
(Vergl. S. 11.)

Dagegen sollte der Schwefelkohlenstoff angewendet werden
da, wo Maikäfer in großen Mengen gesammelt und zu
Futter oder Dünger verarbeitet werden. Man kann dabei
in gleicher Weise vorgehen, wie vorstehend für den Erbsen=
käfer beschrieben. Durch den Schwefelkohlenstoff werden nicht
nur die Maikäfer selbst abgetötet, sondern es wird auch ver=
hindert, daß an den getöteten Käfern Speckkäfer 2c. sich
einstellen.

Schließlich träufelt man Schwefelkohlenstoff auch mit
Erfolg in die Bohrgänge einiger im Holz von Bäumen lebenden
Insekten ein, so z. B. zur Abtötung der Raupen des Weiden=
bohrers.

Über die Verwendung des Schwefelkohlenstoffs zur Her=
stellung von Spritzflüssigkeiten vergl. S. 363.

7. Anweisung zur Bekämpfung des Hederichs und des Ackersenfs durch Bespritzung mit Eisenvitriollösung.

1. Mit der Bespritzung ist zu beginnen, sobald die Mehr=
zahl der Hederich= und Ackersenfpflanzen 2—4 Blätter, ver=
einzelte größere Pflanzen schon 6—8 Blätter besitzen. Bei
einer allzu frühzeitigen Bespritzung werden zwar die vor=
handenen Pflänzchen leicht abgetötet, doch laufen sehr bald
neue auf, so daß der Erfolg der Bespritzung ungenügend
erscheint. Stehen die Pflänzchen sehr dicht, so kommt es auch
häufig vor, daß die Blättchen der älteren Pflanzen die um
einige Tage jüngeren vollständig überdecken und dadurch vor
der Berührung mit der Spritzflüssigkeit schützen. In solchen
Fällen ist nach einiger Zeit, wenn irgend möglich vor der
Blütenentfaltung der Pflanzen, eine zweite Bespritzung vor=
zunehmen. Beim Hederich ist überhaupt sehr oft eine zwei=
malige Bespritzung notwendig.

Blühen die Pflanzen bereits zurzeit der Bespritzung, so
tritt immerhin noch eine so weitgehende Schädigung der=
selben ein, daß sie vom Getreide überholt werden können.

2. Je mehr sich die Unkrautpflanzen schon entwickelt
haben, um so konzentrierter ist die Eisenvitriollösung zu

nehmen. Im allgemeinen ist die Verwendung einer 20%igen Lösung (20 kg Eisenvitriol auf 100 Liter Wasser) zu empfehlen; über eine Konzentration von 22% sollte man nicht hinausgehen und eine dünnere als eine 18—20%ige Lösung wende man nur an, wenn die Unkrautpflanzen noch sehr jung sind, oder wenn eine Kleeuntersaat vorhanden ist. Geringere Lösungen als 15%ige sind ungenügend.

Auf 1 Hektar müssen 500—600 Liter Flüssigkeit verwendet werden und zwar richtet sich innerhalb dieser Grenzen die Menge ebenfalls nach der Entwicklung, die das Unkraut bereits erlangt hat. Beim Hederich empfiehlt es sich, in allen Fällen 600 Liter zu nehmen, beim Ackersenf kann, wenn die Pflanzen noch sehr klein sind, unter Umständen selbst bis auf 400 Liter heruntergegangen werden. Bei Verwendung fahrbarer Maschinen sind Zugtiere mit langsamer Gangart besser, weil sonst zu wenig Lösung auf die Fläche kommt.

3. Die Bespritzung darf nur vorgenommen werden, wenn die Pflanzen nicht naß sind; bei regnerischem Wetter oder in den Morgen- und Abendstunden, so lange die Pflanzen vom Tau benetzt sind, ist die Bespritzung wenig wirksam. Erfolgt schon einige Stunden nach ihrer Ausführung Regen, so kann der Erfolg ganz ausbleiben. Auch durch Wind und kaltes Wetter wird der Erfolg beeinflußt, durch Sonnenschein und Wärme dagegen sehr begünstigt.

4. Für die Auflösung des Eisenvitriols werden von den Firmen besondere Auflösungsapparate hergestellt, deren Anschaffung sich ganz besonders empfiehlt, da mit ihnen ohne vorherige viele Arbeit auf dem Felde immer die genügende Menge Lösung hergestellt werden kann. Bedingung ist nur, daß der Eisenvitriol vor dem Einbringen in den Apparat möglichst gut zerkleinert wird, damit das Auflösen rasch vor sich geht. Das Zerkleinern des Vitriols wird zweckmäßig einige Zeit vor der Verwendung erfolgen, damit man in der Arbeit nicht aufgehalten ist.

Einen Auflösungsapparat kann man sich auch auf einfache und billige Weise selbst herstellen, wenn man in ein altes Faß ca. 3 cm über dem Boden an der Wandseite ein Loch bohrt, das mit einem Zapfen verschlossen wird. Auf den Boden legt man 2 Ziegelsteine und darüber einen Bretterboden, der nicht zu genau passen darf und event. auch einige kleine Öffnungen hat, damit die Lösung durchsickern kann. Auf den

Boden wird der zerkleinerte Eisenvitriol geschüttet und das Faß mit Wasser gefüllt.

Wird die Auflösung ohne besondere Vorrichtung in größeren Fässern, Holzgefäßen ꝛc. vorgenommen, so schüttet man den Eisenvitriol nicht direkt in das Wasser, sondern bringt ihn, um seine vollständige Auflösung kontrollieren zu können, in einen Beutel oder einen Sack aus lockerem Gewebe, den man in das Wasser hängt und darin öfters hin und her bewegt. Bei Verwendung von warmem Wasser erfolgt die Lösung rascher, als in kaltem. Wenn man den Sack mit Eisenvitriol abends in das Wasser hineinhängt, so ist auch bei kaltem Wasser die Flüssigkeit am nächsten Morgen gebrauchsfähig, mindestens, wenn der Eisenvitriol vorher genügend zerkleinert wurde. Zur Prüfung der Stärke der Lösung verwendet man die sogen. Vitriolometer, die zum Preise von 3 ℳ von allen Fabriken, die Spritzen bauen, bezogen werden können.

Beim Einfüllen der Spritzlösung in den Spritzbehälter ist noch besonders darauf zu achten, daß die Lösung ganz klar hineinkommt, da sonst Verstopfungen und damit unangenehme Störungen, ja selbst Beschädigungen der Maschinen sehr leicht eintreten. Am zweckmäßigsten bringt man die Lösung in den Behälter, indem man sie durch ein doppelt zusammengelegtes Tuch seiht.

Damit das Getreide nicht zu sehr niedergetreten oder verbrannt wird, wird man natürlich die Füllung des Spritzbehälters immer außerhalb der Felder vornehmen.

5. Guter, reiner Eisenvitriol muß eine frisch grüne Farbe besitzen; erscheint er stark gebräunt, so ist dies ein Zeichen, daß er eine für die Wirkung ungünstige chemische Veränderung erlitten hat. Solches Material soll sich auch erheblich schwerer im Wasser lösen. Da der Preis des Eisenvitriols recht beträchtlich schwankt und dabei durchaus nicht immer mit der Güte in Übereinstimmung steht, so empfiehlt es sich sehr, an zuständiger Stelle sich über den Marktpreis dieses Materials zu erkundigen. Gemeinsamer, möglichst frühzeitiger Bezug wird die Kosten verringern.

6. Für die kleineren Landwirte und für alle jene Fälle, wo der Hederich oder Ackersenf nur fleckenweise in den Feldern auftreten, ist die Verwendung der billigen tragbaren Hederichspritzen zu empfehlen; wo aber, wie es meistens der Fall, das Unkraut ganze Felder ziemlich gleichmäßig überzieht, wo ferner der Ankauf von Spritzen durch Gemeinden, Genossen-

schaften oder Vereine 2c. möglich ist, sollten fahrbare Spritzen
zur Verwendung gelangen, die zwar wesentlich teurer sind,
aber dafür auch eine ganz andere Arbeit leisten. Bei der
Anschaffung einer Hederichspritze achte man besonders darauf,
daß sie einfach und gut gebaut und leicht zu handhaben ist;
ganz besonders hängt der Erfolg der Bespritzung davon ab,
daß die Verteilung der Spritzflüssigkeit ganz gleichmäßig und
fein ist. Am besten wendet man sich, falls eine Neuanschaffung
in Frage kommt, um Auskunft über die empfehlenswertesten
Systeme an die zuständige Auskunftsstelle für Pflanzenschutz.
Über die verschiedenen Systeme von Spritzen, die liefernden
Firmen 2c. vergl. S. 375.

7. Es hat sich sehr bewährt und kann daher nicht genug
empfohlen werden, fahrbare Spritzen immer durch dieselbe
Person bedienen zu lassen, die sich mit allen Einzelheiten
der Maschine und des ganzen Verfahrens vertraut gemacht hat;
durch sie können dann auch die Maschinen am besten in gutem
Stand gehalten werden. Vor allem gilt hier als Regel,
daß die Spritzen in einem bedeckten Raum aufzubewahren
sind. Daß vor ihrem Gebrauch alle Teile gut eingeölt und
alle Schrauben angezogen werden, erscheint selbstverständlich.
Vor Beginn der eigentlichen Spritzarbeiten, und namentlich
bei jeder neu angeschafften Spritze, ist auf dem Hofe mit
gewöhnlichem Wasser auszuprobieren, ob alles richtig funk=
tioniert. Nach der täglichen Benützung ist die Spritze mit
reinem Wasser auszuspülen und gut zu reinigen. Mit be=
sonderer Sorgfalt muß die Reinigung vorgenommen werden,
sobald die ganze Hederichbekämpfung beendigt ist. Da die
Spritzen durch die saure Eisenvitriollösung stark abgenützt
werden, so sind sie zunächst vollständig zu entleeren und mit
Wasser nachzuspülen, dem man zweckmäßig je nach Größe
etwa 1—2 Liter Petroleum oder Maschinenöl folgen läßt.
Durch das Hauptrohr fährt man mit Draht, an dessen Ende
ein Lappen befestigt ist, wiederholt hindurch. Kommt kein
Schmutz mehr aus dem Rohr, so schraubt man die Düsen
ab und steckt in die Löcher Korke, doch läßt man am Ende
eines frei. Durch dieses gießt man das Rohr voll Öl und
nach vollständigem Verschluß wird es bis zum nächsten Jahre
wagrecht hingehangen. Man erneuert sämtliche Verpackungen
durch Dichtungsgummi und schraubt alles fest zusammen.
Zum Schluß streicht man alles Eisen mit Teer oder Asphalt=
lack an und die Holzteile mit Ölfarbe.

Die ätzende Eigenschaft der Eisenvitriollösung gibt leicht

zu Entzündungen Veranlassung, wenn sie auf offene Wunden kommt; auch ist sie für Kleider und Stiefel recht nachteilig, weshalb man gut tut, bei den Besprizungsarbeiten darauf Rücksicht zu nehmen.

8. Nach allen bisherigen Erfahrungen werden die Getreidepflanzen durch die Eisenvitriolbesprizung nicht geschädigt. Vereinzelte braune Flecken oder Spizen, die sich zuweilen nach der Besprizung an den Blättern des Getreides zeigen, sind bedeutungslos. Untergesäter Rotklee wird durch die Besprizung zwar schwarz, wenn die Lösung aber nicht allzu konzentriert war, schlägt er wieder aus und hat in kurzer Zeit jede Schädigung überwunden.

9. Außer dem Hederich und dem Ackersenf werden durch die Eisenvitriolbesprizung auch verschiedene andere Unkräuter mehr oder minder stark geschädigt, namentlich die Ackerdistel, der Ackermohn, die Ackerwinde, das Flohkraut, der Huflattich, Löwenzahn und viele andere.

10. Nach Vernichtung des Hederichs entwickelt sich das nun von dem anspruchsvollen Unkraut nicht mehr beengte Getreide erheblich besser; es empfiehlt sich, einen kleinen Feldstreifen unbesprizt zu lassen, das Verhalten der Getreidepflanzen auf den besprizten und unbesprizt gebliebenen Teilen genau zu verfolgen und schließlich auch Erntefeststellungen auf beiden Teilen zu machen.

Zu erwähnen bleibt noch, daß man vielfach den Hederich auch zu bekämpfen sucht durch Anwendung pulverförmiger Mittel, die Eisenvitriol oder Eisenoxydsulfat und zugleich ein Bindemittel, wie Gips, Torfpulver ꝛc. enthalten. Solche Präparate sind: der Unkrauttod der Firma Chem. Fabrik Fr. Guichard in Burg, Bez. Magdeburg, das Velarin von der Firma Salpeterfabrik Welwarn u. a. Diese Pulver werden auf den Hederich aufgestäubt und zwar am besten frühmorgens, wenn die Pflanzen vom Tau benetzt sind. Es ist wohl zweifellos, daß ihre Verwendung in vielen Fällen Vorteile vor der Eisenvitriollösung bieten kann, so in wasserarmen Gegenden, oder wo die zu behandelnden Felder auf Hängen liegen und deshalb die Heranschaffung des Wassers Schwierigkeiten macht ꝛc. Andererseits hat sich aber doch die Besprizung in ihrer Wirkung meist als überlegen gezeigt. Auch kann die Bestäubung nur zu gewissen Tageszeiten und bei nicht zu windigem Wetter ausgeführt werden. Ein Mangel ist auch darin zu erblicken, daß es zurzeit keinen zum Verstäuben geeigneten Apparat gibt, der für größere Flächen in Betracht käme. Schließlich sei noch darauf hingewiesen, daß in neuerer Zeit auch der Kalkstickstoff zur Bekämpfung des Hederichs mit Erfolg benützt wurde, dessen düngende Wirkung dabei gleichzeitig mit ausgenützt werden kann. Versuche der K. Agrikulturbotanischen Anstalt München haben aber ergeben, daß die Bespritzung mit Eisenvitriol doch einen weit besseren Erfolg gibt.

Vielfach wird auch zur Bekämpfung des Unkrautes mit sichtlichem Erfolg sogen. Düngesalz benützt.

———

8. Anweisung zur Bekämpfung der verschiedenen Getreidebrandarten.

1. Waschen mit warmem Wasser.

Dieses von Weiß-Weihenstephan angegebene Verfahren, das nur gegen den Steinbrand des Weizens in Betracht kommt, empfiehlt sich seiner Einfachheit und Billigkeit halber besonders für kleinere Betriebe, wenn es auch nicht immer zu einer vollständigen Beseitigung des Brandes ausreicht. Es besteht darin, daß man das Saatgut in entsprechend großen Gefäßen portionsweise mit Wasser wäscht, das so warm ist, daß man gerade die Hand noch darin halten kann. (Die richtige Temperatur erreicht man, wenn man 2 Teile Brunnenwasser mit reichlich 1 Teil siedendem Wasser vermischt.) Das Waschen wird am besten durch gründliche Bearbeitung der Körner zwischen den Händen vorgenommen. Die auf dem Wasser obenauf schwimmenden Brandkörner werden (wie auch bei allen nachfolgenden Verfahren) sorgfältig mittelst eines kleinen Siebes entfernt. Nach dem Abgießen des Waschwassers spült man mit kaltem Wasser nach und trocknet das Saatgut.

2. Behandlung des **nicht vorgequellten** Getreides mit heißem Wasser.

Bei Ausübung des **Heißwasserverfahrens**, das sich eignet gegen den Steinbrand des Weizens, den Hartbrand der Gerste, die Flugbrandarten des Hafers und den Stengelbrand des Roggens, wird das Getreide etwa 10 Minuten lang in Wasser von 52—56° C gebracht. Nach Kirchner, der dieses Verfahren eingehend erprobt hat, und es besonders empfiehlt zur Behandlung der bespelzten Getreidefrüchte (Dinkel, Gerste und Hafer) und für alle Verhältnisse, wo zuverlässige Arbeiter vorhanden sind, füllt man zwei große Tonnen oder Fässer, die mindestens je 200 Liter fassen, etwa zu drei Viertel mit warmem Wasser von ungefähr 54° C. In einem großen Wasserkessel hält man gleichzeitig immer siedendes Wasser bereit. Das Getreide wird in Portionen von je etwa 20 Liter in Körbe aus lockerem Geflecht mit festsitzendem Deckel oder in leicht durchlässige Säcke so eingefüllt, daß sie nicht viel mehr als halbvoll werden. Das Wasser der Tonne 1, in welche die so gefüllten Körbe oder Säcke immer zuerst eingetaucht werden, erfährt dadurch eine Abkühlung; sinkt die Temperatur unter 40", so ist erneut heißes Wasser zuzusetzen. In der 2. Tonne ist die Temperatur genau auf 52—56° C zu erhalten. In sie wird das Getreide bis zu 10 Minuten eingetaucht, nachdem es ungefähr ebensolange in der ersten Tonne gewesen war; beidemal müssen die Säcke ꝛc. zur besseren Durchwärmung der Körner während dieser Zeit hin= und herbewegt werden. Zur Kontrolle der Temperatur des Wassers sind gute Thermo= meter, deren Kugeln gegen Zerbrechen geschützt sind, zu ver= wenden. Nach Beendigung der Beizung ist sofort durch flaches Ausbreiten des Getreides und häufiges Umschaufeln das Trocknen vorzunehmen. Weizen und Roggen werden zweck= mäßig vor der Behandlung in kaltem Wasser gewaschen.

Ein von Appel und Gaßner konstruierter Apparat, der zum Preise von 180 ℳ von P. Altmann= Berlin NW., Luisenstraße 47, zu beziehen ist, kann emp= fohlen werden, da er die Ausführung des Heißwasserverfahrens einfacher und sicherer gestaltet.

3. Die Behandlung des **vorgequellten** Getrei= des mit heißem Wasser.

Für die Gerste hat man schon früher ganz allgemein empfohlen sie vor dem Eintauchen in heißes Wasser erst 4–6 Stunden lang in Wasser von gewöhnlicher Tempera= tur einzuweichen, dann aber nur heißes Wasser von 52 bis 54,5° C zu verwenden. Neuerdings wird dieses Heiß= wasserverfahren mit Vorquellung angeraten zur Bekämpfung jener Flugbrandarten, bei denen Blüteninfektion vorliegt, also des Gersten und des Weizenflugbran= des. Auf Grund eigener Versuche können wir aber vorläufig dieses Verfahren nicht befürworten; ganz abgesehen davon, daß die Wirksamkeit immerhin vielfach zu wünschen übrig läßt, kann ein Totbeizen oder doch eine erhebliche Beeinträchti= gung der Keimfähigkeit so behandelten Getreides nur allzuleicht eintreten, namentlich wenn dasselbe noch nicht vollständig getrocknet und ausgereift ist. Manche Sorten und Jahrgänge werden auch empfindlicher sein als andere.

Dasselbe gilt für die **Heißluftbehandlung,** die darin besteht, daß man das vorgequollene Getreide 1¼—1½ Stunde bei 60° C. durch einen Trockenapparat laufen läßt.

4. Beizung mit kupferhaltigen Mitteln.

a) Die bekannteste hierher gehörige Methode ist das **Kühnsche Verfahren,** das aber nur beim Steinbrand des Weizens angewendet wird. Man löst ½ kg Kupfervitriol in einem Bottich in 100 Liter Wasser auf und schüttet soviel Weizen hinein, daß die Flüssigkeit noch etwa handhoch über ihm steht. Durch wiederholtes Umrühren sucht man zu erreichen, daß die leichteren Brandkörner an die Oberfläche aufsteigen, damit sie durch Abschöpfen entfernt werden können. Man beläßt den Weizen in der Beizflüssigkeit 10—12 Stunden, bei sehr starkem Brandbefall auch wohl bis zu 16 Stunden, breitet ihn dann zum Trocknen in dünner Schicht aus, wobei ein öfteres Umschaufeln notwendig ist. Schon nach wenigen Stunden kann er mit der Hand und nach etwa 24 Stunden mit der Maschine gesät werden.

Namentlich durch Maschinendrusch verletzter, aber auch noch nicht vollständig ausgereifter Weizen kann durch diese langandauernde Beizung leicht eine erhebliche Einbuße der Keimfähigkeit erleiden. Man sucht dies durch eine verstärkte Aussaat auszugleichen oder überhaupt zu vermeiden, indem man sofort nach der Beizung den auf Haufen gebrachten Weizen unter gutem Durchschaufeln 5—10 Minuten mit Kalkmilch (1 kg gebrannten Kalk auf 100 Liter Wasser) überbraust und dann erst die Trocknung vornimmt. Dieses Verfahren wird als die **verbesserte Kühnsche Methode** bezeichnet.

b) **Das Linhartsche Verfahren** besteht darin, daß der Weizen in einer 1%igen Kupfervitriollösung etwa 3—4 Minuten lang gewaschen wird und zwar am besten durch zwei Personen, von denen die eine den mit 12—15 Liter Weizen gefüllten Korb in die Beizflüssigkeit eintaucht und die zweite den Weizen dabei tüchtig mit den Händen durcheinanderrührt und durchwäscht. Nach dem Herausnehmen des Korbes läßt man die Hauptmenge der Beizflüssigkeit in den Bottich zurückfließen und stellt ihn dann solange, bis dieses Verfahren mit einer zweiten Korbfüllung durchgeführt ist, auf zwei Stangen zum Abtropfen auf; alsdann kann das Saatgut zum Trocknen ausgebreitet werden. Dieses Verfahren soll den Vorzug haben, daß es bei gleicher Wirksamkeit die Keimfähigkeit der Körner nicht beeinträchtigt.

ε) Mandierungsverfahren nach von Tubeuf. Bei Aus
übung dieses Verfahrens, das ebenfalls nur gegen Steinbrand
angewendet wird, geht man so vor, daß die Körner mit
einer 2%igen **Bordeauxbrühe** (vergl. S. 348), am besten,
nachdem sie vorher gewaschen und dabei die Brandkörner
entfernt worden sind, möglichst gut und gleichmäßig überzogen
werden. Der Überzug von Kupferkalk verhindert nicht nur
die Keimung der den Körnern anhaftenden Brandsporen,
sondern er gewährt auch einen Schutz vor einer vom Boden
ausgehenden Infektion.

5. Beizung mit Formalinlösung.

Die Anwendung dieses Verfahrens ist besonders zu empfehlen, da es nicht nur sehr einfach und wirksam ist, sondern
auch ebenso wie die unter Nr. 1 und 2 genannten Verfahren
den Vorteil bietet, daß das behandelte Getreide unter Um
ständen auch noch zu anderen Zwecken als zur Saat ver=
wendet werden kann. In manchen Fällen kann dies immerhin sehr in Betracht kommen. Namentlich zur Beizung des
Hafers hat sich das Formalinverfahren in der letzten Zeit
außerordentlich eingebürgert und sich dabei sogar als ge=
eignet erwiesen, die Beizung schon im Laufe des Winters vorzu=
nehmen. Zu benützen ist eine 0,1%ige Lösung. Die Her=
stellung derselben erfolgt in der Weise, daß in ein ge-
räumiges Gefäß oder in einen Bottich 100 Liter Wasser ab-
gemessen, ¼ Liter des käuflichen Formalins zugegeben und
das Ganze durch Umrühren gründlich vermischt wird. Die
Flüssigkeit darf das Gefäß nur etwa zur Hälfte anfüllen.
Das zu behandelnde Getreide wird in Mengen von je etwa
1½ Zentner in Säcke von nicht zu dichtem Gewebe eingefüllt,
die man nicht zu nahe über der Frucht fest zubindet. Darnach
wird jeder Sack ¼ Stunde lang in der Lösung belassen. Nach
Ablauf dieser Zeit nimmt man den Sack heraus und läßt ihn
auf einem zweiten, mit schmalen Brettern oder Stangen bedeck -
ten Bottich abtropfen. Die ablaufende Flüssigkeit wird zur wei
teren Verwendung in den Beizbottich zurückgegossen. Bei dem
Trocknen des gebeizten Saatgutes, das sofort erfolgen muß,
breitet man es möglichst flach aus und schaufelt es öfters um.

Über die Verwendung von Trockenvorrichtungen bei der
Ausführung der Beizung im Winter vergl. S. 9.

Zu bemerken ist, daß früher allgemein die Beizungsdauer
auf 4 Stunden angegeben war; dabei sind aber doch öfters
Schädigungen der Keimfähigkeit vorgekommen. ¼ Stunden

langes Beizen genügt vollkommen und schließt jede Gefährdung
des Saatgutes aus.

Die Beizflüssigkeit soll erst kurz vor Ausführung der
Beizung hergestellt werden. Die zu bereitende Menge richtet
sich nach der Menge der zu beizenden Frucht; erfahrungsgemäß
reicht ein Hektoliter Flüssigkeit für mindestens 3 Zentner
Hafer (6 Säcke zu je 1½ Ztr.), bei Wiederverwendung der von
den Säcken abtropfenden Flüssigkeit auch noch für mehr aus.

Es ist sorgfältig darauf zu achten, daß der
Formalingehalt der Flüssigkeit nicht größer
ist als 0,1prozentig, weil sonst eine Schädi=
gung der Keimfähigkeit des Getreides erfolgen
könnte. — Da der Prozentgehalt der käuflichen Formalin=
lösung ein sehr schwankender ist, so muß beim Einkauf in einer
Apotheke oder Droguenhandlung ausdrücklich 40prozentiges
Formalin verlangt werden.

Zur bequemeren Ausführung der Formalinbeizung sind
schon verschiedene Apparate konstruiert worden, wie z. B. der
Dehne'sche Beizapparat, der zum Preise von 160 ℳ
von Fr. Dehne, Halberstadt, zu beziehen ist; die Saat=
getreide=Beizmaschine von Köck, deren Vertrieb die
Maschinenfabrik=Aktiengesellschaft N. Heid=Stockerau über=
nommen hat (Preis 200 ℳ) 2c. Auch der S. 392 erwähnte
Apparat von Appel=Gaßner eignet sich sehr gut zur Aus=
führung der Formalin=Beizung.

Als allgemeine, selbstverständliche Regel gilt,
daß das Getreide, welches nach den Verfahren 1, 2 oder 5
gebeizt und alsdann getrocknet wurde, nur in neue oder mit
heißem Wasser, bezw. mit Formalinlösung behandelte und
wieder getrocknete Säcke übergefüllt werden darf, falls es noch
länger aufbewahrt werden soll.

Über die Beizung des Getreides mit anderen Mitteln,
wie mit Sublimatlösung gegen Fusarium, sowie
über die Beizung der Rübenknäule und anderer Sämereien
finden sich im Kalender an entsprechenden Stellen, die mit
Hilfe des Registers leicht auffindbar sind, nähere Angaben.

— —

9. Der Amerikanische Stachelbeermehltau, Sphaerotheca mors uvae Berk.

Der Amerikanische Stachelbeermehltau, der außer der
Stachelbeerpflanze auch einige andere Ribesarten befallen

kann, ist in Deutschland vor etwa 6 Jahren in Ostpreußen zum erstenmal beobachtet worden; allem Anschein nach gelangte er dorthin aus Rußland, wohin er schon vor längerer Zeit aus Amerika verschleppt worden war. Seitdem hat sich der Schädling in West- und Ostpreußen und in der Provinz Posen so verbreitet, daß dort zur Zeit mindestens 70 % aller Stachelbeerpflanzen befallen sind. Von Osten her beginnt nun in den letzten Jahren die Krankheit in Deutschland sich immer mehr auszubreiten. Auch nach Süddeutschland ist sie bereits vorgedrungen und im Jahre 1908 in verschiedenen Gebieten von Bayern, Württemberg ꝛc. nachgewiesen worden.

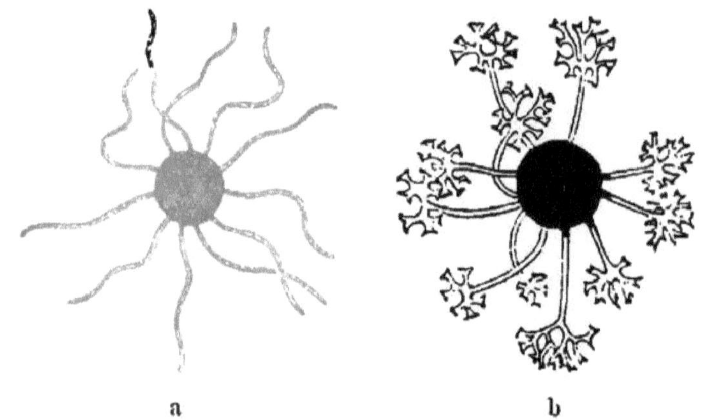

Fig. 134. Schlauchfrucht des amerikanischen (a) und europäischen (b) Stachelbeermehltaus.   (Stark vergr.)

Dadurch ist aber die Stachelbeerkultur, die in weiten Gebieten Süddeutschlands eine nicht zu unterschätzende wirtschaftliche Bedeutung besitzt, auf das schwerste bedroht; denn der Amerikanische Stachelbeermehltau hat sich im Gegensatz zur europäischen Mehltauart der Stachelbeeren (Microsphaera grossulariae) überall, wo er bisher aufgetreten ist, als ein überaus schlimmer Schädling erwiesen, da er nicht nur einen meist vollständigen Ausfall der Beerenernte, sondern schließlich auch das Zugrundegehen der ganzen Pflanzen bedingt. Es ist dies um so schlimmer, als zur Zeit Mittel von durchgreifendem Erfolg gegen diesen Pilz leider noch nicht bekannt sind.

Fig. 135. Ein Zweig und Beeren des Stachelbeerstrauches, vom amerikanischen Mehltau befallen.

Auch der Amerikanische Stachelbeermehltau bildet zunächst, wie die einheimische Art, im Sommer einen mehligen Überzug auf den Blättern, weit häufiger aber und oft nur allein auf den Trieben und auf den Früchten der Pflanzen. In diesem Stadium ist er vom europäischen Mehltau nur sehr schwer zu unterscheiden. Während dieser aber dauernd zart und weiß bleibt und nur späterhin kleine, mit bloßem Auge gerade noch wahrnehmbare, schwarze Fruchtkörperchen bildet, färbt sich der Amerikanische Stachelbeermehltau bald kaffee- oder kastanienbraun und erzeugt schließlich lederig-filzige Überzüge, in denen späterhin ebenfalls schwarze Schlauchfrüchte auftreten.

Die Schlauchfrüchte der beiden Arten zeigen unter dem Mikroskop charakteristische Unterschiede: Bei der europäischen Art sind nämlich die sogen. Stützfäden oder Anhängsel der Früchte an den Enden eigentümlich verzweigt, bei der amerikanischen Art sind diese Fäden dagegen vollständig ungeteilt. (Vergl. Fig. 134.)

Besonders charakteristisch und mit keiner anderen Krankheit der Stachelbeerpflanzen zu verwechseln ist der Überzug auf den Beeren, die durch den Befall unappetitlich und ungenießbar werden. Man hat zwar schon versucht, von unreifen Beeren den Überzug durch Abbürsten zu entfernen, um dann die Beeren mindestens zu Kompott verarbeiten zu können; nach mehrfachen Berichten sind aber durch den Genuß derartiger Beeren oder des daraus gewonnenen Kompotts in häufigen Fällen mehr oder minder bedenkliche Verdauungsstörungen hervorgerufen worden.

Nicht minder verderblich wirkt der Pilz durch den Befall der jungen Triebe; denn dieselben sterben an den Spitzen ab, reifen nicht vollständig aus und gehen daher im Laufe des Winters zugrunde. Diese Vernichtung der Triebe reizt den Stamm zur fortgesetzten Bildung von Ersatztrieben, die aber ebenfalls bald befallen werden, was auch den Austrieb älterer Augen zur Folge hat, so daß derartige Pflanzen allmählich ein besenartiges Aussehen gewinnen und schließlich an Erschöpfung völlig zugrunde gehen.

Es ist demnach Grund genug vorhanden, alles aufzubieten, um der Weiterverbreitung des Amerikanischen Stachelbeermehltaues möglichst Einhalt zu tun. In Norddeutschland hat man leider erst im vergangenen Jahre angefangen, der Möglichkeit des Vordringens des Pilzes in bisher nicht be-

befallene Gebiete in energischer Weise entgegen zu treten. In Bayern wurde zunächst ein Verbot erlassen, aus befallenen Baumschulen oder Gärtnereien Pflanzen und Früchte von Stachelbeeren oder von Johannisbeeren abzugeben. Zu bemerken ist dazu, daß die Johannisbeersträucher seltener und in weniger gefährlichem Maße von der Krankheit heimgesucht werden; auch an anderen Ribesarten, die mehr als Ziersträucher dienen, wie Ribes rubrum und aureum, ist der Pilz schon festgestellt worden. Dagegen sei hier ausdrücklich hervorgehoben, daß sich das Auftreten des Amerikanischen Stachelbeermehltaus ausschließlich auf die Stachelbeerpflanzen und andere Ribesarten beschränkt. Dem Bezug von sonstigen Pflanzen aller Art aus Baumschulen, die vom Amerikanischen Stachelbeermehltau heimgesucht sind, steht daher nichts im Wege und die Allgemeinheit, in deren Interesse die Sperrung des Verkaufs befallener Stachelbeerpflanzen und Früchte erfolgt, sollte sich gerade bemühen, den dadurch für die Betroffenen bedingten nicht geringen Schaden tunlichst auszugleichen durch Bezug anderer Artikel aus solchen Baumschulen. Zwar kann gegen diesen Vorschlag der Einwand gemacht werden, daß der Pilz, auch wenn er auf andere Pflanzen nicht übergeht, durch diese doch verschleppt werden könnte; allein abgesehen davon, daß diese Gefahr an sich gering ist, begegnet man ihr dadurch vollständig, daß alle aus befallenen Gärtnereien zum Verkauf gelangenden Bäume und Sträucher beliebiger Art vorher einer Desinfektion unterworfen werden müssen.

Es kann nur mit großer Anerkennung festgestellt werden, daß die Baumschulenbesitzer ganz Deutschlands alles aufbieten, um den ihnen und der Allgemeinheit drohenden Schaden möglichst fernzuhalten. Der Bund deutscher Baumschulenbesitzer warnt vor dem Bezug von Stachelbeerpflanzen aus England, Schweden, Dänemark und Rußland, wo die Krankheit bereits weit verbreitet ist, und empfiehlt Vorsicht beim Bezug aus infizierten Gegenden Deutschlands. Er schlägt ferner vor, bei Aufträgen eine schriftliche Garantie auf Mehltaufreiheit zu verlangen und fordert auf, diejenigen Züchter und Wiederverkäufer, die nachweislich vom Amerikanischen Stachelbeermehltau befallene Sträucher versenden, rücksichtslos an die Vorsitzenden der Zweigverbände bekannt zu geben.

Die Vereinigung bayerischer Baumschulenbesitzer hat selbst

beantragt, es möchte in sämtlichen bayerischen Baumschulen durch Sachverständige alljährlich im Laufe des Juni eine Besichtigung der Bestände vorgenommen werden.

Unter diesen Umständen ist es die Pflicht eines jeden Gärtners oder Gartenbesitzers, der Stachelbeerpflanzen besitzt oder gar solche erst neuerdings bezogen hat, die Pflanzen genauestens auf ihren Gesundheitszustand zu kontrollieren und falls nur irgend welche verdächtigen Merkmale sich zeigen sollten, unverzüglich erkrankte Teile in gut schließenden Blech-büchsen oder Doppelbüten an die zuständige Pflanzenschutz-anstalt zur Untersuchung einzusenden. Wer es unterläßt, in dieser Weise vorzugehen und dadurch gegebenenfalls die Schuld dafür trägt, daß sich der Schädling in seiner Nachbarschaft ausbreitet, macht sich einer schweren Pflichtvergessenheit schuldig, gegen die unter Umständen gerichtlich vorgegangen werden kann.

In Fällen, wo sich die Anwesenheit des Amerikanischen Stachelbeermehltaues ergibt, empfiehlt sich, falls es sich nur um kleine Bestände handelt, die sofortige Vernichtung aller vorhandenen Stachelbeerpflanzen durch Verbrennen, da nur dadurch die Seuche wirklich beseitigt werden kann. Ist der Bestand zu groß, als daß ein derartiges Vorgehen in An betracht des damit verbundenen finanziellen Verlustes ratsam erscheint, so schneide man im Winter und im zeitigen Früh jahr alle irgendwie verdächtigen Triebe weg und verbrenne sie; noch besser ist es, im Frühjahr die ganzen Pflanzen dicht über dem Boden abzuschneiden. Außerdem ist noch zu empfehlen, im Laufe des Monats März die Stachelbeer sträucher mit 5°oiger Kupferkalkbrühe oder mit Schwefel-leberlösung (400—500 g Schwefelleber auf 100 Liter Wasser) zu bespritzen und eine zweite Bespritzung folgen zu lassen, wenn die Pflanzen zu treiben beginnen.

Diese beiden Bespritzungen sind zur Vorsicht auch da auszuführen, wo die Gegenwart des gefährlichen Pilzes noch nicht festzustellen war, wo es sich also nur um Vorbeuge handelt. Zu einer direkten Bekämpfung genügen sie nicht, es muß vielmehr bei Anwesenheit des Pilzes die Bespritzung alle 8—14 Tage wiederholt werden.

Sehr zu empfehlen ist auch eine starke Kalkung des Bodens im Herbst.

Hingewiesen sei auch darauf, daß auf Veranlassung der Agrikulturbotanischen Anstalt München im Verlag von Eugen Ulmer in Stuttgart eine schöne farbige Tafel erschienen ist, auf der die beiden Stachelbeermehltauarten genau dargestellt sind; der Preis dieser Tafel beträgt 80 ₰, das Stück. (In Partien von 25 Exemplaren 70 ₰, von 50 Exemplaren 60 ₰, das Stück.)

—

10. Anweisung zur Bekämpfung der Feldmäuse.

In Betracht gegen die Feldmäuse kommen:

1. der Fang durch Fallen,
2. die Vergiftung und Ausräucherung der Mäuse,
3. die Verwendung des Mäusetyphusbazillus.

Unter den Fallen sind zunächst die verschiedenen Schlagfallen, die für 10—20 Pfg. in jeder Eisenhandlung zu beziehen sind, zu erwähnen. Auch die S. 408 beschriebene Wühlmausfalle kann zum Fang der Feldmäuse mit herangezogen werden. Für das freie Feld eignen sich mehr die sog. **Hohenheimer Röhrenfallen,** von denen 100 Stück 10—15 Mk. kosten. Dieselben bestehen aus einer etwa 14 cm langen, vorne 2,5 cm weiten Holzröhre, oben mit einer Feder, die einen Drahtring trägt. Die Spannung der Feder vermittelt ein durch 2 Einschnitte verlaufender, unten zusammengebundener Faden. Um zu dem im Innern der Röhre befindlichen Lockköder zu gelangen, muß die Maus den Faden durchbeißen, worauf die Feder emporschnellt und die Maus im Drahtring zerquetscht. Weit wirksamer ist der Kampf gegen die Mäuse mit Giften.

Hinzuweisen ist hier vor allem auf das Schwefelkohlenstoffverfahren, das S. 383 näher beschrieben und, wie schon S. 15 ausgeführt ist, mehr zur Vorbeuge angewendet werden soll, d. h. zu einer Zeit, wo die Mäuse noch nicht sehr zahlreich sind. Unter den Giftködern sind die bekanntesten die mit Strychnin getränkten Getreidekörner, die zur Kenntlichmachung mit einem (meist roten) Farbstoff intensiv gefärbt sind. Gelobt wird vielfach die Wirkung des **Saccharin-Strychninhafers,** der von der Firma A. Waßmuth & Co.-Hamburg 11., 5 kg für 6 ℳ, bei Kauf von über 50 kg zu 98 ℳ für 100 kg, geliefert wird. Außerdem ist Giftgetreide von M. Brockmann-Leipzig-Entritzsch und verschiedenen anderen Firmen, vor allem aber in fast allen Apotheken zu erhalten. Bekannt ist aber, daß Giftgetreide in der Wirkung oft versagt, was nur darauf beruhen kann, daß das verwendete Strychnin wenig wirksam, noch mehr aber darauf, daß das bei der Herstellung des Giftgetreides angewendete Verfahren mangelhaft war. Vielfach fehlt es bei derselben an den unbedingt notwendigen Einrichtungen, so daß der Giftstoff nicht tief genug in die Körner eindringt. In Bayern stellt daher die K. Agrikulturbotanische Anstalt den Landwirten Giftgetreide zum Selbstkostenpreise zur Verfügung, falls es sich um die Bekämpfung von ausgedehnteren Mäuseplagen handelt.

Mit Arsenik vergiftete Weizenkörner sind ebenfalls schon empfohlen und verwendet worden, doch wird allgemein das Strychningetreide vorgezogen.

Als sehr wirksames Gift gegen Mäuse und andere kleinere Nagetiere, namentlich auch gegen Ratten, hat sich **Bariumkarbonat** erwiesen. Die K. Agrikulturbotanische Anstalt München gibt dieses an Landwirte zur Bekämpfung von Feldmäuseplagen ab in Form von Pillen und von gefärbten Brotstückchen. Die Barytpillen sind ausgiebiger, als das Brot; der Preis beträgt 0,45 $\mathcal{M}$ für ½ kg und 0,80 $\mathcal{M}$ für 1 kg, das je nach der Befallstärke für 1—1½ ha ausreicht; beim Bezuge größerer Mengen kann für bayerische Landwirte noch eine Preisermäßigung gewährt werden. Das Brot, das zum Preise von 50.₰ für 1 kg geliefert wird, scheint leichter von den Mäusen angenommen zu werden. Diese barythaltigen Bekämpfungsmittel können zu jeder Jahreszeit, namentlich auf kleineren Flächen und an solchen Stellen, an welchen sich nach Auslegen von Mäusetyphus nach einiger Zeit noch vereinzelte Mäuse zeigen, verwendet werden.

Um Material zu sparen, ist es empfehlenswert, einige Tage vor dem Auslegen alle Mäuselöcher zuzutreten und nur die kurz darauf frisch geöffneten zu beschicken. In jedes Mäuseloch sind 3—4 Pillen möglichst tief einzulegen und zwar am besten unter Verwendung von sogenannten Legeröhren (vergl. S. 15). Das bloße Ausstreuen der Pillen oder des Brotes ist unstatthaft.

Viel benützt wird zur Bekämpfung der Mäuse auch **Phosphorteig**, indem man Strohhalme in ihn eintaucht und je einen solchen Halm in ein Mäuseloch steckt. Die ein- und auspassierenden Mäuse beschmutzen sich dabei mit dem Gift das Fell; durch Ablecken desselben gehen sie zu Grunde. Ob die ebenfalls gelegentlich benützten Phosphorpillen wirklich Erfolg geben, möchte bezweifelt werden, da nicht anzunehmen ist, daß die Mäuse derartige Pillen gerne annehmen.

Das Ausräuchern der Mäuse durch Räuchermittel

(Stangen, Patronen rc.), die man in die Gänge legt und anzündet, wird wohl wenig angewandt. 1000 Neßler'sche Stangen kosten 3 *M.*, 1000 Grauer'sche Patronen 4,30; sie sind zu beziehen von Apotheker Emil Grauer-Ehingen a. D. (Württ.).

Es sind auch schon verschiedene Räucherapparate konstruiert worden, die man mit verschiedenem, beim Verbrennen starken Rauch erzeugenden Material füllt. Der Rauch, mittels eines Blasebalgs in die Gänge eingefüllt, soll die Mäuse abtöten. Unsere Erfahrungen mit solchen Apparaten waren aber nicht sehr günstig. Zu nennen sind unter den Räucherapparaten der Jülich'sche Dampfofen, der Pieper'sche Ofen (Preis 20 *M.*), ferner jene von Chemnitius u. Hensel, Erfurt, und P. Bünnagel in Brakel (Westfalen).

Das **Mäusetyphusverfahren** ist da am Platze, wo die Mäusekalamität bereits einen größeren Umfang angenommen hat. Besonders eignen sich flüssige Mäusetyphuskulturen infolge der einfachen Anwendungsweise zur Bekämpfung der Mäuse auf größeren Flächen; sie sollten aber nur da angewendet werden, wo reines Quell- oder Leitungswasser vorhanden ist. Die Kulturen werden von der K. Agrikulturbotanischen Anstalt geliefert in Flaschen zum Preise von je 1 *M.*, bei Mehrbezug Ermäßigung, der Inhalt für ungefähr 3 ha ausreichend. Mit den Kulturen werden, nachdem man sie nach einer jeder Sendung beigegebenen genauen Anweisung mit Wasser verdünnt hat, ungeschälte Haferkörner durchtränkt. Für jede Flasche sind 4 kg Hafer erforderlich. Mit je 1 kg Hafer können erfahrungsgemäß bei starkem Befall die Mäuselöcher auf einer Fläche von etwa 2—3 Morgen Größe belegt werden. Die Wirkung der Mäusetyphusbazillen ist erst nach Ablauf von 8—14 Tagen zu erkennen. Tote Mäuse werden auf der Oberfläche meist nicht gefunden, weil die erkrankten Tiere sich in die Baue zurückziehen und dort verenden. Außer der erwähnten genauen Anweisung für die Verwendung der Bazillen werden jeder Sendung auch gedruckte Verhaltungsmaßregeln beigegeben zur Verhütung von Gesundheitsschädigungen der mit den Mäusebazillen beschäftigten Personen. Namentlich für kleinere Flächen können auch Röhrchenkulturen von Mäusetyphusbazillen verwendet werden, die von verschiedenen Firmen zu beziehen sind; vor allem ist unter diesen die Firma J. F. Schwarzlose u. Söhne, Berlin SW., Markgrafenstraße 29, zu nennen, die die Original-

kulturen des Entdeckers der Mäusetyphuskulturen, des Ge=
heimrats Löffler, zum Preise von 75 ₰ für ein Röhr=
chen abgibt.

Früher hat man allgemein Weißbrotstückchen mit den
Kulturen durchtränkt; da sich aber das Haserverfahren als
ebenso geeignet erwiesen hat, so dürfte es wohl bald aus=
schließlich zur Anwendung gelangen.

Außer den Löfflerschen Mäusetyphusbazillen werden von
mehreren Firmen auch andere für die Mäuse tödliche Bak
terienarten vertrieben: so z. B. der **Danyszsche Bazillus**,
von der Deutschen Danysz Virus=Vertriebs
Gesellschaft Berlin, der aber keinerlei Vorteile gegen
über dem Löfflerschen Bazillus bietet, und vor allem das
Ratin, das seit mehreren Jahren von der Ratingesellschaft
Kopenhagen in den Handel gebracht wird, mehr aber gegen
Wühlmäuse und vor allem gegen Ratten empfohlen und an·
gewendet wird. Den Hauptvertrieb für Deutschland hat die
Landwirtschaftskammer der Provinz Sachsen
übernommen; in Bayern wird Ratin von Th. König,
München, Kochstr. 14, vertrieben.

11. Anweisung zur Bekämpfung der Wühl-, Moll- oder Schermaus (Arvicola amphibius).[1])

Die Wühlmaus oder Wasserratte lebt teils unmittelbar
am Wasser, teils oft sehr weit davon entfernt auf dem
trockenen Land. Es ist unentschieden, ob es sich dabei um
zwei verschiedene Rassen handelt; soviel ist aber jedenfalls
sicher, daß der durch sie verursachte Schaden auf dem Lande
in der Nähe von Gewässern größer ist, da sich bei Eintritt
des Winters viele Tiere von den Gewässern mehr landeinwärts
ziehen.

Die Landrasse gräbt lange, weitverzweigte Gänge und
wirft Haufen auf nach Art der Maulwürfe. Diese Gänge
ziehen sich meistens dicht unter der Erdoberfläche hin und sind
oft so flach, daß die Bodendecke beim Wühlen aufgehoben
wird. Die aufgeworfenen Haufen unterscheiden sich von denen
der Maulwürfe leicht dadurch, daß sie viel ungleichmäßiger
sind, aus größeren Erdbrocken bestehen und niemals eine
Öffnung aufweisen.

[1]) Ausführlicher dargestellt im Flugblatt Nr. 6 der K. Agri=
kulturbotanischen Anstalt München, bearbeitet von Dr. Korff.

In der Nähe von Gewässern werden die Wühlmäuse da durch gefährlich, daß sie bei starker Überhandnahme die Ufer und Dämme unterwühlen und zerstören, wodurch unter Umständen Überschwemmungen herbeigeführt werden können. Ein weiterer Schaden erwächst der Fischzucht durch die Vertilgung von Eiern und jungen Fischen.

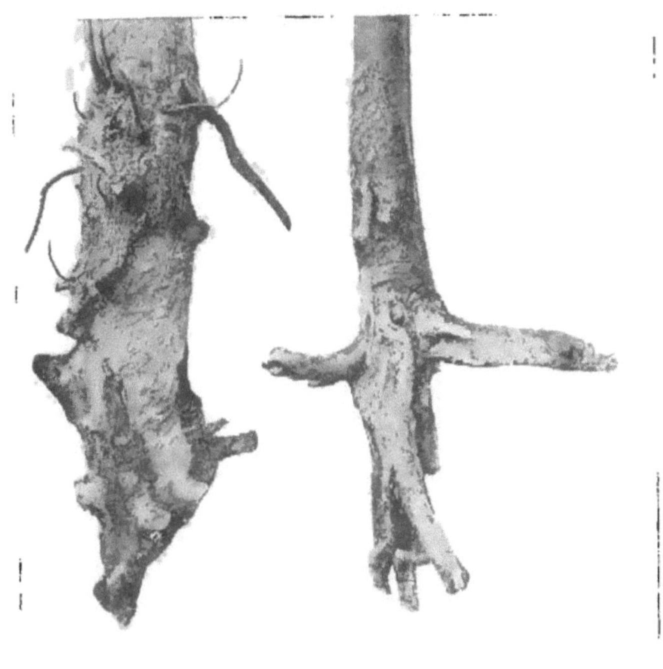

Fig. 136. Durch Wühlmäuse beschädigte Obstbaumwurzeln.

Besonders groß aber ist der Schaden auf dem Lande. Abgesehen davon, daß durch die Wühlmäuse Gras= und Getreidewurzeln auf Wiesen und Feldern abgefressen, sowie junge Saaten und Verjüngungen in den Forstgärten zerstört, Getreidekörner, Kartoffeln, Rüben und alle möglichen Arten von Gemüsepflanzen, Knollen und Zwiebeln vernichtet werden, sind sie besonders gefürchtet durch ihre Zerstörungen an jungen Obstbäumen, deren Wurzeln sie benagen und durchschneiden, so daß im Frühjahr oft die kräftigsten Bäume wie Stecken aus dem Boden zu ziehen sind. (Vergl. Fig. 136.)

Zur Vorbeuge gegen Wühlmausschaden umgibt man zweckmäßig das ganze zu schützende Gebiet mit einem engmaschigen, ca. 60—80 cm breiten Drahtnetz, das bis zur halben Höhe in den Boden eingelassen werden muß. Besonders empfehlenswert ist diese Maßnahme da, wo der Nachbar nichts für die Bekämpfung tut. Um einzelne Bäume zu schützen, umgibt man sie beim Pflanzen derselben nach der im Oktober, S. 302, gegebenen Weisung ebenfalls mit einem Drahtnetz.

Zur direkten Bekämpfung kommt in erster Linie das Vergiften der Tiere durch ausgelegte Köder in Betracht, die der natürlichen Nahrung möglichst entsprechen. Vielfach halbiert man Rüben, Sellerie oder Kartoffeln der Länge nach, höhlt sie etwas aus und fügt die beiden Hälften nach Einfüllung von Arsenik, Phosphor oder Strychnin mit einem Holzstäbchen wieder zusammen.

Wesentlich günstiger sind die Erfolge mit einem von der K. Agrikulturbotanischen Anstalt München zum Preise von 1 ℳ pro Kilogramm zu beziehenden Wühlmausgift, das aus bariumkarbonathaltigen Brotwürfeln besteht, die mit einer Witterung versehen sind. Bei trockener Aufbewahrung besitzt dieses Gift eine unbegrenzte Haltbarkeit.

Die Anwendung geschieht in der Weise, daß in jeden bewohnten Wühlmausgang ein Eßlöffel voll Brotstückchen eingeführt wird, nachdem diese Stückchen unmittelbar vorher in Wasser oder Milch etwas eingeweicht und dann mit einer Messerspitze voll des beigegebenen Pulvers (Witterung) bestreut worden sind. Beim Auslegen des Giftes muß jede Berührung desselben mit der bloßen Hand strengstens vermieden werden; der zu benützende Löffel wird zweckmäßig durch Anbinden des Stieles an einen ca. einen halben Meter langen Holzstab verlängert und dann mit seinem muldenförmigen Teil kurze Zeit in die Erde gesteckt. Die zum Einlegen des Giftes geöffneten Gänge werden danach wieder geschlossen und zwar mit der Vorsicht, daß das Gift nicht verschüttet wird. Zur Erleichterung der Kontrolle empfiehlt es sich, die Stellen des Auslegens durch eingesteckte Stäbchen zu kennzeichnen. Um Material zu sparen, sollen möglichst nur die besahrenen Gänge mit Gift belegt werden; diese sind daran zu erkennen, daß eingestochene Löcher kurz darauf von den gegen Licht und Zugluft empfindlichen Tieren wieder geschlossen werden.

Fig. 137.   Zürner'sche Wühlmausfalle.

Durch das tiefe Einführen des Giftes in die Gänge wird auch verhindert, daß es von Haustieren, Wild oder Vögeln aufgenommen werden kann.

Da das Mittel auf alle Tiere und auch auf den Menschen eine giftige Wirkung ausübt, so ist beim Hantieren mit dem=

selben Vorsicht geboten und soll etwa nicht ganz verbrauchtes
Gift sorgsältig und nur in der entsprechend bezeichneten Verpackung aufbewahrt werden.

Vielfach werden gegen die Wühlmaus auch mit wechselndem Erfolg Bakterienpräparate angewendet; namentlich das Ratin (vergl. S. 404) hat eine ziemlich gute
Wirkung.

Auch Schwefelkohlenstoff kann gegen die Wühlmäuse verwendet werden, indem man etwa handgroße, mit
Schwefelkohlenstoff getränkte Sackleinwandstückchen mit einem
Stock möglichst tief in die Gänge einführt und diese dann
möglichst rasch zutritt. Über die bei Verwendung von Schwefelkohlenstoff zu beachtenden Vorsichtsmaßregeln vergl. S. 379.

Da die Wühlmäuse, wenn man einen frisch angelegten
Gang öffnet, sehr bald erscheinen, um den Gang wieder zu
schließen oder unter dem geöffneten Gang einen neuen anzulegen, so kann man ihnen auch mit der Schußwaffe
beikommen.

Schließlich ist das Fangen der Wühlmäuse in
Fallen besonders hervorzuheben. In den auch zum Maulwurfsfang dienenden Zangenfallen fangen sie sich bei sorgfältiger Aufstellung mit ziemlicher Sicherheit. Auch bei der
von vielen Seiten sehr gelobten Zürnerschen Lock-
mausfalle (Fig. 137) (bei Gebrüder Zürner-Marktleuthen
im Fichtelgebirge zum Preise von 4,60 ℳ erhältlich) ist
richtige Aufstellung Bedingung für den Erfolg. Die Falle
wirkt automatisch und kann infolgedessen mit Vorteil an
solchen Örtlichkeiten Anwendung finden, wo eine tägliche Kontrolle nicht möglich ist. Eine genaue Anleitung zum Aufstellen dieser Falle wird ihr beim Bezuge beigefügt.

Mancherorts sind auf Gemeindekosten bereits Personen
aufgestellt, welche den Wühlmausfang in gleicher Weise wie
den Maulwurfsfang als Beruf ausüben. Es ist dies eine zur
Nachahmung sehr zu empfehlende Einrichtung, weil die
Wühlmaus im Gegensatz zu dem durch die Vertilgung
von Ungeziefer auch nützlichen Maulwurf ein ausgesprochener
Schädling, für manchen Grundbesitzer sogar der ärgste Feind
ist. Wo diese Einrichtung noch nicht besteht, sollte wenigstens
durch Aussetzen von Fangprämien ein gewisser Ersatz dafür
geschaffen werden.

12. Die Impfung der Leguminosen mit Kulturen von Knöllchenbakterien (Nitragin).

Es ist heutzutage allbekannt, daß zahlreiche Pflanzenarten durch Zusammenwirken mit gewissen Bakterien, die an ihren Wurzeln knöllchenartige Anschwellungen erzeugen, imstande sind, den freien Stickstoff der Luft zu ihrer Ernährung zu verwenden. Solche nützliche Wurzelknöllchen kommen vor bei den Erlenarten, bei der Ölweide, dem Sanddorn und anderenAngehörigen der Eleagnaceen, dann aber vor allem bei sämtlichen Arten der Leguminosen, zu denen unsere schmetterlingsblütigen Pflanzen, d. h. alle Hülsenfrüchtler und Kleearten, gehören. Die bodenbereichernde Wir-

Fig. 138. Durchschnittspflanzen von geimpfter und nicht geimpfter Serradella.

kung, die man durch den Anbau solcher Pflanzen erzielt,
der günstige Einfluß von Erlen, Robinien und dergl. auf
neben ihnen wachsende Koniferen, von Erbsen und Wicken auf
im Gemenge mit ihnen gebaute Getreidepflanzen rc. und die
außerordentliche Wertschätzung, die Lupinen, Serradella und
andere Hülsenfrüchtler und Kleearten als Gründüngungspflanzen
genießen, beruhen hauptsächlich auf dieser stickstoffsammelnden
Fähigkeit, deren Vorbedingung die Bildung wirksamer Wurzelknöllchen ist. In den meisten Böden sind knöllchenerzeugende
Bakterien enthalten; sehr oft aber fehlt gerade jene Art oder
Anpassungsform, die die angebaute Leguminosenart verlangt
oder sie ist nur in einer nicht genügend wirksamen Form vorhanden. In allen diesen Fällen hat sich künstliche Zuführung
von für die angebaute Pflanzenart spezifischen Knöllchen-
bakterien durch die sogenannte Impfung sehr gut bewährt.
Derartige Kulturen von Knöllchenbakterien werden nebst
genauester Gebrauchsanweisung unter dem Namen „Nitragin"
seit Jahren abgegeben von der K. Agrikulturbotanischen Anstalt
München und zwar in Form von Röhrchen (Agar-Kulturen).
Seit dem Jahre 1908 mußte die Anstalt aber die Abgabe von
Nitragin auf bayerische Land- und Forstwirte beschränken.
Für alle übrigen Länder hat den Vertrieb die Nitragin-
Zentrale von Dr. A. Kühn in Wesseling
Köln übernommen, die die Knöllchenbakterien in flüssigen,
bequemer zu handhabenden Kulturen (in diesem Falle
nicht Reinkulturen) abgibt. Der Preis beträgt für
eine kleine Flasche, die ausreicht bei kleinen Samen für ¹⁄₄ ha,
bei großen für ¹⁄₈ ha, 2 Mk., für eine große Flasche für 1
bezw. ¹⁄₂ ha 7,50 Mk. Bei Mehrbezug tritt Preisermäßigung
nach Vereinbarung ein.

Was die Art der Anwendung des Nitragins anbelangt,
so sei hier nur angegeben, daß damit die auszusäenden Samen
zu impfen sind. Bei Bestellungen ist genau anzugeben, um
welche Klee- oder Hülsenfrüchtlerart es sich handelt, z. B. selbst,
ob gelbe oder blaue Lupinen geimpft werden sollen.

Die Wirkung der Impfung veranschaulicht Fig. 138; die
betreffenden Pflanzen sind einem Feldversuch entnommen.

Alphabetisches Register.

Verpflanzung von Bäumen und
  Sträuchern 300.
Viscum album 324.
Vitriolometer 387.
Vogelfeinde und deren Bekämpf-
  ung 310, 311.
—-fraß an Nadelholzsamen 76.
—-futter 309.
—-futterhäuser 309.
—schutz 3, 304.
—schutzgehölze, Anlage 306.
Vögel-Verscheuchung 168.
--, Winterfütterung 308.
Vorbereitung des Bodens für die
  Saat 20.
— des Gartenbodens für das
  Frühjahr 318.
Vorfrüchte des Wintergetreides
  287.

Walfer 79.
Wandbäume, blühende, vor Frost
  schützen 66.
Wanzen am Hopfen 2c. 109, 147.
— am Kartoffelkraut 206.
Warmwasserverfahren gegen den
  Steinbrand des Weizens 391.
Wasserabspritzung der Obstbäume
  164.
Wasserschlündigkeit des Meer-
  rettichs 252.
Weberkarde, Befall durch Stengel-
  älchen 41.
Weidenbohrer, Schmetterling 164.
— käfer 73, 115, 275.
— rosen 329.
— rüßler 115.
— spinner 75.
—, Wildverbiß 313.
Weinbeeren-Krankheiten 293.
Weinbergsschnecken 28.
Weinberg, Schutz gegen Wespen
  2c. 275.
Weinberge, Zuhacken der 316.
Weinstock, Beerenkrankheiten 292.
— faltkäfer 95.
Weißährigkeit des Getreides 192.
Weißfäule der Weinbeeren 293.
Weißfleckigkeit der Birnbäume 63.

Weißfleckigkeit d. Birnblätter 175.
Weißrostarten 538.
Weißtanne, Hexenbesen 329.
Weizenälchen 189, 190.
— halmtöter 192.
— Steinbrand 188, 265.
— schlechtes Auflaufen 264.
— Vorfrüchte 261.
Werre 145.
Wespen, Fang durch Fanggläser
  163.
— nesterzerstörung 275.
— im Weinberg 292.
Weymutskiefernrost 32.
— wollaus 121.
Wickensamen, Schutz vor Vogel-
  fraß 80.
Wickler, braunfleckige 104.
— krebs 65.
—, lebergelbe 104.
—, spitzflügelige 104.
Wiesen, Abeggen 45.
— Bewässerung der 17.
— düngung 315.
— wanzen am Hopfen 147.
Wildverbiß, Vorbeugungsmittel
  gegen 312.
Windhafer-Bekämpfung 21.
—, Einfluß der Saatzeit 22.
Wintergerste, Behandlung im
  Frühjahr 19.
Winterroggen, Einsaat von Serra-
  della und Gelbklee 24.
Wintersaaten, schlechtes Auflaufen
  282.
Winterweizen, Behandlung im
  Frühjahr 19.
Wirrzöpfe an Weiden 330.
Witterungseinflüsse, schädl. 334.
Wühlmäuse 3, 16, 38
Wühlmausfallen 401, 408.
— gift 3, 406.
—, Schutz der Obstbäume 302.
Wühl-, Woll- oder Schermaus-
  Bekämpfung 404.
Wunden durch Hasenfraß 2.
Wunden, krebsige 64.
Wurm der Haselnüsse 178.
Wurmstichige Früchte 158.

Ueber Blutlaus=

Bekämpfung in der

richtigen Weise

äussern sich Kapazitäten

folgendermassen:

Das „Antisnal" wurde hier im vergangenen Herbst mit sehr gutem Erfolg gegen die Blutlaus angewendet. Bei einer Besichtigung in den letzten Tagen zeigte sich sogar, dass die behandelten Bäume inzwischen nicht wieder befallen wurden. Das Mittel kann also sehr empfohlen werden.

Geisenheim (Rheingau), den 10. Mai 1909.

Pflanzenpathologische Versuchsstation der Königlichen Lehranstalt für Wein-, Obst- und Gartenbau.

gez.: Lüstner.

Mit recht gutem Erfolg haben wir letzten Herbst das „Antisnal" angewendet. Diese ölige Flüssigkeit löst sehr rasch die wachsartige Wolle der Blutläuse und tötet die Tiere sofort, ohne dass bis jetzt Schädigungen an den Pflanzenteilen konstatiert werden konnten. Wie kein uns bekanntes Mittel dringt „Antisnal" in die Ritzen ein und vernichtet auch die untersten der häufig schichtenweise aufeinanderliegenden Tiere.

8. Januar 1909.   gez.: Schweizerische Versuchsanstalt für Obst-, Wein- u. Gartenbau in Wädenswil.

In dem „Antisnal", von dem Sie mir im Herbste freundlicherweise eine Probesendung zugehen liessen, habe ich zu meiner Befriedigung ein sehr empfehlenswertes Mittel gegen die Blutlaus kennen gelernt. Das Oel breitet sich von der Anwendungsstelle nach allen Seiten, auch bis zu 10 cm weit aus, und alle davon erreichten Blutläuse werden rasch und sicher getötet.

Bei der Bequemlichkeit und Sicherheit der Anwendung und der möglichen Sparsamkeit des Verbrauchs stehe ich nicht an, zu erklären, dass ich dem „Antisnal" den Vorzug vor den übrigen Blutlausbekämpfungsmitteln einräume.

Döbeln, den 30. August 1907.   Hochachtungsvoll

gez : Prof. Dr. E. Fleischer.

Preise: Verpackung wird nicht berechnet. Porto extra.

1 Glasflasche, ca. 1 Liter Inhalt,   Mk. 3.75
1 Blechkanister, 2½ „   „   „ 8.25
1   „   5 „   „   „ 15.50
1   „   10 „   „   „ 28.—
1 Ballon, ca. 60— 70 „   „ p. Liter „ 2.50
1 Barrel „ 190—210 „   „ „   „ „ 2.30

„AGRARIA" Fabrik landwirtschaftl. Artikel

chem. Grosslaboratorium u. Fabrik (unt. Leitung staatl. gepr. Apotheker).

Zentrale: DRESDEN-A. 16, Wintergartenstr. 70—72.

Die Stickstoffzufuhr im Boden.

Durch die Ernte entzieht der Landwirt dem Boden eine Reihe von Nährstoffen, deren wichtigster der Stickstoff, das Kali und die Phosphorsäure sind. Es ist unbedingt notwendig, daß der Landwirt dem Boden diese Stoffe wieder zuführt, wenn er fernerhin ergiebige Ernten erzielen will.

In früherer Zeit glaubte man dies durch den Stalldünger allein erreichen zu können. Heute weiß man längst, daß dieser nicht ausreicht. Sind doch in ihm nur ein kleiner Teil all der Stoffe enthalten, die dem Boden entzogen wurden. Der größte Teil ist durch die Verwertung der Ernte auf dem Markte für die Wirtschaft für immer verloren. Nur der geringe Teil der Ernte, welcher durch die Verfütterung an die Haustiere in der Wirtschaft verwertet wird, kommt noch in Frage. Es ist klar, wie verschwindend klein die noch im Stalldünger enthaltene Menge an Nährstoffen im Vergleich zu der dem Boden entzogenen ist.

Dazu kommt noch, daß der kostbarste derselben, der Stickstoff, bei der Zersetzung des Stalldüngers zum großen Teil verloren geht. Ihn zu ersetzen und dem Boden in geeigneter Form zuzuführen, ist für den rationell wirtschaftenden Landwirt der wichtigste Punkt seiner Maßnahmen, die Felder auf ihrer Ertragsfähigkeit zu erhalten und diese zu steigern.

Welches ist nun die geeignetste Form, den Stickstoff dem Boden zuzuführen? Einzig und allein diejenige, welche als solche von den Pflanzen sofort aufgenommen werden kann, das ist der **Salpeter-Stickstoff.**

Alle anderen Stickstoffarten sind unvollkommene Ersatzmittel, Notbehelfe; sie müssen erst im Boden durch mehr oder weniger langwierige Umsetzungen in Salpeterstickstoff umgewandelt werden, wobei ein großer Teil des Stickstoffs verloren geht und der Rest erst später zur Wirkung gelangt.

Dieser **Salpeter-Stickstoff** steht uns im **Chilisalpeter** in ungeheuren Mengen zur Verfügung. Seine Wirkung entspricht in jeder Weise den an ein vorzügliches Stickstoffdüngemittel gestellten Anforderungen. Die leichte Löslichkeit und Aufnehmbarkeit des **Chilisalpeters** gestattet es, ihn dann zu verwenden, wenn ihn die Pflanzen wirklich notwendig haben. Dadurch ist er das Mittel für eine Hilfe zur rechten Zeit, die schon dann einzusetzen hat, wenn der Keimling die Reservestoffe des Samens verbraucht hat. Derselbe bedarf nun eines gut ausgebildeten Wurzelsystems, um die Nahrung dem Boden entnehmen zu können. Der leicht aufnehmbare **Salpeter-**

Stickstoff in Form einer Gabe **Chilisalpeter** leistet da vorzügliche Dienste, was sich im späteren Wachstum der Pflanze schon durch die sattgrüne Farbe des Blattes deutlich zeigt.

Hilfe zur rechten Zeit ist aber auch die Lösung im Frühjahr, wenn der Winter mit seiner verderblichen Frostwirkung unseren Saaten hart zugesetzt hat oder die Felder durch tierische Schädlinge und Krankheiten gelitten haben. Auch hier kann nur der raschwirkende **Salpeter-Stickstoff** helfen, der selbst Saaten, welche schon untergepflügt werden sollten, noch zu guten Erträgen bringt.

Den Schädlingen der Saaten durch den Winter kann man aber dadurch schon sehr vorbeugen, indem man den Wintersaaten auch im Herbst etwas **Chilisalpeter** verabreicht. Die Pflanzen werden dadurch gekräftigt und widerstandsfähig.

Wie vorzüglich die Wirkung des **Chilisalpeters** ist, zeigen die zahlreichen Untersuchungen hervorragender praktischer Landwirte und Gelehrter. So sind z. B. nach Geh. Hofrat Prof. Dr. Paul Wagner, Darmstadt, 100 kg Chilisalpeter imstande, Mehrerträge zu erzeugen von 400 kg Getreidekörnern und das entsprechende Stroh, 3600 kg Kartoffeln, 5500 kg Futterrüben und 6400 kg Zuckerrüben und das entsprechende Kraut u. s. w.

Die Mengen des zu verabreichenden **Chilisalpeters** richten sich nach Boden, Klima und Kulturpflanze.

Im allgemeinen gibt man den Kartoffeln neben einer ausreichenden Stallmistdüngung 200 kg Chilisalpeter pro ha, den Rüben unter denselben Verhältnissen 400—500 kg. Fehlt die Stallmistdüngung, so gibt man den Kartoffeln 100—200 kg, den Rüben 200 bis 300 kg **Chilisalpeter** mehr, als denen mit Stallmistdüngung.

Die Winterung erhält unabhängig von jeder ev. Auswinterung 200—300 kg **Chilisalpeter** pro ha, die Sommerung, besonders wenn sie nach Stickstoffzehrern gebaut wird, ist für eine reichliche **Chilisalpetergabe** sehr dankbar und kann bis 400 kg pro ha z. B. bei Hafer je nach den Verhältnissen als nicht zu hoch betrachtet werden.

Die genannten **Chilisalpetermengen** müssen in zwei, wenn möglich in drei verschiedenen Gaben angewandt werden; die erste Gabe des in drei Teilen zu gebenden Chilisalpeters wird bei Beginn der Vegetation im Frühjahr, die zweite drei Wochen darauf, die dritte endlich kurz vor dem Schossen verabfolgt.

Die Leguminosen, die Erbsen, Bohnen, Wicken u. s. w. bedürfen einer **Chilisalpeterdüngung** nur so lange, als bis ihre Wurzeln genügend entwickelt sind. Hier genügen 80—100 kg **Chilisalpeter** pro ha.

Doch nicht nur zu den genannten, sondern zu allen Kulturpflanzen, welche unsere Erde trägt, hat sich der **Chilisalpeter** als bester und bei allen Preislagen als rentabelster Stickstoffdünger erwiesen.

Um aus einer Unzahl von einwandfrei durchgeführten Versuchen nur ein Beispiel anzuführen, sei folgender Versuch hier wiedergegeben.

Chilisalpeter-Düngungsversuch zu Steckrüben,

ausgeführt auf der Versuchswirtschaft des Direktor Kuhnert-Elmshorn, dem Gute Schäferhof bei Pinneberg.

	Parzelle III	Parzelle II	Parzelle I
	Stallmist	Stallmist	
Düngung pro ha	600 kg Thomasmehl	600 kg Thomasmehl	Nur
	200 kg 40% Kalisalz	200 kg 40% Kalisalz	Stallmist
Ernte pro ha	500 kg **Chilisalpeter**		
	109720 kg Rüben	84560 kg Rüben	74640 kg Rüben

Es wurden erzielt von:

Parzelle I (5 ar) nur Stallmist . . . . 3731 kg Rüben

   „ II „ Stallmist + 30 kg Thomasmehl
       + 10 kg 40%iges Kalisalz . . 4228 „ „

   „ III „ wie II + 15 kg Chilisalpeter . . 5486 „ „

Mehrertrag von Parzelle III gegen II . . . . . 1258 kg Rüben

   „   „   „ III „ II pro ha . 25160 „ „

Geldwert des Mehrertrages 251 dz à 1 Mk. 251 Mk.

Kosten des Chilisalpeters 3 dz à 20 Mk. . . . . . . 60 „

Reinertrag durch den Chilisalpeter . . 191 Mk.

Chemische Fabrik Pfersee-Augsburg
— Dr. von Rad —
in Pfersee-Augsburg.

Prima Eisenvitriol für Hederichvertilgung
zu billigstem Tagespreis

Prima Carbolineum
bestes Anstrich- und Konservierungsmittel für Holz

Desinfektionsmittel
in Lösung und Pulverform.

Empfohlen vom Königl. Preuss.
Landwirtschafts-Ministerium u. A.
Langjährig bewährt.
Unübertroffen an Güte u. Brauchbarkeit.
Ermisch's Raupenleim
Sicherster u. vollkommenster Schutz gegen
Obstbaumschädlinge:
Frostspanner,
Apfelblütenstecher, Apfelwickler u. viele Andere.
Vorzüge: Zweckmässigste Zubereitung.
Längste Haltbarkeit bei jeder Witterung.
Kein Auslaufen u. Eintrocknen bei Hitze.
Kein Erstarren bei Kälte u. Nässe.
Geringster Leimverbrauch.
Leichteste Verarbeitung.
Grösste Billigkeit.
Preise: in Originalfässern v. ca. 125-200 Kg. M 27.- p.100 Kg. netto inkl. Fass
in Fässern von 50, 25, 12½ Kg. netto u. Büchsen v. 5, 2½, 1 Kg brutto
zu M 15.- 8.- 4,50. per Fass   M 2.25 1.25 0.60 p Büchse
Raupenleim-Papier pro Rolle 30 m lg. 10 cm brt. 0.50 M.
Leimkellen u. Spatel zum Auftragen des Leimes pro Paar 0,40 M.
Bei grösseren Bestellungen Rabatt. Prospekte kostenfrei.
HEINRICH ERMISCH, Chem. Fabrik BURG bei Magdeburg.
Wiederverkäufer und Vertreter gesucht.

Büttners
Baumrodemaschinen
(Baumwinden, Hebelmasch. und Waldteufel)

finden infolge der **kolossalen Krafterzeugung**, des vorzüg=
lichen **Materials**, der **sicheren Verankerung** und der **einf.,
völlig gefahrlosen Handhabung, die grösste Anerkennung.**
Viele Staats- und Privat-Forstbetriebe verwenden und empfehlen
dieselben. Holzhauer schaffen sich meine Maschinen auf eigene
Kosten an. 14 Tage Probe.

Büttners Messbänder

für Stammholz geben ohne jede Umrechnung **gleichzeitig** die
Stammmitte an. (Herr Först. H. in E. schreibt: Bedaure sehr, Ihr
Messb. erst jetzt angeschafft zu haben). Auf Wunsch Ansichtssendung.

Büttners Doppelbürste.

Dieses seit 13 Jahren eingeführte Instrument **zum Auftragen von
Mitteln gegen Wildverbiss auf die jungen Holzpflanzen** hat
sich, obgleich zeitweise auch andere Apparate angeboten wurden,
immer noch als das weitaus praktischste und einfachste Geräte für
diesen Zweck bewährt. — Man verlange Prospekte.

H. Büttner, Eifa bei Alsfeld.

Tabak=Extrakt.

Aus den Vereinigten Staaten direkt eingeführt
in ſtark konzentrierter Löſung (40°/o Dichtigkeit und 9¹/₂
bis 10°/o Nikotingehalt), daher große Verdünnung geſtattend:
**ſicheres Mittel zur Vertilgung aller Pflanzen-,
Strauch- und Obſtbaumſchädlinge.**

══ Original=Packung: eine Blechdoſe von 5 kg netto. ══

Nikotin=Räucherpapier

zur Räucherung von Treibhäuſern.

Sehr ſtarke Rauchentwicklung u. intenſive Wirkung.

Betreffs Preis, unter Angabe des gewünſchten Quan=
tums, gefl. zu wenden an:

A. W. Everth, Hamburg, Kajen 22.

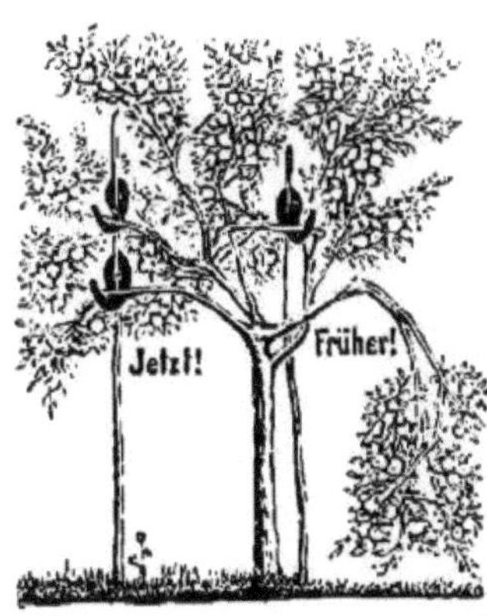

Staubspritzen
für Kupferkalkbrühe u. s. w.

Raupenlampen

Obstpflücker

Asthalter ‚Fruktifer'

Schlauchkarren

Wasserschläuche

Rasenmäher, Gartenwalzen u. s. w.

Illustrierter Katalog gratis.

Oehme & Weber, Leipzig, Thomasring 13.
Patentierte und geschützte Artikel für
Gartenschmuck, Blumen- und Obstpflege.

ARBOLINEUM

das **Beste**, am längsten **Bewährte** zum Schutze der

Obstbäume

Weinberge

Gärten etc.

gegen alle Schädlinge.

Zeugnisse von Behörden und Fachleuten.

Alles Nähere durch

L. Webel, chem. Fabrik, **Mainz**.

Sämtliche Geräte für Obst-, Wein- und Garten-
bau, Vogelschutz, Geflügelzucht.

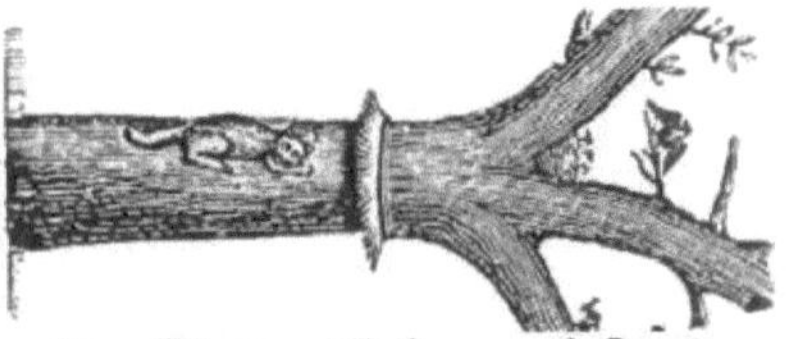

Illustrierte Preisliste gegen 15 Pfg. Porto von

Heinrich Lotter, Zuffenhausen Wttbg.

Verlag von Eugen Ulmer in Stuttgart.

Demnächst gelangt zur Ausgabe:

Landwirtschaftliche Gebäude.
Entwürfe der Baustelle des bayer. Landwirtschaftsrates.

Herausgegeben von

Fritz Jummerspach,

Architekt, Professor an der Kgl. techn. Hochschule in München und Vorstand der Baustelle des bayerischen Landwirtschaftsrates.

Erscheint in ca. 4 Lieferungen à Mk. 3.50.

Bei allen Entwürfen wurde nach Möglichkeit die Verwendung billiger heimischer Baumaterialien unter Anlehnung an die oft sehr reizvollen heimischen Bauweisen angestrebt, die sich sehr gut auch modernen Bedürfnissen anpassen lassen. Die Pläne, in die alle wichtigen Maße mit Zahlen eingetragen sind, werden durch einen jeder Lieferung beigegebenen Text kurz erläutert.

Schutz der Weinrebe gegen Frühjahrsfröste.

Leichtverständliche Darstellung der verschiedenen Frostwehrmethoden des In- und Auslandes, nebst Anleitung zur Behandlung frostbeschädigter Reben. Von Prof. Dr. G. Lüstner, Vorstand der pflanzenpathologischen Versuchsstation der Kgl. Lehranstalt für Wein-, Obst- und Gartenbau in Geisenheim a. Rh. und Dr. E. Molz, Assistent daselbst. Mit 27 Textabbildungen. Preis geh. ℳ 2.50, geb. ℳ 3.—.

Schutz der Obstbäume gegen feindliche Tiere und gegen Krankheiten.

Von Professor Dr. Taschenberg und Professor Dr. Sorauer. Mit 185 Abbildungen. Preis broschiert ℳ 9.—, gebunden ℳ 10.—. — Das Werk ist auch in einzelnen Bänden zu beziehen. — I. Band: Schutz der Obstbäume gegen feindliche Tiere. 3. Auflage von Professor Dr. O. Taschenberg. Mit 75 Abbildungen. Preis broschiert ℳ 4.80, gebunden ℳ 5.60. — II. Band: Schutz der Obstbäume gegen Krankheiten. Von Professor Dr. P. Sorauer. Mit 110 Abbildungen. Preis broschiert ℳ 4.20, gebunden ℳ 5.—.

Dr. Ed. Lucas, Die Lehre vom Baumschnitt

für die deutschen Gärten bearbeitet. 8. Auflage. Von Ökonomierat Fr. Lucas. Mit 4 lithographischen Tafeln und 260 Abbildungen. Preis geb. ℳ 7.50.

Der Baumschnitt gehört zu den interessantesten Arbeiten im Bereiche des Gartenbaues. Das Lucas'sche Werk ist für den deutschen Baumzüchter und Gartenfreund im Laufe der Zeit zum Führer durch dieses Gebiet geworden.

Gärtnerische Düngerlehre. Die Düngemittel und deren

Verwendung in Topfpflanzen-, Freiland-, Obst- und Gemüse-Kulturen. Leitfaden für gärtnerische Lehranstalten und zum Selbststudium für Gärtner- und Gartenbau-Interessenten. Von A. Pfannenstiel, Direktor der landw. und Gärtnerlehranstalt Oranienburg und G. A. Langer, staatl. gepr. Obergärtner und Gartenbaulehrer daselbst. Mit 11 Abbildungen. Preis kart. ℳ 1.20.

Der Stachelbeermehltau. Herausgegeben auf Veran

lassung der Kgl. Agrikulturbotanischen Anstalt in München. Von Prof. Dr. J Eriksson in Stockholm. Format der Tafel 25/36 cm. Preis 80 ₰.

Auszug aus der Inhalts-Übersicht.

Ackerbau (72. Band) M 1.—.
Agrarpolitik (65. Band) M 1.50.
Arbeiterversicherg. (50. Bd.) M 1.30.
Batterien (82. Band) M 1.—.
Baukunde ldw. (54. Bd.) M 1.—.
Betriebslehre (25. Band) M 1.30.
Bienenzucht (10. Band) M 1.20.
Blumenpflege (56. Band) M 1.—.
Bodenbearbeitg. (18. Band) M 1.20.
Buchführung (23. Band) M 1.20.
Fischzucht (33. Band) M 1.—.
Futterbau (8. Band) M 1.—.
Fütterungslehre (12. Band) M 1.20.
Geflügelzucht (17. Band) M 1.20.
Geldwesen (87. Band) M 1.20.
Gemüsebau (7. Band) M 1.20.
Genossenschaftswesen (16. Band)
  M 1.50.
Geräte- und Maschinenkunde
  (75. Band) M 1.20.
Geschichte der Landwirtschaft
  (42. Band) M 1.20.
Geschichte des deutschen Bauern
  (76. Band) M 1.20.
Getreidebau (22. Band) M 1.20.
Gewährschaft und Gewährfehler
  (68. Band) M 1.—.
Gründüngung (84. Band) M 1.30.
Handelsgewächsbau (20. Band)
  M 1.—.

Auszug aus der Inhalts-Übersicht (Fortsetzung.)

Hauswirtschaft (4. Band) M 1.30.
Heubereitung (46. Band) M 1.—.
Hufpflege (65. Band) M 1.—.
Kaninchenzucht (78. Band) M 1.20.
Kartoffelbau (74. Band) M 1.20.
Kulturtechnik (73. Band) M 1.—.
Kunstdünger (52. Band) M 1.—.
Landwirt, die Ausbildung des.
  (64. Band) M 1.30.
Milchwirtschaft (13. Band) M 1.30.
Obstbau (2. Band) M 1.—.
Obstverwertung (40. Band)
  M 1.—.
Pferdezucht (24. Band) M 1.20.
Pflanzenkrankheiten (79. Band)
  M 1.30.

Säen u. Ernten (80. Band) M 1.—.
Schädlinge, pflanzliche u. tierische
  (53. Band) M 1.20.
Schafzucht (81. Band) M 1.20.
Schriftverkehr des Landwirts
  (70. Band) M 1.20.
Schweinezucht (32. Band) M 1.50.
Seuchen (87. Band) M 1.20.
Tierschutz (26. Band) M 1.20.
Vögel, nützliche und schädliche
  (19. Band) M 1.—.
Waldbau (30. Band) M 1.80.
Weidenkultur (27. Band) M 1.—.
Weinbau (43. Band) M 1.20.
Ziegenzucht (60. Band) M 1.20.
Zuckerrübenbau (55. Band) M 1.—.

Die Bekämpfung der Acker-Unkräuter.

Von Ökonomierat Fr. Maier-Bode,
Leiter der Auskunftsstelle für Pflanzenschutz und Pflanzenkrankheiten.
Mit 64 Abbildungen. — Preis gebunden M 1.80.

In dieser zeitgemäßen Schrift legt der Verfasser seine in mehrjähriger landwirtschaftlicher Praxis gewonnenen Erfahrungen nieder; es sind in ihr sämtliche Methoden, die bei Vertilgung der Ackerunkräuter zur Erzielung eines dauernden Erfolges einzuschlagen sind, enthalten. Durch Durchführung der vorgeschlagenen Bekämpfungsmethoden, die sich in der landwirtschaftlichen Praxis durchaus bewährt haben, lassen sich die Ernteerträgnisse ganz wesentlich steigern. Der niedere Preis ermöglicht dieser sehr empfehlenswerten Schrift weitere Verbreitung.

Schriften über Gartenbau und Blumenzucht.

Christ-Lucas Gartenbuch. Eine gemeinfaßliche Anleitung zur Anlage und Behandlung des Hausgartens und zur Kultur der Blumen,
Gemüse, Obstbäume und Reben. Mit einem Anhang über Blumen-
zucht im Zimmer. **15.** stark vermehrte Aufl., bearbeitet von
Ökonomierat Fr. Lucas. Mit 300 Abbild. und 3 farb. Doppeltafeln, enthaltend: tierische und pflanzliche Schädlinge der Obstbäume und einen Gartenplan. Elegant gebunden *M.* 4.—.

Vielen Tausenden dient Christs Gartenbuch als unentbehrlicher und denkbar
zuverlässigster Ratgeber bei der Pflege ihrer Gärten. Was dem Buche die ungemein große Verbreitung sicherte, ist der Umstand, daß es neben dem äußerst billigen
Preis (*M.* 4.—) bei 495 Druckseiten und 300 Abbildungen, sowie drei farbigen
Doppeltafeln, enth.: die tierischen und pflanzlichen Schädlinge des Obstbaumes und
einen farbigen Gartenplan, nur wirklich ausführbare Anweisungen und Ratschläge
erteilt, so daß jeder Gartenbesitzer ohne gärtnerische Beihilfe seinen Hausgarten ob
groß oder klein, danach selbst bebauen kann.

Die Kultur der Pflanzen im Zimmer. Von L. Gräbener,
Großh. Hofgartendirektor in Karlsruhe. **2.** Aufl. Mit 28 Abb.
Preis geb. *M.* 2.—.

Eine durchaus gemeinverständliche und von sachkundigster Feder geschriebene
Anleitung zur Pflege der Zimmerpflanzen. — Die Abschnitte über Aufstellen, Nähr-
ung (Düngung), Beschneiden, Aufbinden, Vermehrung, Schädlinge und Krankheiten
der Pflanzen, sowie über die Behandlung der Pflanzen in den verschiedenen Jahreszeiten, werden, neben der Aufzählung der empfehlenswertesten Zimmerpflanzen,
jeden Pflanzenfreund in die Lage versetzen, seine Lieblingsgewächse mit bestem
Erfolg im Zimmer zu kultivieren.

Schriften über Bienenzucht.

Das Buch von der Biene. Unter Mitwirkung von Lehrer Elsäßer,
Pfarrer Gmelin, Pfarrer Klein, Direktor Dr. Kraucher und
Landwirt Wüst, herausgegeben von J. Witzgall, Lehrer und
Großbienenzüchter. **2.** Aufl. Mit 305 Abb. Preis eleg. geb. *M.* 6.50.

Dieses Werk bespricht die Bienenzucht in ihrem ganzen Umfang: Geschichte
der Bienenzucht, Verbreitung der Honigbiene, Rassen und Spielarten derselben, Ana-
tomie, Sinne und Sprache, Nahrung, Wabenbau, Biologie und Physiologie, Bienen-
weide, Bienenfeinde, Bienenkrankheiten, Bienenwohnungen (Stabilbau und Mobil-
bau), Bienenzuchtgeräte, die praktische Bienenzucht (verschiedene Betriebsarten wie
Stands- oder Gartenbienenzucht — Wanderbienenzucht — Dzierzonische Methode
— Magazinmethode — Schwarmmethode — Heidelmethode). Die Imkerei im Mobil-
u. Stabilbau, Wirtschaftsjahr, Buchführung, Produkte der Bienenzucht, Bienenrecht usw.

Der Bienenhaushalt. Von Fr. Pfäfflin, Oberinspektor am Kgl.
Waisenhaus in Stuttgart. **4.** Aufl. mit 34 Abbildungen. Gebunden *M.* 1.20.

In fesselnder Darstellung schildert der Verfasser zuerst das interessante
Leben der Bienen, gibt sodann genaue Anleitung zur Errichtung der Bienenwohnungen und bietet schließlich in Kürze klare Belehrung über eine rationelle
und erfolgreiche Pflege der Biene und Bienenzucht.

Schriften über Obstbau.

Vollständiges Handbuch der Obstkultur. 4. Aufl. Bearbeitet von Ökonomierat Fr. Lucas, Direktor des Pomolog. Instituts in Reutlingen. Mit 343 Abbild. Geb. ℳ 6.—.

Das Buch gibt über alles, was den Obstbau betrifft, in klarer verständlicher Sprache erschöpfenden Aufschluß, so daß es für jeden Obst- und Gartenfreund einen zuverlässigen Ratgeber bildet. Für unsere deutschen Verhältnisse bearbeitet, nimmt es eine erste Stelle in der betreffenden Literatur ein; es gibt uns nur Selbsterprobtes und schließt alles auf fremder Grundlage Ruhende und für unser Klima nicht Passende völlig aus.

Der landwirtschaftliche Obstbau. Allgemeine Grundzüge zum rationellen Betrieb desselben. Bearbeitet von Th. Nerlinger und K. Bach. 6. Aufl. von Landw.-Inspektor K. Bach. Mit 108 Abbild. Preis geb. ℳ 2.85.

In durchaus gemeinverständlicher Form ist hier der eigentliche landwirtschaftliche Obstbau, einschließlich der höchst einträglichen Beerenobstkultur auf dem Lande und die Obstverwertung eingehend besprochen.

Obstwein- und Traubenweinbereitung.

Die Obstweinbereitung. Von Professor Dr. R. Meißner, Vorstand der Kgl. Württ. Weinbau-Versuchsanstalt Weinsberg. Mit 45 Abb. Preis geb. ℳ 1.50.

Max Barth, Die Obstweinbereitung mit besonderer Berücksichtigung der Beerenobstweine und Obstschaumwein-Fabrikation. 6. verbesserte Auflage bearbeitet von Dr. C. von der Heide, Vorstand der önochemischen Versuchsstation der Kgl. Lehranstalt für Wein-, Obst- u. Gartenbau zu Geisenheim a. Rh. Mit 30 Abb. Preis ℳ 1.30.

Max Barth, Die Kellerbehandlung der Traubenweine. Kurzgefaßte Anleitung zur Erzielung gesunder, klarer Weine für Weingärtner, Weinhändler, Wirte, Küfer und sonstige Weininteressenten. 3. verbesserte Auflage von Prof. Dr. R. Meißner, Vorstand der Kgl. württ. Weinbau-Versuchsanstalt in Weinsberg. Mit 53 Abb. Preis geb. ℳ 2.80.

Wenn jeder, der Obstmost und Wein bereitet, sich streng an die Lehren dieser leichtverständlich geschriebenen, auf neuester wissenschaftlicher Darstellung beruhenden Schriftchen halten wollte, dann würden bald die vielen essigstichigen, trüben und kranken Moste aus den Kellern verschwinden. Es können diese Schriftchen jedermann aufs beste empfohlen werden.

Obst- und Küchenvorräte im Haushalt. Anleitung zur Frischhaltung und Verwertung von Obst, Gemüsen und anderen Nahrungsmitteln. Von Karl Burkhardt, Oberlehrer an der Kgl. Weinbauschule Weinsberg. Mit 34 Abbildungen. Preis gebunden ℳ 2.40.

Krankheiten und Beschädigungen der Nutz= und Zierpflanzen des Gartenbaues.

Von
Prof. **Dr. Fr. Krüger**
und
Prof. **Dr. G. Rörig.**

Mit 4 Farbentafeln und 224 in den Text gedruckten Abbildungen.

Preis in Leinw. geb. *M* 6.—.

Eine von den Gärtnerlehranstalten aufs wärmste empfohlene und von der gesamten Fachpresse glänzend besprochene Schrift.

Christ-Lucas Gartenbuch.

Eine gemeinfaßliche Anleitung zur Anlage und Behandlung des Hausgartens und zur Kultur der

Blumen, Gemüse, Obstbäume und Reben einschl. der Blumenzucht im Zimmer.

15. Auflage.

Von
Ökonomierat **Fr. Lucas**
Direktor des Pomolog. Instituts in Reutlingen.

Mit 300 Abbildungen und 3 farbigen Doppeltafeln, enthaltend die tierischen und pflanzlichen Schädlinge der Obstbäume und einen Gartenplan.

Christ-Lucas Gartenbuch ist der zuverlässigste Ratgeber für den Gartenbesitzer und zugleich das beliebteste, bestausgestattete und billigste Buch in seiner Art.